普通高等教育"十二五"规划教材

经济数学基础丛书

线性代数教程

（第二版）

陆健华　黄振东　主编

科学出版社

北　京

内 容 简 介

本书根据高等学校经济类、管理类以及工科类线性代数课程的教学大纲,结合作者多年的教学实践经验编写而成,其结构体系完整严谨、设计简明、逻辑清晰,着眼于介绍基本概念、基本原理、基本方法,强调直观性、准确性、可读性.内容包括行列式、矩阵、线性方程组、向量组、矩阵的特征值和特征向量、二次型以及线性代数在经济中的应用.

本书可作为普通高等院校经济类、管理类及理工类教材或参考书.

图书在版编目(CIP)数据

线性代数教程/陆健华,黄振东主编. —2 版. —北京:科学出版社,2017.6
(经济数学基础丛书)
普通高等教育"十三五"规划教材
ISBN 978-7-03-053209-1

Ⅰ.①线… Ⅱ.①陆… ②黄… Ⅲ.①线性代数—高等学校—教材
Ⅳ.①O151.2

中国版本图书馆 CIP 数据核字(2017)第 125682 号

责任编辑:王雨舸 / 责任校对:董艳辉
责任印制:彭 超 / 封面设计:苏 波

科 学 出 版 社 出版
北京东黄城根北街 16 号
邮政编码:100717
http://www.sciencep.com
武汉市新华印刷有限责任公司印刷
科学出版社发行 各地新华书店经销
*
开本:787×1092 1/16
2017 年 6 月第 二 版 印张:15
2017 年 6 月第一次印刷 字数:350 000
定价:39.50 元
(如有印装质量问题,我社负责调换)

前　言

本书是普通高等教育"十三五"规划教材,线性代数在经济科学、管理科学及其他领域都有着十分广泛的应用,其重要性随着计算机技术及其他高科技的普及和发展日渐突出.为了满足我国高等教育培养"实用型、应用型"人才的需要,我们组织了一批有着丰富教学经验的教师编写了这本教材,在编写过程中,我们力求做到吸收国内外流行及传统教材的优点,结合现代学生的特点,注重将线性代数的知识和经济学及其他相关知识结合,努力编写出既能反映本学科特点,又便于师生使用的高质量的教材.

本书依据教育部《经济管理类数学课程教学基本要求》,兼顾学生考研需要编写,在保持传统体系的基础上略作改变,补充了一些新内容,删除了一些过时不用的知识,其特点是保证基础知识体系完整严谨、设计简明、逻辑清晰;重视数学概念的引入及其背景,简略理论推导,突出基本思路和应用背景;强化基础训练,强调实际应用,强调直观性、准确性、可读性;介绍计算机软件在本学科中的应用;例题全面,习题丰富,在每节后面都安排了反映本节内容的适量基础题,大部分章后配备了有着中等难度的综合复习题 A 和有着较高难度的综合复习题 B,便于不同层次的学生自学、复习和巩固所学内容.本书可作为普通高等学校、独立学院经济类、管理类专业的学生的教材.由于工科类各专业对线性代数的基本要求与经济管理类大致相同,所以本书也可作为工科类学生的教材或参考书.

本书主要内容包括:线性方程组的消元法与矩阵的初等变换、行列式、矩阵、线性方程组和向量组、矩阵的特征值和特征向量、二次型、线性代数的经济应用、大学数学实验指导和习题、复习题及习题参考答案.

本书由陆健华、黄振东主编,负责全书的框架结构安排,并统稿、定稿;曾霞、严培胜任副主编.全书共 7 章,分别由陆健华(第 1、6 章)、黄振东(第 2、4 章)、曾霞(第 3、7 章)、严培胜(第 5 章、附录 A)编写.

本书在编写过程中,李德洪、郑昌红为本书的编写提供了翔实资料,徐建豪审阅了全书.本书在编写过程中,参考了众多国内外优秀教材.本书的出版得到了科学出版社的领导和编辑的帮助和支持.在此一并致谢!

由于编者水平有限,本书难免存在疏漏之处,敬请广大专家、同行和读者批评指正,以便本书在教学实践中不断完善.

编　者

2017 年 1 月

目　录

第1章 线性方程组的消元法与矩阵的初等变换

线性代数是代数学的一个分支,主要处理线性关系问题.线性关系即数学对象之间的关系是以一次形式来表示的,线性关系问题简称线性问题.在实际问题中大量出现的非线性问题有时也可以转换成线性问题进行处理,例如:在一定条件下,曲线可用直线近似,曲面可用平面近似,函数增量可用函数的微分近似.很多实际问题的处理最后往往都归结为比较容易处理的线性问题,因此线性代数在科学技术和经济管理的许多领域都有着广泛的应用.

线性代数的起源之一是解线性方程组.线性方程组理论是线性代数理论基本的、极其重要的组成部分,几乎是作为一条主线贯穿于其中,线性代数的很多内容都与线性方程组有关.因此,我们从中学学过的二元线性方程组、三元线性方程组说起.

1.1 n元线性方程组的消元法

1.1.1 二元、三元线性方程组的消元法

我们在中学讨论过二元、三元线性方程组的求解问题,通常是用消元法求解,通过消元把方程组化为容易求解的同解方程组.

下面我们通过具体的例子来看,如何用消元法求解线性方程组,从而从中找出具有普遍意义的方法.

例1 解二元线性方程组 $\begin{cases} x_1 + x_2 = -1, \\ x_1 - 2x_2 = 5. \end{cases}$

解 将第1个方程减去第2个方程得 $3x_2 = -6$,两边同时除以3得 $x_2 = -2$;将 $x_2 = -2$ 代入第1个方程得 $x_1 = 1$. 从而得原方程组的解为 $\begin{cases} x_1 = 1, \\ x_2 = -2. \end{cases}$

例2 解三元线性方程组 $\begin{cases} x_1 + 2x_2 + 3x_3 = 9, \\ 2x_1 - x_2 + x_3 = 8, \\ 3x_1 - x_3 = 3. \end{cases}$

解 将第1个方程乘以 -2 加到第2个方程上去,将第1个方程乘以 -3 加到第3个方程上去,可以消去第2个和第3个方程中的未知量 x_1.

于是原方程组变为

$$\begin{cases} x_1 + 2x_2 + 3x_3 = 9 \\ -5x_2 - 5x_3 = -10 \\ -6x_2 - 10x_3 = -24 \end{cases}$$

将此方程组的第 2 个、第 3 个方程分别除以 $-5,-2$,方程组变为

$$\begin{cases} x_1 + 2x_2 + 3x_3 = 9 \\ x_2 + x_3 = 2 \\ 3x_2 + 5x_3 = 12 \end{cases}$$

再将第 2 个方程乘以 -3 加到第 3 个方程上去,可以消去第 3 个方程中的未知量 x_2. 方程组变为

$$\begin{cases} x_1 + 2x_2 + 3x_3 = 9 \\ x_2 + x_3 = 2 \\ 2x_3 = 6 \end{cases}$$

将第 3 个方程除以 2,方程组变为

$$\begin{cases} x_1 + 2x_2 + 3x_3 = 9 \\ x_2 + x_3 = 2 \\ x_3 = 3 \end{cases} \tag{I}$$

通过以上同解变形,逐步消去方程组中一些方程的未知量的个数,其中某个方程中未知量只有一个,便可直接得到该未知量的解,上述过程就是消元过程. 形如方程组(I)称为阶梯形方程组.

下面将方程组(I)中的方程 $x_3 = 3$ 代入第 2 个方程求得 $x_2 = -1$,再将 $x_2 = -1, x_3 = 3$ 代入第 1 个方程求得 $x_1 = 2$. 故得原方程组的解为 $\begin{cases} x_1 = 2, \\ x_2 = -1, \\ x_3 = 3, \end{cases}$ 上述过程就是回代过程.

可以看到,在用消元法解三元线性方程组的时候,自始至终把方程组视为一个整体,通过对方程组进行同解变形,将原方程组变为最简的方程组,从而求得原方程组的解.

例 3　解三元线性方程组 $\begin{cases} 2x_1 - 3x_2 - x_3 = 7, \\ x_1 - 2x_2 + x_3 = 3, \\ 5x_1 - 8x_2 - x_3 = 17. \end{cases}$

解　将第 1 个方程和第 2 个方程交换,得

$$\begin{cases} x_1 - 2x_2 + x_3 = 3 \\ 2x_1 - 3x_2 - x_3 = 7 \\ 5x_1 - 8x_2 - x_3 = 17 \end{cases}$$

将第 1 个方程乘以 -2 加到第 2 个方程上去,将第 1 个方程乘以 -5 加到第 3 个方程上去,可以消去第 2 个和第 3 个方程中的未知量 x_1. 原方程组变为

$$\begin{cases} x_1 - 2x_2 + x_3 = 3 \\ x_2 - 3x_3 = 1 \\ 2x_2 - 6x_3 = 2 \end{cases}$$

第 3 个方程除以 2,方程组变为

$$\begin{cases} x_1 - 2x_2 + x_3 = 3 \\ x_2 - 3x_3 = 1 \\ x_2 - 3x_3 = 1 \end{cases}$$

将第 2 个方程乘以 -1 加到第 3 个方程上去,方程组变为

$$\begin{cases} x_1 - 2x_2 + \quad x_3 = 3 \\ \qquad x_2 - 3x_3 = 1 \\ \qquad\qquad 0 = 0 \end{cases}$$

第 3 个方程 $0 = 0$ 表示 $0x_1 + 0x_2 + 0x_3 = 0$,对任意的 x_1, x_2, x_3 该方程成立,故改写为

$$\begin{cases} x_1 - 2x_2 = -x_3 + 3 \\ \qquad x_2 = \quad 3x_3 + 1 \end{cases}$$

通过以上同解变形,当 x_3 任意取一个值时,就唯一地确定一个方程组的解. 取 $x_3 = c$ (c 为任意常数),将 $x_2 = 3c + 1$ 代入第 1 个方程求得 $x_1 = 5c + 5$. 故得原方程组的解为

$$\begin{cases} x_1 = 5c + 5 \\ x_2 = 3c + 1 \quad (c\ 为任意常数) \\ x_3 = \quad c \end{cases}$$

由于未知数 x_3 可以任意取值,故将 x_3 称为自由未知量.

例 4 解三元线性方程组 $\begin{cases} x_1 + 2x_2 \qquad\quad = -2, \\ 2x_1 + 3x_2 + \quad x_3 = -3, \\ 3x_1 - 2x_2 + 8x_3 = \quad 3. \end{cases}$

解 将第 1 个方程乘以 -2 加到第 2 个方程上去,将第 1 个方程乘以 -3 加到第 3 个方程上去,可以消去第 2 个和第 3 个方程中的未知量 x_1.

原方程组变为

$$\begin{cases} x_1 + 2x_2 \qquad\quad = -2 \\ \quad - x_2 + \quad x_3 = \quad 1 \\ \quad - 8x_2 + 8x_3 = \quad 9 \end{cases}$$

第 2 个方程乘以 -8 加到第 3 个方程上去,方程组变为

$$\begin{cases} x_1 + 2x_2 \qquad\quad = -2 \\ \quad - x_2 + x_3 = \quad 1 \\ \qquad\qquad 0 = \quad 1 \end{cases}$$

第 3 个方程是矛盾方程,它表示 $0x_1 + 0x_2 + 0x_3 = 1$,显然无解. 故原方程组无解.

1.1.2　n 元线性方程组的消元法

在实际问题中,未知量的个数往往不止两个、三个,有时甚至需要求解一个有成百上千的未知量的大型方程组,下面我们讨论 n 个未知数 m 个方程的线性方程组的求解问题.

1. n 元线性方程组的概念

n 个未知量 $x_1, x_2, \cdots, x_n$ 满足 m 个方程的 n 元线性方程组的一般形式为

$$\begin{cases} a_{11}x_1 + a_{12}x_2 + \cdots + a_{1n}x_n = b_1 \\ a_{21}x_1 + a_{22}x_2 + \cdots + a_{2n}x_n = b_2 \\ \qquad\qquad \cdots\cdots \\ a_{m1}x_1 + a_{m2}x_2 + \cdots + a_{mn}x_n = b_m \end{cases} \tag{1.1}$$

其中，a_{ij} $(i=1,2,\cdots,m;j=1,2,\cdots,n)$ 是第 i 个方程第 j 个未知量 x_j 的系数，为已知数；b_i $(i=1,2,\cdots,m)$ 是第 i 个方程的常数项.

当常数项均为 0 时，该方程组称为齐次线性方程组；当常数项不全为 0 时，该方程组称为非齐次线性方程组.

2. n 元线性方程组的消元法

对于 n 元线性方程组(1.1)，可以仿照前面几个例题的消元过程来求解.

由于方程组中 x_1 的系数不可能都为 0，不妨设 $a_{11}\neq0$，将第 1 个方程乘以适当的数加到其他各个方程上，消去这些方程中的 x_1 项，得

$$\begin{cases} a_{11}x_1+a_{12}x_2+\cdots+a_{1n}x_n=b_1 \\ \qquad\quad c_{22}x_2+\cdots+c_{2n}x_n=c_2 \\ \qquad\qquad\qquad\cdots\cdots \\ \qquad\quad c_{m2}x_2+\cdots+c_{mn}x_n=c_m \end{cases} \tag{1.2}$$

方程组(1.2)中如果第 2 个方程到最后一个方程中 x_2 的系数不全为 0，不妨设 $c_{22}\neq 0$，将第 2 个方程乘以适当的数加到后面的所有方程上，消去这些方程中的 x_2 项，得

$$\begin{cases} a_{11}x_1+a_{12}x_2\qquad+\cdots+\ a_{1n}x_n=b_1 \\ \qquad\quad c_{22}x_2\qquad+\cdots+\ c_{2n}x_n=c_2 \\ \qquad\qquad\quad d_{33}x_3+\cdots+d_{3n}x_n=d_3 \\ \qquad\qquad\qquad\qquad\cdots\cdots \\ \qquad\qquad\quad d_{m3}x_3+\cdots+d_{mn}x_n=d_m \end{cases}$$

如果第 2 个方程到最后一个方程中 x_2 的系数全为 0，则用上述方法消去 x_3 的项.

如此逐步消元，最后方程组变为如下阶梯形方程组

$$\begin{cases} a'_{11}x_1+a'_{12}x_2+\cdots+a'_{1r}x_r+\cdots+a'_{1n}x_n=b'_1 \\ \qquad\quad a'_{22}x_2+\cdots+a'_{2r}x_r+\cdots+a'_{2n}x_n=b'_2 \\ \qquad\qquad\qquad\cdots\cdots \\ \qquad\qquad\qquad a'_{rr}x_r+\cdots+a'_{rn}x_n=b'_r \\ \qquad\qquad\qquad\qquad\qquad\quad 0=b'_{r+1} \\ \qquad\qquad\qquad\qquad\qquad\quad 0=0 \\ \qquad\qquad\qquad\qquad\qquad\quad\cdots\cdots \\ \qquad\qquad\qquad\qquad\qquad\quad 0=0 \end{cases} \tag{1.3}$$

通过观察方程组(1.3)可得：

(1) 若 $b'_{r+1}\neq0$，则方程组无解.

(2) 若 $b'_{r+1}=0$，则方程组有解. 此时又分两种情况：

(i) 当 $r=n$ 时，方程组有唯一解；

(ii) 当 $r<n$ 时，对未知量 $x_{r+1},x_{r+2},\cdots,x_n$ 任意给定一组值，就唯一地确定了 $x_1,x_2,\cdots,x_r$ 的值，从而得到方程组的一个解. 未知量 $x_{r+1},x_{r+2},\cdots,x_n$ 称为自由未知量，由于自由未知量的任意取值，方程组有无穷多解.

线性方程组(1.1)如果有解，就称它是相容的；如果无解，就称它是不相容的.

习 题 1-1

用消元法解下列方程组.

$$(1)\begin{cases} x_1 - 2x_2 + x_3 = 0 \\ 2x_2 - 8x_3 = 8 \\ -4x_1 + 5x_2 + 9x_3 = -9 \end{cases} \qquad (2)\begin{cases} 2x_1 - x_2 + 3x_3 = 1 \\ 4x_1 - 2x_2 + 5x_3 = 4 \\ 2x_1 - x_2 + 4x_3 = -1 \end{cases}$$

$$(3)\begin{cases} -2x_1 + x_2 + x_3 = 1 \\ x_1 - 2x_2 + x_3 = -2 \\ x_1 + x_2 - 2x_3 = 4 \end{cases}$$

1.2 矩阵及其初等变换

在 1.1 节我们用消元法求解线性方程组时,只是对方程组的系数和常数项进行了运算,而未知量并未参与运算,它们在方程组中只是起了占位的作用. 因此我们省略未知量,将系数和常数项排成一个行列对应整齐的表,用来代替方程组. 表确定了,方程组也就确定了. 这样的表在线性代数里称为矩阵.

1.2.1 矩阵的概念

定义 1 由 $m \times n$ 个数 a_{ij} $(i=1,2,\cdots,m; j=1,2,\cdots,n)$ 排成的 m 行 n 列的数表

$$\begin{matrix} a_{11} & a_{12} & \cdots & a_{1n} \\ a_{21} & a_{22} & \cdots & a_{2n} \\ \vdots & \vdots & & \vdots \\ a_{m1} & a_{m2} & \cdots & a_{mn} \end{matrix}$$

称为 m 行 n 列的矩阵,简称为 $m \times n$ 矩阵,为表示它是一个整体,通常加一个圆括号或方括号,并用大写黑体字母表示它,记为

$$A = \begin{pmatrix} a_{11} & a_{12} & \cdots & a_{1n} \\ a_{21} & a_{22} & \cdots & a_{2n} \\ \vdots & \vdots & & \vdots \\ a_{m1} & a_{m2} & \cdots & a_{mn} \end{pmatrix}$$

有时也简记为 $A_{m \times n}, A = (a_{ij})_{m \times n}$ 或 $A = (a_{ij})$.

这 $m \times n$ 个数称为矩阵 A 的元素,简称为元. $a_{ij}(i=1,2,\cdots,m; j=1,2,\cdots,n)$ 位于矩阵的第 i 行第 j 列,称为矩阵 A 的 (i,j) 元.

元素都是实数的矩阵称为实矩阵,元素是复数的矩阵称为复矩阵. 本书中如没有特别说明,指的是实矩阵.

行数与列数都是 n 的矩阵称为 n 阶矩阵或 n 阶方阵, n 阶方阵也可记为 A_n.

只有一行的矩阵 $A = (a_1 a_2 \cdots a_n)$ 称为行矩阵,又称行向量. 为避免元素间的混淆,行

矩阵一般记为 $A = (a_1, a_2, \cdots, a_n)$.

只有一列的矩阵 $B = \begin{pmatrix} b_1 \\ b_2 \\ \vdots \\ b_n \end{pmatrix}$ 称为列矩阵,又称列向量.

两个矩阵的行数相等,列数也相等时,就称它们是同型矩阵.

如果 $A = (a_{ij})$, $B = (b_{ij})$ 是同型矩阵,并且它们的对应元素相等,即 $a_{ij} = b_{ij}$ $(i = 1, 2, \cdots, m; j = 1, 2, \cdots, n)$,那么就称矩阵 A 与 B 相等,记为 $A = B$.

元素都是 0 的矩阵称为零矩阵,记为 O. 注意不同型的零矩阵是不相等的.

n 元线性方程组(1.1)的未知量的系数所确定的矩阵

$$A = \begin{pmatrix} a_{11} & a_{12} & \cdots & a_{1n} \\ a_{21} & a_{22} & \cdots & a_{2n} \\ \vdots & \vdots & & \vdots \\ a_{m1} & a_{m2} & \cdots & a_{mn} \end{pmatrix}$$

称为方程组(1.1)的系数矩阵.

n 元线性方程组(1.1)的未知量的系数和常数项所确定的矩阵

$$B = \begin{pmatrix} a_{11} & a_{12} & \cdots & a_{1n} & b_1 \\ a_{21} & a_{22} & \cdots & a_{2n} & b_2 \\ \vdots & \vdots & & \vdots & \vdots \\ a_{m1} & a_{m2} & \cdots & a_{mn} & b_m \end{pmatrix}$$

称为方程组(1.1)的增广矩阵.

一个线性方程组由它的增广矩阵唯一确定. 线性方程组的每一个方程未知数的系数及常数项与增广矩阵的每一行的元素相对应.

1.2.2 矩阵的初等变换

在 1.1 节中利用消元法解线性方程组时,只是对方程组的系数和常数项进行了运算,而未知量并未参与运算. 因此对方程组的消元变换可以转换为对其增广矩阵进行行变换.

定义 2 下面三种变换称为矩阵的初等行变换:

(i) 交换两行(交换第 i, j 行,记为 $r_i \leftrightarrow r_j$);

(ii) 以一个非零的数 k 乘以某一行中的所有元素(第 i 行乘 k,记为 $r_i \times k$);

(iii) 把矩阵的某一行的所有元素的 k 倍加到另一行对应的元素上去(第 j 行乘以 k 加到第 i 行上去,记为 $r_i + k r_j$).

把定义中的"行"变成"列"即得矩阵的初等列变换的定义,所用的记号是将"r"换成"c".

矩阵的初等行变换和初等列变换统称为初等变换.

定义 3 如果矩阵 A 经过有限次的初等变换变成矩阵 B,就称矩阵 A 与矩阵 B 等价,记为 $A \sim B$.

等价关系满足下列性质:

（ i ）反身性. $A \sim A$.

（ ii ）对称性. 若 $A \sim B$,则 $B \sim A$.

（ iii ）传递性. 若 $A \sim B$, $B \sim C$,则 $A \sim C$.

下面我们用矩阵的初等行变换求解 1.1 节中的几个线性方程组,其过程可与消元法对应如下.

首先我们来看 1.1 节中的例 2,三元线性方程组 $\begin{cases} x_1 + 2x_2 + 3x_3 = 9, \\ 2x_1 - x_2 + x_3 = 8, \\ 3x_1 - x_3 = 3 \end{cases}$ 的增广矩阵

为 $\boldsymbol{B} = \begin{pmatrix} 1 & 2 & 3 & 9 \\ 2 & -1 & 1 & 8 \\ 3 & 0 & -1 & 3 \end{pmatrix}$.

解 $\begin{cases} x_1 + 2x_2 + 3x_3 = 9 \\ 2x_1 - x_2 + x_3 = 8 \\ 3x_1 - x_3 = 3 \end{cases}$ $\qquad \boldsymbol{B} = \begin{pmatrix} 1 & 2 & 3 & 9 \\ 2 & -1 & 1 & 8 \\ 3 & 0 & -1 & 3 \end{pmatrix}$

$\begin{cases} x_1 + 2x_2 + 3x_3 = 9 \\ -5x_2 - 5x_3 = -10 \\ -6x_2 - 10x_3 = -24 \end{cases}$ $\xrightarrow[r_3 - 3r_1]{r_2 - 2r_1}$ $\begin{pmatrix} 1 & 2 & 3 & 9 \\ 0 & -5 & -5 & -10 \\ 0 & -6 & -10 & -24 \end{pmatrix} = \boldsymbol{B}_1$

$\begin{cases} x_1 + 2x_2 + 3x_3 = 9 \\ x_2 + x_3 = 2 \\ 3x_2 + 5x_3 = 12 \end{cases}$ $\xrightarrow[r_3 \div (-2)]{r_2 \div (-5)}$ $\begin{pmatrix} 1 & 2 & 3 & 9 \\ 0 & 1 & 1 & 2 \\ 0 & 3 & 5 & 12 \end{pmatrix} = \boldsymbol{B}_2$

$\begin{cases} x_1 + 2x_2 + 3x_3 = 9 \\ x_2 + x_3 = 2 \\ 2x_3 = 6 \end{cases}$ $\xrightarrow{r_3 - 3r_2}$ $\begin{pmatrix} 1 & 2 & 3 & 9 \\ 0 & 1 & 1 & 2 \\ 0 & 0 & 2 & 6 \end{pmatrix} = \boldsymbol{B}_3$

$\begin{cases} x_1 + 2x_2 + 3x_3 = 9 \\ x_2 + x_3 = 2 \\ x_3 = 3 \end{cases}$ $\xrightarrow{r_3 \div 2}$ $\begin{pmatrix} 1 & 2 & 3 & 9 \\ 0 & 1 & 1 & 2 \\ 0 & 0 & 1 & 3 \end{pmatrix} = \boldsymbol{B}_4$

$\begin{cases} x_1 + 2x_2 + 3x_3 = 9 \\ x_2 = -1 \\ x_3 = 3 \end{cases}$ $\xrightarrow{r_2 - r_3}$ $\begin{pmatrix} 1 & 2 & 3 & 9 \\ 0 & 1 & 0 & -1 \\ 0 & 0 & 1 & 3 \end{pmatrix} = \boldsymbol{B}_5$

$\begin{cases} x_1 = 2 \\ x_2 = -1 \\ x_3 = 3 \end{cases}$ $\xrightarrow[r_1 - 3r_3]{r_1 - 2r_2}$ $\begin{pmatrix} 1 & 0 & 0 & 2 \\ 0 & 1 & 0 & -1 \\ 0 & 0 & 1 & 3 \end{pmatrix} = \boldsymbol{B}_6$

可以看到,线性方程组的消元法与矩阵的初等行变换除了形式上的区别外,没有实质性区别,矩阵的初等行变换在形式上显得简洁,解题更为方便.

经过初等行变换得到的形如 $\boldsymbol{B}_3$, $\boldsymbol{B}_4$, $\boldsymbol{B}_5$, $\boldsymbol{B}_6$ 的矩阵都称为行阶梯形矩阵. 其特点是:可画出一条阶梯线,线的下方全为 0;每个台阶只有一行,台阶数即是非零行的行数. 自左向右看,各非零行的第 1 个非零元素称为非零首元.

特别地，形如 B_6 的矩阵称为行最简形矩阵．其特点是：在行阶梯形矩阵中非零首元均为 1；非零首元所在列的其他元素都为 0.

一般地，任何一个矩阵 $A_{m \times n}$，总可以经过有限次的初等行变换化为行阶梯形矩阵和行最简形矩阵．

由例题可知，解线性方程组就是把方程组的增广矩阵用初等行变换先化为行阶梯形矩阵，此对应方程组的消元过程；再将行阶梯形矩阵化为行最简形矩阵，此对应方程组的回代过程．

下面我们仿照上例将 1.1 节中的例 3 用矩阵的初等行变换求解．

解方程组 $\begin{cases} 2x_1 - 3x_2 - x_3 = 7, \\ x_1 - 2x_2 + x_3 = 3, \\ 5x_1 - 8x_2 - x_3 = 17. \end{cases}$

解 写出所给方程组的增广矩阵，并对其进行初等行变换，有

$$B = \begin{pmatrix} 2 & -3 & -1 & 7 \\ 1 & -2 & 1 & 3 \\ 5 & -8 & -1 & 17 \end{pmatrix} \xrightarrow{r_1 \leftrightarrow r_2} \begin{pmatrix} 1 & -2 & 1 & 3 \\ 2 & -3 & -1 & 7 \\ 5 & -8 & -1 & 17 \end{pmatrix} = B_1$$

$$\xrightarrow[r_3 - 5r_1]{r_2 - 2r_1} \begin{pmatrix} 1 & -2 & 1 & 3 \\ 0 & 1 & -3 & 1 \\ 0 & 2 & -6 & 2 \end{pmatrix} = B_2 \xrightarrow{r_3 \div 2} \begin{pmatrix} 1 & -2 & 1 & 3 \\ 0 & 1 & -3 & 1 \\ 0 & 1 & -3 & 1 \end{pmatrix} = B_3$$

$$\xrightarrow{r_3 - r_2} \begin{pmatrix} 1 & -2 & 1 & 3 \\ 0 & 1 & -3 & 1 \\ 0 & 0 & 0 & 0 \end{pmatrix} = B_4 \xrightarrow{r_1 + 2r_2} \begin{pmatrix} 1 & 0 & -5 & 5 \\ 0 & 1 & -3 & 1 \\ 0 & 0 & 0 & 0 \end{pmatrix} = B_5$$

矩阵 B_5 对应的方程组为

$$\begin{cases} x_1 - 5x_3 = 5 \\ x_2 - 3x_3 = 1 \end{cases}$$

并取 $x_3 = c$（c 为任意常数），则得原方程组的解为

$$\begin{cases} x_1 = 5c + 5 \\ x_2 = 3c + 1 \quad （c \text{ 为任意常数}） \\ x_3 = c \end{cases}$$

我们用同样的方法来解 1.1 节中的例 4：解方程组 $\begin{cases} x_1 + 2x_2 = -2 \\ 2x_1 + 3x_2 + x_3 = -3. \\ 3x_1 - 2x_2 + 8x_3 = 3 \end{cases}$

解 写出所给方程组的增广矩阵，并对其进行初等行变换，有

$$B = \begin{pmatrix} 1 & 2 & 0 & -2 \\ 2 & 3 & 1 & -3 \\ 3 & -2 & 8 & 3 \end{pmatrix} \xrightarrow[r_3 - 3r_1]{r_2 - 2r_1} \begin{pmatrix} 1 & 2 & 0 & -2 \\ 0 & -1 & 1 & 1 \\ 0 & -8 & 8 & 9 \end{pmatrix} = B_1$$

$$\xrightarrow{r_3 - 8r_2} \begin{pmatrix} 1 & 2 & 0 & -2 \\ 0 & -1 & 1 & 1 \\ 0 & 0 & 0 & 1 \end{pmatrix} = B_2$$

矩阵 $\boldsymbol{B}_2$ 的第 3 行所对应的方程为 $0x_1+0x_2+0x_3=1$,显然无解.

由上例可知,当方程组无解时不必将行阶梯形矩阵化为行最简形矩阵,由行阶梯形矩阵直接得结果即可.

以后我们还将用矩阵理论和向量理论对线性方程组理论做进一步的研究,如线性方程组的有解条件以及解的结构等.

矩阵及其初等变换是研究线性代数的重要工具和方法,也是研究离散问题的基本手段.本章的内容在以后各章都有重要应用.

习 题 1-2

1. 下列矩阵为线性方程组的增广矩阵,讨论这些方程组是否有解,若有解,判断是唯一解还是无穷多解.

(1) $\begin{pmatrix} 2 & -3 & 1 & 0 \\ 0 & 0 & -4 & 1 \\ 0 & 0 & 0 & 0 \end{pmatrix}$
(2) $\begin{pmatrix} 1 & -6 & 7 & 0 \\ 0 & 2 & 0 & 5 \\ 0 & 0 & 1 & -3 \end{pmatrix}$

(3) $\begin{pmatrix} 1 & 4 & -3 & 2 & 0 \\ 0 & 0 & 1 & 5 & -2 \\ 0 & 0 & 0 & 0 & 3 \\ 0 & 0 & 0 & 0 & 0 \end{pmatrix}$
(4) $\begin{pmatrix} 1 & -7 & 2 & 2 & 0 \\ 0 & 0 & -1 & 6 & 0 \\ 0 & 0 & 0 & 0 & 0 \\ 0 & 0 & 0 & 0 & 0 \end{pmatrix}$

2. 将下列矩阵化为行最简形矩阵.

(1) $\begin{pmatrix} 1 & -2 & 3 & -1 & 1 \\ 3 & -1 & 5 & -3 & 2 \\ 2 & 1 & 2 & -2 & 3 \end{pmatrix}$
(2) $\begin{pmatrix} 0 & 1 & -3 & 2 \\ 0 & 3 & 7 & -6 \\ 0 & 2 & 4 & -5 \end{pmatrix}$

(3) $\begin{pmatrix} 1 & -1 & 3 & -4 & 3 \\ 3 & -3 & 5 & -4 & 1 \\ 2 & -2 & 3 & -2 & 0 \\ 3 & -3 & 4 & -2 & -1 \end{pmatrix}$

3. 用矩阵的初等行变换解下列线性方程组.

(1) $\begin{cases} x_1 - 3x_2 + 7x_3 = 20 \\ 2x_1 + 4x_2 - 3x_3 = -1 \\ -3x_1 + 7x_2 + 2x_3 = 7 \end{cases}$
(2) $\begin{cases} x_1 + 2x_2 - 7x_3 = -4 \\ 2x_1 + x_2 + x_3 = 13 \\ 3x_1 + 9x_2 - 36x_3 = -33 \end{cases}$

(3) $\begin{cases} x_1 + x_2 + 2x_3 + 3x_4 = 0 \\ x_2 + x_3 - 4x_4 = 0 \\ 2x_1 + 3x_2 - x_3 - x_4 = 0 \\ x_1 + 2x_2 + 3x_3 - x_4 = 0 \end{cases}$

综合复习题 1

A

1. 线性方程组 $\begin{cases} x_1 - 2x_2 = 1, \\ 2x_1 - 4x_2 = 0 \end{cases}$ 解的情况是(   ).

A. 无解   B. 只有零解   C. 有唯一解   D. 有无穷多解

2. 下面 4 个矩阵中有(   )个矩阵是行阶梯形矩阵.

$$\boldsymbol{A}_1 = \begin{pmatrix} 1 & 2 & 1 & 3 \\ 0 & 1 & -1 & 0 \\ 0 & 4 & -2 & 9 \\ 0 & 0 & 0 & 14 \end{pmatrix}, \quad \boldsymbol{A}_2 = \begin{pmatrix} 0 & 2 & 1 & 3 \\ 0 & 0 & -1 & 0 \\ 0 & 0 & 0 & -6 \\ 0 & 0 & 0 & 0 \end{pmatrix}$$

$$\boldsymbol{A}_3 = \begin{pmatrix} 1 & 2 & 1 & 0 \\ 0 & 0 & -1 & 0 \\ 0 & 0 & 0 & 0 \\ 0 & 0 & 0 & 0 \end{pmatrix}, \quad \boldsymbol{A}_4 = \begin{pmatrix} 0 & 2 & 0 & 1 \\ 0 & 0 & -1 & 0 \\ 0 & 0 & 0 & 0 \\ 6 & 0 & 0 & 0 \end{pmatrix}$$

A. 1   B. 2   C. 3   D. 4

3. 下面 4 个矩阵中矩阵(   )是行最简形矩阵.

$$\boldsymbol{A}_1 = \begin{pmatrix} 2 & 0 & 0 & 0 \\ 0 & 1 & -1 & 0 \\ 0 & 0 & 0 & 1 \\ 0 & 0 & 0 & 0 \end{pmatrix}, \quad \boldsymbol{A}_2 = \begin{pmatrix} 0 & 1 & 0 & 0 \\ 0 & 0 & 1 & 0 \\ 0 & 0 & 0 & 1 \\ 0 & 0 & 0 & 1 \end{pmatrix}$$

$$\boldsymbol{A}_3 = \begin{pmatrix} 1 & 2 & 0 & 0 \\ 0 & 0 & 1 & 0 \\ 0 & 0 & 0 & 0 \\ 0 & 0 & 0 & 0 \end{pmatrix}, \quad \boldsymbol{A}_4 = \begin{pmatrix} 1 & 1 & 0 & 0 \\ 0 & 0 & 1 & 0 \\ 0 & 0 & 0 & 1 \\ 1 & 0 & 0 & 0 \end{pmatrix}$$

A. $\boldsymbol{A}_1$ B. $\boldsymbol{A}_2$ C. $\boldsymbol{A}_3$ D. $\boldsymbol{A}_4$

4. 用矩阵的初等行变换解下列线性方程组.

(1) $\begin{cases} x_1 - x_2 + x_3 = 0 \\ 3x_1 - 2x_2 - x_3 = 0 \\ 3x_1 - x_2 + 5x_3 = 0 \\ -2x_1 + 2x_2 + 3x_3 = 0 \end{cases}$;

(2) $\begin{cases} 2x_1 - 3x_2 + x_3 + 5x_4 = 6 \\ -3x_1 + x_2 + 2x_3 - 4x_4 = 5 \\ -x_1 - 2x_2 + 3x_3 + x_4 = 11 \end{cases}$;

(3) $\begin{cases} x_1 - 3x_2 + x_3 = 2 \\ x_1 + x_2 + 2x_3 = 3. \\ x_1 + x_2 + 2x_3 = 4 \end{cases}$

B

1. 分析二元一次方程组 $\begin{cases} a_{11}x_1 + a_{12}x_2 = b_1, \\ a_{21}x_1 + a_{22}x_2 = b_2 \end{cases}$ 解的情况.

2. 设总成本函数 $C(Q)$ 是产量 Q 的二次函数,已知

$$C(5) = 36, \quad C(15) = 406, \quad C(20) = 741$$

求出成本函数.

3. 某企业 4 个季度营销不同商品的产值和利润如表 1-1 所示,求出每种商品的利润率.

表 1-1

	产值/万元				利润/万元
	甲	乙	丙	丁	
第一季度	250	200	300	600	80
第二季度	200	100	500	800	85
第三季度	160	300	400	750	90
第四季度	300	250	500	500	95

4. (简单的投入-产出模型)假设一个经济系统有农业、矿业和制造业三个部门组成. 农业部门销售它的产出的 10% 给矿业部门,30% 给制造业部门,保留余下的产出. 矿业部门销售它的产出的 20% 给农业部门,70% 给制造业部门,保留余下的产出. 制造业部门销售它的产出的 20% 给农业部门,30% 给矿业部门,保留余下的产出. 列出该经济的交易表. 若记 p_1, p_2, p_3 分别为农业、矿业和制造业部门年度总支出的价格(即货币价值),求出使每个部门收支平衡的平衡价格.

第2章 行列式

行列式最初是人们在研究线性方程组求解问题时,作为一种速记形式提出并使用的.现已成为线性代数中的一个重要概念和基本工具,并在数学的其他分支以及工程技术、经济管理等众多领域有着广泛的应用.本章将从较简单的二、三阶行列式概念入手,引入 n 阶行列式的概念,并讨论其基本性质以及计算方法,最后还将介绍用行列式方法求解一类特殊线性方程组的克拉默(Cramer)法则.

2.1　二、三阶行列式

2.1.1　二阶行列式

对于给定的二元线性方程组

$$\begin{cases} a_{11}x_1 + a_{12}x_2 = b_1 \\ a_{21}x_1 + a_{22}x_2 = b_2 \end{cases} \tag{2.1}$$

利用第1章介绍的消元法求解此线性方程组,容易得:如果 $a_{11}a_{22} - a_{12}a_{21} \neq 0$,那么线性方程组(2.1)有解,且其解可一般地表示为

$$\begin{cases} x_1 = \dfrac{b_1 a_{22} - b_2 a_{12}}{a_{11}a_{22} - a_{12}a_{21}} \\ x_2 = \dfrac{b_2 a_{11} - b_1 a_{21}}{a_{11}a_{22} - a_{12}a_{21}} \end{cases} \tag{2.2}$$

为便于记忆,现将确定的 4 个数 $a_{11}, a_{12}, a_{21}, a_{22}$ 排成两行两列,记成 $\begin{vmatrix} a_{11} & a_{12} \\ a_{21} & a_{22} \end{vmatrix}$ 的形式,将其表示算式 $a_{11}a_{22} - a_{12}a_{21}$,称为二阶行列式,即

$$\begin{vmatrix} a_{11} & a_{12} \\ a_{21} & a_{22} \end{vmatrix} = a_{11}a_{22} - a_{12}a_{21} \tag{2.3}$$

其中,$a_{11}, a_{12}, a_{21}, a_{22}$ 称为该行列式的元素,横排称为行,纵排称为列,每个元素的两个下标分别表示该元素在行列式中的行与列的次序;从左上角到右下角的对角线称为行列式的主对角线,从右上角到左下角的对角线称为行列式的次对角线.行列式通常用 D 表示,有时也简记为 $D = |a_{ij}|$.

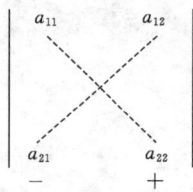

图 2-1

算式 $a_{11}a_{22} - a_{12}a_{21}$ 的计算结果也称为二阶行列式 $\begin{vmatrix} a_{11} & a_{12} \\ a_{21} & a_{22} \end{vmatrix}$ 的值,可按图 2-1 所示的对角线法则来确定.

根据二阶行列式的概念,式(2.2)中 x_1, x_2 的分母就可用原方程组(2.1)的系数构成的二阶行列式 $D = \begin{vmatrix} a_{11} & a_{12} \\ a_{21} & a_{22} \end{vmatrix}$ 来表示,称为系数

行列式;而两个分子也可分别用二阶行列式 $D_1=\begin{vmatrix} b_1 & a_{12} \\ b_2 & a_{33} \end{vmatrix}$ 和 $D_2=\begin{vmatrix} a_{11} & b_1 \\ a_{21} & b_2 \end{vmatrix}$ 表示,D_1,D_2 是原方程组(2.1)中的两个常数项 b_1,b_2 构成列分别替换系数行列式 D 中的第 1、2 列后所成的二阶行列式. 于是,当系数行列式 $D\neq0$ 时,线性方程组(2.1)的求解式(2.2)可用行列式形式表示为

$$\begin{cases} x_1=\dfrac{D_1}{D} \\ x_2=\dfrac{D_2}{D} \end{cases} \tag{2.4}$$

例1 解二元线性方程组 $\begin{cases} 2x_1-3x_2=-1, \\ -3x_1+4x_2=\ \ 2. \end{cases}$

解 因为系数行列式

$$D=\begin{vmatrix} 2 & -3 \\ -3 & 4 \end{vmatrix}=2\times4-(-3)\times(-3)=-1\neq0$$

所以方程组有解. 又

$$D_1=\begin{vmatrix} -1 & -3 \\ 2 & 4 \end{vmatrix}=(-1)\times4-(-3)\times2=2$$

$$D_2=\begin{vmatrix} 2 & -1 \\ -3 & 2 \end{vmatrix}=2\times2-(-1)\times(-3)=1$$

故由式(2.4)得原方程组的解为 $\begin{cases} x_1=\dfrac{D_1}{D}=-2, \\ x_1=\dfrac{D_2}{D}=-1. \end{cases}$

2.1.2 三阶行列式

对于给定的三元线性方程组

$$\begin{cases} a_{11}x_1+a_{12}x_2+a_{13}x_3=b_1 \\ a_{21}x_1+a_{22}x_2+a_{23}x_3=b_2 \\ a_{31}x_1+a_{32}x_2+a_{33}x_3=b_3 \end{cases} \tag{2.5}$$

可以引进三阶行列式来获得类似于式(2.4)的一般求解公式.

将 3^2 个数 a_{ij} $(i,j=1,2,3)$ 排成 3 行 3 列,记成 $\begin{vmatrix} a_{11} & a_{12} & a_{13} \\ a_{21} & a_{22} & a_{23} \\ a_{31} & a_{32} & a_{33} \end{vmatrix}$ 形式,以表示算式

$$a_{11}a_{22}a_{33}+a_{12}a_{23}a_{31}+a_{13}a_{21}a_{32}-a_{13}a_{22}a_{31}-a_{12}a_{21}a_{33}-a_{11}a_{23}a_{32}$$

称为三阶行列式,即

$$\begin{vmatrix} a_{11} & a_{12} & a_{13} \\ a_{21} & a_{22} & a_{23} \\ a_{31} & a_{32} & a_{33} \end{vmatrix}=\begin{aligned} &a_{11}a_{22}a_{33}+a_{12}a_{23}a_{31}+a_{13}a_{21}a_{32} \\ &-a_{13}a_{22}a_{31}-a_{12}a_{21}a_{33}-a_{11}a_{23}a_{32} \end{aligned} \tag{2.6}$$

式(2.6)代数和表达式的计算结果也称为三阶行列式的值,该表达式可用图 2-2 所示的对角线法则来帮助记忆.

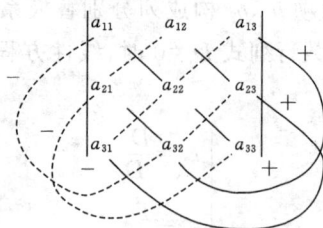

图 2-2

图中每条实线(共三条)所连接的三个元素的乘积前面冠以正号,每条虚线(共三条)所连接的三个元素的乘积前面冠以负号.

例 2　计算三阶行列式 $D=\begin{vmatrix} 1 & 2 & 3 \\ 2 & 3 & 1 \\ 3 & 1 & 2 \end{vmatrix}$.

解　根据定义

$$D=1\times3\times2+2\times1\times3+3\times2\times1-3^3-2^3-1^3=-18$$

有了三阶行列式的概念后,对于三元线性方程组(2.5),如果其系数行列式

$$D=\begin{vmatrix} a_{11} & a_{12} & a_{13} \\ a_{21} & a_{22} & a_{23} \\ a_{31} & a_{32} & a_{33} \end{vmatrix}\neq0$$

则其解可用行列式形式表达为

$$x_j=\frac{D_j}{D}\quad(j=1,2,3) \tag{2.7}$$

其中,$D_j(j=1,2,3)$是用原方程组(2.5)中三个常数项 b_1,b_2,b_3 构成列分别替换系数行列式 D 中的第 j 列后所成的三阶行列式,即

$$D_1=\begin{vmatrix} b_1 & a_{12} & a_{13} \\ b_2 & a_{22} & a_{23} \\ b_3 & a_{32} & a_{33} \end{vmatrix},\quad D_2=\begin{vmatrix} a_{11} & b_1 & a_{13} \\ a_{21} & b_2 & a_{23} \\ a_{31} & b_3 & a_{33} \end{vmatrix},\quad D_3=\begin{vmatrix} a_{11} & a_{12} & b_1 \\ a_{21} & a_{22} & b_2 \\ a_{31} & a_{32} & b_3 \end{vmatrix}$$

例 3　解三元线性方程组 $\begin{cases} x_1+2x_2+3x_3=9, \\ 2x_1-x_2+x_3=8, \\ 3x_1-x_3=3. \end{cases}$

解　因为方程组的系数行列式为

$$D=\begin{vmatrix} 1 & 2 & 3 \\ 2 & -1 & 1 \\ 3 & 0 & -1 \end{vmatrix}=1+6+0-(-9)-(-4)-0=20\neq0$$

所以方程组有解. 又

$$D_1 = \begin{vmatrix} 9 & 2 & 3 \\ 8 & -1 & 1 \\ 3 & 0 & 1 \end{vmatrix} = 40, \quad D_2 = \begin{vmatrix} 1 & 9 & 3 \\ 2 & 8 & 1 \\ 3 & 3 & -1 \end{vmatrix} = -20, \quad D_3 = \begin{vmatrix} 1 & 2 & 9 \\ 2 & -1 & 8 \\ 3 & 0 & 3 \end{vmatrix} = 60$$

故由式(2.7)得原方程组的解为

$$x_1 = \frac{D_1}{D} = \frac{40}{20} = 2, \quad x_2 = \frac{D_2}{D} = \frac{-20}{20} = -1, \quad x_3 = \frac{D_3}{D} = \frac{60}{20} = 3$$

这里的结果与用消元法求解的结果是一致的(参见 1.1 节中的例2).

习 题 2-1

1. 计算下列二、三阶行列式.

(1) $\begin{vmatrix} 4 & 2 \\ 7 & 5 \end{vmatrix}$ 　　　　　(2) $\begin{vmatrix} a & b \\ a^2 & b^2 \end{vmatrix}$

(3) $\begin{vmatrix} x-1 & 1 \\ x^2 & x+1 \end{vmatrix}$ 　　　　(4) $\begin{vmatrix} -1 & 3 & 2 \\ 1 & 1 & 0 \\ 2 & 0 & -2 \end{vmatrix}$

(5) $\begin{vmatrix} 1 & 2 & 3 \\ 2 & 1 & 2 \\ 3 & 2 & 1 \end{vmatrix}$ 　　　　(6) $\begin{vmatrix} a & 1 & b \\ 1 & 0 & 1 \\ c & 1 & d \end{vmatrix}$

2. 求解下列问题.

(1) 当 λ 为何值时, $\begin{vmatrix} \lambda+1 & -1 & 0 \\ 4 & \lambda-3 & 0 \\ -1 & 0 & \lambda-2 \end{vmatrix} = 0$;

(2) 当 a 为何值时, $\begin{vmatrix} 3 & 1 & a \\ 4 & a & 0 \\ 1 & 0 & a \end{vmatrix} \neq 0$.

3. 证明: $\begin{vmatrix} a_1 & b_1 & c_1 \\ a_2 & b_2 & c_2 \\ a_3 & b_3 & c_3 \end{vmatrix} = c_1 \begin{vmatrix} a_2 & b_2 \\ a_3 & b_3 \end{vmatrix} - c_2 \begin{vmatrix} a_1 & b_1 \\ a_3 & b_3 \end{vmatrix} + c_3 \begin{vmatrix} a_1 & b_1 \\ a_2 & b_2 \end{vmatrix}$.

2.2　n 阶行列式

从三阶行列式的定义可知,三阶行列式共有 $3! = 6$ 项,行列式的每一项都是取自不同行不同列的三个元素的乘积,且行列式每一项的符号均与该项元素下标的排列顺序有关. 由此我们可以类似定义 n 阶行列式.

2.2.1　排列与逆序

定义1　由正整数 $1, 2, \cdots, n$ 组成的不重复的有确定次序的数列,称为一个 n 级排列,简称排列,记为 $i_1 i_2 \cdots i_n$.

例如,12345 是一个 5 级排列,643215 是一个 6 级排列.

显然,n 级排列的总数为 $n!$.

定义 2 在一个 n 级排列 $i_1 i_2 \cdots i_t \cdots i_s \cdots i_n$ 中,如果 $i_t > i_s$,则称数 i_t 与 i_s 构成一个逆序,一个排列中逆序的总数称为该排列的逆序数,记为 $N(i_1 i_2 \cdots i_n)$.

设在一个 n 级排列 $i_1 i_2 \cdots i_n$ 中,比 $i_k\ (k=1,2,\cdots,n)$ 大,且排在 i_k 前面的数有 $t_k\ (k=1,2,\cdots,n)$ 个,则 i_k 的逆序数的个数为 t_k,而排列中所有元素的逆序数的个数之和就是这个排列的逆序数,即 $N(i_1 i_2 \cdots i_n) = t_1 + t_2 + \cdots + t_n$.

例 1 求排列 42153 的逆序数.

解 $$N(42153) = 0 + 1 + 2 + 0 + 2 = 5$$

例 2 求排列 $n(n-1)\cdots 321$ 的逆序数.

解 $$N[n(n-1)\cdots 321] = 0 + 1 + 2 + \cdots + (n-1) = \frac{n(n-1)}{2}$$

定义 3 逆序数为奇数的排列为奇排列;逆序数为偶数的排列为偶排列.

如 $N(42153) = 5$,故排列 42153 为奇排列;$N(4321) = 6$,故排列 4321 为偶排列;$N(123\cdots n) = 0$,排列 $123\cdots n$ 为偶排列.

排列 $123\cdots n$ 中各数是由小到大的自然顺序排列,称为标准排列,其逆序数为 0.

2.2.2 n 阶行列式的定义

观察三阶行列式的展开式

$$\begin{vmatrix} a_{11} & a_{12} & a_{13} \\ a_{21} & a_{22} & a_{23} \\ a_{31} & a_{32} & a_{33} \end{vmatrix} = a_{11}a_{22}a_{33} + a_{12}a_{23}a_{31} + a_{13}a_{21}a_{32} - a_{13}a_{22}a_{31} - a_{12}a_{21}a_{33} - a_{11}a_{23}a_{32}$$

有如下特点:

(i) 三阶行列式共有 6($=3!$)项;

(ii) 每项都是不同行不同列的三个元素乘积,可表示为 $a_{1j_1} a_{2j_2} a_{3j_3}$,$j_1 j_2 j_3$ 是一个 3 级排列,当 $j_1 j_2 j_3$ 取遍了所有的 3 级排列时,即得到三阶行列式的所有项(不包含符号);

(iii) 每一项的符号是,当这一项中元素的行标按标准排列后,如果对应的列标构成的排列是偶排列则取正号,是奇排列则取负号.

由此可将三阶行列式的展开式改写为

$$\begin{vmatrix} a_{11} & a_{12} & a_{13} \\ a_{21} & a_{22} & a_{23} \\ a_{31} & a_{32} & a_{33} \end{vmatrix} = \sum_{j_1 j_2 j_3} (-1)^{N(j_1 j_2 j_3)} a_{1j_1} a_{2j_2} a_{3j_3}$$

其中,$\sum\limits_{j_1 j_2 j_3}$ 表示对所有的 3 级排列 $j_1 j_2 j_3$ 对应的项 $(-1)^{N(j_1 j_2 j_3)} a_{1j_1} a_{2j_2} a_{3j_3}$ 求和.

定义 4 由 n^2 个元素 $a_{ij}\ (i,j=1,2,\cdots,n)$ 组成

$$D_n = \begin{vmatrix} a_{11} & a_{12} & \cdots & a_{1n} \\ a_{21} & a_{22} & \cdots & a_{2n} \\ \vdots & \vdots & & \vdots \\ a_{n1} & a_{n2} & \cdots & a_{nn} \end{vmatrix}$$

称为 n 阶行列式,简记为 $D = \det(a_{ij})$ 或 $|a_{ij}|$. 其中横排称为行,竖排称为列. 称 a_{ij} 为 n 阶行列式的元素, a_{ij} 的第 1 个下标称为行标,第 2 个下标称为列标. n 阶行列式表示所有取自不同行不同列的 n 个元素乘积的代数和,各项的符号是:当该项各元素的行标按标准排列后,对应的列标构成的排列若是偶排列取正号,若是奇排列取负号,即

$$D_n = \begin{vmatrix} a_{11} & a_{12} & \cdots & a_{1n} \\ a_{21} & a_{22} & \cdots & a_{2n} \\ \vdots & \vdots & & \vdots \\ a_{n1} & a_{n2} & \cdots & a_{nn} \end{vmatrix} = \sum_{j_1 j_2 \cdots j_n} (-1)^{N(j_1 j_2 \cdots j_n)} a_{1j_1} a_{2j_2} \cdots a_{nj_n}$$

其中, $\sum\limits_{j_1 j_2 \cdots j_n}$ 表示对所有的 n 级排列 $j_1 j_2 \cdots j_n$ 对应的项 $(-1)^{N(j_1 j_2 \cdots j_n)} a_{1j_1} a_{2j_2} \cdots a_{nj_n}$ 求和, $(-1)^{N(j_1 j_2 \cdots j_n)} a_{1j_1} a_{2j_2} \cdots a_{nj_n}$ 称为行列式的一般项.

例 3 计算四阶行列式 $D = \begin{vmatrix} 0 & 0 & 0 & 2 \\ 0 & 0 & 1 & 0 \\ 0 & 4 & 0 & 0 \\ 3 & 0 & 0 & 0 \end{vmatrix}$.

解 这个四阶行列式展开式共有 $4! = 24$ 项,一般项为 $(-1)^{N(j_1 j_2 j_3 j_4)} a_{1j_1} a_{2j_2} a_{3j_3} a_{4j_4}$. 每一项中只要有一个元素为 0,其乘积就是 0. 现考察不为 0 的项. a_{1j_1} 取自第 1 行,但仅有 $a_{14} \neq 0$,故只可能取 $j_1 = 4$,同理可得 $j_2 = 3, j_3 = 2, j_4 = 1$,即行列式中不为 0 的项只有

$$(-1)^{N(4321)} 4 \cdot 3 \cdot 2 \cdot 1 = 24$$

故 $D = 24$.

例 4 计算 $D = \begin{vmatrix} a_{11} & a_{12} & a_{13} & a_{14} \\ 0 & a_{22} & a_{23} & a_{24} \\ 0 & 0 & a_{33} & a_{34} \\ 0 & 0 & 0 & a_{44} \end{vmatrix}$.

解 这个四阶行列式展开式共有 $4! = 24$ 项,每一项中只要有一个元素为 0,其乘积就是 0. 不妨从含零元素最多的第 4 行考虑,这一行只有 $a_{44} \neq 0$,而其他项均为 0,故只需考虑 $j_4 = 4$ 的元素 a_{44}. 第 3 行除了 a_{33}, a_{34} 外都是 0,又 $j_4 = 4$,故只能取 $j_3 = 3$,同理可得 $j_2 = 2, j_1 = 1$,即行列式中不为 0 的项只能是 $a_{11} a_{22} a_{33} a_{44}$. 而 $N(1234) = 0$,于是

$$D = (-1)^{N(1234)} a_{11} a_{22} a_{33} a_{44} = a_{11} a_{22} a_{33} a_{44}$$

该行列式的特点是主对角线以下的元素全为 0,这种行列式称为上三角形行列式. 行列式的主对角线以上的元素全为 0 的行列式为下三角形行列式.

由本节例 4 的方法易得, n 阶上三角形行列式

$$\begin{vmatrix} a_{11} & a_{12} & \cdots & a_{1n} \\ 0 & a_{22} & \cdots & a_{2n} \\ \vdots & \vdots & & \vdots \\ 0 & 0 & \cdots & a_{nn} \end{vmatrix} = a_{11}a_{22}\cdots a_{nn}$$

n 阶下三角形行列式

$$\begin{vmatrix} a_{11} & 0 & \cdots & 0 \\ a_{21} & a_{22} & \cdots & 0 \\ \vdots & \vdots & & \vdots \\ a_{n1} & a_{n2} & \cdots & a_{nn} \end{vmatrix} = a_{11}a_{22}\cdots a_{nn}$$

特别地,除主对角线外,其他元素均为 0,称为对角行列式.

易知,对角行列式

$$\begin{vmatrix} a_{11} & 0 & \cdots & 0 \\ 0 & a_{22} & \cdots & 0 \\ \vdots & \vdots & & \vdots \\ 0 & 0 & \cdots & a_{nn} \end{vmatrix} = a_{11}a_{22}\cdots a_{nn}$$

显然,上(下)三角形行列式、对角行列式都等于其主对角线上元素的乘积.

2.2.3 对换

为了进一步研究 n 阶行列式的性质,我们引入对换的概念.

定义 5 在一个排列中,将任意两个元素对调、其余元素的位置不变,得到另一个排列,这样的变换称为一个对换. 将相邻的元素对换,称为相邻对换.

例如,对换排列 136524 中的元素 3 和 2,得到排列 126534.

定理 1 任意一个排列经过一次对换后奇偶性改变.

证 先考虑相邻对换的情形.

设排列为 $a_1\cdots a_l abb_1\cdots b_m$,对换 a 与 b,变为 $a_1\cdots a_l bab_1\cdots b_m$. 显然,$a_1,\cdots,a_l,b_1,\cdots,b_m$ 这些元素的逆序数经过对换并不改变,而 a,b 两元素的逆序数变为

当 $a<b$ 时,经过对换后 a 的逆序数增加 1 而 b 的逆序数不变;

当 $a>b$ 时,经过对换后 a 的逆序数不变而 b 的逆序数减少 1.

所以排列 $a_1\cdots a_l abb_1\cdots b_m$ 与排列 $a_1\cdots a_l bab_1\cdots b_m$ 的逆序数相差 1,奇偶性改变.

再证一般对换情形.

设排列为 $a_1\cdots a_l ab_1\cdots b_m bc_1 c_2\cdots c_n$,对它做 m 次相邻对换,变成排列 $a_1\cdots a_l abb_1\cdots b_m c_1 c_2\cdots c_n$,再做 $m+1$ 次相邻对换,变成 $a_1\cdots a_l bb_1\cdots b_m ac_1 c_2\cdots c_n$. 总之,经过 $2m+1$ 次相邻对换,排列 $a_1\cdots a_l ab_1\cdots b_m bc_1 c_2\cdots c_n$ 变成排列 $a_1\cdots a_l bb_1\cdots b_m ac_1 c_2\cdots c_n$,所以这两个排列的奇偶性相反.

推论 1 奇排列变成标准排列的对换次数为奇数,偶排列变成标准排列的对换次数

为偶数.

证 由定理 1 知,对换次数就是排列奇偶性的变化次数,而标准排列是偶排列(逆序数为 0),因此结论成立.

推论 2 n $(n>1)$ 个自然数共有 $n!$ 个 n 级排列,其中奇偶排列各占一半.

证 n 级排列总数为 $n(n-1)(n-2)\cdots 2 \cdot 1 = n!$.

设其中奇排列为 p 个,偶排列为 q 个. 若对每个奇排列都做同一对换,如都对换 1、2,由本节定理 1 可知,p 个奇排列均变为偶排列,故 $p \leqslant q$;同理对每个偶排列都做同一对换,则 q 个偶排列均变为奇排列,故 $q \leqslant p$,所以 $p=q$,从而 $p=q=\dfrac{n!}{2}$.

定理 2 n 阶行列式也可定义为

$$D = \sum_{(i_1 i_2 \cdots i_n)} (-1)^{N(i_1 i_2 \cdots i_n)} a_{i_1 1} a_{i_2 2} \cdots a_{i_n n}$$

证 由行列式的定义,有 $D = \sum_{j_1 j_2 \cdots j_n} (-1)^{N(j_1 j_2 \cdots j_n)} a_{1 j_1} a_{2 j_2} \cdots a_{n j_n}$,令

$$D_1 = \sum_{(i_1 i_2 \cdots i_n)} (-1)^{N(i_1 i_2 \cdots i_n)} a_{i_1 1} a_{i_2 2} \cdots a_{i_n n}$$

在 D 中当列标的排列 $j_1 j_2 \cdots j_n$ 经过 k 次对换变成标准排列 $123 \cdots n$ 时,相应的行标数标准排列 $123 \cdots n$ 经过相同的 k 次对换变成排列 $i_1 i_2 \cdots i_n$. 由于数的乘法可交换,于是

$$a_{1 j_1} a_{2 j_2} \cdots a_{n j_n} = a_{i_1 1} a_{i_2 2} \cdots a_{i_n n}$$

又由推论 1 知,对换次数 k 与 $N(j_1 j_2 \cdots j_n)$ 也有相同的奇偶性,从而 $N(j_1 j_2 \cdots j_n)$ 与 $N(i_1 i_2 \cdots i_n)$ 有相同的奇偶性,所以 $D = D_1$.

注 (1) n 阶行列式是 $n!$ 项的代数和,且冠以正号的项和冠以负号的项各占一半,行列式实质上是一种特殊定义的数;

(2) 一阶行列式 $|a| = a$,不要与绝对值符号混淆.

例 5 用行列式的定义计算

$$D = \begin{vmatrix} 0 & 0 & \cdots & 0 & 1 & 0 \\ 0 & 0 & \cdots & 2 & 0 & 0 \\ \vdots & \vdots & & \vdots & \vdots & \vdots \\ n-1 & 0 & \cdots & 0 & 0 & 0 \\ 0 & 0 & \cdots & 0 & 0 & n \end{vmatrix}$$

解
$$D = (-1)^N a_{1,n-1} a_{2,n-2} \cdots a_{n-1,1} a_{nn}$$
$$= (-1)^N 1 \cdot 2 \cdot \cdots \cdot (n-1) \cdot n = (-1)^N n!$$

其中

$$N = N[(n-1)(n-2)\cdots 21n] = 0 + 1 + \cdots + (n-2) + 0 = \frac{(n-1)(n-2)}{2}$$

所以 $D = (-1)^{\frac{(n-1)(n-2)}{2}} n!$.

习 题 2-2

1. 求下列排列的逆序数.

(1) 2413

(2) 3712456

(3) 52431

(4) $1\ 3\cdots(2n-1)\ 2\ 4\cdots(2n)$

2. 在 6 阶行列式 $|a_{ij}|$ 中,下列各元素的乘积应取什么符号.

(1) $a_{11}a_{26}a_{32}a_{44}a_{53}a_{65}$

(2) $a_{11}a_{23}a_{32}a_{44}a_{56}a_{65}$

3. 选择 i,j,使 $a_{14}a_{2i}a_{32}a_{4j}a_{55}$ 成为 5 阶行列式中带有正号的项.

4. 用行列式的定义计算下列行列式.

(1) $\begin{vmatrix} 0 & 0 & 1 & 0 \\ 0 & 1 & 0 & 0 \\ 0 & 0 & 0 & 1 \\ 1 & 0 & 0 & 0 \end{vmatrix}$

(2) $\begin{vmatrix} a_1 & 0 & b_1 & 0 \\ 0 & c_1 & 0 & d_1 \\ a_2 & 0 & b_2 & 0 \\ 0 & c_2 & 0 & d_2 \end{vmatrix}$

(3) $\begin{vmatrix} 0 & 0 & \cdots & 0 & 1 \\ 0 & 0 & \cdots & 2 & 0 \\ \vdots & \vdots & & \vdots & \vdots \\ 0 & n-1 & \cdots & 0 & 0 \\ n & 0 & \cdots & 0 & 0 \end{vmatrix}$

(4) $\begin{vmatrix} a_{11} & a_{12} & a_{13} & a_{14} & a_{15} \\ a_{21} & a_{22} & a_{23} & a_{24} & a_{25} \\ a_{31} & a_{32} & 0 & 0 & 0 \\ a_{41} & a_{42} & 0 & 0 & 0 \\ a_{51} & a_{52} & 0 & 0 & 0 \end{vmatrix}$

5. 下列条件中:

① 行列式主对角线上的元素全为零;

② 三角形行列式主对角线上有一个元素为零;

③ 行列式零元素的个数多于 n 个;

④ 行列式非零元素的个数小于 n 个,

使得 $n\ (n>2)$ 阶行列式的值必为零是( ).

A. ①或②   B. ①或③   C. ②或③   D. ②或④

6. 设 $f(x)=\begin{vmatrix} 2x & x & 1 & 2 \\ 1 & x & 3 & -1 \\ 1 & 1 & x & 2 \\ x & 1 & 2 & x \end{vmatrix}$,则 x^4 项的系数为_____,x^3 项的系数为_____,

常数项为_____.

2.3 行列式的性质

从上节看到,当 n 较大时,用定义计算 n 阶行列式是很不方便的. 本节我们来研究行列式的重要性质,利用性质来简化行列式的计算.

将行列式 D 的行与列依次互换后得到的行列式,称为转置行列式,记为 D^T. 设

$$D=\begin{vmatrix} a_{11} & a_{12} & \cdots & a_{1n} \\ a_{21} & a_{22} & \cdots & a_{2n} \\ \vdots & \vdots & & \vdots \\ a_{n1} & a_{n2} & \cdots & a_{nn} \end{vmatrix}$$

则其转置行列式为

$$D^\mathrm{T}=\begin{vmatrix} a_{11} & a_{21} & \cdots & a_{n1} \\ a_{12} & a_{22} & \cdots & a_{n2} \\ \vdots & \vdots & & \vdots \\ a_{1n} & a_{2n} & \cdots & a_{nn} \end{vmatrix}$$

性质 1 将行列式转置,行列式的值不变,即 $D^\mathrm{T}=D$.

证 记 D 的一般项为

$$(-1)^{N(i_1 i_1 \cdots i_n)} a_{1i_1} a_{2i_2} \cdots a_{ni_n}$$

它的元素在 D 中位于不同的行不同的列,因而在 D^T 中位于不同的列和不同的行. 所以这 n 个元素的乘积在 D^T 中应为

$$a_{i_1 1} a_{i_2 2} \cdots a_{i_n n}$$

且其符号也是 $(-1)^{N(i_1 i_1 \cdots i_n)}$. 因此,$D$ 与 D^T 是具有相同项的行列式,所以 $D^\mathrm{T}=D$.

行列式的这一性质说明,行列式的行与列具有同等的地位,行列式的行所具有的性质,它的列也将同样具有. 反之亦然.

性质 2 互换行列式的某两行(列),行列式值变号.

证 设

$$D=\begin{vmatrix} a_{11} & a_{12} & \cdots & a_{1n} \\ \vdots & \vdots & & \vdots \\ a_{i1} & a_{i2} & \cdots & a_{in} \\ \vdots & \vdots & & \vdots \\ a_{j1} & a_{j2} & \cdots & a_{jn} \\ \vdots & \vdots & & \vdots \\ a_{n1} & a_{n2} & \cdots & a_{nn} \end{vmatrix}\begin{matrix} \\ \\ \leftarrow 第\,i\,行 \\ \\ \leftarrow 第\,j\,行 \\ \\ \\ \end{matrix}$$

交换 D 的第 i 行和第 j 行的对应元素,得行列式

$$D_1=\begin{vmatrix} a_{11} & a_{12} & \cdots & a_{1n} \\ \vdots & \vdots & & \vdots \\ a_{j1} & a_{j2} & \cdots & a_{jn} \\ \vdots & \vdots & & \vdots \\ a_{i1} & a_{i2} & \cdots & a_{in} \\ \vdots & \vdots & & \vdots \\ a_{n1} & a_{n2} & \cdots & a_{nn} \end{vmatrix}\begin{matrix} \\ \\ \leftarrow 第\,i\,行 \\ \\ \leftarrow 第\,j\,行 \\ \\ \\ \end{matrix}$$

记 D 的一般项中 n 个元素的乘积为

$$a_{1j_1}a_{2j_2}\cdots a_{nj_n}$$

它的元素在 D 中位于不同行不同列,因而在 D_1 中也位于不同的行不同的列,所以也是 D_1 的一般项的 n 个元素的乘积.由于 D_1 是交换 D 的第 i 行和第 j 行,而各元素所在的列并没有改变,所以它在 D 中的符号为

$$(-1)^{N(1\cdots i\cdots j\cdots n)+N(j_1\cdots j_i\cdots j_j\cdots j_n)}$$

在 D_1 中的符号则为

$$(-1)^{N(1\cdots j\cdots i\cdots n)+N(j_1\cdots j_i\cdots j_j\cdots j_n)}$$

由于排列 $1\cdots j\cdots i\cdots n$ 与排列 $1\cdots i\cdots j\cdots n$ 的奇偶性相反,所以

$$(-1)^{N(1\cdots j\cdots i\cdots n)+N(j_1\cdots j_i\cdots j_j\cdots j_n)}=-(-1)^{N(1\cdots i\cdots j\cdots n)+N(j_1\cdots j_i\cdots j_j\cdots j_n)}$$

因而 D_1 中的每一项都是 D 的相应项的相反数,所以 $D_1=-D$.

一般用 $r_i\leftrightarrow r_j$ $(c_i\leftrightarrow c_j)$ 表示第 i 行(列)与第 j 行(列)互换.

例如,对二阶行列式 $D=\begin{vmatrix}a_{11}&a_{12}\\a_{21}&a_{22}\end{vmatrix}=a_{11}a_{22}-a_{12}a_{21}$,两行互换后的行列式

$$\begin{vmatrix}a_{21}&a_{22}\\a_{11}&a_{12}\end{vmatrix}=a_{12}a_{21}-a_{11}a_{22}=-(a_{11}a_{22}-a_{12}a_{21})=-D$$

如果行列式 D 中有两行的对应元素完全相同,当交换这两行后,一方面行列式的元素并未改变;另一方面,由性质 2 知,行列式的值应变号,即有 $D=-D$,由此得 $D=0$.从而我们可以得到如下推论:

推论 1 若行列式两行(列)对应元素相同,则此行列式等于 0.

性质 3 用数 k 乘以行列式的某一行(列)的各元素,等于用数 k 乘此行列式.即设 $D=|a_{ij}|$,则关于行的性质为

$$D_1=\begin{vmatrix}a_{11}&a_{12}&\cdots&a_{1n}\\\vdots&\vdots&&\vdots\\ka_{i1}&ka_{i2}&\cdots&ka_{in}\\\vdots&\vdots&&\vdots\\a_{n1}&a_{n2}&\cdots&a_{nn}\end{vmatrix}=k\begin{vmatrix}a_{11}&a_{12}&\cdots&a_{1n}\\\vdots&\vdots&&\vdots\\a_{i1}&a_{i2}&\cdots&a_{in}\\\vdots&\vdots&&\vdots\\a_{n1}&a_{n2}&\cdots&a_{nn}\end{vmatrix}=kD$$

证 因为行列式 D_1 的一般项为

$$(-1)^{N(j_1j_2\cdots j_n)}a_{1j_1}\cdots(ka_{ij_i})\cdots a_{nj_n}=k[(-1)^{N(j_1j_2\cdots j_n)}a_{1j_1}\cdots a_{ij_i}\cdots a_{nj_n}]$$

上式等号右端方括号内是 D 的一般项,所以 $D_1=kD$.

以 $r_i\div k$ $(c_i\div k)$ 表示对行列式第 i 行(列)提取公因子 k.

这一性质也可理解为行列式可按行(列)提取公因子,即若行列式某一行(列)各元素含有公因子 k,则可将此公因子 k 提出行列式外.例如,行列式

$$D=\begin{vmatrix}270&360\\28&35\end{vmatrix}=90\times7\times\begin{vmatrix}3&4\\4&5\end{vmatrix}=90\times7\times(-1)=-630$$

特别地,在性质 3 中,取 $k=0$,即得如下推论:

推论 2 若行列式中有一行(列)的所有元素均为 0,称为含有零行(列),则此行列式的值为 0.

由性质 3 和推论 1,又可得如下推论:

推论 3 若行列式中有两行(列)的对应元素成比例,则此行列式的值为 0.

例如,行列式

$$D = \begin{vmatrix} 33 & 34 & 35 \\ 22 & 24 & 26 \\ 11 & 12 & 13 \end{vmatrix} \xrightarrow{r_2 \div 2} 2 \begin{vmatrix} 33 & 34 & 35 \\ 11 & 12 & 13 \\ 11 & 12 & 13 \end{vmatrix} = 0$$

性质 4 设行列式的某一行(列)的元素都是两数之和,若分别以这两个数作为该行(列)对应位置的元素,其余行(列)上的元素与原行列式相同,构成两个同阶行列式,则原行列式等于这两个行列式之和.

以行的情形为例,如果行列式 $D = |a_{ij}|$ 的第 i 行元素为

$$a_{ij} = b_{ij} + c_{ij} \quad (j = 1, 2, \cdots, n)$$

即如果

$$D = \begin{vmatrix} a_{11} & a_{12} & \cdots & a_{1n} \\ \vdots & \vdots & & \vdots \\ b_{i1}+c_{i1} & b_{i2}+c_{i2} & \cdots & b_{in}+c_{in} \\ \vdots & \vdots & & \vdots \\ a_{n1} & a_{n2} & \cdots & a_{nn} \end{vmatrix}$$

$$D_1 = \begin{vmatrix} a_{11} & a_{12} & \cdots & a_{1n} \\ \vdots & \vdots & & \vdots \\ b_{i1} & b_{i2} & \cdots & b_{in} \\ \vdots & \vdots & & \vdots \\ a_{n1} & a_{n2} & \cdots & a_{nn} \end{vmatrix}, \quad D_2 = \begin{vmatrix} a_{11} & a_{12} & \cdots & a_{1n} \\ \vdots & \vdots & & \vdots \\ c_{i1} & c_{i2} & \cdots & c_{in} \\ \vdots & \vdots & & \vdots \\ a_{n1} & a_{n2} & \cdots & a_{nn} \end{vmatrix}$$

则 $D = D_1 + D_2$.

证 因为行列式 D 的一般项是

$$(-1)^{N(j_1 j_2 \cdots j_n)} a_{1j_1} \cdots (b_{ij_i} + c_{ij_i}) \cdots a_{nj_n}$$

$$= (-1)^{N(j_1 j_2 \cdots j_n)} a_{1j_1} \cdots b_{ij_i} \cdots a_{nj_n} + (-1)^{N(j_1 j_2 \cdots j_n)} a_{1j_1} \cdots c_{ij_i} \cdots a_{nj_n}$$

上式等号右端第一项是 D_1 的一般项,第二项是 D_2 的一般项,所以 $D = D_1 + D_2$.

例如,行列式

$$\begin{vmatrix} 1 & 2 & 3 \\ 4 & 5 & 6 \\ 5 & 7 & 9 \end{vmatrix} = \begin{vmatrix} 1 & 2 & 3 \\ 4 & 5 & 6 \\ 4+1 & 5+2 & 6+3 \end{vmatrix} = \begin{vmatrix} 1 & 2 & 3 \\ 4 & 5 & 6 \\ 4 & 5 & 6 \end{vmatrix} + \begin{vmatrix} 1 & 2 & 3 \\ 4 & 5 & 6 \\ 1 & 2 & 3 \end{vmatrix} = 0$$

利用性质 4 和推论 3,可得如下性质:

性质 5 将行列式的某一行(列)的各元素乘以同一常数后加到另一行(列)对应位置

的元素上,行列式的值不变.

证 现就行的情形予以证明. 设 n 阶行列式为

$$D=\begin{vmatrix} a_{11} & a_{12} & \cdots & a_{1n} \\ \vdots & \vdots & & \vdots \\ a_{i1} & a_{i2} & \cdots & a_{in} \\ \vdots & \vdots & & \vdots \\ a_{j1} & a_{j2} & \cdots & a_{jn} \\ \vdots & \vdots & & \vdots \\ a_{n1} & a_{n2} & \cdots & a_{nn} \end{vmatrix} \begin{matrix} \\ \\ \leftarrow 第\ i\ 行 \\ \\ \leftarrow 第\ j\ 行 \\ \\ \ \end{matrix} \qquad (i \neq j)$$

以数 k 乘 D 的第 j 行各元素后加到第 i 行的对应元素上,得到行列式

$$D_1=\begin{vmatrix} a_{11} & a_{12} & \cdots & a_{1n} \\ \vdots & \vdots & & \vdots \\ a_{i1}+ka_{j1} & a_{i2}+ka_{j2} & \cdots & a_{in}+ka_{jn} \\ \vdots & \vdots & & \vdots \\ a_{j1} & a_{j2} & \cdots & a_{jn} \\ \vdots & \vdots & & \vdots \\ a_{n1} & a_{n2} & \cdots & a_{nn} \end{vmatrix} \begin{matrix} \\ \\ \leftarrow 第\ i\ 行 \\ \\ \leftarrow 第\ j\ 行 \\ \\ \ \end{matrix}$$

由本节性质 4 和推论 3,可得

$$D_1=\begin{vmatrix} a_{11} & a_{12} & \cdots & a_{1n} \\ \vdots & \vdots & & \vdots \\ a_{i1} & a_{i2} & \cdots & a_{in} \\ \vdots & \vdots & & \vdots \\ a_{j1} & a_{j2} & \cdots & a_{jn} \\ \vdots & \vdots & & \vdots \\ a_{n1} & a_{n2} & \cdots & a_{nn} \end{vmatrix} + \begin{vmatrix} a_{11} & a_{12} & \cdots & a_{1n} \\ \vdots & \vdots & & \vdots \\ ka_{j1} & ka_{j2} & \cdots & ka_{jn} \\ \vdots & \vdots & & \vdots \\ a_{j1} & a_{j2} & \cdots & a_{jn} \\ \vdots & \vdots & & \vdots \\ a_{n1} & a_{n2} & \cdots & a_{nn} \end{vmatrix} = D+0=D$$

性质 5 在行列式的计算中用得很多,一般用 r_i+kr_j (c_i+kc_j) 表示将第 j 行(列)各元素乘以 k 加到第 i 行(列)对应元素上去.

利用以上性质可以化简行列式的元素形式,以便于计算行列式.

例如, $\begin{vmatrix} 1 & 1 & 2 \\ 2 & 2 & 5 \\ 4 & 5 & 7 \end{vmatrix} \xrightarrow[r_3-4r_1]{r_2-2r_1} \begin{vmatrix} 1 & 1 & 2 \\ 0 & 0 & 1 \\ 0 & 1 & -1 \end{vmatrix} \xrightarrow{r_2\leftrightarrow r_3} - \begin{vmatrix} 1 & 1 & 2 \\ 0 & 1 & -1 \\ 0 & 0 & 1 \end{vmatrix} = -1.$

对于给定的行列式 $D=|a_{ij}|$,划去元素 a_{ij} 所在的第 i 行、第 j 列后剩下的元素按原来的次序构成的低一阶的行列式,称为原行列式元素 a_{ij} 的余子式,记为 M_{ij},称 $A_{ij}=(-1)^{i+j}M_{ij}$ 为元素 a_{ij} 的代数余子式.

例如,行列式 $\begin{vmatrix} 2 & -1 & 3 \\ 0 & 6 & 1 \\ 7 & 0 & -2 \end{vmatrix}$ 中元素 $a_{12}=-1$ 的余子式 $M_{12}=\begin{vmatrix} 0 & 1 \\ 7 & -2 \end{vmatrix}=-7$,代数

余子式 $A_{12}=(-1)^{1+2}\begin{vmatrix} 0 & 1 \\ 7 & -2 \end{vmatrix}=7$,元素 $a_{33}=-2$ 的余子式 $M_{33}=\begin{vmatrix} 2 & -1 \\ 0 & 6 \end{vmatrix}=12$,代数

余子式 $A_{33}=(-1)^{3+3}\begin{vmatrix} 2 & -1 \\ 0 & 6 \end{vmatrix}=12$.

性质 6 行列式等于它的任意一行(列)的各元素与其对应代数余子式乘积之和,即

$$D=a_{i1}A_{i1}+a_{i2}A_{i2}+\cdots+a_{in}A_{in}=\sum_{k=1}^{n}a_{ik}A_{ik} \quad (i=1,2,\cdots,n) \qquad (2.8)$$

或

$$D=a_{1j}A_{1j}+a_{2j}A_{2j}+\cdots+a_{nj}A_{nj}=\sum_{k=1}^{n}a_{kj}A_{kj} \quad (j=1,2,\cdots,n) \qquad (2.9)$$

性质 6 也称为行列式的按行(列)展开法则. 其中,式(2.8)是按第 i 行展开式,式(2.9)则是按第 j 列展开式.

证 仅对按行展开式(2.8)予以证明.

(1) 首先讨论 D 的第一行中的元素除 $a_{11}\neq 0$ 外,其余元素均为 0 的特殊情形,即

$$D=\begin{vmatrix} a_{11} & 0 & \cdots & 0 \\ a_{21} & a_{22} & \cdots & a_{2n} \\ \vdots & \vdots & & \vdots \\ a_{n1} & a_{n2} & & a_{nn} \end{vmatrix}$$

因为 D 的每一项都含有第一行中的元素,但第一行中仅有 $a_{11}\neq 0$,所以 D 仅含有下面形式的项

$$(-1)^{N(1j_2\cdots j_n)}a_{11}a_{2j_2}\cdots a_{nj_n}=a_{11}[(-1)^{N(j_2\cdots j_n)}a_{2j_2}\cdots a_{nj_n}]$$

等号右端方括号内正是 M_{11} 的一般项,所以 $D=a_{11}M_{11}$,再由 $A_{11}=(-1)^{1+1}M_{11}=M_{11}$,得到 $D=a_{11}A_{11}$.

(2) 其次讨论 D 的第 i 行中的元素除 $a_{ij}\neq 0$ 外,其余元素均为 0 的情形.

$$D=\begin{vmatrix} a_{11} & \cdots & a_{1,j-1} & a_{1j} & a_{1,j+1} & \cdots & a_{1n} \\ \vdots & & \vdots & \vdots & \vdots & & \vdots \\ a_{i-1,1} & \cdots & a_{i-1,j-1} & a_{i-1,j} & a_{i-1,j+1} & \cdots & a_{i-1,n} \\ 0 & \cdots & 0 & a_{ij} & 0 & \cdots & 0 \\ a_{i+1,1} & \cdots & a_{i+1,j-1} & a_{i+1,j} & a_{i+1,j+1} & \cdots & a_{i+1,n} \\ \vdots & & \vdots & \vdots & \vdots & & \vdots \\ a_{n1} & \cdots & a_{n,j-1} & a_{nj} & a_{n,j+1} & \cdots & a_{nn} \end{vmatrix}$$

将 D 的第 i 行依次与第 $i-1,\cdots,2,1$ 各行交换后,再将第 j 列依次与第 $j-1,\cdots,2,1$ 各列交换,共经过 $i+j-2$ 次交换 D 的行和列,得

$$D=(-1)^{i+j-2}\begin{vmatrix} a_{ij} & 0 & \cdots & 0 & 0 & \cdots & 0 \\ a_{1j} & a_{11} & \cdots & a_{1,j-1} & a_{1,j+1} & & a_{1n} \\ \vdots & \vdots & & \vdots & \vdots & & \vdots \\ a_{i-1,j} & a_{i-1,1} & \cdots & a_{i-1,j-1} & a_{i-1,j+1} & & a_{i-1,n} \\ a_{i+1,j} & a_{i+1,1} & \cdots & a_{i+1,j-1} & a_{i+1,j+1} & & a_{i+1,n} \\ \vdots & \vdots & & \vdots & \vdots & & \vdots \\ a_{nj} & a_{n1} & \cdots & a_{n,j-1} & a_{n,j+1} & & a_{nn} \end{vmatrix}$$

$$=(-1)^{i+j}a_{ij}M_{ij}=a_{ij}A_{ij}$$

（3）最后讨论一般情形

$$D=\begin{vmatrix} a_{11} & a_{12} & \cdots & a_{1n} \\ \vdots & \vdots & & \vdots \\ a_{i1}+0+\cdots+0 & 0+a_{i2}+\cdots+0 & \cdots & 0+\cdots+0+a_{in} \\ \vdots & \vdots & & \vdots \\ a_{n1} & a_{n2} & \cdots & a_{nn} \end{vmatrix}$$

由性质 4 及上述（2）的结论，可得

$$D=\begin{vmatrix} a_{11} & a_{12} & \cdots & a_{1n} \\ \vdots & \vdots & & \vdots \\ a_{i1} & 0 & \cdots & 0 \\ \vdots & \vdots & & \vdots \\ a_{n1} & a_{n2} & \cdots & a_{nn} \end{vmatrix}+\begin{vmatrix} a_{11} & a_{12} & \cdots & a_{1n} \\ \vdots & \vdots & & \vdots \\ 0 & a_{i2} & \cdots & 0 \\ \vdots & \vdots & & \vdots \\ a_{n1} & a_{n2} & \cdots & a_{nn} \end{vmatrix}+\cdots+\begin{vmatrix} a_{11} & a_{12} & \cdots & a_{1n} \\ \vdots & \vdots & & \vdots \\ 0 & 0 & \cdots & a_{in} \\ \vdots & \vdots & & \vdots \\ a_{n1} & a_{n2} & \cdots & a_{nn} \end{vmatrix}$$

$$=a_{i1}A_{i1}+a_{i2}A_{i2}+\cdots+a_{in}A_{in}$$

显然这一结果对任意 $i=1,2,\cdots,n$ 均成立.

例如，设行列式

$$D=\begin{vmatrix} 2 & 1 & -3 & 2 \\ 3 & 0 & 0 & 0 \\ 0 & 2 & 0 & 0 \\ 3 & 0 & 1 & 2 \end{vmatrix}$$

若按第 1 行展开，则

$$D=\begin{vmatrix} 2 & 1 & -3 & 2 \\ 3 & 0 & 0 & 0 \\ 0 & 2 & 0 & 0 \\ 3 & 0 & 1 & 2 \end{vmatrix}$$

$$=2\times(-1)^{1+1}\begin{vmatrix} 0 & 0 & 0 \\ 2 & 0 & 0 \\ 0 & 1 & 2 \end{vmatrix}+1\times(-1)^{1+2}\begin{vmatrix} 3 & 0 & 0 \\ 0 & 0 & 0 \\ 3 & 1 & 2 \end{vmatrix}+(-3)\times(-1)^{1+3}\begin{vmatrix} 3 & 0 & 0 \\ 0 & 2 & 0 \\ 3 & 0 & 2 \end{vmatrix}$$

$$+2\times(-1)^{1+4}\begin{vmatrix} 3 & 0 & 0 \\ 0 & 2 & 0 \\ 3 & 0 & 1 \end{vmatrix}$$

$$=2\times(-1)^2\times0+1\times(-1)^3\times0+(-3)\times(-1)^4\cdot12+2\times(-1)^5\cdot6$$

$$=-48$$

若按第 3 行展开，则

$$D = \begin{vmatrix} 2 & 1 & -3 & 2 \\ 3 & 0 & 0 & 0 \\ 0 & 2 & 0 & 0 \\ 3 & 0 & 1 & 2 \end{vmatrix} = 2 \times (-1)^{3+2} \begin{vmatrix} 2 & -3 & 2 \\ 3 & 0 & 0 \\ 3 & 1 & 2 \end{vmatrix}$$

$$= -2 \times 3 \times (-1)^{2+1} \begin{vmatrix} -3 & 2 \\ 1 & 2 \end{vmatrix}$$

$$= 2 \times 3 \times (-8) = -48$$

可以看到，按不同的行展开，行列式的值不变，但是按含零元素较多的行展开，计算更便捷。

推论 4 行列式的某一行（列）的各元素与另一行（列）的对应元素的代数余子式的乘积之和等于 0. 即

$$a_{i1}A_{j1} + a_{i2}A_{j2} + \cdots + a_{in}A_{jn} = \sum_{k=1}^{n} a_{ik}A_{jk} = 0 \quad (i \neq j) \tag{2.10}$$

或

$$a_{1i}A_{1j} + a_{2i}A_{2j} + \cdots + a_{ni}A_{nj} = \sum_{k=1}^{n} a_{ki}A_{kj} = 0 \quad (i \neq j) \tag{2.11}$$

证 只对关于行的情形式(2.10)予以证明.

对 n 阶行列式

$$D = \begin{vmatrix} a_{11} & a_{12} & \cdots & a_{1n} \\ \vdots & \vdots & & \vdots \\ a_{i1} & a_{i2} & \cdots & a_{in} \\ \vdots & \vdots & & \vdots \\ a_{j1} & a_{j2} & \cdots & a_{jn} \\ \vdots & \vdots & & \vdots \\ a_{n1} & a_{n2} & \cdots & a_{nn} \end{vmatrix}$$

将其第 j 行的元素换成第 i 行的元素，得

$$D_1 = \begin{vmatrix} a_{11} & a_{12} & \cdots & a_{1n} \\ \vdots & \vdots & & \vdots \\ a_{i1} & a_{i2} & \cdots & a_{in} \\ \vdots & \vdots & & \vdots \\ a_{i1} & a_{i2} & \cdots & a_{in} \\ \vdots & \vdots & & \vdots \\ a_{n1} & a_{n2} & \cdots & a_{nn} \end{vmatrix}$$

显然当 $i \neq j$ 时，$D_1 = 0$. 用 A_{ij} 表示行列式 D 中的元素 a_{ij} 的代数余子式，可以看到 D 中第 j 行各元素的代数余子式与 D_1 中第 j 行对应元素的代数余子式相同，所以将 D_1 按第 j 行展开得

$$D_1 = a_{i1}A_{j1} + a_{i2}A_{j2} + \cdots + a_{in}A_{jn}$$

由此得：当 $i \neq j$ 时，有

$$a_{i1}A_{j1} + a_{i2}A_{j2} + \cdots + a_{in}A_{jn} = 0$$

同理可证关于列的情形式(2.11).

综合性质 6 及推论 4 的结果，对 n 阶行列式 $D = |a_{ij}|$，有

$$\sum_{k=1}^{n} a_{ik}A_{jk} = a_{i1}A_{j1} + a_{i2}A_{j2} + \cdots + a_{in}A_{jn} = \begin{cases} D & (i = j) \\ 0 & (i \neq j) \end{cases}$$

和

$$\sum_{k=1}^{n} a_{ki}A_{kj} = a_{1i}A_{1j} + a_{2i}A_{2j} + \cdots + a_{ni}A_{nj} = \begin{cases} D & (i = j) \\ 0 & (i \neq j) \end{cases}$$

值得注意的是性质 6 和推论 4 表达的是两个不同的问题. 性质 6 用来计算行列式的值，它可以将高阶行列式降为低阶行列式，从而方便计算；而推论 4 是用来说明行列式的某行(列)元素与其他行(列)对应元素的代数余子式之间满足的关系.

习 题 2-3

1. 设行列式 $\begin{vmatrix} a_1 & b_1 \\ a_2 & b_2 \end{vmatrix} = 1$, $\begin{vmatrix} a_1 & c_1 \\ a_2 & c_2 \end{vmatrix} = 2$, 则 $\begin{vmatrix} a_1 & b_1+c_1 \\ a_2 & b_2+c_2 \end{vmatrix} = ($).

A. -3 B. -1 C. 1   D. 3

2. 不能作为 n 阶行列式 D_n 为零的充分条件的是( ).

A. D_n 中有两行(或列)元素对应成比例

B. D_n 中有一行(或列)元素全为零

C. D_n $(n>2)$ 中有一行元素与某一列的元素相同

D. D_n 中各列的元素之和等于零

3. 设行列式 $\begin{vmatrix} x & y & z \\ 4 & 0 & 3 \\ 1 & 1 & 1 \end{vmatrix} = 1$, 则行列式 $\begin{vmatrix} 2x & 2y & 2z \\ \frac{4}{3} & 0 & 1 \\ 1 & 1 & 1 \end{vmatrix} = ($).

A. $\frac{2}{3}$ B. 1   C. 2   D. $\frac{8}{3}$

4. 与三阶行列式 $\begin{vmatrix} a_{11} & a_{12} & a_{13} \\ a_{21} & a_{22} & a_{23} \\ a_{31} & a_{32} & a_{33} \end{vmatrix}$ 等值的行列式为( ).

A. $\begin{vmatrix} a_{13} & a_{12} & a_{11} \\ a_{23} & a_{22} & a_{21} \\ a_{33} & a_{32} & a_{31} \end{vmatrix}$ B. $\begin{vmatrix} a_{13} & -a_{12} & a_{11} \\ a_{23} & -a_{22} & a_{21} \\ a_{33} & -a_{32} & a_{31} \end{vmatrix}$

C. $\begin{vmatrix} -a_{11} & a_{21} & a_{31} \\ -a_{12} & a_{22} & a_{32} \\ -a_{13} & a_{23} & a_{33} \end{vmatrix}$ D. $\begin{vmatrix} a_{11} & a_{12}+a_{13} & a_{13}+a_{12}+a_{11} \\ a_{21} & a_{22}+a_{23} & a_{23}+a_{22}+a_{21} \\ a_{31} & a_{32}+a_{33} & a_{33}+a_{32}+a_{31} \end{vmatrix}$

5. 若 $\begin{vmatrix} a_{11} & a_{12} & a_{13} \\ a_{21} & a_{22} & a_{23} \\ a_{31} & a_{32} & a_{33} \end{vmatrix} = 1$，则 $\begin{vmatrix} 4a_{11} & 5a_{11}-2a_{12} & a_{13} \\ 4a_{21} & 5a_{21}-2a_{22} & a_{23} \\ 4a_{31} & 5a_{31}-2a_{32} & a_{33} \end{vmatrix} = (\quad)$.

A. -40 B. 40 C. -8 D. 20

6. 三阶行列式 $|a_{ij}| = \begin{vmatrix} 0 & -1 & 1 \\ 1 & 0 & -1 \\ -1 & 1 & 0 \end{vmatrix}$ 中元素 a_{21} 的代数余子式 $A_{21} = (\quad)$.

A. -2 B. -1 C. 1 D. 2

7. 若四阶行列式 D 中第 4 行的元素自左向右依次是 $1,2,0,0$，余子式 $M_{41}=2$，$M_{42}=3$，则四阶行列式 $D=(\quad)$.

A. -8 B. 8 C. -4 D. 4

8. 已知行列式 $\begin{vmatrix} a_1+b_1 & a_1-b_1 \\ a_2+b_2 & a_2-b_2 \end{vmatrix} = -4$，则 $\begin{vmatrix} a_1 & b_1 \\ a_2 & b_2 \end{vmatrix} = \underline{\qquad}$.

9. 若 $a_i b_i \neq 0 \ (i=1,2,3)$，则行列式 $\begin{vmatrix} a_1 b_1 & a_1 b_2 & a_1 b_3 \\ a_2 b_1 & a_2 b_2 & a_2 b_3 \\ a_3 b_1 & a_3 b_2 & a_3 b_3 \end{vmatrix} = \underline{\qquad}$.

10. 设三阶行列式 D_3 的第 2 列元素分别为 $1,-2,3$，对应的代数余子式分别为 $-3,2,1$，则 $D_3 = \underline{\qquad}$.

11. 利用行列式性质，计算下列行列式.

(1) $\begin{vmatrix} 555 & 222 \\ 450 & 360 \end{vmatrix}$

(2) $\begin{vmatrix} 0 & 2 & 3 & 4 \\ 0 & 0 & 2 & 3 \\ 2 & 3 & 4 & 5 \\ 0 & 0 & 0 & 2 \end{vmatrix}$

(3) $\begin{vmatrix} 0 & a_2 & 0 & \cdots & 0 & 0 \\ 0 & 0 & a_3 & \cdots & 0 & 0 \\ \vdots & \vdots & \vdots & & \vdots & \vdots \\ 0 & 0 & 0 & \cdots & a_{n-1} & 0 \\ 0 & 0 & 0 & \cdots & 0 & a_n \\ a_1 & 0 & 0 & \cdots & 0 & 0 \end{vmatrix}$

(4) $\begin{vmatrix} 0 & 0 & \cdots & 0 & a_1 \\ 0 & 0 & \cdots & a_2 & 0 \\ \vdots & \vdots & & \vdots & \vdots \\ 0 & a_{n-1} & \cdots & 0 & 0 \\ a_n & 0 & \cdots & 0 & 0 \end{vmatrix}$

12. 证明：

(1) $\begin{vmatrix} a_1 & b_1+\lambda a_1 & c_1+kb_1 \\ a_2 & b_2+\lambda a_2 & c_2+kb_2 \\ a_3 & b_3+\lambda a_3 & c_3+kb_3 \end{vmatrix} = \begin{vmatrix} a_1 & b_1 & c_1 \\ a_2 & b_2 & c_2 \\ a_3 & b_3 & c_3 \end{vmatrix}$

(2) $\begin{vmatrix} b_1+c_1 & c_1+a_1 & a_1+b_1 \\ b_2+c_2 & c_2+a_2 & a_2+b_2 \\ b_3+c_3 & c_3+a_3 & a_3+b_3 \end{vmatrix} = 2\begin{vmatrix} a_1 & b_1 & c_1 \\ a_2 & b_2 & c_2 \\ a_3 & b_3 & c_3 \end{vmatrix}$

(3) 设 $D_n = \begin{vmatrix} 0 & a_{12} & a_{13} & \cdots & a_{1n} \\ -a_{12} & 0 & a_{23} & \cdots & a_{2n} \\ -a_{13} & -a_{23} & 0 & \cdots & a_{3n} \\ \vdots & \vdots & \vdots & & \vdots \\ -a_{1n} & -a_{2n} & -a_{3n} & \cdots & 0 \end{vmatrix}$, 则当 n 为奇数时, $D_n = 0$.

13. 设四阶行列式 $D = \begin{vmatrix} 1 & -2 & 2 & 0 \\ 0 & 2 & 3 & 0 \\ 2 & -1 & 0 & -2 \\ 3 & 2 & 1 & 0 \end{vmatrix}$, 请分别按第 4 行和第 4 列展开的方法计

算该行列式的值.

2.4 行列式的计算

在需要运用行列式这一工具研究某个问题时,一个最基本的任务就是要计算行列式的值. 如果遇到的是二阶或三阶行列式时,直接用定义计算不会有什么困难,但当遇到的是阶数较高或是一般的 n 阶行列式时,直接用定义计算就显得很不方便,有时甚至难以进行. 我们从行列式性质的学习中看到,利用行列式的性质可以化简行列式的元素形式,进而可以简化行列式的计算过程. 本节就将讨论如何利用行列式的有关性质化简行列式,从而简化行列式的计算的问题. 本节介绍两种基本的计算行列式的方法.

1. 化三角形法

根据上节性质 5 后的简例,我们看到利用行列式的有关性质可以将行列式化简为三角形行列式,进而得到行列式的计算结果,这是计算行列式的一种有效的方法,称为化三角形法.

例 1 计算行列式 $D = \begin{vmatrix} -1 & 0 & 1 & -2 \\ 2 & -1 & 2 & 1 \\ 1 & 2 & 1 & -1 \\ 1 & 1 & 0 & 4 \end{vmatrix}$.

解 $D = \begin{vmatrix} -1 & 0 & 1 & -2 \\ 2 & -1 & 2 & 1 \\ 1 & 2 & 1 & -1 \\ 1 & 1 & 0 & 4 \end{vmatrix} \xrightarrow[\substack{r_3+r_1 \\ r_4+r_1}]{r_2+2r_1} \begin{vmatrix} -1 & 0 & 1 & -2 \\ 0 & -1 & 4 & -3 \\ 0 & 2 & 2 & -3 \\ 0 & 1 & 1 & 2 \end{vmatrix}$

$\xrightarrow[\substack{r_3+2r_2 \\ r_4+r_2}]{} \begin{vmatrix} -1 & 0 & 1 & -2 \\ 0 & -1 & 4 & -3 \\ 0 & 0 & 10 & -9 \\ 0 & 0 & 5 & -1 \end{vmatrix} \xrightarrow[]{r_3 \leftrightarrow r_4} - \begin{vmatrix} -1 & 0 & 1 & -2 \\ 0 & -1 & 4 & -3 \\ 0 & 0 & 5 & -1 \\ 0 & 0 & 10 & -9 \end{vmatrix}$

$$\xlongequal{r_4-2r_3} -\begin{vmatrix} -1 & 0 & 1 & -2 \\ 0 & -1 & 4 & -3 \\ 0 & 0 & 5 & -1 \\ 0 & 0 & 0 & -7 \end{vmatrix} = 35$$

例 2　计算行列式 $D=\begin{vmatrix} 3 & 1 & 1 & 1 \\ 1 & 3 & 1 & 1 \\ 1 & 1 & 3 & 1 \\ 1 & 1 & 1 & 3 \end{vmatrix}$.

解　$D \xlongequal{r_1+r_2+r_3+r_4} \begin{vmatrix} 6 & 6 & 6 & 6 \\ 1 & 3 & 1 & 1 \\ 1 & 1 & 3 & 1 \\ 1 & 1 & 1 & 3 \end{vmatrix} = 6\begin{vmatrix} 1 & 1 & 1 & 1 \\ 1 & 3 & 1 & 1 \\ 1 & 1 & 3 & 1 \\ 1 & 1 & 1 & 3 \end{vmatrix}$

$$\xlongequal[\substack{r_3-r_1 \\ r_4-r_1}]{r_2-r_1} 6\begin{vmatrix} 1 & 1 & 1 & 1 \\ 0 & 2 & 0 & 0 \\ 0 & 0 & 2 & 0 \\ 0 & 0 & 0 & 2 \end{vmatrix} = 48$$

仿照例 2 方法可得更一般的结果

$$D=\begin{vmatrix} a & b & \cdots & b \\ b & a & \cdots & b \\ \vdots & \vdots & & \vdots \\ b & b & \cdots & a \end{vmatrix} = [a+(n-1)b](a-b)^{n-1}$$

以上两个例子都是将所给行列式化简为上三角形行列式后完成计算的. 在化简过程中, 虽然我们用到了行列式关于行或列的多种性质, 但是起关键作用的是性质 5, 即

$$r_i+kr_j\ (c_i+kc_j)$$

稍加分析便可发现, 任何一个 n 阶行列式总可利用运算 $r_i+kr_j\ (c_i+kc_j)$ 将行列式化为三角形行列式.

例 3　证明:

$$D=\begin{vmatrix} a_{11} & \cdots & a_{1n} & c_{11} & \cdots & c_{1m} \\ \vdots & & \vdots & \vdots & & \vdots \\ a_{n1} & \cdots & a_{nn} & c_{n1} & \cdots & c_{nm} \\ 0 & \cdots & 0 & b_{11} & \cdots & b_{1m} \\ \vdots & & \vdots & \vdots & & \vdots \\ 0 & \cdots & 0 & b_{m1} & \cdots & b_{mm} \end{vmatrix} = \begin{vmatrix} a_{11} & \cdots & a_{1n} \\ \vdots & & \vdots \\ a_{n1} & \cdots & a_{nn} \end{vmatrix} \cdot \begin{vmatrix} b_{11} & \cdots & b_{1m} \\ \vdots & & \vdots \\ b_{m1} & \cdots & b_{mm} \end{vmatrix} \tag{2.12}$$

证　设　$D_1=\begin{vmatrix} a_{11} & \cdots & a_{1n} \\ \vdots & & \vdots \\ a_{n1} & \cdots & a_{nn} \end{vmatrix}$,　$D_2=\begin{vmatrix} b_{11} & \cdots & b_{1m} \\ \vdots & & \vdots \\ b_{m1} & \cdots & b_{mm} \end{vmatrix}$

对 D_1 做一系列关于列的运算 c_i+kc_j，可将其化为上三角形行列式，即有

$$D_1=\begin{vmatrix} a_{11} & \cdots & a_{1n} \\ \vdots & & \vdots \\ a_{n1} & \cdots & a_{nn} \end{vmatrix}=\begin{vmatrix} p_{11} & \cdots & p_{1n} \\ \vdots & & \vdots \\ 0 & \cdots & p_{nn} \end{vmatrix}=p_{11}p_{22}\cdots p_{nn}$$

对 D_2 做一系列关于行的运算 r_i+kr_j，也可将其化为上三角形行列式，即有

$$D_2=\begin{vmatrix} b_{11} & \cdots & b_{1m} \\ \vdots & & \vdots \\ b_{m1} & \cdots & b_{mm} \end{vmatrix}=\begin{vmatrix} q_{11} & \cdots & q_{1m} \\ \vdots & & \vdots \\ 0 & \cdots & q_{mm} \end{vmatrix}=q_{11}q_{22}\cdots q_{mm}$$

于是，对 D 的前 n 列进行上述关于 D_1 所做的一系列运算 c_i+kc_j，再对 D 的后 m 行进行上述关于 D_2 所做的一系列运算 r_i+kr_j，则 D 便化为上三角形行列式，即有

$$D=\begin{vmatrix} p_{11} & \cdots & p_{1n} & c_{11} & \cdots & c_{1m} \\ \vdots & & \vdots & \vdots & & \vdots \\ 0 & \cdots & p_{nn} & c_{n1} & \cdots & c_{nm} \\ 0 & \cdots & 0 & q_{11} & \cdots & q_{1m} \\ \vdots & & \vdots & \vdots & & \vdots \\ 0 & \cdots & 0 & 0 & \cdots & q_{mm} \end{vmatrix}=p_{11}p_{22}\cdots p_{nn}\cdot q_{11}q_{22}\cdots q_{mm}=D_1D_2$$

即

$$\begin{vmatrix} a_{11} & \cdots & a_{1n} & c_{11} & \cdots & c_{1m} \\ \vdots & & \vdots & \vdots & & \vdots \\ a_{n1} & \cdots & a_{nn} & c_{n1} & \cdots & c_{nm} \\ 0 & \cdots & 0 & b_{11} & \cdots & b_{1m} \\ \vdots & & \vdots & \vdots & & \vdots \\ 0 & \cdots & 0 & b_{m1} & \cdots & b_{mm} \end{vmatrix}=\begin{vmatrix} a_{11} & \cdots & a_{1n} \\ \vdots & & \vdots \\ a_{n1} & \cdots & a_{nn} \end{vmatrix}\cdot\begin{vmatrix} b_{11} & \cdots & b_{1m} \\ \vdots & & \vdots \\ b_{m1} & \cdots & b_{mm} \end{vmatrix}$$

利用行列式的转置性质，还可得到与上述形式相似的另一结果为

$$D=\begin{vmatrix} a_{11} & \cdots & a_{1n} & 0 & \cdots & 0 \\ \vdots & & \vdots & & & \vdots \\ a_{n1} & \cdots & a_{nn} & 0 & \cdots & 0 \\ c_{11} & \cdots & c_{1n} & b_{11} & \cdots & b_{1m} \\ \vdots & & \vdots & \vdots & & \vdots \\ c_{m1} & \cdots & c_{mn} & b_{m1} & \cdots & b_{mm} \end{vmatrix}=\begin{vmatrix} a_{11} & \cdots & a_{1n} \\ \vdots & & \vdots \\ a_{n1} & \cdots & a_{nn} \end{vmatrix}\cdot\begin{vmatrix} b_{11} & \cdots & b_{1m} \\ \vdots & & \vdots \\ b_{m1} & \cdots & b_{mm} \end{vmatrix}$$

2. 降阶法

利用性质 6 按行（列）展开法则，可以将一个 n 阶行列式转化为 n 个 $n-1$ 阶行列式的计算，虽然计算量并不见得减少，但是，若行列式的某行或列中含有较多的零元素，就可转化为计算少量甚至只有一个低一阶的行列式，由此得到简化行列式计算过程的又一种有效方法. 首先选择行列式的某一行（列）进行化简，使得该行（列）只有极少的非零元素或

仅有一个非零元素,那么,再按此行(列)展开,就可将原行列式化简为极少个甚至只有一个低一阶的行列式,如此继续下去,直到化为三阶甚至二阶行列式,进而迅速得到结果. 这种计算行列式的方法称为降阶法.

例 4 利用降阶法计算例 1 的行列式 $D=\begin{vmatrix} -1 & 0 & 1 & -2 \\ 2 & -1 & 2 & 1 \\ 1 & 2 & 1 & -1 \\ 1 & 1 & 0 & 4 \end{vmatrix}$.

解 根据行列式元素特点,选择第 3 列进行化简,再按该列展开.

$$D=\begin{vmatrix} -1 & 0 & 1 & -2 \\ 2 & -1 & 2 & 1 \\ 1 & 2 & 1 & -1 \\ 1 & 1 & 0 & 4 \end{vmatrix} \xrightarrow[r_3-r_1]{r_2-2r_1} \begin{vmatrix} -1 & 0 & 1 & -2 \\ 4 & -1 & 0 & 5 \\ 2 & 2 & 0 & 1 \\ 1 & 1 & 0 & 4 \end{vmatrix}$$

$$=1\times(-1)^{1+3}\begin{vmatrix} 4 & -1 & 5 \\ 2 & 2 & 1 \\ 1 & 1 & 4 \end{vmatrix} \xrightarrow{r_2-2r_3} \begin{vmatrix} 4 & -1 & 5 \\ 0 & 0 & -7 \\ 1 & 1 & 4 \end{vmatrix}$$

$$=(-7)\times(-1)^{2+3}\begin{vmatrix} 4 & -1 \\ 1 & 1 \end{vmatrix}=7\times5=35$$

与例 1 的解法相比较,容易看出,对这类元素分布没有明显规律性的高阶行列式,降阶法更简便一些.

例 5 证明: $\begin{vmatrix} 1 & 2 & 3 & 4 & \cdots & n \\ 1 & 1 & 2 & 3 & \cdots & n-1 \\ 1 & x & 1 & 2 & \cdots & n-2 \\ 1 & x & x & 1 & \cdots & n-3 \\ \vdots & \vdots & \vdots & \vdots & & \vdots \\ 1 & x & x & x & \cdots & 2 \\ 1 & x & x & x & \cdots & 1 \end{vmatrix}=(-1)^{n+1}x^{n-2}.$

证

$$原式 \xrightarrow[(i=2,\cdots,n)]{r_{i-1}-r_i} \begin{vmatrix} 0 & 1 & 1 & 1 & \cdots & 1 & 1 \\ 0 & 1-x & 1 & 1 & \cdots & 1 & 1 \\ 0 & 0 & 1-x & 1 & \cdots & 1 & 1 \\ 0 & 0 & 0 & 1-x & \cdots & 1 & 1 \\ \vdots & \vdots & \vdots & \vdots & & \vdots & \vdots \\ 0 & 0 & 0 & 0 & \cdots & 1-x & 1 \\ 1 & x & x & x & \cdots & x & 1 \end{vmatrix}$$

$$= (-1)^{n+1} \begin{vmatrix} 1 & 1 & 1 & \cdots & 1 & 1 \\ 1-x & 1 & 1 & \cdots & 1 & 1 \\ 0 & 1-x & 1 & \cdots & 1 & 1 \\ 0 & 0 & 1-x & \cdots & 1 & 1 \\ \vdots & \vdots & \vdots & & \vdots & \vdots \\ 0 & 0 & 0 & \cdots & 1-x & 1 \end{vmatrix}_{(n-1)}$$

$$\xlongequal[\substack{r_{i-1}-r_i \\ (i=2,\cdots,n-1)}]{} (-1)^{n+1} \begin{vmatrix} x & 0 & 0 & \cdots & 0 & 0 \\ 1-x & x & 0 & \cdots & 0 & 0 \\ 0 & 1-x & x & \cdots & 0 & 0 \\ 0 & 0 & 1-x & \cdots & 0 & 0 \\ \vdots & \vdots & \vdots & & \vdots & \vdots \\ 0 & 0 & 0 & \cdots & 1-x & 1 \end{vmatrix}_{(n-1)}$$

$$= (-1)^{n+1} x^{n-2}$$

例6 证明:范德蒙德(Vandermonde)行列式

$$V_n = \begin{vmatrix} 1 & 1 & \cdots & 1 \\ x_1 & x_2 & x_3 & \cdots & x_n \\ x_1^2 & x_2^2 & x_3^2 & \cdots & x_n^2 \\ \vdots & \vdots & \vdots & & \vdots \\ x_1^{n-1} & x_2^{n-1} & x_3^{n-1} & \cdots & x_n^{n-1} \end{vmatrix} = \prod_{1 \leqslant i < j \leqslant n} (x_j - x_i) \tag{2.13}$$

证 用数学归纳法证明. 因为

$$\begin{vmatrix} 1 & 1 \\ x_1 & x_2 \end{vmatrix} = x_2 - x_1 = \prod_{1 \leqslant i < j \leqslant 2} (x_j - x_i)$$

所以,当 $n=2$ 时式(2.13)成立,即式(2.13)对二阶范德蒙德行列式成立.

假设式(2.13)对 $n-1$ 阶范德蒙德行列式成立,下证式(2.13)对 n 阶范德蒙德行列式成立.

首先,对 n 阶范德蒙德行列式 V_n,从第 n 行起,依次做后行减前行的 x_1 倍的运算,得

$$V_n = \begin{vmatrix} 1 & 1 & 1 & \cdots & 1 \\ 0 & x_2-x_1 & x_3-x_1 & \cdots & x_n-x_1 \\ 0 & x_2(x_2-x_1) & x_3(x_3-x_1) & \cdots & x_n(x_n-x_1) \\ \vdots & \vdots & \vdots & & \vdots \\ 0 & x_2^{n-2}(x_2-x_1) & x_3^{n-2}(x_3-x_1) & \cdots & x_n^{n-2}(x_n-x_1) \end{vmatrix}$$

然后,按第一列展开,并把每列的公因子 $(x_j-x_1)(j=2,3,\cdots,n)$ 提出,可得

$$V_n = (x_2-x_1)(x_3-x_1)\cdots(x_n-x_1) \begin{vmatrix} 1 & 1 & \cdots & 1 \\ x_2 & x_3 & \cdots & x_n \\ \vdots & \vdots & & \vdots \\ x_2^{n-2} & x_3^{n-2} & \cdots & x_n^{n-2} \end{vmatrix}_{(n-1)}$$

上式右端的行列式是一个 $n-1$ 阶范德蒙德行列式,依归纳法假设,它等于所有满足 $2 \leqslant i < j \leqslant n$ 的因子 $(x_j - x_1)$ 的乘积,故得

$$V_n = (x_2 - x_1)(x_3 - x_1) \cdots (x_n - x_1) \prod_{2 \leqslant i < j \leqslant n} (x_j - x_i) = \prod_{1 \leqslant i < j \leqslant n} (x_j - x_i)$$

显然,当 $x_1, x_2, \cdots, x_n$ 互不相等时,$V_n \neq 0$.

例 7 计算行列式 $\begin{vmatrix} 1 & 1 & 1 & 1 \\ 2 & -1 & 3 & 4 \\ 4 & 1 & 9 & 16 \\ 8 & -1 & 27 & 64 \end{vmatrix}$.

解 利用范德蒙德行列式的结论,有

$$\begin{vmatrix} 1 & 1 & 1 & 1 \\ 2 & -1 & 3 & 4 \\ 4 & 1 & 9 & 16 \\ 8 & -1 & 27 & 64 \end{vmatrix} = \begin{vmatrix} 1 & 1 & 1 & 1 \\ 2 & -1 & 3 & 4 \\ 2^2 & (-1)^2 & 3^2 & 4^2 \\ 2^3 & (-1)^3 & 3^3 & 4^3 \end{vmatrix}$$

$$= (-1-2)(3-2)(4-2)$$
$$\times [3-(-1)][4-(-1)](4-3)$$
$$= -120$$

习 题 2-4

1. 设 $\begin{vmatrix} a & b & 0 \\ -b & a & 0 \\ -89 & 6 & -9 \end{vmatrix} = 0$, a, b 均为实数,则 $a = \underline{\hspace{2cm}}$, $b = \underline{\hspace{2cm}}$.

2. 设 $D = \begin{vmatrix} 2 & 0 & 1 & 2 \\ 1 & 3 & -3 & -1 \\ 1 & 0 & -7 & 2 \\ 1 & 1 & 2 & 0 \end{vmatrix}$,则 $3A_{23} + A_{43} = \underline{\hspace{2cm}}$,$M_{13} - M_{23} + M_{33} - M_{43} = $

$\underline{\hspace{2cm}}$,其中 M_{ij} 为元素 a_{ij} 的余子式,A_{ij} 为元素 a_{ij} 的代数余子式.

3. 设 $f(x) = \begin{vmatrix} 1 & 1 & 1 & 1 \\ 1 & -1 & 2 & x \\ 1 & 1 & 4 & x^2 \\ 1 & -1 & 8 & x^3 \end{vmatrix}$,则方程 $f(x) = 0$ 的三个根分别为(　　).

A. $1, -1, 2$ B. $1, 1, 4$ C. $1, -1, 8$ D. $2, 4, 8$

4. 利用化三角形法计算下列行列式.

$(1)\begin{vmatrix} 1 & 1 & -1 & 1 \\ 2 & 2 & 0 & 1 \\ -1 & 0 & 2 & 1 \\ 1 & 1 & 3 & 2 \end{vmatrix}$
$\qquad$
$(2)\begin{vmatrix} 3 & 2 & 0 & 1 \\ 1 & 1 & 2 & 0 \\ 4 & 1 & -1 & 1 \\ 2 & -1 & 2 & 1 \end{vmatrix}$

$(3)\begin{vmatrix} a_1-\lambda & a_2 & a_3 & \cdots & a_n \\ a_1 & a_2-\lambda & a_3 & \cdots & a_n \\ a_1 & a_2 & a_3-\lambda & \cdots & a_n \\ \vdots & \vdots & \vdots & & \vdots \\ a_1 & a_2 & a_3 & \cdots & a_n-\lambda \end{vmatrix}$

$(4)\begin{vmatrix} a_0 & 1 & 1 & \cdots & 1 & 1 \\ 1 & a_1 & 0 & \cdots & 0 & 0 \\ 1 & 0 & a_2 & \cdots & 0 & 0 \\ \vdots & \vdots & \vdots & & \vdots & \vdots \\ 1 & 0 & 0 & \cdots & a_{n-1} & 0 \\ 1 & 0 & 0 & \cdots & 0 & a_n \end{vmatrix}$ $(a_i\neq 0, i=1,2,\cdots,n)$

$(5)\begin{vmatrix} 1 & 3 & 3 & \cdots & 3 \\ 3 & 2 & 3 & \cdots & 3 \\ 3 & 3 & 3 & \cdots & 3 \\ \vdots & \vdots & \vdots & & \vdots \\ 3 & 3 & 3 & \cdots & n \end{vmatrix}$

5. 用降阶法计算下列行列式.

$(1)\ D_n=\begin{vmatrix} 4 & 3 & 2 & 1 \\ 2 & 3 & 1 & 2 \\ 3 & 6 & 4 & 2 \\ 1 & 2 & 2 & 1 \end{vmatrix}$
$\qquad$
$(2)\begin{vmatrix} 2 & 1 & -3 & 2 \\ 2 & 2 & 0 & 1 \\ -1 & 1 & 2 & 2 \\ 1 & 3 & 3 & -1 \end{vmatrix}$

$(3)\begin{vmatrix} 3-\lambda & 2 & 4 \\ 2 & -\lambda & 2 \\ 4 & 2 & 3-\lambda \end{vmatrix}$
$\qquad$
$(4)\begin{vmatrix} 1+x & 1 & 1 & 1 \\ 1 & 1+x & 1 & 1 \\ 1 & 1 & 1+y & 1 \\ 1 & 1 & 1 & 1+y \end{vmatrix}$

$(5)\ D_n=\begin{vmatrix} a & b & 0 & \cdots & 0 & b \\ b & a & b & \cdots & 0 & a \\ b & 0 & a & \cdots & 0 & a \\ \vdots & \vdots & \vdots & & \vdots & \vdots \\ b & 0 & 0 & \cdots & a & a \\ b & 0 & 0 & \cdots & 0 & a \end{vmatrix}$
$\qquad$
$(6)\begin{vmatrix} 1 & 2 & 2 & \cdots & 2 & 2 \\ 2 & 2 & 2 & \cdots & 2 & 2 \\ 2 & 2 & 3 & \cdots & 2 & 2 \\ \vdots & \vdots & \vdots & & \vdots & \vdots \\ 2 & 2 & 2 & \cdots & n-1 & 2 \\ 2 & 2 & 2 & \cdots & 2 & n \end{vmatrix}$

6. 选择适当方法,计算下列行列式.

$$(1) \begin{vmatrix} 1 & 2 & 3 & 4 \\ 2 & 3 & 4 & 5 \\ 4 & 3 & 2 & 1 \\ 5 & 4 & 3 & 2 \end{vmatrix} \qquad (2) \begin{vmatrix} 1 & 2 & 3 & 4 \\ 2 & 3 & 4 & 1 \\ 3 & 4 & 1 & 2 \\ 4 & 1 & 2 & 3 \end{vmatrix}$$

$$(3) \begin{vmatrix} 1 & 2 & 0 & 0 \\ 0 & 0 & 5 & 6 \\ 3 & 4 & 0 & 0 \\ 0 & 0 & 7 & 8 \end{vmatrix} \qquad (4) \begin{vmatrix} 1 & -1 & 1 & -1 \\ 1 & 2 & 4 & 8 \\ 1 & -2 & 4 & -8 \\ 1 & 3 & 9 & 27 \end{vmatrix}$$

$$(5) \ D_n = \begin{vmatrix} x & -1 & 0 & \cdots & 0 & 0 \\ 0 & x & -1 & & 0 & 0 \\ \vdots & \vdots & \vdots & & \vdots & \vdots \\ 0 & 0 & 0 & \cdots & -1 & 0 \\ 0 & 0 & 0 & \cdots & x & -1 \\ a_n & a_{n-1} & a_{n-2} & \cdots & a_2 & x+a_1 \end{vmatrix}$$

$$(6) \ D_{2n} = \begin{vmatrix} a & & & & & & b \\ & a & & & & b & \\ & & \ddots & & \ddots & & \\ & & & a & b & & \\ & & & b & a & & \\ & & \ddots & & & \ddots & \\ & b & & & & & a \\ b & & & & & & a \end{vmatrix}$$

7. 证明:$\begin{vmatrix} 1 & 1 & 1 & 1 & \cdots & 1 \\ 1 & 2 & 2 & 2 & \cdots & 2 \\ 1 & 2 & 3 & 3 & \cdots & 3 \\ 1 & 2 & 3 & 4 & \cdots & 4 \\ \vdots & \vdots & \vdots & \vdots & & \vdots \\ 1 & 2 & 3 & 4 & \cdots & n \end{vmatrix} = 1$.

2.5 克拉默法则

从 2.1 节可以看出,对于方程个数等于未知量个数的二、三元线性方程组,在一定条件下可以用二、三阶行列式来表示其解,对 n 元线性方程组有类似的结果.

设含有 n 个方程的 n 元线性方程组的一般形式为

$$\begin{cases} a_{11}x_1 + a_{12}x_2 + \cdots + a_{1n}x_n = b_1 \\ a_{21}x_1 + a_{22}x_2 + \cdots + a_{2n}x_n = b_2 \\ \qquad\qquad \cdots\cdots \\ a_{n1}x_1 + a_{n2}x_2 + \cdots + a_{nn}x_n = b_n \end{cases} \tag{2.14}$$

由系数 a_{ij} $(i,j=1,2,\cdots,n)$ 构成的行列式称为系数行列式,记为 D,即

$$D=\begin{vmatrix} a_{11} & a_{12} & \cdots & a_{1n} \\ a_{21} & a_{22} & \cdots & a_{2n} \\ \vdots & \vdots & & \vdots \\ a_{n1} & a_{n2} & \cdots & a_{nn} \end{vmatrix}$$

而以方程组(2.14)中的常数项 b_i $(i=1,2,\cdots,n)$ 替换系数行列式 D 的第 j 列,其余元素不变构成的行列式记为 D_j $(j=1,2,\cdots,n)$,即

$$D_j=\begin{vmatrix} a_{11} & \cdots & a_{1,j-1} & b_1 & a_{1,j+1} & \cdots & a_{1n} \\ a_{21} & \cdots & a_{2,j-1} & b_2 & a_{2,j+1} & \cdots & a_{2n} \\ \vdots & & \vdots & \vdots & \vdots & & \vdots \\ a_{n1} & \cdots & a_{n,j-1} & b_n & a_{n,j+1} & \cdots & a_{nn} \end{vmatrix}$$

则有如下定理:

定理 1(克拉默法则) 若 n 元线性方程组(2.14)的系数行列式 $D\neq0$,则该方程组有且仅有唯一的解,其解可以表示为

$$x_j=\frac{D_j}{D} \quad (j=1,2,\cdots,n) \tag{2.15}$$

定理的证明将在第 3 章中给出.

此定理给出了用 n 阶行列式确定含 n 个方程的 n 元线性方程组解的方法,称为克拉默法则,其条件为系数行列式 $D\neq0$,结论有三层含义:①方程组(2.14)有解;②解是唯一的;③解可由式(2.15)给出.

例 1 已知三次曲线 $y=a_0+a_1x+a_2x^2+a_3x^3$ 过 4 个点 $P_1(-2,-4)$,$P_2(-1,4)$,$P_3(1,2)$ 和 $P_4(2,4)$,试确定其系数 a_0,a_1,a_2,a_3.

解 将三次曲线经过 4 个点的坐标分别代入所设方程,得到关于待定系数 $a_0,a_1,a_2,$ a_3 的非齐次方程组为

$$\begin{cases} a_0+ & a_1+ & a_2+ & a_3= & 2 \\ a_0+(-1)a_1+ & (-1)^2a_2+ & (-1)^3a_3= & 4 \\ a_0+ & 2a_1+ & 2^2a_2+ & 2^3a_3= & 4 \\ a_0+(-2)a_1+ & (-2)^2a_2+ & (-2)^3a_3= & -4 \end{cases}$$

计算其系数行列式,根据范德蒙德行列式的结论,得

$$D=\begin{vmatrix} 1 & 1 & 1 & 1 \\ 1 & -1 & (-1)^2 & (-1)^3 \\ 1 & 2 & 2^2 & 2^3 \\ 1 & -2 & (-2)^2 & (-2)^3 \end{vmatrix}=\begin{vmatrix} 1 & 1 & 1 & 1 \\ 1 & -1 & 2 & -2 \\ 1 & (-1)^2 & 2^2 & (-2)^2 \\ 1 & (-1)^3 & 2^3 & (-2)^3 \end{vmatrix}$$

$$=(-1-1)(2-1)(-2-1)(2+1)(-2+1)(-2-2)$$

$$=72\neq0$$

由克拉默法则知,a_0,a_1,a_2,a_3 存在唯一的一组值.进一步计算有关行列式,得

$$D_0 = \begin{vmatrix} 2 & 1 & 1 & 1 \\ 4 & -1 & (-1)^2 & (-1)^3 \\ 4 & 2 & 2^0 & 2^3 \\ -4 & -2 & (-2)^2 & (-2)^3 \end{vmatrix} = -288$$

$$D_1 = \begin{vmatrix} 1 & 2 & 1 & 1 \\ 1 & 4 & (-1)^2 & (-1)^3 \\ 1 & 4 & 2^2 & 2^3 \\ 1 & -4 & (-2)^2 & (-2)^3 \end{vmatrix} = -144$$

$$D_2 = \begin{vmatrix} 1 & 1 & 2 & 1 \\ 1 & -1 & 4 & (-1)^3 \\ 1 & 2 & 4 & 2^3 \\ 1 & -2 & -4 & (-2)^3 \end{vmatrix} = -72$$

$$D_3 = \begin{vmatrix} 1 & 1 & 1 & 2 \\ 1 & -1 & (-1)^2 & 4 \\ 1 & 2 & 2^2 & 4 \\ 1 & -2 & (-2)^2 & -4 \end{vmatrix} = 72$$

由克拉默法则可得该三次曲线方程的系数为 $a_j = \dfrac{D_j}{D}(j=0,1,2,3)$, 即

$$a_0 = 4, \quad a_1 = -2, \quad a_2 = -1, \quad a_3 = 1$$

因此, 所求三次曲线的方程为

$$y = 4 - 2x - x^2 + x^3$$

对于齐次线性方程组

$$\begin{cases} a_{11}x_1 + a_{12}x_2 + \cdots + a_{1n}x_n = 0 \\ a_{21}x_1 + a_{22}x_2 + \cdots + a_{2n}x_n = 0 \\ \cdots\cdots \\ a_{n1}x_1 + a_{n2}x_2 + \cdots + a_{nn}x_n = 0 \end{cases} \tag{2.16}$$

显然, $x_j = 0$ $(j=1,2,\cdots,n)$ 一定是齐次线性方程组 (2.16) 的解, 此解称为零解. 齐次线性方程组 (2.16) 除了零解以外, 是否还有非零解呢?

根据克拉默法则, 若齐次线性方程组 (2.16) 的系数行列式 $D = |a_{ij}| \neq 0$, 则有唯一解, 即仅有零解; 因此, 由其逆否命题可得:

定理 2 若齐次线性方程组 (2.16) 有非零解, 则其系数行列式必为 0.

定理 2 表明系数行列式等于 0 是齐次线性方程组 (2.16) 有非零解的必要条件, 在第 4 章将会证明, 它也是充分条件.

例 2 试确定当 λ 取何值时, 齐次线性方程组 $\begin{cases} -\lambda x + y + z = 0, \\ x - \lambda y + z = 0, \\ x + y - \lambda z = 0 \end{cases}$ 有非零解.

解 系数行列式为

$$D = \begin{vmatrix} -\lambda & 1 & 1 \\ 1 & -\lambda & 1 \\ 1 & 1 & -\lambda \end{vmatrix} \frac{c_1+c_2}{c_1+c_3} \begin{vmatrix} 2-\lambda & 1 & 1 \\ 2-\lambda & -\lambda & 1 \\ 2-\lambda & 1 & -\lambda \end{vmatrix}$$

$$\frac{r_2-r_1}{r_3-r_1} \begin{vmatrix} 2-\lambda & 1 & 1 \\ 0 & -1-\lambda & 0 \\ 0 & 0 & -1-\lambda \end{vmatrix}$$

$$= (1+\lambda)^2(2-\lambda)$$

令 $D=0$，即 $(1+\lambda)^2(2-\lambda)=0$，得

$$\lambda=-1 \quad 或 \quad \lambda=2$$

故当 $\lambda=-1$ 或 $\lambda=2$ 时，所给齐次线性方程组有非零解.

习 题 2-5

1. 若 $\begin{cases} 3x+ky-z=0, \\ 4y+z=0, \\ kx-5y-z=0 \end{cases}$ 有非零解，则（　　）.

A. $k=0$ B. $k=1$ C. $k=3$ D. $k=-1$ 或 $k=-3$

2. 如果 $\begin{cases} (k-1)x_1+2x_2=0, \\ 2x_1+(k-1)x_2=0 \end{cases}$ 仅有零解，则（　　）.

A. $k\neq-1$ B. $k\neq-1$ 或 $k\neq3$

C. $k=3$ D. $k\neq-1$ 且 $k\neq3$.

3. 三元齐次线性方程组 $\begin{cases} x+ay+a^2z=0, \\ x+by+b^2z=0, \\ x+cy+c^2z=0 \end{cases}$ 满足条件 ＿＿＿＿＿ 时，只有零解.

4. 当 $\lambda=$ ＿＿ 或 $\mu=$ ＿＿＿ 时，齐次方程组 $\begin{cases} \lambda x_1+x_2+x_3=0, \\ x_1+\mu x_2+x_3=0, \\ x_1+2\mu x_2+x_3=0 \end{cases}$ 有非零解.

5. 用克拉默法则求解下列线性方程组.

(1) $\begin{cases} ax+by=f \\ cx+dy=e \end{cases} (ad-bc\neq0)$ (2) $\begin{cases} x_1+2x_2-x_3=1 \\ -x_1+x_2=-1 \\ -2x_2+x_3=-1 \end{cases}$

(3) $\begin{cases} x_1+x_2-x_3+x_4=2 \\ 2x_2+x_3-x_4=2 \\ -x_1+x_3+x_4=3 \\ 2x_1-x_2+x_4=3 \end{cases}$

6. 设齐次线性方程组为

$$\begin{cases} x_1 + x_2 + \lambda x_3 = 0 \\ -x_1 + \lambda x_2 + x_3 = 0 \\ x_1 - x_2 + 2x_3 = 0 \end{cases}$$

问：当 λ 为何值时，该齐次线性方程组有非零解.

7. 在一种简化的国民收入模型理论中，假定国民收入(Y)等于消费(C)与储蓄、投资(I)之和，而消费(C)又由必需(固定)消费(C_0)与比例消费$[\alpha(Y-T)]$之和构成，其中 T 为税收，假设其与国民收入(Y)成比例，比例系数为 β. 那么，由此可得如下的线性模型

$$\begin{cases} Y = C + I \\ C = C_0 + \alpha(Y - T) \\ T = \beta Y \end{cases}$$

若变量 I, C_0 的值以及系数 α, β 的值均已给定，试用克拉默法则求出上述模型中的 $Y, C,$ T 的表达式.

综合复习题 2

A

1. 关于变量 x, y 的二元线性方程组 $\begin{cases} a_1 x + b_1 y + c_1 = 0, \\ a_2 x + b_2 y + c_2 = 0 \end{cases}$ 的系数行列式 $D =$ _____.

2. 设四阶行列式 D 的第二行各元素分别为 $1, 2, 3, 4$，它们对应的余子式分别为 $3, 4,$ $2, 1$，则此行列式的值为 _____.

3. 若行列式 $\begin{vmatrix} 1 & 0 & 0 \\ x-1 & 2 & 0 \\ x-1 & x-2 & x-3 \end{vmatrix} = 0$，则 $x =$ _____.

4. 当 $\lambda =$ _____ 时，齐次线性方程组 $\begin{cases} \lambda x + (\lambda - 1)y = 0 \\ x - 2\lambda y = 0 \end{cases}$ 有非零解.

5. 987654321 的逆序数为 _____.

6. 若 $\begin{vmatrix} b & 2a & 0 \\ 2a & 2c & 1 \\ 2c & b & 0 \end{vmatrix} > 0$，则一元二次方程 $ax^2 + bx + c = 0($ _____ $)$.

A. 有两相异实根　　　　　　　　B. 有两相同实根

C. 无实根　　　　　　　　　　　D. 以上均不对

7. 设三阶行列式 D 的第 1 行各元素分别为 $1, 2, 3$，第 2 行各元素对应的余子式分别为 $k-3, k, k-1$，则 k 的值为($ $).

A. 0　　　　　　　　B. 1　　　　　　　　C. 2　　　　　　　　D. 3

8. 设行列式 $D=\begin{vmatrix} a_{11} & a_{12} & a_{13} \\ a_{21} & a_{22} & a_{23} \\ a_{31} & a_{32} & a_{33} \end{vmatrix}$，则 $\begin{vmatrix} -a_{11} & 2a_{13} & a_{12} \\ -2a_{21} & 4a_{23} & 2a_{22} \\ a_{31} & -2a_{33} & -a_{32} \end{vmatrix}=($　　$)$.

A. $2D$　　　　　　　　B. $-2D$　　　　　　　　C. $4D$　　　　　　　　D. $-4D$

9. 行列式 $\begin{vmatrix} 1 & 2 & 0 & 0 \\ 2 & 3 & 0 & 0 \\ 0 & 0 & 2 & 3 \\ 0 & 0 & 3 & 4 \end{vmatrix}=($　　$)$.

A. 0　　　　　　　　B. 1　　　　　　　　C. -1　　　　　　　D. 24

10. 行列式 D 非零的充要条件是(　　).

A. D 的所有元素都不为 0

B. D 至少有 n^2-n 个元素不为 0

C. D 的任意两列元素之间不成比例

D. 以 D 为系数行列式的线性方程组有唯一解

11. 计算行列式 $D=\begin{vmatrix} 2 & -1 & 1 & 0 \\ 1 & 2 & 2 & 3 \\ 2 & 0 & 1 & 2 \\ 3 & -1 & 1 & -1 \end{vmatrix}$.

12. 求解方程 $\begin{vmatrix} x & a_1 & a_2 & \cdots & a_{n-1} & 1 \\ a_1 & x & a_2 & \cdots & a_{n-1} & 1 \\ a_1 & a_2 & x & \cdots & a_{n-1} & 1 \\ \vdots & \vdots & \vdots & & \vdots & \vdots \\ a_1 & a_2 & a_3 & \cdots & x & 1 \\ a_1 & a_2 & a_3 & \cdots & a_n & 1 \end{vmatrix}=0$.

13. 用克拉默法则求解线性方程组 $\begin{cases} x_1 - x_2 + x_3 - 2x_4 = 2, \\ \quad\quad 2x_2 - x_3 \quad\quad = -4, \\ 2x_1 - x_2 \quad\quad + x_4 = 1, \\ \quad\quad x_2 + x_3 - x_4 = 3. \end{cases}$

14. 试确定 λ 为何值时，下列线性方程组有非零解.

$$\begin{cases} (\lambda+3)x_1 + 14x_2 + 2x_3 = 0 \\ -2x_1 + (\lambda-8)x_2 - x_3 = 0 \\ -2x_1 - 3x_2 + (\lambda-2)x_3 = 0 \end{cases}$$

15. 证明：$D_n=\begin{vmatrix} a+b & ab & 0 & \cdots & 0 & 0 \\ 1 & a+b & ab & \cdots & 0 & 0 \\ 0 & 1 & a+b & \cdots & 0 & 0 \\ \vdots & \vdots & \vdots & & \vdots & \vdots \\ 0 & 0 & 0 & \cdots & a+b & ab \\ 0 & 0 & 0 & \cdots & 1 & a+b \end{vmatrix}=\dfrac{a^{n+1}-b^{n+1}}{a-b}$ $(a\neq b)$.

B

1. 计算 n $(n>2)$ 阶行列式 $D=\begin{vmatrix} a & 0 & \cdots & 1 \\ 0 & a & \cdots & 0 \\ \vdots & \vdots & & \vdots \\ 1 & 0 & \cdots & a \end{vmatrix}$.

2. 计算行列式 $\begin{vmatrix} 1+a_1 & 1 & 1 & \cdots & 1 & 1 \\ 1 & 1+a_2 & 1 & \cdots & 1 & 1 \\ 1 & 1 & 1+a_3 & \cdots & 1 & 1 \\ \vdots & \vdots & \vdots & & \vdots & 1 \\ 1 & 1 & 1 & \cdots & 1 & 1+a_n \end{vmatrix}$ $(a_i \neq 0, i=1,2,\cdots,n)$ 的值.

3. 计算行列式 $\begin{vmatrix} 1 & 2 & 3 & \cdots & n \\ 2 & 3 & 4 & \cdots & 1 \\ 3 & 4 & 5 & \cdots & 2 \\ \vdots & \vdots & \vdots & & \vdots \\ n & 1 & 2 & \cdots & n-1 \end{vmatrix}$ 的值.

4. 计算行列式 $D_n=\begin{vmatrix} x & a & a & \cdots & a & a \\ -a & x & a & \cdots & a & a \\ -a & -a & x & \cdots & a & a \\ \vdots & \vdots & \vdots & & \vdots & \vdots \\ -a & -a & -a & \cdots & -a & x \end{vmatrix}$ 的值.

5. 计算行列式 $D_n=\begin{vmatrix} 1 & 1 & \cdots & -n \\ \vdots & \vdots & & \vdots \\ 1 & -n & \cdots & 1 \\ -n & 1 & \cdots & 1 \end{vmatrix}$ 的值.

6. 当 λ,μ 取何值时,齐次线性方程组 $\begin{cases} \lambda x_1 + x_2 + x_3 = 0, \\ x_1 + \mu x_2 + x_3 = 0, \\ x_1 + 2\mu x_2 + x_3 = 0 \end{cases}$ 有非零解?

7. 设 $|\boldsymbol{A}|=\begin{vmatrix} 1 & 2 & 3 & 4 & 5 \\ 7 & 7 & 7 & 3 & 3 \\ 3 & 2 & 4 & 5 & 2 \\ 3 & 3 & 3 & 2 & 2 \\ 4 & 6 & 5 & 2 & 3 \end{vmatrix}$,求 $A_{31}+A_{32}+A_{33},A_{34}+A_{35}$.

8. 已知方程 $\begin{vmatrix} 1 & 1 & 1 & 1 \\ -1 & 1 & 2 & 3 \\ 1 & 1 & 4 & 15 \\ 1 & x & x^2 & x^3 \end{vmatrix}+\begin{vmatrix} 1 & 1 & 1 & 1 \\ 2 & 1 & 2 & 5 \\ 1 & 1 & 4 & 15 \\ 1 & x & x^2 & x^3 \end{vmatrix}+\begin{vmatrix} 1 & 1 & 1 & 1 \\ 1 & 2 & 4 & 8 \\ 0 & 2 & 5 & 12 \\ 1 & x & x^2 & x^3 \end{vmatrix}=0$,求 x.

9. 计算 $n+1$ 阶行列式

$$D=\begin{vmatrix} a_1^n & a_1^{n-1}b_1 & a_1^{n-2}b_1^2 & \cdots & a_1 b_1^{n-1} & b_1^n \\ a_2^n & a_2^{n-1}b_2 & a_2^{n-2}b_2^2 & \cdots & a_2 b_2^{n-1} & b_2^n \\ \vdots & \vdots & \vdots & & \vdots & \vdots \\ a_{n+1}^n & a_{n+1}^{n-1}b_{n+1} & a_{n+1}^{n-2}b_{n+1}^2 & \cdots & a_{n+1} b_{n+1}^{n-1} & b_{n+1}^n \end{vmatrix}$$

其中, $a_1 a_2 \cdots a_{n+1} \neq 0$.

10. 证明:

$$\begin{vmatrix} a_1+\lambda_1 & a_2 & \cdots & a_n \\ a_1 & a_2+\lambda_2 & \cdots & a_n \\ \vdots & \vdots & & \vdots \\ a_1 & a_2 & \cdots & a_n+\lambda_n \end{vmatrix}=\lambda_1\lambda_2\cdots\lambda_n(1+a_1\lambda_1^{-1}+a_2\lambda_2^{-1}+\cdots+a_n\lambda_n^{-1})$$

其中, $\lambda_i \neq 0$ $(i=1,2,\cdots,n)$.

11. 已知 $abcd=1$, 证明: $D=\begin{vmatrix} a^2+\dfrac{1}{a^2} & a & \dfrac{1}{a} & 1 \\ b^2+\dfrac{1}{b^2} & b & \dfrac{1}{b} & 1 \\ c^2+\dfrac{1}{c^2} & c & \dfrac{1}{c} & 1 \\ d^2+\dfrac{1}{d^2} & d & \dfrac{1}{d} & 1 \end{vmatrix}=0.$

第3章 矩 阵

在第1章求解线性方程组的初步讨论中,已经给出了矩阵的概念及矩阵的初等变换运算. 我们看到,线性方程组的系数矩阵和增广矩阵反映了方程组的某些性质,解线性方程组的过程可转化为对这些矩阵进行初等行变换. 在实际问题中,还有大量的各种各样的问题,它们的性质完全不同,表面上也无联系,归结为矩阵后却是相同的. 这使得矩阵成为数学中一个极其重要且应用广泛的概念. 本章主要介绍矩阵的运算及性质.

3.1 矩阵的概念和运算

第1章已经给出了矩阵的概念,为加深对矩阵概念的理解,下面再介绍一些实例.

3.1.1 引例

例1 4个城市间的航班线路如图3-1所示,单向箭头表示两个城市间有单向的航线,如箭头由地点1指向地点3,表明从地点1到地点3有航线,而从地点3到地点1没有航线;双向箭头表示两地点间有双向的航线,如地点2、地点3之间,表明从地点2到地点3有航线,地点3到地点2也有航线.

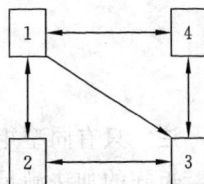

图 3-1

若令

$$a_{ij} = \begin{cases} 1, & \text{从 } i \text{ 地到 } j \text{ 地有一条航线} \\ 0, & \text{从 } i \text{ 地到 } j \text{ 地没有航线} \end{cases} \quad (i,j = 1,2,3,4)$$

则图 3-1 可用矩阵表示为

$$\boldsymbol{A} = (a_{ij}) = \begin{pmatrix} 0 & 1 & 1 & 1 \\ 1 & 0 & 1 & 0 \\ 0 & 1 & 0 & 1 \\ 1 & 0 & 1 & 0 \end{pmatrix}$$

例2 假设在一地区,一物资有 m 个产地 $A_1, A_2, \cdots, A_m$ 和 n 个销地 $B_1, B_2, \cdots, B_n$,其物资调运方案可用数表 3-1 表示.

表 3-1

产地＼销地	B_1	B_2	$\cdots$	B_n
A_1	a_{11}	a_{12}	$\cdots$	a_{1n}
A_2	a_{21}	a_{22}	$\cdots$	a_{2n}
$\vdots$	$\vdots$	$\vdots$		$\vdots$
A_m	a_{m1}	a_{m2}	$\cdots$	a_{mn}

其中,a_{ij} 表示由产地 A_i 到销地 B_j 的数量($i=1,2,\cdots,m;j=1,2,\cdots,n$),表 3-1 可以简单地表示成矩阵

$$
\begin{pmatrix}
a_{11} & a_{12} & \cdots & a_{1n} \\
a_{21} & a_{22} & \cdots & a_{2n} \\
\vdots & \vdots & & \vdots \\
a_{m1} & a_{m2} & \cdots & a_{mn}
\end{pmatrix}
$$

事实上,很多实际问题都可用矩阵表示,读者可根据自己遇到的一些问题,思考哪些问题可以用矩阵表示.

3.1.2 矩阵的运算

1. 矩阵的加法

定义1 设有两个矩阵 $A=(a_{ij})_{m\times n}$ 和 $B=(b_{ij})_{m\times n}$,那么矩阵 A 与 B 的和记作 $A+B$,规定为

$$
A+B=
\begin{pmatrix}
a_{11}+b_{11} & a_{12}+b_{12} & \cdots & a_{1n}+b_{1n} \\
a_{21}+b_{21} & a_{22}+b_{22} & \cdots & a_{2n}+b_{2n} \\
\vdots & \vdots & & \vdots \\
a_{m1}+b_{m1} & a_{m2}+b_{m2} & \cdots & a_{mn}+b_{mn}
\end{pmatrix}
$$

注 只有同型矩阵才能进行加法运算.

矩阵的加法满足下列运算规律(设 A、B、C、O 为 $m\times n$ 矩阵):

(i) 交换律:$A+B=B+A$.

(ii) 结合律:$(A+B)+C=A+(B+C)$.

(iii) $A+O=O+A=A$

设矩阵 $A=(a_{ij})_{m\times n}$,记

$$-A=(-a_{ij})_{m\times n}$$

$-A$ 称为 A 的负矩阵,显然有

$$A+(-A)=O$$

由此规定矩阵的减法为

$$A-B=A+(-B)$$

例3 设矩阵

$$
A=\begin{pmatrix} 5 & -2 & 1 \\ 3 & 4 & -1 \end{pmatrix}, \quad
B=\begin{pmatrix} -3 & 2 & 0 \\ -2 & 0 & 5 \end{pmatrix}
$$

求 $A+B,A-B$.

解 $A+B=\begin{pmatrix} 5 & -2 & 1 \\ 3 & 4 & -1 \end{pmatrix}+\begin{pmatrix} -3 & 2 & 0 \\ -2 & 0 & 5 \end{pmatrix}=\begin{pmatrix} 5-3 & -2+2 & 1+0 \\ 3-2 & 4+0 & -1+5 \end{pmatrix}$

$\qquad =\begin{pmatrix} 2 & 0 & 1 \\ 1 & 4 & 4 \end{pmatrix}$

$$A - B = \begin{pmatrix} 5 & -2 & 1 \\ 3 & 4 & -1 \end{pmatrix} - \begin{pmatrix} -3 & 2 & 0 \\ -2 & 0 & 5 \end{pmatrix} = \begin{pmatrix} 5+3 & -2-2 & 1-0 \\ 3+2 & 4-0 & -1-5 \end{pmatrix}$$

$$= \begin{pmatrix} 8 & -4 & 1 \\ 5 & 4 & -6 \end{pmatrix}$$

2. 数与矩阵相乘

定义 2 设矩阵 $A = (a_{ij})_{m \times n}$，$\lambda$ 为任意数，那么数 λ 与矩阵 A 的乘积记作 λA 或 $A\lambda$，规定为

$$\lambda A = A\lambda = \begin{pmatrix} \lambda a_{11} & \lambda a_{12} & \cdots & \lambda a_{1n} \\ \lambda a_{21} & \lambda a_{22} & \cdots & \lambda a_{2n} \\ \vdots & \vdots & & \vdots \\ \lambda a_{m1} & \lambda a_{m2} & \cdots & \lambda a_{mn} \end{pmatrix}$$

数乘矩阵满足下列运算规律（设 A，B 为 $m \times n$ 矩阵，λ、μ 为任意数）：

(i) $(\lambda\mu)A = \lambda(\mu A)$

(ii) $(\lambda + \mu)A = \lambda A + \mu A$

(iii) $\lambda(A + B) = \lambda A + \lambda B$

(iv) $1 \cdot A = A$

(v) $\lambda A = O$，当且仅当 $\lambda = 0$ 或 $A = O$ 时成立.

矩阵的加法运算与数乘运算统称为矩阵的线性运算.

3. 矩阵的乘法

先看一个实例，某城市有 2 个工厂 I、II，生产甲、乙、丙三种产品，矩阵 A 表示一年中各工厂生产各种产品的数量

$$A = \begin{pmatrix} a_{11} & a_{12} & a_{13} \\ a_{21} & a_{22} & a_{23} \end{pmatrix} \begin{matrix} \text{I} \\ \text{II} \end{matrix}$$
$$\quad\ \text{甲} \quad \text{乙} \quad \text{丙}$$

矩阵 B 表示各种产品的价格（元）及单位利润（元）

$$B = \begin{pmatrix} b_{11} & b_{12} \\ b_{21} & b_{22} \\ b_{31} & b_{32} \end{pmatrix} \begin{matrix} \text{甲} \\ \text{乙} \\ \text{丙} \end{matrix}$$
$$\quad\ \text{价格} \quad \text{单位利润}$$

则各工厂的总收入和总利润为

$$C = \begin{pmatrix} c_{11} & c_{12} \\ c_{21} & c_{22} \end{pmatrix} \begin{matrix} \text{I} \\ \text{II} \end{matrix} = \begin{pmatrix} a_{11}b_{11} + a_{12}b_{21} + a_{13}b_{31} & a_{11}b_{12} + a_{12}b_{22} + a_{13}b_{32} \\ a_{21}b_{11} + a_{22}b_{21} + a_{23}b_{31} & a_{21}b_{12} + a_{22}b_{22} + a_{23}b_{32} \end{pmatrix}$$
$$\quad \text{总收入} \ \text{总利润}$$

其中，$c_{ij} = a_{i1}b_{1j} + a_{i2}b_{2j} + a_{i3}b_{3j}$ $(i = 1, 2; j = 1, 2)$，即矩阵 C 中第 i 行和第 j 列的元素等于矩阵 A 第 i 行元素与矩阵 B 第 j 列对应元素乘积之和.

我们将矩阵之间的这种关系定义为矩阵的乘法.

定义 3 设 $A = (a_{ij})_{m \times s}$，$B = (b_{ij})_{s \times n}$，规定：矩阵 A 与矩阵 B 的乘积是一个 $m \times n$ 矩阵

$C = (c_{ij})$, 其中

$$c_{ij} = a_{i1}b_{1j} + a_{i2}b_{2j} + \cdots + a_{is}b_{sj}$$
$$= \sum_{k=1}^{s} a_{ik}b_{kj} \quad (i = 1, 2, \cdots, m; j = 1, 2, \cdots, n)$$

并将此乘积记为 $C = AB$.

注 只有当第一个矩阵(左矩阵)的列数等于第二个矩阵(右矩阵)的行数时,两个矩阵才能相乘.

例 4 设 $A = \begin{pmatrix} 1 & 0 & 3 \\ 2 & 1 & 0 \end{pmatrix}$, $B = \begin{pmatrix} 4 & 1 & 0 \\ -1 & 1 & 3 \\ 2 & 0 & 1 \end{pmatrix}$, 求 AB, 并问 BA 是否有意义?

解 因为 A 是 2×3 矩阵, B 是 3×3 矩阵, A 的列数等于 B 的行数, 所以矩阵 A 与 B 可以相乘, 于是

$$AB = \begin{pmatrix} 1 & 0 & 3 \\ 2 & 1 & 0 \end{pmatrix} \begin{pmatrix} 4 & 1 & 0 \\ -1 & 1 & 3 \\ 2 & 0 & 1 \end{pmatrix}$$

$$= \begin{pmatrix} 1 \times 4 + 0 \times (-1) + 3 \times 2 & 1 \times 1 + 0 \times 1 + 3 \times 0 & 1 \times 0 + 0 \times 3 + 3 \times 1 \\ 2 \times 4 + 1 \times (-1) + 0 \times 2 & 2 \times 1 + 1 \times 1 + 0 \times 0 & 2 \times 0 + 1 \times 3 + 0 \times 1 \end{pmatrix}$$

$$= \begin{pmatrix} 10 & 1 & 3 \\ 7 & 3 & 3 \end{pmatrix}$$

显然 BA 无意义.

例 5 设 $A = (1, 2, 3)$, $B = \begin{pmatrix} 4 \\ 5 \\ 6 \end{pmatrix}$, 求 AB, BA.

解 因为 A 是 1×3 矩阵, B 是 3×1 矩阵, A 的列数等于 B 的行数, 所以矩阵 A 与 B 可以相乘, 于是

$$AB = (1, 2, 3) \begin{pmatrix} 4 \\ 5 \\ 6 \end{pmatrix} = 1 \times 4 + 2 \times 5 + 3 \times 6 = 32$$

由此, 一个 $1 \times s$ 的矩阵与一个 $s \times 1$ 的矩阵的乘积是一个一阶方阵, 也就是一个数, 即

$$(a_1, a_2, \cdots, a_s) \begin{pmatrix} b_1 \\ b_2 \\ \vdots \\ b_s \end{pmatrix} = a_1 b_1 + a_2 b_2 + \cdots + a_s b_s = \sum_{i=1}^{s} a_i b_i$$

$$BA = \begin{pmatrix} 4 \\ 5 \\ 6 \end{pmatrix} (1, 2, 3) = \begin{pmatrix} 4 \times 1 & 4 \times 2 & 4 \times 3 \\ 5 \times 1 & 5 \times 2 & 5 \times 3 \\ 6 \times 1 & 6 \times 2 & 6 \times 3 \end{pmatrix} = \begin{pmatrix} 4 & 8 & 12 \\ 5 & 10 & 15 \\ 6 & 12 & 18 \end{pmatrix}$$

显然 $AB \neq BA$.

例 6 设 $A=\begin{pmatrix} -2 & 4 \\ 1 & -2 \end{pmatrix}$，$B=\begin{pmatrix} 2 & 4 \\ -3 & -6 \end{pmatrix}$，求 AB,BA.

解
$$AB=\begin{pmatrix} -2 & 4 \\ 1 & -2 \end{pmatrix}\begin{pmatrix} 2 & 4 \\ -3 & -6 \end{pmatrix}=\begin{pmatrix} -16 & -32 \\ 8 & 16 \end{pmatrix}$$

$$BA=\begin{pmatrix} 2 & 4 \\ -3 & -6 \end{pmatrix}\begin{pmatrix} -2 & 4 \\ 1 & -2 \end{pmatrix}=\begin{pmatrix} 0 & 0 \\ 0 & 0 \end{pmatrix}=O$$

注 (1) 由例 4 可知,乘积 AB 有意义,BA 没有意义.因此,在矩阵的乘法中,必须注意矩阵相乘的顺序.AB 称 A 左乘 B,或 B 右乘 A.

(2) 由例 5 可知,虽然 AB 与 BA 都有意义,但 $AB\neq BA$.由此可见,矩阵的乘法一般不满足交换律.对于两个 n 阶方阵 A,B,若 $AB=BA$,则称 A,B 可**交换**.

(3) 由例 6 可知,A,B 都是非零矩阵,而 $BA=O$.这就意味着若有两个矩阵 A,B 满足 $AB=O$,不能轻易得出 $A=O$ 或 $B=O$ 的结论.进一步可以推出,当 $AB=AC$,且 $A\neq O$ 时,一般情况不能推出 $B=C$,即消去律不成立.

矩阵的乘法虽不满足交换律与消去律,但仍满足下列结合律和分配律(假设运算都是可行的):

(i) $(AB)C=A(BC)$

(ii) $\lambda(AB)=(\lambda A)B=A(\lambda B)$ (其中 λ 为数)

(iii) $A(B+C)=AB+AC$,$(B+C)A=BA+CA$

有了矩阵的乘法运算,可以将线性方程组简洁地表示为一个矩阵方程.

例 7 证明:线性方程组

$$\begin{cases} a_{11}x_1+a_{12}x_2+\cdots+a_{1n}x_n=b_1 \\ a_{21}x_1+a_{22}x_2+\cdots+a_{2n}x_n=b_2 \\ \cdots\cdots \\ a_{m1}x_1+a_{m2}x_2+\cdots+a_{mn}x_n=b_m \end{cases} \tag{3.1}$$

可以表示成 $Ax=b$ 的形式,其中 A 是方程组的系数矩阵,而

$$x=\begin{pmatrix} x_1 \\ x_2 \\ \vdots \\ x_n \end{pmatrix}, \qquad b=\begin{pmatrix} b_1 \\ b_2 \\ \vdots \\ b_m \end{pmatrix}$$

证 因为

$$Ax=\begin{pmatrix} a_{11} & a_{12} & \cdots & a_{1n} \\ a_{21} & a_{22} & \cdots & a_{2n} \\ \vdots & \vdots & & \vdots \\ a_{m1} & a_{m2} & \cdots & a_{mn} \end{pmatrix}\begin{pmatrix} x_1 \\ x_2 \\ \vdots \\ x_n \end{pmatrix}=\begin{pmatrix} a_{11}x_1+a_{12}x_2+\cdots+a_{1n}x_n \\ a_{21}x_1+a_{22}x_2+\cdots+a_{2n}x_n \\ \vdots \\ a_{m1}x_1+a_{m2}x_2+\cdots+a_{mn}x_n \end{pmatrix}$$

根据矩阵相等的定义,式(3.1)可表示成 $Ax=b$ 的形式,称为方程组的矩阵形式.

例如,线性方程组

$$\begin{cases} -x_1+x_2-2x_3=3 \\ 2x_1-x_2 \quad\quad =1 \end{cases}$$

可写成

$$\begin{pmatrix} -1 & 1 & -2 \\ 2 & -1 & 0 \end{pmatrix} \begin{pmatrix} x_1 \\ x_2 \\ x_3 \end{pmatrix} = \begin{pmatrix} 3 \\ 1 \end{pmatrix}$$

例8 设变量 $y_1, y_2, \cdots, y_m$ 均可表示成变量 $x_1, x_2, \cdots, x_n$ 的线性函数,即

$$\begin{cases} y_1 = a_{11}x_1 + a_{12}x_2 + \cdots + a_{1n}x_n \\ y_2 = a_{21}x_1 + a_{22}x_2 + \cdots + a_{2n}x_n \\ \qquad\cdots\cdots \\ y_m = a_{m1}x_1 + a_{m2}x_2 + \cdots + a_{mn}x_n \end{cases} \tag{3.2}$$

其中, a_{ij} 为常数 $(i=1,2,\cdots,m; j=1,2,\cdots,n)$. 式(3.2)称为从变量 $x_1, x_2, \cdots, x_n$ 到变量 $y_1, y_2, \cdots, y_m$ 的线性变换. 利用矩阵乘法的定义,线性变换(3.2)可写成

$$y = Ax$$

其中

$$A = (a_{ij})_{m \times n}, \quad x = \begin{pmatrix} x_1 \\ x_2 \\ \vdots \\ x_n \end{pmatrix}, \quad y = \begin{pmatrix} y_1 \\ y_2 \\ \vdots \\ y_m \end{pmatrix}$$

这里 A 称为该线性变换的矩阵. 线性变换(3.2)把向量 x 变成了向量 y,相当于用 A 左乘 x 得到 y. 给出了线性变换(3.2),它的系数矩阵也就确定. 反之,如果给出一个矩阵作为线性变换的系数矩阵,则线性变换也就确定. 因此,线性变换和矩阵之间存在着一一对应的关系.

例如,线性变换

$$\begin{cases} y_1 = x_1 \\ y_2 = x_2 \\ \qquad\cdots\cdots \\ y_n = x_n \end{cases}$$

称为恒等变换,它对应一个 n 阶方阵

$$E = \begin{pmatrix} 1 & 0 & \cdots & 0 \\ 0 & 1 & \cdots & 0 \\ \vdots & \vdots & & \vdots \\ 0 & 0 & \cdots & 1 \end{pmatrix}$$

称为单位矩阵. 这个方阵的特点是:从左上角到右下角的斜线(即主对角线)上的元素都是1,其他元素都是0,即单位矩阵 E 的第 i 行第 j 列处的元素为

$$\delta_{ij} = \begin{cases} 1 & (i=j) \\ 0 & (i \neq j) \end{cases}$$

对于单位矩阵,容易验证

$$E_m A_{m \times n} = A_{m \times n}, \quad A_{m \times n} E_n = A_{m \times n}$$

或简写成

$$EA = AE = A$$

可见单位矩阵 E 在矩阵乘法中的作用类似于数 1.

例 9 已知两个线性变换

$$\begin{cases} x_1 = & 2y_1 & & + y_3 \\ x_2 = -2y_1 + 3y_2 + 2y_3 \\ x_3 = & 4y_1 + y_2 + 5y_3 \end{cases} \quad \begin{cases} y_1 = -3z_1 + z_2 \\ y_2 = & 2z_1 & + z_3 \\ y_3 = & -z_2 + 3z_3 \end{cases}$$

求从 z_1, z_2, z_3 到 x_1, x_2, x_3 的线性变换.

解 上述两个线性变换的矩阵分别为

$$A = \begin{pmatrix} 2 & 0 & 1 \\ -2 & 3 & 2 \\ 4 & 1 & 5 \end{pmatrix}, \quad B = \begin{pmatrix} -3 & 1 & 0 \\ 2 & 0 & 1 \\ 0 & -1 & 3 \end{pmatrix}$$

记 $x = \begin{pmatrix} x_1 \\ x_2 \\ x_3 \end{pmatrix}, y = \begin{pmatrix} y_1 \\ y_2 \\ y_3 \end{pmatrix}, z = \begin{pmatrix} z_1 \\ z_2 \\ z_3 \end{pmatrix}$, 则上述两个线性变换可分别写为 $x = Ay, y = Bz$.

于是

$$x = Ay = A(Bz) = (AB)z$$

即

$$\begin{pmatrix} x_1 \\ x_2 \\ x_3 \end{pmatrix} = \begin{pmatrix} 2 & 0 & 1 \\ -2 & 3 & 2 \\ 4 & 1 & 5 \end{pmatrix} \begin{pmatrix} -3 & 1 & 0 \\ 2 & 0 & 1 \\ 0 & -1 & 3 \end{pmatrix} \begin{pmatrix} z_1 \\ z_2 \\ z_3 \end{pmatrix} = \begin{pmatrix} -6 & 1 & 3 \\ 12 & -4 & 9 \\ -10 & -1 & 16 \end{pmatrix} \begin{pmatrix} z_1 \\ z_2 \\ z_3 \end{pmatrix}$$

所以

$$\begin{cases} x_1 = & -6z_1 + z_2 + 3z_3 \\ x_2 = & 12z_1 - 4z_2 + 9z_3 \\ x_3 = -10z_1 - z_2 + 16z_3 \end{cases}$$

这就是由变量 z_1, z_2, z_3 到 x_1, x_2, x_3 的线性变换.

有了矩阵的乘法运算,还可以定义方阵的幂. 设 A 是 n 阶方阵,定义

$$A^1 = A, A^2 = A^1 \cdot A^1, \cdots, A^{k+1} = A^k \cdot A^1$$

其中, k 为正整数. 这就是说 A^k 是 k 个 A 连乘. 显然只有方阵,它的幂才有意义.

方阵的幂满足:

(i) $A^k \cdot A^l = A^{k+l}$

(ii) $(A^k)^l = A^{kl}$

其中, k, l 为正整数. 因为矩阵的乘法不满足交换律,所以对于同阶方阵 A 与 B, 一般来说 $(AB)^k \neq A^k B^k$. 只有当 A 与 B 可交换时,才有 $(AB)^k = A^k B^k$ 成立. 类似可知

$$(A+B)^2 = A^2 + 2AB + B^2, \quad (A+B)(A-B) = A^2 - B^2$$

等,也只有在 A 与 B 可交换时才成立.

设 $f(x) = a_0 x^m + a_1 x^{m-1} + \cdots + a_{m-1} x + a_m$ 为 m 次多项式, A 为 n 阶方阵,则

$$f(\boldsymbol{A}) = a_0 \boldsymbol{A}^m + a_1 \boldsymbol{A}^{m-1} + \cdots + a_{m-1} \boldsymbol{A} + a_m \boldsymbol{E}$$

仍为一个 n 阶方阵,称 $f(\boldsymbol{A})$ 为 $\boldsymbol{A}$ 的多项式,其中 $\boldsymbol{E}$ 是 n 阶单位矩阵.

例 10 (1) 设 $\boldsymbol{A} = \begin{pmatrix} 1 & 1 \\ 0 & 1 \end{pmatrix}$,求 $\boldsymbol{A}^n$;

(2) 若 $f(x) = x^n + 2x^2 + 1$,求 $f(\boldsymbol{A})$.

解 (1) 因为 $\boldsymbol{A}^2 = \boldsymbol{A}\boldsymbol{A} = \begin{pmatrix} 1 & 1 \\ 0 & 1 \end{pmatrix}\begin{pmatrix} 1 & 1 \\ 0 & 1 \end{pmatrix} = \begin{pmatrix} 1 & 2 \\ 0 & 1 \end{pmatrix}$,$\boldsymbol{A}^3 = \boldsymbol{A}^2 \boldsymbol{A} = \begin{pmatrix} 1 & 3 \\ 0 & 1 \end{pmatrix}$,用数学归纳法,假设

$$\boldsymbol{A}^{n-1} = \begin{pmatrix} 1 & n-1 \\ 0 & 1 \end{pmatrix}$$

则 $\boldsymbol{A}^n = \boldsymbol{A}^{n-1}\boldsymbol{A} = \begin{pmatrix} 1 & n-1 \\ 0 & 1 \end{pmatrix}\begin{pmatrix} 1 & 1 \\ 0 & 1 \end{pmatrix} = \begin{pmatrix} 1 & n \\ 0 & 1 \end{pmatrix}$.

(2) 因为 $f(\boldsymbol{A}) = \boldsymbol{A}^n + 2\boldsymbol{A}^2 + \boldsymbol{E}$,于是由(1)可得

$$f(\boldsymbol{A}) = \begin{pmatrix} 1 & n \\ 0 & 1 \end{pmatrix} + 2\begin{pmatrix} 1 & 2 \\ 0 & 1 \end{pmatrix} + \begin{pmatrix} 1 & 0 \\ 0 & 1 \end{pmatrix} = \begin{pmatrix} 4 & n+4 \\ 0 & 4 \end{pmatrix}$$

3.1.3 矩阵的转置

定义 4 把一个矩阵 $\boldsymbol{A}$ 的行换成同序数的列得到一个新矩阵,称为 $\boldsymbol{A}$ 的转置矩阵,记为 $\boldsymbol{A}^\mathrm{T}$.

例如,矩阵 $\boldsymbol{A} = \begin{pmatrix} 1 & 0 & 3 \\ 2 & 1 & 0 \end{pmatrix}$ 的转置矩阵为 $\boldsymbol{A}^\mathrm{T} = \begin{pmatrix} 1 & 2 \\ 0 & 1 \\ 3 & 0 \end{pmatrix}$.

矩阵的转置也是一种运算,满足下列运算规律(假设运算都是可行的):

(i) $(\boldsymbol{A}^\mathrm{T})^\mathrm{T} = \boldsymbol{A}$

(ii) $(\boldsymbol{A} + \boldsymbol{B})^\mathrm{T} = \boldsymbol{A}^\mathrm{T} + \boldsymbol{B}^\mathrm{T}$

(iii) $(\lambda \boldsymbol{A})^\mathrm{T} = \lambda \boldsymbol{A}^\mathrm{T}$ (λ 为任意数)

(iv) $(\boldsymbol{A}\boldsymbol{B})^\mathrm{T} = \boldsymbol{B}^\mathrm{T} \boldsymbol{A}^\mathrm{T}$

证 这里仅证明(iv). 设 $\boldsymbol{A} = (a_{ij})_{m \times s}$,$\boldsymbol{B} = (b_{ij})_{s \times n}$,记 $\boldsymbol{A}\boldsymbol{B} = \boldsymbol{C} = (c_{ij})_{m \times n}$,$\boldsymbol{B}^\mathrm{T}\boldsymbol{A}^\mathrm{T} = \boldsymbol{D} = (d_{ij})_{n \times m}$. 于是,由矩阵乘法的定义知,有

$$c_{ji} = \sum_{k=1}^{s} a_{jk} b_{ki}$$

而 $\boldsymbol{B}^\mathrm{T}$ 的第 i 行为 $(b_{1i}, b_{2i}, \cdots, b_{si})$,$\boldsymbol{A}^\mathrm{T}$ 的第 j 列为 $(a_{j1}, a_{j2}, \cdots, a_{js})^\mathrm{T}$,因此

$$d_{ij} = \sum_{k=1}^{s} b_{ki} a_{jk} = \sum_{k=1}^{s} a_{jk} b_{ki}$$

所以 $d_{ij} = c_{ji}(i = 1, 2, \cdots, m; j = 1, 2, \cdots, n)$,即 $\boldsymbol{D} = \boldsymbol{C}^\mathrm{T}$,亦即 $\boldsymbol{B}^\mathrm{T}\boldsymbol{A}^\mathrm{T} = (\boldsymbol{A}\boldsymbol{B})^\mathrm{T}$.

运算律(iv)可以推广到有限个矩阵的情形. 即有

$$(\boldsymbol{A}_1 \boldsymbol{A}_2 \cdots \boldsymbol{A}_k)^\mathrm{T} = \boldsymbol{A}_k^\mathrm{T} \cdots \boldsymbol{A}_2^\mathrm{T} \boldsymbol{A}_1^\mathrm{T}$$

例 11 已知 $A = \begin{pmatrix} -1 & 0 & 2 \\ 2 & -1 & 0 \end{pmatrix}$，$B = \begin{pmatrix} 2 & 1 & 0 \\ 1 & 1 & -1 \\ 0 & -1 & 2 \end{pmatrix}$，求 $(AB)^{\mathrm{T}}$。

解法 1 因为

$$AB = \begin{pmatrix} -1 & 0 & 2 \\ 2 & -1 & 0 \end{pmatrix}\begin{pmatrix} 2 & 1 & 0 \\ 1 & 1 & -1 \\ 0 & -1 & 2 \end{pmatrix} = \begin{pmatrix} -2 & -3 & 4 \\ 3 & 1 & 1 \end{pmatrix}$$

所以

$$(AB)^{\mathrm{T}} = \begin{pmatrix} -2 & 3 \\ -3 & 1 \\ 4 & 1 \end{pmatrix}$$

解法 2 $(AB)^{\mathrm{T}} = B^{\mathrm{T}}A^{\mathrm{T}} = \begin{pmatrix} 2 & 1 & 0 \\ 1 & 1 & -1 \\ 0 & -1 & 2 \end{pmatrix}\begin{pmatrix} -1 & 2 \\ 0 & -1 \\ 2 & 0 \end{pmatrix} = \begin{pmatrix} -2 & 3 \\ -3 & 1 \\ 4 & 1 \end{pmatrix}$

习 题 3-1

1. 设矩阵 $A = (1,2)$，$B = \begin{pmatrix} 1 & 2 \\ 3 & 4 \end{pmatrix}$，$C = \begin{pmatrix} 1 & 3 & 2 \\ 4 & -2 & 5 \end{pmatrix}$，则下列矩阵运算中有意义的

是（　　　）.

A. ACB B. ABC C. BAC D. CBA

2. 设矩阵 $A = \begin{pmatrix} 1 & 3 \\ 2 & -1 \end{pmatrix}$，$B = \begin{pmatrix} 3 & 0 \\ 1 & 2 \end{pmatrix}$，求 $2A - 3B, A^2 + B^2, AB - BA$。

3. 计算下列矩阵的乘积.

(1) $\begin{pmatrix} 4 & 3 & 1 \\ 1 & -2 & 3 \\ 5 & 7 & 0 \end{pmatrix}\begin{pmatrix} 7 \\ 2 \\ 1 \end{pmatrix}$ (2) $(1,2,3)\begin{pmatrix} 3 \\ 2 \\ 1 \end{pmatrix}$

(3) $\begin{pmatrix} 2 \\ 1 \\ 3 \end{pmatrix}(-1,2)$ (4) $\begin{pmatrix} 2 & 1 & 4 & 0 \\ 1 & -1 & 3 & 4 \end{pmatrix}\begin{pmatrix} 1 & 3 & 1 \\ 0 & -1 & 2 \\ 1 & -3 & 1 \\ 4 & 0 & -2 \end{pmatrix}$

(5) $(x_1, x_2)\begin{pmatrix} a_{11} & a_{12} \\ a_{21} & a_{22} \end{pmatrix}\begin{pmatrix} x_1 \\ x_2 \end{pmatrix}$ (6) $\begin{pmatrix} \lambda_1 & & \\ & \lambda_2 & \\ & & \lambda_3 \end{pmatrix}^5$

4. 设 $A = \begin{pmatrix} 1 & 1 & 1 \\ 1 & 1 & -1 \\ 1 & -1 & 1 \end{pmatrix}$，$B = \begin{pmatrix} 1 & 2 & 3 \\ -1 & -2 & 4 \\ 0 & 5 & 1 \end{pmatrix}$，求 $3AB - 2A$ 及 $A^{\mathrm{T}}B$。

5. 举例说明下列命题是错误的.

(1) 若 $A^2=O$,则 $A=O$;

(2) 若 $A^2=A$,则 $A=O$ 或 $A=E$;

(3) 若 $AX=AY$,且 $A\neq O$,则 $X=Y$.

6. 设 $A=\begin{pmatrix} 1 & 2 \\ 1 & 3 \end{pmatrix}, B=\begin{pmatrix} 1 & 0 \\ 1 & 2 \end{pmatrix}$. 问:

(1) $AB=BA$ 吗?

(2) $(A+B)^2=A^2+2AB+B^2$ 吗?

(3) $(A+B)(A-B)=A^2-B^2$ 吗?

7. 已知矩阵 $A=\begin{pmatrix} 1 & 0 \\ \lambda & 1 \end{pmatrix}$,计算 A^n.

8. 设 $f(x)=x^2-5x+3$,$A=\begin{pmatrix} 2 & -1 \\ -3 & 3 \end{pmatrix}$,证明:$f(A)=O$.

9. 若 A,B 为同阶方阵,则 $(A+B)(A-B)=A^2-B^2$ 的充分必要条件是_____.

10. 若 A,B 可交换,证明:

(1) $(A+B)^2=A^2+2AB+B^2$;

(2) $(A+B)^3=A^3+3A^2B+3AB^2+B^3$.

11. 某公司准备开设一家网吧,需要购买指定型号的计算机 60 台、激光打印机 5 台、电脑桌椅 70 套.已获得三家公司的报价(表 3-2).如果只考虑价格因素,用矩阵工具决定应在哪一家选购.

表 3-2

	计算机/(元/台)	打印机/(元/台)	电脑桌椅/(元/台)
甲	8000	3500	590
乙	7800	4100	600
丙	8100	3200	570

3.2　几种特殊矩阵及性质

3.2.1　对角矩阵

定义 1　形如

$$\boldsymbol{\Lambda}=\begin{pmatrix} \lambda_1 & 0 & \cdots & 0 \\ 0 & \lambda_2 & \cdots & 0 \\ \vdots & \vdots & & \vdots \\ 0 & 0 & \cdots & \lambda_n \end{pmatrix}$$

的 n 阶方阵称为对角矩阵.

其特点是:主对角线以外的元素全部是0. 对角矩阵常记为

$$\boldsymbol{\Lambda}=\operatorname{diag}(\lambda_1,\lambda_2,\cdots,\lambda_n)$$

特别地,当 $\lambda_1=\lambda_2=\cdots=\lambda_n=a$ 时,对角矩阵 $\boldsymbol{\Lambda}=\operatorname{diag}(a,a,\cdots,a)$ 称为数量矩阵. 数量矩阵往往记为 $\boldsymbol{\Lambda}=\operatorname{diag}(a,a,\cdots,a)=a\boldsymbol{E}$. 设 $\boldsymbol{A}$ 为任一 n 阶方阵,则

$$(a\boldsymbol{E})\boldsymbol{A}=a(\boldsymbol{E}\boldsymbol{A})=a(\boldsymbol{A}\boldsymbol{E})=(a\boldsymbol{A})\boldsymbol{E}=\boldsymbol{A}(a\boldsymbol{E})$$

即 n 阶数量矩阵与任一 n 阶矩阵 $\boldsymbol{A}$ 相乘可交换.

当 $a=1$ 时,数量矩阵即为单位矩阵.

显然,对角矩阵具有下列性质:

(i) $\operatorname{diag}(a_1,a_2,\cdots,a_n)\pm\operatorname{diag}(b_1,b_2,\cdots,b_n)=\operatorname{diag}(a_1\pm b_1,a_2\pm b_2,\cdots,a_n\pm b_n)$

(ii) $k\operatorname{diag}(a_1,a_2,\cdots,a_n)=\operatorname{diag}(ka_1,ka_2,\cdots,ka_n)$

(iii) $\quad \operatorname{diag}(a_1,a_2,\cdots,a_n)\cdot\operatorname{diag}(b_1,b_2,\cdots,b_n)$

$\qquad =\operatorname{diag}(b_1,b_2,\cdots,b_n)\cdot\operatorname{diag}(a_1,a_2,\cdots,a_n)$

$\qquad =\operatorname{diag}(a_1b_1,a_2b_2,\cdots,a_nb_n)$

(iv) $[\operatorname{diag}(a_1,a_2,\cdots,a_n)]^m=\operatorname{diag}(a_1^m,a_2^m,\cdots,a_n^m)$ (m 为正整数)

例1 设 $\boldsymbol{A}=\begin{pmatrix} \lambda & 1 & 0 \\ 0 & \lambda & 1 \\ 0 & 0 & \lambda \end{pmatrix}$,计算 $\boldsymbol{A}^n$,其中 n 为正整数.

解
$$\boldsymbol{A}=\begin{pmatrix} \lambda & 0 & 0 \\ 0 & \lambda & 0 \\ 0 & 0 & \lambda \end{pmatrix}+\begin{pmatrix} 0 & 1 & 0 \\ 0 & 0 & 1 \\ 0 & 0 & 0 \end{pmatrix}=\lambda\boldsymbol{E}+\boldsymbol{B}$$

其中
$$\boldsymbol{B}=\begin{pmatrix} 0 & 1 & 0 \\ 0 & 0 & 1 \\ 0 & 0 & 0 \end{pmatrix}$$

显然
$$\boldsymbol{B}^2=\begin{pmatrix} 0 & 1 & 0 \\ 0 & 0 & 1 \\ 0 & 0 & 0 \end{pmatrix}\begin{pmatrix} 0 & 1 & 0 \\ 0 & 0 & 1 \\ 0 & 0 & 0 \end{pmatrix}=\begin{pmatrix} 0 & 0 & 1 \\ 0 & 0 & 0 \\ 0 & 0 & 0 \end{pmatrix}$$

$$\boldsymbol{B}^3=\boldsymbol{B}^2\cdot\boldsymbol{B}=\begin{pmatrix} 0 & 0 & 1 \\ 0 & 0 & 0 \\ 0 & 0 & 0 \end{pmatrix}\begin{pmatrix} 0 & 1 & 0 \\ 0 & 0 & 1 \\ 0 & 0 & 0 \end{pmatrix}=\begin{pmatrix} 0 & 0 & 0 \\ 0 & 0 & 0 \\ 0 & 0 & 0 \end{pmatrix}$$

$$\boldsymbol{B}^4=\boldsymbol{B}^5=\cdots=\begin{pmatrix} 0 & 0 & 0 \\ 0 & 0 & 0 \\ 0 & 0 & 0 \end{pmatrix}$$

因数量矩阵 $\lambda\boldsymbol{E}$ 与 $\boldsymbol{B}$ 可交换,所以利用二项式定理,可得

$$A^n = (\lambda E + B)^n$$
$$= (\lambda E)^n + C_n^1 (\lambda E)^{n-1} B + C_n^2 (\lambda E)^{n-2} B^2 + C_n^3 (\lambda E)^{n-3} B^3 + \cdots + B^n$$
$$= \lambda^n E + n\lambda^{n-1} B + \frac{n(n-1)}{2}\lambda^{n-2} B^2$$

$$= \begin{pmatrix} \lambda^n & 0 & 0 \\ 0 & \lambda^n & 0 \\ 0 & 0 & \lambda^n \end{pmatrix} + \begin{pmatrix} 0 & n\lambda^{n-1} & 0 \\ 0 & 0 & n\lambda^{n-1} \\ 0 & 0 & 0 \end{pmatrix} + \begin{pmatrix} 0 & 0 & \dfrac{n(n-1)}{2}\lambda^{n-2} \\ 0 & 0 & 0 \\ 0 & 0 & 0 \end{pmatrix}$$

$$= \begin{pmatrix} \lambda^n & n\lambda^{n-1} & \dfrac{n(n-1)}{2}\lambda^{n-2} \\ 0 & \lambda^n & n\lambda^{n-1} \\ 0 & 0 & \lambda^n \end{pmatrix}$$

3.2.2　三角矩阵

定义 2　形如

$$\begin{pmatrix} a_{11} & a_{12} & \cdots & a_{1n} \\ 0 & a_{22} & \cdots & a_{2n} \\ \vdots & \vdots & & \vdots \\ 0 & 0 & \cdots & a_{nn} \end{pmatrix}$$

的矩阵称为上三角矩阵. 其特点是: 主对角线左下方的元素全为 0. 类似地, 主对角线右上方的元素全为 0 的矩阵

$$\begin{pmatrix} a_{11} & 0 & \cdots & 0 \\ a_{21} & a_{22} & \cdots & 0 \\ \vdots & \vdots & & \vdots \\ a_{n1} & a_{n2} & \cdots & a_{nn} \end{pmatrix}$$

称为下三角矩阵.

　　显然, 对角矩阵既可视为上三角矩阵, 也可以视为下三角矩阵. 上、下三角矩阵统称为三角矩阵.

　　若 A, B 为同结构的三角矩阵, 则 $kA, A+B, AB$ 仍为同结构的三角矩阵.

　　对于两个上三角矩阵 A, B

$$AB = \begin{pmatrix} a_{11} & a_{12} & \cdots & a_{1n} \\ 0 & a_{22} & \cdots & a_{2n} \\ \vdots & \vdots & & \vdots \\ 0 & 0 & \cdots & a_{nn} \end{pmatrix} \begin{pmatrix} b_{11} & b_{12} & \cdots & b_{1n} \\ 0 & b_{22} & \cdots & b_{2n} \\ \vdots & \vdots & & \vdots \\ 0 & 0 & \cdots & b_{nn} \end{pmatrix} = \begin{pmatrix} a_{11}b_{11} & * & \cdots & * \\ 0 & a_{22}b_{22} & \cdots & * \\ \vdots & \vdots & & \vdots \\ 0 & 0 & \cdots & a_{nn}b_{nn} \end{pmatrix}$$

其中 "＊" 表示主对角线上方的元素, 即两个同阶的上三角矩阵的乘积仍为上三角矩阵; 下

三角矩阵具有类似的性质.

3.2.3 对称矩阵和反对称矩阵

定义3 设 $A=(a_{ij})$ 为 n 阶方阵,如果 $A^T=A$,即 $a_{ij}=a_{ji}\ (i,j=1,2,\cdots,n)$,称 A 为对称矩阵;如果 $A^T=-A$,即 $a_{ij}=-a_{ji}\ (i,j=1,2,\cdots,n)$,则称 A 为反对称矩阵.

对称矩阵的特点是:它的元素以主对角线为对称轴对应相等.

例如,$A=\begin{pmatrix} 3 & 2 & 0 \\ 2 & -1 & 4 \\ 0 & 4 & 1 \end{pmatrix}$ 就是对称矩阵.

反对称矩阵的特点是:它的元素以主对角线为对称轴,绝对值相等,符号相反,主对角线上的元素均为0.

例如,$A=\begin{pmatrix} 0 & -2 & 1 \\ 2 & 0 & -4 \\ -1 & 4 & 0 \end{pmatrix}$ 就是反对称矩阵.

设 A,B 为对称矩阵(反对称矩阵),λ 为数,不难验证,$A+B,A-B,\lambda A$ 均为对称矩阵(反对称矩阵).

例2 设 A 是一个 $m\times n$ 矩阵,则 A^TA 和 AA^T 都是对称矩阵.

证 因为 AA^T 是 m 阶矩阵,且 $(AA^T)^T=(A^T)^TA^T=AA^T$,故 AA^T 是 m 阶对称矩阵. 同理证明 A^TA 是 n 阶对称矩阵.

例3 设列矩阵 $x=(x_1,x_2,\cdots,x_n)^T$ 满足 $x^Tx=1$,E 为 n 阶单位矩阵,$H=E-2xx^T$,证明:H 是对称矩阵,且 $HH^T=E$.

证

$$H^T=(E-2xx^T)^T=E^T-2\ (xx^T)^T=E-2xx^T=H$$

所以 H 是对称矩阵.

$$HH^T=H^2=(E-2xx^T)^2=E-4xx^T+4(xx^T)(xx^T)$$
$$=E-4xx^T+4x(x^Tx)x^T=E-4xx^T+4xx^T=E$$

例4 设 A 是反对称矩阵,B 是对称矩阵,证明:AB 是反对称矩阵的充分必要条件是 A 与 B 可交换.

证 因为 A 是反对称矩阵,则 $A^T=-A$;B 是对称矩阵,则 $B^T=B$.

必要性. 因为 AB 是反对称矩阵,则 $(AB)^T=-AB$,于是

$$AB=-(AB)^T=-B^TA^T=-B(-A)=BA$$

即 A 与 B 可交换.

充分性. 因为 A 与 B 可交换,则 $AB=BA$,于是

$$(AB)^T=B^TA^T=B(-A)=-BA=-AB$$

即 $(AB)^T=-AB$,亦即 AB 是反对称矩阵.

3.2.4 方阵的行列式

定义4 由 n 阶方阵 A 的元素按原来的位置所构成的行列式,称为方阵 A 的行列式,

记为 $|A|$ 或 $\det A$.

注 方阵与行列式是两个不同的概念. n 阶方阵是 n^2 个数按照一定的方式排成的数表,而 n 阶行列式则是这些数按一定的运算法则所确定的一个数.

行列式的性质 1 说明 $|A^{\mathrm{T}}|=|A|$;由数乘矩阵的定义及行列式的性质 3 可知 $|\lambda A|=\lambda^n|A|$. 下面我们重点讨论方阵乘积行列式的运算规律.

定理 1 设 A,B 是两个 n 阶方阵,则 $|AB|=|A||B|$.

证 设 $A=(a_{ij}),B=(b_{ij})$ 均为 n 阶方阵,记 $2n$ 阶行列式

$$D=\begin{vmatrix} a_{11} & \cdots & a_{1n} & 0 & \cdots & 0 \\ \vdots & & \vdots & \vdots & & \vdots \\ a_{n1} & \cdots & a_{nn} & 0 & \cdots & 0 \\ -1 & \cdots & 0 & b_{11} & \cdots & b_{1n} \\ \vdots & & \vdots & \vdots & & \vdots \\ 0 & \cdots & -1 & b_{n1} & \cdots & b_{nn} \end{vmatrix} = \begin{vmatrix} A & O \\ -E & B \end{vmatrix}$$

注 这里的记号 $\begin{vmatrix} A & O \\ -E & B \end{vmatrix}$ 仅作为写在它前面的 $2n$ 阶行列式的一个记号,后面可视为将要讲到的分块矩阵 $\begin{pmatrix} A & O \\ -E & B \end{pmatrix}$ 的行列式.

由 2.4 节例 3 可知 $D=|A||B|$. 而在 D 中以 b_{1j} 乘第 1 列,b_{2j} 乘第 2 列,$\cdots$,b_{nj} 乘第 n 列,都加到第 $n+j$ $(j=1,2,\cdots,n)$ 列上,有

$$D=\begin{vmatrix} A & C \\ -E & O \end{vmatrix}$$

其中,$C=(c_{ij})$,$c_{ij}=b_{1j}a_{i1}+b_{2j}a_{i2}+\cdots+b_{nj}a_{in}$,故 $C=AB$.

再对 D 的行做 $r_j \leftrightarrow r_{n+j}$ $(j=1,2,\cdots,n)$,有

$$D=(-1)^n \begin{vmatrix} -E & O \\ A & C \end{vmatrix}$$

从而由 2.4 节例 3,有

$$D=(-1)^n|-E||C|=(-1)^n(-1)^n|C|=|C|=|AB|$$

于是 $|AB|=|A||B|$.

注 由定理 1 可知,对于 n 阶矩阵 A,B,一般来说,$AB \neq BA$,但有

$$|AB|=|BA|=|A||B|$$

推论 1 设 $A_1,A_2,\cdots,A_k$ 均为 n 阶方阵,则 $|A_1 A_2 \cdots A_k|=|A_1||A_2|\cdots|A_k|$.

推论 2 设 A 为 n 阶方阵,则 $|A^k|=|A|^k$ $(k$ 为正整数$)$.

例 5 设矩阵 $A=\begin{pmatrix} 1 & 2 & 3 \\ 0 & 3 & 2 \\ 0 & 0 & -2 \end{pmatrix}$,$B=\begin{pmatrix} 4 & 2 & 7 \\ 0 & -2 & 8 \\ 0 & 0 & 5 \end{pmatrix}$,求 $|A^{\mathrm{T}}B|$,$|A+B|$,$|-2A|$,$|A^3|$.

解 因为

$$|A|=\begin{vmatrix} 1 & 2 & 3 \\ 0 & 3 & 2 \\ 0 & 0 & -2 \end{vmatrix}=-6, \quad |B|=\begin{vmatrix} 4 & 2 & 7 \\ 0 & -2 & 8 \\ 0 & 0 & 5 \end{vmatrix}=-40$$

$$|\boldsymbol{A}^{\mathrm{T}}\boldsymbol{B}|=|\boldsymbol{A}^{\mathrm{T}}|\,|\boldsymbol{B}|=|\boldsymbol{A}|\,|\boldsymbol{B}|=-6\times(-40)=240$$

$$\boldsymbol{A}+\boldsymbol{B}=\begin{pmatrix}1&2&3\\0&3&2\\0&0&-2\end{pmatrix}+\begin{pmatrix}4&2&7\\0&2&8\\0&0&5\end{pmatrix}=\begin{pmatrix}5&4&10\\0&1&10\\0&0&3\end{pmatrix}$$

$$|\boldsymbol{A}+\boldsymbol{B}|=\begin{vmatrix}5&4&10\\0&1&10\\0&0&3\end{vmatrix}=15,\quad |-2\boldsymbol{A}|=(-2)^3|\boldsymbol{A}|=(-8)\begin{vmatrix}1&2&3\\0&3&2\\0&0&-2\end{vmatrix}=48$$

$$|\boldsymbol{A}^3|=|\boldsymbol{A}|^3=(-6)^3=216$$

例 6　设 $\boldsymbol{A}$ 是 n 阶矩阵,满足 $\boldsymbol{A}\boldsymbol{A}^{\mathrm{T}}=\boldsymbol{E}$,$|\boldsymbol{A}|=-1$,则 $|\boldsymbol{A}+\boldsymbol{E}|=0$.

证　因为 $\boldsymbol{A}\boldsymbol{A}^{\mathrm{T}}=\boldsymbol{E}$,所以

$$|\boldsymbol{A}+\boldsymbol{E}|=|\boldsymbol{A}+\boldsymbol{A}\boldsymbol{A}^{\mathrm{T}}|=|\boldsymbol{A}(\boldsymbol{E}+\boldsymbol{A}^{\mathrm{T}})|$$
$$=|\boldsymbol{A}|\,|(\boldsymbol{E}+\boldsymbol{A})^{\mathrm{T}}|=-|\boldsymbol{A}+\boldsymbol{E}|$$

于是 $2|\boldsymbol{A}+\boldsymbol{E}|=0$,故 $|\boldsymbol{A}+\boldsymbol{E}|=0$.

3.2.5　伴随矩阵

定义 5　n 阶行列式 $|\boldsymbol{A}|$ 的各个元素的代数余子式 A_{ij} 所构成的如下矩阵

$$\boldsymbol{A}^*=\begin{pmatrix}A_{11}&A_{21}&\cdots&A_{n1}\\A_{12}&A_{22}&\cdots&A_{n2}\\\vdots&\vdots&&\vdots\\A_{1n}&A_{2n}&\cdots&A_{nn}\end{pmatrix}$$

称为矩阵 $\boldsymbol{A}$ 的伴随矩阵.

例 7　求矩阵 $\boldsymbol{A}=\begin{pmatrix}1&0&1\\2&1&0\\-3&2&5\end{pmatrix}$ 的伴随矩阵 $\boldsymbol{A}^*$.

解　$A_{11}=(-1)^{1+1}\begin{vmatrix}1&0\\2&5\end{vmatrix}=5,\quad A_{12}=(-1)^{1+2}\begin{vmatrix}2&0\\-3&5\end{vmatrix}=-10$

$A_{13}=(-1)^{1+3}\begin{vmatrix}2&1\\-3&2\end{vmatrix}=7,\quad A_{21}=(-1)^{2+1}\begin{vmatrix}0&1\\2&5\end{vmatrix}=2$

$A_{22}=(-1)^{2+2}\begin{vmatrix}1&1\\-3&5\end{vmatrix}=8,\quad A_{23}=(-1)^{2+3}\begin{vmatrix}1&0\\-3&2\end{vmatrix}=-2$

$A_{31}=(-1)^{3+1}\begin{vmatrix}0&1\\1&0\end{vmatrix}=-1,\quad A_{32}=(-1)^{3+2}\begin{vmatrix}1&1\\2&0\end{vmatrix}=2$

$A_{33}=(-1)^{3+3}\begin{vmatrix}1&0\\2&1\end{vmatrix}=1$

得　　　　$$\boldsymbol{A}^*=\begin{pmatrix}A_{11}&A_{21}&A_{31}\\A_{12}&A_{22}&A_{32}\\A_{13}&A_{23}&A_{33}\end{pmatrix}=\begin{pmatrix}5&2&-1\\-10&8&2\\7&-2&1\end{pmatrix}$$

定理 2　如果 $\boldsymbol{A}$ 为 n 阶方阵,则有

(i) $AA^* = A^*A = |A|E$

(ii) 当 $|A| \neq 0$ 时, $|A^*| = |A|^{n-1}$.

证 (i) 设 $A = (a_{ij})$, $AA^* = (b_{ij})$, 则

$$b_{ij} = a_{i1}A_{j1} + a_{i2}A_{j2} + \cdots + a_{in}A_{jn} = |A|\delta_{ij}$$

$$= \begin{cases} |A|, & i = j \\ 0, & i \neq j \end{cases} \quad (i,j = 1,2,\cdots,n)$$

于是

$$AA^* = \begin{pmatrix} |A| & & & \\ & |A| & & \\ & & \ddots & \\ & & & |A| \end{pmatrix} = |A|E$$

类似地

$$A^*A = \left(\sum_{k=1}^{n} A_{ki}a_{ik}\right) = \begin{pmatrix} |A| & & & \\ & |A| & & \\ & & \ddots & \\ & & & |A| \end{pmatrix} = |A|E$$

(ii) 由(i)及定理 1 可知

$$|A||A^*| = |AA^*| = ||A|E| = |A|^n|E| = |A|^n$$

又 $|A| \neq 0$, 故 $|A^*| = |A|^{n-1}$.

习 题 3-2

1. 对任意 n 阶方阵 A, B, 总有( ).

A. $AB = BA$ \qquad\qquad\qquad B. $|AB| = |BA|$

C. $(AB)^T = A^T B^T$ \qquad\qquad D. $(AB)^2 = A^2 B^2$

2. 设 A, B 是两个 n 阶方阵, 若 $AB = 0$ 则必有( ).

A. $A = 0$ 且 $B = 0$ \qquad\qquad B. $A = 0$ 或 $B = 0$

C. $|A| = 0$ 且 $|B| = 0$ \qquad\qquad D. $|A| = 0$ 或 $|B| = 0$

3. 设 A, B 均为 n 阶方阵, 则必有( ).

A. $(AB)^T = B^T A^T$ \qquad\qquad B. $|A+B| = |A| + |B|$

C. $(A+B)^T = A + B$ \qquad\qquad D. $A(B+C) = BA + AC$

4. 设 A 为三阶矩阵 $|A| = a \neq 0$, 则其伴随矩阵 A^* 的行列式 $|A^*| = ($).

A. a \qquad\quad B. a^2 \qquad\qquad C. a^3 \qquad\qquad D. a^4

5. 设 A 为任意 n 阶矩阵, 下列矩阵中为反对称矩阵的是( ).

A. AA^T \qquad\quad B. $A^T A$ \qquad\qquad C. $A + A^T$ \qquad\qquad D. $A - A^T$

6. 设 $A = \begin{pmatrix} a & b \\ c & d \end{pmatrix}$, 则 $A^* = $ _____.

7. 设三阶矩阵 $A = \begin{pmatrix} 1 & 0 & 0 \\ 2 & 2 & 0 \\ 3 & 8 & 3 \end{pmatrix}$,则 $A^* A =$ _____.

8. 设 $A = \begin{pmatrix} 1 & 0 & 1 \\ 0 & 1 & -1 \\ 1 & -1 & 1 \end{pmatrix}$,$B = \begin{pmatrix} 1 & 2 & 3 \\ -1 & -2 & 4 \\ 0 & 2 & 1 \end{pmatrix}$,求:

(1) $|-2A|$　(2) $|AB^T|$　(3) $|A+B|$　(4) $|A^3|$.

9. 设 A, B 为三阶矩阵,且 $|A| = -2$,$|B| = 1/3$,求 $|-3(A^T B^2)|$.

10. 设 A 为 n 阶方阵,且 $AA^T = E$,证明:$|A| = 1$ 或 -1.

11. 设 A, B 为 n 阶方阵,且 A 为对称矩阵,证明:$B^T AB$ 也是对称矩阵.

12. 设 A, B 为对称阵,试证:$AB + BA$ 为对称矩阵,$AB - BA$ 为反对称阵.

13. 设 $A = \begin{pmatrix} 1 & 1 & 0 & 0 \\ 0 & 1 & 1 & 0 \\ 0 & 0 & 1 & 1 \\ 0 & 0 & 0 & 1 \end{pmatrix}$,求 A^2, A^3, A^n.

14. 对任一 n 阶矩阵 A,证明:

(1) $A + A^T$ 是对称矩阵,$A - A^T$ 是反对称矩阵;

(2) A 可以表示为对称矩阵与反对称矩阵之和.

15. 设 A 是实对称矩阵,且 $A^2 = O$,证明:$A = O$.

(提示:注意 A^2 的主对角线上的元素 $\sum_{k=1}^{n} a_{ik} a_{ki} = 0$ 及 $A^T = A$)

16. 求矩阵 A 的伴随矩阵 A^*.

(1) $A = \begin{pmatrix} -1 & 0 & 0 \\ 0 & 5 & 3 \\ 0 & 2 & 1 \end{pmatrix}$　　　(2) $A = \begin{pmatrix} 1 & 1 & 2 \\ 2 & 2 & 3 \\ 4 & 3 & 3 \end{pmatrix}$

3.3 逆 矩 阵

在数的乘法运算中,如果常数 $a \neq 0$,则存在 a 的倒数 $1/a$,或称 a 的逆 a^{-1},使 $a^{-1} \cdot a = a \cdot a^{-1} = 1$. 在矩阵的乘法运算中,单位矩阵 E 的作用与数 1 在数量乘法中的作用类似. 那么,对于矩阵 A,是否也存在着"逆"? 即是否存在一个方阵 A^{-1},使 $AA^{-1} = A^{-1}A = E$. 为此,我们引入逆矩阵的定义.

定义 1 对于 n 阶矩阵 A,如果有一个 n 阶矩阵 B,使

$$AB = BA = E$$

则称 A 是可逆的,并把 B 称为 A 的逆矩阵.

如果矩阵 A 可逆,则它的逆矩阵唯一. 这是因为:如果 B, C 都是 A 的逆矩阵,则有

$$B = BE = B(AC) = (BA)C = EC = C$$

所以 A 的逆矩阵是唯一的.

A 的唯一逆矩阵记为 A^{-1},即若 $AB = BA = E$,则 $B = A^{-1}$.

例 1 (1) 设矩阵 $A = \begin{pmatrix} 2 & 1 \\ -1 & 0 \end{pmatrix}$,求 A^{-1};

(2) 设矩阵 $A = \mathrm{diag}(\lambda_1, \lambda_2, \cdots, \lambda_n)$,且 $\lambda_1 \lambda_2 \cdots \lambda_n \neq 0$,求 A^{-1}.

解 (1) 利用待定系数法(元素法),设 $B = \begin{pmatrix} a & b \\ c & d \end{pmatrix}$ 是 A 的逆矩阵,则

$$AB = \begin{pmatrix} 2 & 1 \\ -1 & 0 \end{pmatrix} \begin{pmatrix} a & b \\ c & d \end{pmatrix} = \begin{pmatrix} 2a+c & 2b+d \\ -a & -b \end{pmatrix} = \begin{pmatrix} 1 & 0 \\ 0 & 1 \end{pmatrix}$$

于是

$$\begin{cases} 2a+c = 1 \\ 2b+d = 0 \\ -a = 0 \\ -b = 1 \end{cases} \quad \text{即} \quad \begin{cases} a = 0 \\ b = -1 \\ c = 1 \\ d = 2 \end{cases}$$

亦即

$$B = \begin{pmatrix} 0 & -1 \\ 1 & 2 \end{pmatrix}$$

又

$$BA = \begin{pmatrix} 0 & -1 \\ 1 & 2 \end{pmatrix} \begin{pmatrix} 2 & 1 \\ -1 & 0 \end{pmatrix} = \begin{pmatrix} 1 & 0 \\ 0 & 1 \end{pmatrix}$$

于是 $AB = BA = E$,即 $A^{-1} = B = \begin{pmatrix} 0 & -1 \\ 1 & 2 \end{pmatrix}$.

(2) 因为

$$\mathrm{diag}(\lambda_1, \lambda_2, \cdots, \lambda_n) \cdot \mathrm{diag}\left(\frac{1}{\lambda_1}, \frac{1}{\lambda_2}, \cdots, \frac{1}{\lambda_n}\right).$$

$$= \mathrm{diag}\left(\frac{1}{\lambda_1}, \frac{1}{\lambda_2}, \cdots, \frac{1}{\lambda_n}\right) \cdot \mathrm{diag}(\lambda_1, \lambda_2, \cdots, \lambda_n) = E$$

所以 $A^{-1} = [\mathrm{diag}(\lambda_1, \lambda_2, \cdots, \lambda_n)]^{-1} = \mathrm{diag}\left(\frac{1}{\lambda_1}, \frac{1}{\lambda_2}, \cdots, \frac{1}{\lambda_n}\right)$.

那么,什么样的矩阵可逆?如果矩阵 A 可逆,怎样求 A^{-1}?下面的两个定理回答了这一问题.

定理 1 若矩阵 A 可逆,则 $|A| \neq 0$.

证 因为 A 可逆,则有 A^{-1} 存在,使 $AA^{-1} = E$,故 $|AA^{-1}| = |A| \cdot |A^{-1}| = |E| = 1$,所以 $|A| \neq 0$.

定理 2 若 $|A| \neq 0$,则矩阵 A 可逆,且

$$A^{-1} = \frac{1}{|A|} A^*$$

其中,A^* 为 A 的伴随矩阵.

证 由 3.2 节中的定理 2 可知

$$AA^* = A^*A = |A|E$$

因为 $|A| \neq 0$,故有

$$A\frac{1}{|A|}A^* = \frac{1}{|A|}A^*A = E$$

由逆矩阵的定义,即知 A 可逆,且有

$$A^{-1} = \frac{1}{|A|}A^*$$

当 $|A| = 0$ 时,A 称为奇异矩阵,否则称为非奇异矩阵. 由上面两个定理可知:A 是可逆矩阵的充分必要条件是 $|A| \neq 0$,即可逆矩阵就是非奇异矩阵. 同时,定理 2 也提供了一种利用伴随矩阵求逆矩阵的方法.

例 2 设 $A = \begin{pmatrix} a & b \\ c & d \end{pmatrix}$,试问 a, b, c, d 满足什么条件时,方阵 A 可逆?当 A 可逆时,求 A^{-1}.

解 当 $|A| = \begin{vmatrix} a & b \\ c & d \end{vmatrix} = ad - bc \neq 0$ 时,A 可逆. 此时

$$A^{-1} = \frac{1}{|A|}A^* = \frac{1}{ad-bc}\begin{pmatrix} d & -b \\ -c & a \end{pmatrix}$$

例 3 判断矩阵 $A = \begin{pmatrix} 1 & 0 & 1 \\ 2 & 1 & 0 \\ -3 & 2 & 5 \end{pmatrix}$ 是否可逆,若可逆,求其逆矩阵.

解 因为 $|A| = \begin{vmatrix} 1 & 0 & 1 \\ 2 & 1 & 0 \\ -3 & 2 & 5 \end{vmatrix} = 12 \neq 0$,所以矩阵 A 可逆.

由 3.2 节例 7 知 $A^* = \begin{pmatrix} 5 & 2 & -1 \\ -10 & 8 & 2 \\ 7 & -2 & 1 \end{pmatrix}$,所以

$$A^{-1} = \frac{1}{|A|}A^* = \frac{1}{12}\begin{pmatrix} 5 & 2 & -1 \\ -10 & 8 & 2 \\ 7 & -2 & 1 \end{pmatrix} = \begin{pmatrix} \dfrac{5}{12} & \dfrac{1}{6} & -\dfrac{1}{12} \\ -\dfrac{5}{6} & \dfrac{2}{3} & \dfrac{1}{6} \\ \dfrac{7}{12} & -\dfrac{1}{6} & \dfrac{1}{12} \end{pmatrix}$$

由定理 2 可得下述推论:

推论 1 若 $AB = E$(或 $BA = E$),则 $B = A^{-1}$.

证 $|A||B| = |AB| = |E| = 1$,故 $|A| \neq 0$,从而 A^{-1} 存在,于是

$$B = EB = (A^{-1}A)B = A^{-1}(AB) = A^{-1}E = A^{-1}$$

由此推论知,在讨论或验证矩阵 A 可逆时,只要验证 $AB = E$ 或 $BA = E$ 成立即可.

例4 设 n 阶方阵 A 满足 $A^2+A-4E=O$,试证:矩阵 $A-E$ 可逆,并求其逆矩阵.

证 由 $A^2+A-4E=O$ 可知 $A^2+A-2E=2E$,则 $(A+2E)(A-E)=2E$,于是

$$\frac{A+2E}{2}(A-E)=E$$

所以 $A-E$ 可逆,且 $(A-E)^{-1}=\dfrac{A+2E}{2}$.

方阵的逆矩阵满足下列运算规律:

(i) 若 n 阶方阵 A 可逆,则 A^{-1} 也可逆,且 $(A^{-1})^{-1}=A$.

(ii) 若 A 可逆,数 $\lambda\neq0$,则 λA 可逆,且 $(\lambda A)^{-1}=\dfrac{1}{\lambda}A^{-1}$.

(iii) 若 A,B 为同阶方阵且均可逆,则 AB 亦可逆,且 $(AB)^{-1}=B^{-1}A^{-1}$.

证 因为 $(AB)(B^{-1}A^{-1})=A(BB^{-1})A^{-1}=AEA^{-1}=AA^{-1}=E$,所以,由推论 1 有
$$(AB)^{-1}=B^{-1}A^{-1}$$

(iv) 若 A 可逆,则 A^{T} 也可逆,且 $(A^{\mathrm{T}})^{-1}=(A^{-1})^{\mathrm{T}}$.

证 $A^{\mathrm{T}}(A^{-1})^{\mathrm{T}}=(A^{-1}A)^{\mathrm{T}}=E^{\mathrm{T}}=E$,所以 $(A^{\mathrm{T}})^{-1}=(A^{-1})^{\mathrm{T}}$.

(v) 若 A 可逆,且 $AB=AC$,则 $B=C$.

(vi) 若 A 可逆,则有 $|A^{-1}|=|A|^{-1}$.

以上仅给出了(iii)、(iv) 的证明,其余的留给读者自行证明.

当 $|A|\neq0$ 时,还可以定义
$$A^0=E,\quad A^{-k}=(A^{-1})^k$$

其中,k 为正整数. 这样,当 A 可逆,λ,μ 为整数时,有
$$A^\lambda A^\mu=A^{\lambda+\mu},\quad (A^\lambda)^\mu=A^{\lambda\mu}$$

例5 设 $A=\begin{pmatrix}1&0&1\\0&2&0\\1&0&1\end{pmatrix}$,且 $AX+E=A^2+X$,求矩阵 X.

解 由 $AX+E=A^2+X$,得 $AX-X=A^2-E$,即
$$(A-E)X=(A-E)(A+E) \tag{3.3}$$

又 $A-E=\begin{pmatrix}0&0&1\\0&1&0\\1&0&0\end{pmatrix}$,则 $|A-E|=\begin{vmatrix}0&0&1\\0&1&0\\1&0&0\end{vmatrix}=-1\neq0$,故 $A-E$ 可逆.

将式(3.3)两端同时左乘 $(A-E)^{-1}$,得

$$X=A+E=\begin{pmatrix}2&0&1\\0&3&0\\1&0&2\end{pmatrix}$$

对于矩阵方程,可以利用逆矩阵求解:

(1) 设 A 是 n 阶可逆矩阵,B 是任意一个 $n\times m$ 矩阵,则矩阵方程 $AX=B$ 有唯一的解 $X=A^{-1}B$.

（2）设 A 是 n 阶可逆矩阵，C 是任意一个 $m \times n$ 矩阵，则矩阵方程 $XA = C$ 有唯一的解 $X = CA^{-1}$.

例 6 求解线性方程组

$$\begin{cases} x_1 - x_2 - x_3 = 2 \\ 2x_1 - x_2 - 3x_3 = 1 \\ 3x_1 + 2x_2 - 5x_3 = 0 \end{cases}$$

解 首先将原方程组写成矩阵方程的形式 $Ax = b$，其中

$$A = \begin{pmatrix} 1 & -1 & -1 \\ 2 & -1 & -3 \\ 3 & 2 & -5 \end{pmatrix}, \quad x = \begin{pmatrix} x_1 \\ x_2 \\ x_3 \end{pmatrix}, \quad b = \begin{pmatrix} 2 \\ 1 \\ 0 \end{pmatrix}$$

因为 $|A| = \begin{vmatrix} 1 & -1 & -1 \\ 2 & -1 & -3 \\ 3 & 2 & -5 \end{vmatrix} = 3 \neq 0$，所以 A 可逆，于是原线性方程组有唯一的解 $x = A^{-1}b$，下面求解 A^{-1}.

由于

$$A^* = \begin{pmatrix} A_{11} & A_{21} & A_{31} \\ A_{12} & A_{22} & A_{32} \\ A_{13} & A_{23} & A_{33} \end{pmatrix} = \begin{pmatrix} 11 & -7 & 2 \\ 1 & -2 & 1 \\ 7 & -5 & 1 \end{pmatrix}$$

则

$$A^{-1} = \frac{1}{|A|}A^* = \frac{1}{3}\begin{pmatrix} 11 & -7 & 2 \\ 1 & -2 & 1 \\ 7 & -5 & 1 \end{pmatrix}$$

于是

$$x = A^{-1}b = \frac{1}{3}\begin{pmatrix} 11 & -7 & 2 \\ 1 & -2 & 1 \\ 7 & -5 & 1 \end{pmatrix}\begin{pmatrix} 2 \\ 1 \\ 0 \end{pmatrix} = \begin{pmatrix} 5 \\ 0 \\ 3 \end{pmatrix}$$

即

$$\begin{cases} x_1 = 5 \\ x_2 = 0 \\ x_3 = 3 \end{cases}$$

例 7 已知矩阵 $A = \begin{pmatrix} 4 & 2 & 3 \\ 1 & 1 & 0 \\ -1 & 2 & 3 \end{pmatrix}$，$AX = A + 2X$，求 X.

解 由 $AX = A + 2X$，得 $(A - 2E)X = A$，令 $B = A - 2E$，即 $BX = A$

则

$$B = A - 2E = \begin{pmatrix} 2 & 2 & 3 \\ 1 & -1 & 0 \\ -1 & 2 & 1 \end{pmatrix}$$

而

$$|B| = |A - 2E| = \begin{vmatrix} 2 & 2 & 3 \\ 1 & -1 & 0 \\ -1 & 2 & 1 \end{vmatrix} = -1 \neq 0$$

等式 $BX=A$ 两边同时左乘 B^{-1},得 $X=B^{-1}A$,下面求 B^{-1}.

由于

$$B^*=\begin{pmatrix} B_{11} & B_{21} & B_{31} \\ B_{12} & B_{22} & B_{32} \\ B_{13} & B_{23} & B_{33} \end{pmatrix}=\begin{pmatrix} -1 & 4 & 3 \\ -1 & 5 & 3 \\ 1 & -6 & -4 \end{pmatrix}$$

所以

$$B^{-1}=\frac{1}{|B|}B^*=(-1)\times\begin{pmatrix} -1 & 4 & 3 \\ -1 & 5 & 3 \\ 1 & -6 & -4 \end{pmatrix}=\begin{pmatrix} 1 & -4 & -3 \\ 1 & -5 & -3 \\ -1 & 6 & 4 \end{pmatrix}$$

于是

$$X=B^{-1}A=\begin{pmatrix} 1 & -4 & -3 \\ 1 & -5 & -3 \\ -1 & 6 & 4 \end{pmatrix}\begin{pmatrix} 4 & 2 & 3 \\ 1 & 1 & 0 \\ -1 & 2 & 3 \end{pmatrix}$$

$$=\begin{pmatrix} 3 & -8 & -6 \\ 2 & -9 & -6 \\ -2 & 12 & 9 \end{pmatrix}$$

例 8 设 $P=\begin{pmatrix} 1 & 2 \\ 1 & 4 \end{pmatrix}$,$\Lambda=\begin{pmatrix} 1 & 0 \\ 0 & 2 \end{pmatrix}$,且 $AP=P\Lambda$,求 A^2,A^n.

解 因为 $|P|=\begin{vmatrix} 1 & 2 \\ 1 & 4 \end{vmatrix}=2$,则 P^{-1} 存在,易知 $P^{-1}=\frac{1}{2}\begin{pmatrix} 4 & -2 \\ -1 & 1 \end{pmatrix}$.

由 $AP=P\Lambda$,等式两边同时右乘 P^{-1},得:$A=P\Lambda P^{-1}$. 于是

$$A^2=(P\Lambda P^{-1})(P\Lambda P^{-1})=P\Lambda^2 P^{-1},\cdots,A^n=P\Lambda^n P^{-1}$$

而

$$\Lambda=\begin{pmatrix} 1 & 0 \\ 0 & 2 \end{pmatrix},\Lambda^2=\begin{pmatrix} 1 & 0 \\ 0 & 2^2 \end{pmatrix},\cdots,\Lambda^n=\begin{pmatrix} 1 & 0 \\ 0 & 2^n \end{pmatrix}$$

故

$$A^2=\begin{pmatrix} 1 & 2 \\ 1 & 4 \end{pmatrix}\begin{pmatrix} 1 & 0 \\ 0 & 2^2 \end{pmatrix}\frac{1}{2}\begin{pmatrix} 4 & -2 \\ -1 & 1 \end{pmatrix}=\begin{pmatrix} -2 & 3 \\ -6 & 7 \end{pmatrix}$$

$$A^n=\begin{pmatrix} 1 & 2 \\ 1 & 4 \end{pmatrix}\begin{pmatrix} 1 & 0 \\ 0 & 2^n \end{pmatrix}\frac{1}{2}\begin{pmatrix} 4 & -2 \\ -1 & 1 \end{pmatrix}=\frac{1}{2}\begin{pmatrix} 1 & 2^{n+1} \\ 1 & 2^{n+2} \end{pmatrix}\begin{pmatrix} 4 & -2 \\ -1 & 1 \end{pmatrix}$$

$$=\frac{1}{2}\begin{pmatrix} 4-2^{n+1} & 2^{n+1}-2 \\ 4-2^{n+2} & 2^{n+2}-2 \end{pmatrix}=\begin{pmatrix} 2-2^n & 2^n-1 \\ 2-2^{n+1} & 2^{n+1}-1 \end{pmatrix}$$

例 9 证明克拉默法则.

证 将所给线性方程组表示成矩阵形式

$$Ax=b \tag{3.4}$$

其中,$A=(a_{ij})_{n\times n}$,$x=(x_1,x_2,\cdots x_n)^{\mathrm{T}}$,$b=(b_1,b_2,\cdots,b_n)^{\mathrm{T}}$.

由于 $D=|A|\neq 0$,故 A 可逆,将式(3.4)两边同时左乘 A^{-1},得到该式的解为

$$x=A^{-1}b \tag{3.5}$$

由于 $A^{-1}=\dfrac{1}{|A|}A^*=\dfrac{1}{D}A^*$,于是式(3.5)为

$$
\begin{pmatrix} x_1 \\ x_2 \\ \vdots \\ x_n \end{pmatrix}=\frac{1}{D}\begin{pmatrix} A_{11} & A_{21} & \cdots & A_{n1} \\ A_{12} & A_{22} & \cdots & A_{n2} \\ \vdots & \vdots & & \vdots \\ A_{1n} & A_{2n} & \cdots & A_{nn} \end{pmatrix}\begin{pmatrix} b_1 \\ b_2 \\ \vdots \\ b_n \end{pmatrix}
$$

$$
=\frac{1}{D}\begin{pmatrix} A_{11}b_1+A_{21}b_2+\cdots+A_{n1}b_n \\ A_{12}b_1+A_{22}b_2+\cdots+A_{n2}b_n \\ \cdots\cdots\cdots\cdots \\ A_{1n}b_1+A_{2n}b_2+\cdots+A_{nn}b_n \end{pmatrix} \tag{3.6}
$$

$$
=\frac{1}{D}\begin{pmatrix} D_1 \\ D_2 \\ \vdots \\ D_n \end{pmatrix}=\begin{pmatrix} \dfrac{D_1}{D} \\ \dfrac{D_1}{D} \\ \vdots \\ \dfrac{D_n}{D} \end{pmatrix}
$$

其中,$D_j=A_{1j}b_1+A_{2j}b_2+\cdots+A_{nj}b_n\ (j=1,2,\cdots,n)$,即为系数行列式 D 的第 j 列替换成 $b_1,b_2,\cdots,b_n$ 所构成的行列式.从而 $x_j=\dfrac{D_j}{D}\ (j=1,2,\cdots,n)$,又当 A 可逆时,逆矩阵 A^{-1} 唯一,从而解唯一.

例 10 设 A 为三阶矩阵,$|A|=\dfrac{1}{2}$,求 $\left|\left(\dfrac{1}{3}A\right)^{-1}-2A^*\right|$.

解 因为 $|A|=1/2$,所以 A 可逆,且

$$\left(\frac{1}{3}A\right)^{-1}=3A^{-1}=3\frac{1}{|A|}A^*=6A^*$$

$$|A^*|=|A|^{3-1}=|A|^2=\frac{1}{4}$$

所以

$$\left|\left(\frac{1}{3}A\right)^{-1}-2A^*\right|=|6A^*-2A^*|=|4A^*|=4^3|A^*|=4^3\cdot\frac{1}{4}=16$$

方阵的伴随矩阵还有下列性质:

设 A,B 均为 n 阶可逆矩阵,则

(i) $(AB)^*=B^*A^*$

(ii) $(A^*)^*=|A|^{n-2}A$

证 (i) 由 $|AB|=|A||B|\neq 0$ 可知,AB 为可逆矩阵.又

$$(AB)(AB)^*=|AB|E$$

所以

$$(AB)^* = (AB)^{-1}|AB|E = |AB|(AB)^{-1}$$
$$= |A||B|B^{-1}A^{-1} = |B|B^{-1}|A|A^{-1}$$
$$= |B|\frac{B^*}{|B|}|A|\frac{A^*}{|A|} = B^*A^*$$

(2) 由 $(A^*)^*A^* = |A^*|E$,可得

$$(A^*)^*|A|A^{-1} = |A|^{n-1}E$$

从而 $(A^*)^* = |A|^{n-2}A$.

习 题 3-3

1. 设 A,B 均为 n 阶可逆矩阵,则下列各式中不正确的是(　　).

A. $(A+B)^{\mathrm{T}} = A^{\mathrm{T}} + B^{\mathrm{T}}$ 　　　　B. $(A+B)^{-1} = A^{-1} + B^{-1}$

C. $(AB)^{-1} = B^{-1}A^{-1}$ 　　　　D. $(AB)^{\mathrm{T}} = B^{\mathrm{T}}A^{\mathrm{T}}$

2. 设 A,B 均为三阶可逆矩阵,$|A| = -1$,则 $|2B^{-1}A^2B| = $ _____.

3. 设 $A = \begin{pmatrix} 1 & 2 & -2 \\ 4 & a & -1 \\ 3 & -1 & 1 \end{pmatrix}$,$B$ 为三阶非零矩阵且 $AB = \mathbf{0}$,则 $a = $ _____.

4. 判断下列矩阵是否可逆,若可逆求其逆矩阵.

(1) $\begin{pmatrix} 1 & 2 \\ 2 & 5 \end{pmatrix}$ 　　　　　　(2) $\begin{pmatrix} \cos\theta & -\sin\theta \\ \sin\theta & \cos\theta \end{pmatrix}$

(3) $\begin{pmatrix} 1 & -1 & 2 \\ 2 & 3 & -1 \\ 0 & -5 & 5 \end{pmatrix}$ 　　　　(4) $\begin{pmatrix} 1 & 1 & 1 & 1 \\ 0 & 1 & 1 & 1 \\ 0 & 0 & 1 & 1 \\ 0 & 0 & 0 & 1 \end{pmatrix}$

(5) $\begin{pmatrix} a_1 & & 0 \\ & \ddots & \\ 0 & & a_n \end{pmatrix}$ $(a_1a_2\cdots a_n \neq 0)$ 　(6) $\begin{pmatrix} 1 & 0 & 0 & 0 \\ a & 1 & 0 & 0 \\ a^2 & a & 1 & 0 \\ a^3 & a^2 & a & 1 \end{pmatrix}$

5. 解下列矩阵方程.

(1) $\begin{pmatrix} 2 & 5 \\ 1 & 3 \end{pmatrix}X = \begin{pmatrix} 4 & -6 \\ 2 & 1 \end{pmatrix}$ 　　(2) $X\begin{pmatrix} 2 & 1 & -1 \\ 1 & 1 & 1 \\ 3 & 2 & 1 \end{pmatrix} = \begin{pmatrix} 1 & -1 & 3 \\ 4 & 3 & 2 \\ 2 & -2 & 5 \end{pmatrix}$

(3) $\begin{pmatrix} 1 & 4 \\ -1 & 2 \end{pmatrix}X\begin{pmatrix} 2 & 0 \\ -1 & 1 \end{pmatrix} = \begin{pmatrix} 3 & 1 \\ 0 & -1 \end{pmatrix}$ 　(4) $X = \begin{pmatrix} 0 & 1 & 0 \\ -1 & 1 & 1 \\ -1 & 0 & -1 \end{pmatrix}X + \begin{pmatrix} 1 & -1 \\ 2 & 0 \\ 5 & -3 \end{pmatrix}$

6. 利用逆矩阵解下列线性方程组.

$$(1)\begin{cases} x_1 + 2x_2 + 3x_3 = 1 \\ 2x_1 + 2x_2 + 5x_3 = 2 \\ 3x_1 + 5x_2 + x_3 = 3 \end{cases} \qquad (2)\begin{cases} x - 2y + z = 5 \\ 2x - 3y + 5z = -1 \\ 3x + y + 2z = 4 \end{cases}$$

7. 设 A 为 n 阶方阵, 且 $A^2 - A - 2E = O$, 证明: A 与 $A + 2E$ 均可逆, 并求 A^{-1} 及 $(A+2E)^{-1}$.

8. 设 A 为五阶方阵, 且 $|A| = 3$, 求 $|2A^{-1}|$, $|A^2|$, $|A^*|$.

9. 设 n 阶矩阵 A 满足 $A^m = O$, m 是正整数, 试证: $E - A$ 可逆, 且

$$(E-A)^{-1} = E + A + A^2 + \cdots + A^{m-1}$$

10. 证明: 如果 $A^2 = A$, 而 A 不是单位矩阵, 则 A 必为奇异矩阵.

11. 设 $P^{-1}AP = \Lambda$, 其中, $P = \begin{pmatrix} -1 & -4 \\ 1 & 1 \end{pmatrix}$, $\Lambda = \begin{pmatrix} -1 & 0 \\ 0 & 2 \end{pmatrix}$, 求 A^{11}.

12. 已知 A 为四阶方阵, 且 $|A| = 3$, 求 $\left| \dfrac{1}{3}A^* - 4A^{-1} \right|$.

13. 已知线性变换

$$\begin{cases} x_1 = 2y_1 + 2y_2 + y_3 \\ x_2 = 3y_1 + y_2 + 5y_3 \\ x_3 = 3y_1 + 2y_2 + 3y_3 \end{cases}$$

求从变量 x_1, x_2, x_3 到变量 y_1, y_2, y_3 的线性变换.

3.4 分块矩阵

对于行数和列数较高的矩阵 A, 运算时常采用分块法, 使矩阵的运算化成小矩阵的运算. 我们将矩阵 A 用若干条纵线和横线分成一些小矩阵, 每一个小矩阵称为 A 的子块, 以子块为元素的形式上的矩阵称为分块矩阵.

例如, 将一个 4×3 矩阵 $A = \begin{pmatrix} a_{11} & a_{12} & a_{13} \\ a_{21} & a_{22} & a_{23} \\ a_{31} & a_{32} & a_{33} \\ a_{41} & a_{42} & a_{43} \end{pmatrix}$ 分成子块的方法很多, 下面举出 4 种分块形式

$$A = \left(\begin{array}{cc:c} a_{11} & a_{12} & a_{13} \\ a_{21} & a_{22} & a_{23} \\ \hdashline a_{31} & a_{32} & a_{33} \\ a_{41} & a_{42} & a_{43} \end{array} \right), \quad A = \left(\begin{array}{cc:c} a_{11} & a_{12} & a_{13} \\ \hdashline a_{21} & a_{22} & a_{23} \\ a_{31} & a_{32} & a_{33} \\ \hdashline a_{41} & a_{42} & a_{43} \end{array} \right)$$

$$A = \begin{pmatrix} a_{11} & a_{12} & a_{13} \\ \hline a_{21} & a_{22} & a_{23} \\ \hline a_{31} & a_{32} & a_{33} \\ \hline a_{41} & a_{42} & a_{43} \end{pmatrix}, \quad A = \begin{pmatrix} a_{11} & a_{12} & a_{13} \\ a_{21} & a_{22} & a_{23} \\ a_{31} & a_{32} & a_{33} \\ a_{41} & a_{42} & a_{43} \end{pmatrix}$$

第 1 种分法可记为

$$A = \begin{pmatrix} A_{11} & A_{12} \\ A_{21} & A_{22} \end{pmatrix}$$

其中, $A_{11} = \begin{pmatrix} a_{11} & a_{12} \\ a_{21} & a_{22} \end{pmatrix}$, $A_{12} = \begin{pmatrix} a_{13} \\ a_{23} \end{pmatrix}$, $A_{21} = \begin{pmatrix} a_{31} & a_{32} \\ a_{41} & a_{42} \end{pmatrix}$, $A_{22} = \begin{pmatrix} a_{33} \\ a_{43} \end{pmatrix}$

即 $A_{11}, A_{12}, A_{21}, A_{22}$ 为 A 的子块, 而 A 形式上成为以这些子块为元素的分块矩阵.

第 2 种分法可记为

$$A = \begin{pmatrix} A_{11} & A_{12} \\ A_{21} & A_{22} \\ A_{31} & A_{32} \end{pmatrix}$$

其中 $A_{11} = (a_{11}, a_{12})$, $A_{12} = (a_{13})$, $A_{21} = \begin{pmatrix} a_{21} & a_{22} \\ a_{31} & a_{32} \end{pmatrix}$, $A_{22} = \begin{pmatrix} a_{23} \\ a_{33} \end{pmatrix}$, $A_{31} = (a_{41}, a_{42})$, $A_{32} =$

(a_{43}). 即 $A_{11}, A_{12}, A_{21}, A_{22}, A_{31}, A_{32}$ 为 A 的子块, 而 A 形式上成为以这些子块为元素的分块矩阵.

第 3 种分法可记为

$$A = \begin{pmatrix} A_{11} \\ A_{21} \\ A_{31} \\ A_{41} \end{pmatrix}$$

其中 $A_{11} = (a_{11}, a_{12}, a_{13})$, $A_{21} = (a_{21}, a_{22}, a_{23})$, $A_{31} = (a_{31}, a_{32}, a_{33})$, $A_{41} = (a_{41}, a_{42}, a_{43})$. 即 $A_{11}, A_{21}, A_{31}, A_{41}$ 为 A 的子块, 而 A 形式上成为以这些子块为元素的分块矩阵. 实际上矩阵 A 是按行分块.

第 4 种分法可记为

$$A = (A_{11}, A_{12}, A_{13})$$

其中 $A_{11} = \begin{pmatrix} a_{11} \\ a_{21} \\ a_{31} \\ a_{41} \end{pmatrix}$, $A_{21} = \begin{pmatrix} a_{12} \\ a_{22} \\ a_{32} \\ a_{42} \end{pmatrix}$, $A_{31} = \begin{pmatrix} a_{13} \\ a_{23} \\ a_{33} \\ a_{43} \end{pmatrix}$. 即 A_{11}, A_{21}, A_{31} 为 A 的子块, 而 A 形式上成为

以这些子块为元素的分块矩阵. 实际上矩阵 A 是按列分块.

关于按行分块法和按列分块法非常有用, 在 3.4.4 节中将做详细介绍.

3.4.1 分块矩阵的运算性质

分块矩阵的运算与普通矩阵的运算类似,下面分别说明如下:

(1) 分块矩阵的加法.设矩阵 A 与 B 为同型矩阵,采用相同的分块法,有

$$A=\begin{pmatrix} A_{11} & A_{12} & \cdots & A_{1r} \\ A_{21} & A_{22} & \cdots & A_{2r} \\ \vdots & \vdots & & \vdots \\ A_{s1} & A_{s2} & \cdots & A_{sr} \end{pmatrix}, \quad B=\begin{pmatrix} B_{11} & B_{12} & \cdots & B_{1r} \\ B_{21} & B_{22} & \cdots & B_{2r} \\ \vdots & \vdots & & \vdots \\ B_{s1} & B_{s2} & \cdots & B_{sr} \end{pmatrix}$$

其中,A_{ij} 与 B_{ij} $(i=1,2,\cdots,s;j=1,2,\cdots,r)$ 为同型矩阵,那么

$$A+B=\begin{pmatrix} A_{11}+B_{11} & A_{12}+B_{12} & \cdots & A_{1r}+B_{1r} \\ A_{21}+B_{21} & A_{22}+B_{22} & \cdots & A_{2r}+B_{2r} \\ \vdots & \vdots & & \vdots \\ A_{s1}+B_{s1} & A_{s2}+B_{s2} & \cdots & A_{sr}+B_{sr} \end{pmatrix}$$

(2) 分块矩阵的数乘运算.设 $A=\begin{pmatrix} A_{11} & A_{12} & \cdots & A_{1r} \\ A_{21} & A_{22} & \cdots & A_{2r} \\ \vdots & \vdots & & \vdots \\ A_{s1} & A_{s2} & \cdots & A_{sr} \end{pmatrix}$,$\lambda$ 为任意数,那么

$$\lambda A=\begin{pmatrix} \lambda A_{11} & \lambda A_{12} & \cdots & \lambda A_{1r} \\ \lambda A_{21} & \lambda A_{22} & \cdots & \lambda A_{2r} \\ \vdots & \vdots & & \vdots \\ \lambda A_{s1} & \lambda A_{s2} & \cdots & \lambda A_{sr} \end{pmatrix}$$

(3) 分块矩阵的乘法.设 A 为 $m\times l$ 矩阵,B 为 $l\times n$ 矩阵,分块成

$$A=\begin{pmatrix} A_{11} & A_{12} & \cdots & A_{1t} \\ A_{21} & A_{22} & \cdots & A_{2t} \\ \vdots & \vdots & & \vdots \\ A_{r1} & A_{r2} & \cdots & A_{rt} \end{pmatrix}, \quad B=\begin{pmatrix} B_{11} & B_{12} & \cdots & B_{1s} \\ B_{21} & B_{22} & \cdots & B_{2s} \\ \vdots & \vdots & & \vdots \\ B_{t1} & B_{t2} & \cdots & B_{ts} \end{pmatrix}$$

其中,$A_{i1},A_{i2},\cdots,A_{it}(i=1,2,\cdots,r)$ 的列数分别等于 $B_{1j},B_{2j},\cdots,B_{tj}$ $(j=1,2,\cdots,s)$ 的行数,则

$$AB=\begin{pmatrix} C_{11} & C_{12} & \cdots & C_{1s} \\ C_{21} & C_{22} & \cdots & C_{2s} \\ \vdots & \vdots & & \vdots \\ C_{r1} & C_{r2} & \cdots & C_{rs} \end{pmatrix}$$

其中,$C_{ij}=\sum_{k=1}^{t} A_{ik}B_{kj}$ $(i=1,2,\cdots,r;j=1,2,\cdots,s)$.

(4) 矩阵的转置.设 $A=\begin{pmatrix} A_{11} & A_{12} & \cdots & A_{1r} \\ A_{21} & A_{22} & \cdots & A_{2r} \\ \vdots & \vdots & & \vdots \\ A_{s1} & A_{s2} & \cdots & A_{sr} \end{pmatrix}$,则 $A^{\mathrm{T}}=\begin{pmatrix} A_{11}^{\mathrm{T}} & A_{21}^{\mathrm{T}} & \cdots & A_{s1}^{\mathrm{T}} \\ A_{12}^{\mathrm{T}} & A_{22}^{\mathrm{T}} & \cdots & A_{s2}^{\mathrm{T}} \\ \vdots & \vdots & & \vdots \\ A_{1r}^{\mathrm{T}} & A_{2r}^{\mathrm{T}} & \cdots & A_{sr}^{\mathrm{T}} \end{pmatrix}$.

注:分块矩阵求转置,每一个子块也要转置.

例 1 设矩阵 $A=\begin{pmatrix} 1 & 0 & 0 & 0 \\ 0 & 1 & 0 & 0 \\ -1 & 2 & 1 & 0 \\ 1 & 1 & 0 & 1 \end{pmatrix}, B=\begin{pmatrix} 1 & 0 & 1 & 0 \\ -1 & 2 & 0 & 1 \\ 1 & 0 & 4 & 1 \\ -1 & -1 & 2 & 0 \end{pmatrix}$ 求:

(1) $A^{\mathrm{T}}+2B$ (2) AB.

解 把 A,B 分块成

$$A=\left(\begin{array}{cc:cc} 1 & 0 & 0 & 0 \\ 0 & 1 & 0 & 0 \\ \hdashline -1 & 2 & 1 & 0 \\ 1 & 1 & 0 & 1 \end{array}\right)=\begin{pmatrix} E & O \\ A_1 & E \end{pmatrix}$$

$$B=\left(\begin{array}{cc:cc} 1 & 0 & 1 & 0 \\ -1 & 2 & 0 & 1 \\ \hdashline 1 & 0 & 4 & 1 \\ -1 & -1 & 2 & 0 \end{array}\right)=\begin{pmatrix} B_{11} & E \\ B_{21} & B_{22} \end{pmatrix}$$

(1) 由 $A^{\mathrm{T}}=\begin{pmatrix} E & O \\ A_1 & E \end{pmatrix}^{\mathrm{T}}=\begin{pmatrix} E^{\mathrm{T}} & A_1^{\mathrm{T}} \\ O^{\mathrm{T}} & E^{\mathrm{T}} \end{pmatrix}=\begin{pmatrix} E & A_1^{\mathrm{T}} \\ O & E \end{pmatrix},2B=2\begin{pmatrix} B_{11} & E \\ B_{21} & B_{22} \end{pmatrix}=\begin{pmatrix} 2B_{11} & 2E \\ 2B_{21} & 2B_{22} \end{pmatrix},$

得

$$A^{\mathrm{T}}+2B=\begin{pmatrix} E & A_1^{\mathrm{T}} \\ O & E \end{pmatrix}+\begin{pmatrix} 2B_{11} & 2E \\ 2B_{21} & 2B_{22} \end{pmatrix}=\begin{pmatrix} E+2B_{11} & A_1^{\mathrm{T}}+2E \\ O+2B_{21} & E+2B_{22} \end{pmatrix}$$
$$=\begin{pmatrix} E+2B_{11} & A_1^{\mathrm{T}}+2E \\ 2B_{21} & E+2B_{22} \end{pmatrix}$$

因

$$E+2B_{11}=\begin{pmatrix} 1 & 0 \\ 0 & 1 \end{pmatrix}+2\begin{pmatrix} 1 & 0 \\ -1 & 2 \end{pmatrix}=\begin{pmatrix} 3 & 0 \\ -2 & 5 \end{pmatrix}$$

$$A_1^{\mathrm{T}}+2E=\begin{pmatrix} -1 & 2 \\ 1 & 1 \end{pmatrix}^{\mathrm{T}}+2\begin{pmatrix} 1 & 0 \\ 0 & 1 \end{pmatrix}=\begin{pmatrix} -1 & 1 \\ 2 & 1 \end{pmatrix}+\begin{pmatrix} 2 & 0 \\ 0 & 2 \end{pmatrix}=\begin{pmatrix} 1 & 1 \\ 2 & 3 \end{pmatrix}$$

$$2B_{21}=2\begin{pmatrix} 1 & 0 \\ -1 & -1 \end{pmatrix}=\begin{pmatrix} 2 & 0 \\ -2 & -2 \end{pmatrix}$$

$$E+2B_{22}=\begin{pmatrix} 1 & 0 \\ 0 & 1 \end{pmatrix}+2\begin{pmatrix} 4 & 1 \\ 2 & 0 \end{pmatrix}=\begin{pmatrix} 9 & 2 \\ 4 & 1 \end{pmatrix}$$

故

$$A^{\mathrm{T}}+2B=\begin{pmatrix} 3 & 0 & 1 & 1 \\ -2 & 5 & 2 & 3 \\ 2 & 0 & 9 & 2 \\ -2 & -2 & 4 & 1 \end{pmatrix}$$

(2) 由

$$AB=\begin{pmatrix} E & O \\ A_1 & E \end{pmatrix}\begin{pmatrix} B_{11} & E \\ B_{21} & B_{22} \end{pmatrix}=\begin{pmatrix} B_{11} & E \\ A_1B_{11}+B_{21} & A_1+B_{22} \end{pmatrix}$$

得

$$A_1 B_{11} + B_{21} = \begin{pmatrix} -1 & 2 \\ 1 & 1 \end{pmatrix} \begin{pmatrix} 1 & 0 \\ -1 & 2 \end{pmatrix} + \begin{pmatrix} 1 & 0 \\ -1 & -1 \end{pmatrix}$$

$$= \begin{pmatrix} -3 & 4 \\ 0 & 2 \end{pmatrix} + \begin{pmatrix} 1 & 0 \\ -1 & -1 \end{pmatrix} = \begin{pmatrix} -2 & 4 \\ -1 & 1 \end{pmatrix}$$

$$A_1 + B_{22} = \begin{pmatrix} -1 & 2 \\ 1 & 1 \end{pmatrix} + \begin{pmatrix} 4 & 1 \\ 2 & 0 \end{pmatrix} = \begin{pmatrix} 3 & 3 \\ 3 & 1 \end{pmatrix}$$

于是

$$AB = \begin{pmatrix} 1 & 0 & 1 & 0 \\ -1 & 2 & 0 & 1 \\ -2 & 4 & 3 & 3 \\ -1 & 1 & 3 & 1 \end{pmatrix}$$

可以验证,这与矩阵 A, B 直接进行乘法运算的结果是一致的.

3.4.2 分块对角矩阵

设 A 为 n 阶方阵,若 A 的分块矩阵只有在主对角线上有非零子块,其他子块都是零矩阵,且非零子块都是方阵,即

$$A = \begin{pmatrix} A_1 & & & O \\ & A_2 & & \\ & & \ddots & \\ O & & & A_s \end{pmatrix}$$

其中, $A_i \ (i=1,2,\cdots,s)$ 都是方阵,则称 A 为分块对角矩阵.

如

$$A = \begin{pmatrix} 3 & 0 & 0 & 0 \\ 0 & -1 & 0 & 0 \\ 0 & 0 & 2 & 3 \\ 0 & 0 & 3 & 4 \end{pmatrix} = \begin{pmatrix} A_1 & & \\ & A_2 & \\ & & A_3 \end{pmatrix}$$

是分块对角矩阵,其中 $A_1 = (3), A_2 = (-1), A_3 = \begin{pmatrix} 2 & 3 \\ 3 & 4 \end{pmatrix}$.

分块对角矩阵具有下列性质:

(i) 两个分块对角矩阵及其对应子块具有相同的阶数时,可进行和、积及数乘运算,规则与普通对角矩阵规则相同,运算结果仍为分块对角矩阵,即:

设 $A = \begin{pmatrix} A_1 & & & O \\ & A_2 & & \\ & & \ddots & \\ O & & & A_s \end{pmatrix}, B = \begin{pmatrix} B_1 & & & O \\ & B_2 & & \\ & & \ddots & \\ O & & & B_s \end{pmatrix}$, 则

$$A + B = \begin{pmatrix} A_1 + B_1 & & & O \\ & A_2 + B_2 & & \\ & & \ddots & \\ O & & & A_s + B_s \end{pmatrix}$$

$$AB = \begin{pmatrix} A_1 & & & O \\ & A_2 & & \\ & & \ddots & \\ O & & & A_s \end{pmatrix} \begin{pmatrix} B_1 & & & O \\ & B_2 & & \\ & & \ddots & \\ O & & & B_s \end{pmatrix} = \begin{pmatrix} A_1 B_1 & & & O \\ & A_2 B_2 & & \\ & & \ddots & \\ O & & & A_s B_s \end{pmatrix}$$

$$\lambda A = \begin{pmatrix} \lambda A_1 & & & O \\ & \lambda A_2 & & \\ & & \ddots & \\ O & & & \lambda A_s \end{pmatrix}$$

其中,A_i、B_i $(i=1,2,\cdots,s)$是同阶的子块,λ 是数.

由分块对角矩阵乘法的性质可得其幂为

$$A^k = \begin{pmatrix} A_1^k & & & O \\ & A_2^k & & \\ & & \ddots & \\ O & & & A_s^k \end{pmatrix} \quad (k \text{ 为正整数})$$

(ii) 分块对角矩阵的行列式具有下述性质

$$|A| = |A_1| \, |A_2| \cdots |A_s|$$

由此性质可知,若$|A_i| \neq 0$ $(i=1,2,\cdots,s)$,则 $|A| \neq 0$.

显然,如果$|A| \neq 0$,则有$|A_i| \neq 0(i=1,2,\cdots,s)$.

(iii) 由性质(ii)可知,当分块对角矩阵的行列式$|A| \neq 0$ 时,其逆矩阵存在,每个子块A_i $(i=1,2,\cdots,s)$的逆矩阵也存在,并且

$$A^{-1} = \begin{pmatrix} A_1^{-1} & & & O \\ & A_2^{-1} & & \\ & & \ddots & \\ O & & & A_s^{-1} \end{pmatrix}$$

这是因为

$$\begin{pmatrix} A_1 & & & O \\ & A_2 & & \\ & & \ddots & \\ O & & & A_s \end{pmatrix} \begin{pmatrix} A_1^{-1} & & & O \\ & A_2^{-1} & & \\ & & \ddots & \\ O & & & A_s^{-1} \end{pmatrix} = E$$

例 2 设矩阵 $A = \begin{pmatrix} 5 & 2 & 0 & 0 \\ 2 & 1 & 0 & 0 \\ 0 & 0 & 8 & 3 \\ 0 & 0 & 5 & 2 \end{pmatrix}$,求 A^{-1} 及 $|A^8|$.

解 令

$$A = \begin{pmatrix} A_1 & O \\ O & A_2 \end{pmatrix}$$

其中,$A_1 = \begin{pmatrix} 5 & 2 \\ 2 & 1 \end{pmatrix}$,$A_2 = \begin{pmatrix} 8 & 3 \\ 5 & 2 \end{pmatrix}$,则 $|A| = |A_1| \, |A_2| = 1 \cdot 1 = 1 \neq 0$,又 $A_1^{-1} =$

$$\begin{pmatrix} 1 & -2 \\ -2 & 5 \end{pmatrix}, \boldsymbol{A}_2^{-1} = \begin{pmatrix} 2 & -3 \\ -5 & 8 \end{pmatrix}, 所以$$

$$\boldsymbol{A}^{-1} = \begin{pmatrix} \boldsymbol{A}_1^{-1} & \boldsymbol{O} \\ \boldsymbol{O} & \boldsymbol{A}_2^{-1} \end{pmatrix} = \begin{pmatrix} 1 & -2 & 0 & 0 \\ -2 & 5 & 0 & 0 \\ 0 & 0 & 2 & -3 \\ 0 & 0 & -5 & 8 \end{pmatrix}$$

$$|\boldsymbol{A}^8| = |\boldsymbol{A}|^8 = 1$$

3.4.3 上(下)三角分块矩阵

设 $\boldsymbol{A}$ 为 n 阶方阵,若 $\boldsymbol{A}$ 可以分块成如下形式的分块矩阵

$$\boldsymbol{A} = \begin{pmatrix} \boldsymbol{A}_{11} & \boldsymbol{A}_{12} & \cdots & \boldsymbol{A}_{1s} \\ & \boldsymbol{A}_{22} & \cdots & \boldsymbol{A}_{2s} \\ & & \ddots & \vdots \\ & & & \boldsymbol{A}_{ss} \end{pmatrix} \quad 或 \quad \boldsymbol{A} = \begin{pmatrix} \boldsymbol{A}_{11} & & & \\ \boldsymbol{A}_{21} & \boldsymbol{A}_{22} & & \\ \vdots & \vdots & \ddots & \\ \boldsymbol{A}_{s1} & \boldsymbol{A}_{s2} & \cdots & \boldsymbol{A}_{ss} \end{pmatrix}$$

其中,$\boldsymbol{A}_{ii}(i=1,2,\cdots,s)$ 是方阵,称为上(下)三角分块矩阵.

上(下)三角分块矩阵的运算与普通上(下)三角矩阵的运算相似,性质如下:

(i) 同结构的上(下)三角分块矩阵的和、积、数乘及逆仍是同结构的上(下)三角分块矩阵;

(ii) 上(下)三角分块矩阵的行列式满足

$$\begin{vmatrix} \boldsymbol{A} & \boldsymbol{O} \\ \boldsymbol{C} & \boldsymbol{B} \end{vmatrix} = |\boldsymbol{A}||\boldsymbol{B}|, \quad \begin{vmatrix} \boldsymbol{A} & \boldsymbol{C} \\ \boldsymbol{O} & \boldsymbol{B} \end{vmatrix} = |\boldsymbol{A}||\boldsymbol{B}|$$

注 $\begin{vmatrix} \boldsymbol{A} & \boldsymbol{B} \\ \boldsymbol{C} & \boldsymbol{D} \end{vmatrix} \neq |\boldsymbol{A}||\boldsymbol{D}| - |\boldsymbol{B}||\boldsymbol{C}|.$

例 3 设 n 阶方阵 $\boldsymbol{A}$ 与 m 阶方阵 $\boldsymbol{B}$ 都是可逆矩阵,求 $\begin{pmatrix} \boldsymbol{A} & \boldsymbol{0} \\ \boldsymbol{C} & \boldsymbol{B} \end{pmatrix}^{-1}$.

解 令

$$\begin{pmatrix} \boldsymbol{A} & \boldsymbol{0} \\ \boldsymbol{C} & \boldsymbol{B} \end{pmatrix}^{-1} = \begin{pmatrix} \boldsymbol{X}_{11} & \boldsymbol{X}_{12} \\ \boldsymbol{X}_{21} & \boldsymbol{X}_{22} \end{pmatrix}$$

则

$$\begin{pmatrix} \boldsymbol{A} & \boldsymbol{0} \\ \boldsymbol{C} & \boldsymbol{B} \end{pmatrix}\begin{pmatrix} \boldsymbol{X}_{11} & \boldsymbol{X}_{12} \\ \boldsymbol{X}_{21} & \boldsymbol{X}_{22} \end{pmatrix} = \begin{pmatrix} \boldsymbol{A}\boldsymbol{X}_{11} & \boldsymbol{A}\boldsymbol{X}_{12} \\ \boldsymbol{C}\boldsymbol{X}_{11}+\boldsymbol{B}\boldsymbol{X}_{21} & \boldsymbol{C}\boldsymbol{X}_{12}+\boldsymbol{B}\boldsymbol{X}_{22} \end{pmatrix} = \begin{pmatrix} \boldsymbol{E}_n & \boldsymbol{0} \\ \boldsymbol{0} & \boldsymbol{E}_m \end{pmatrix}$$

于是

$$\begin{cases} \boldsymbol{A}\boldsymbol{X}_{11} = \boldsymbol{E}_n \\ \boldsymbol{A}\boldsymbol{X}_{12} = \boldsymbol{0} \\ \boldsymbol{C}\boldsymbol{X}_{11}+\boldsymbol{B}\boldsymbol{X}_{21} = \boldsymbol{0} \\ \boldsymbol{C}\boldsymbol{X}_{12}+\boldsymbol{B}\boldsymbol{X}_{22} = \boldsymbol{E}_m \end{cases}$$

解此矩阵方程组,得

$$X_{11}=A^{-1}, \quad X_{12}=0, \quad X_{21}=-B^{-1}CA^{-1}, \quad X_{22}=B^{-1}$$

所以

$$\begin{pmatrix} A & 0 \\ C & B \end{pmatrix}^{-1} = \begin{pmatrix} A^{-1} & 0 \\ -B^{-1}CA^{-1} & B^{-1} \end{pmatrix}.$$

上式可以作为公式应用.

注 若有分块矩阵 $P=\begin{pmatrix} 0 & A \\ B & 0 \end{pmatrix}$, $Q=\begin{pmatrix} A & C \\ 0 & B \end{pmatrix}$, A,B 均可逆,按例 3 的方法,可知 P^{-1},

Q^{-1}存在,且 $P^{-1}=\begin{pmatrix} 0 & B^{-1} \\ A^{-1} & 0 \end{pmatrix}$, $Q^{-1}=\begin{pmatrix} A^{-1} & -A^{-1}CB^{-1} \\ 0 & B^{-1} \end{pmatrix}$.

3.4.4 按行列分块及其应用

对矩阵分块时,有两种分块方法在线性方程组和矩阵乘法的讨论中特别有用,应予重视,这就是按行分块法和按列分块法.

$m\times n$ 矩阵 A 有 m 行,称为矩阵 A 的 m 个行向量. 若将第 i 行记为

$$\boldsymbol{\alpha}_i^T=(a_{i1},a_{i2},\cdots,a_{in}) \quad (i=1,2,\cdots,m)$$

则矩阵 A 可按行分块为

$$A=\begin{pmatrix} \boldsymbol{\alpha}_1^T \\ \boldsymbol{\alpha}_2^T \\ \vdots \\ \boldsymbol{\alpha}_m^T \end{pmatrix}$$

$m\times n$ 矩阵 A 有 n 列,称为矩阵 A 的 n 个列向量,若将第 j 列记为

$$\boldsymbol{a}_j=\begin{pmatrix} a_{1j} \\ a_{2j} \\ \vdots \\ a_{mj} \end{pmatrix} \quad (j=1,2,\cdots,n)$$

则矩阵 A 可按列分块为 $A=(\boldsymbol{a}_1,\boldsymbol{a}_2,\cdots,\boldsymbol{a}_n)$.

注 列向量(列矩阵)常用小写黑体字母表示,如 $\boldsymbol{a},\boldsymbol{\alpha},\boldsymbol{x}$ 等,而行向量(行矩阵)则常用列向量的转置表示,如 $\boldsymbol{a}^T,\boldsymbol{\alpha}^T,\boldsymbol{x}^T$.

对于 n 元线性方程组

$$\begin{cases} a_{11}x_1+a_{12}x_2+\cdots a_{1n}x_n=b_1 \\ a_{21}x_1+a_{22}x_2+\cdots a_{2n}x_n=b_2 \\ \qquad\qquad\cdots\cdots \\ a_{m1}x_1+a_{m2}x_2+\cdots a_{mn}x_n=b_m \end{cases}$$

记系数矩阵 $A=(a_{ij})$,变量 $\boldsymbol{x}=\begin{pmatrix} x_1 \\ x_2 \\ \vdots \\ x_n \end{pmatrix}$,常数项 $\boldsymbol{b}=\begin{pmatrix} b_1 \\ b_2 \\ \vdots \\ b_m \end{pmatrix}$,显然方程组可记为 $A\boldsymbol{x}=\boldsymbol{b}$,按分块矩阵的记法,增广矩阵 B 可记为

$$B=(A \vdots \boldsymbol{b})=(A,\boldsymbol{b})=(\boldsymbol{a}_1,\boldsymbol{a}_2,\cdots,\boldsymbol{a}_n,\boldsymbol{b})$$

若将 A 按行分成 m 块,则线性方程组 $Ax=b$ 可记为

$$
\begin{pmatrix} \boldsymbol{\alpha}_1^{\mathrm{T}} \\ \boldsymbol{\alpha}_2^{\mathrm{T}} \\ \vdots \\ \boldsymbol{\alpha}_m^{\mathrm{T}} \end{pmatrix} x = \begin{pmatrix} b_1 \\ b_2 \\ \vdots \\ b_m \end{pmatrix}
$$

这相当于将每个线性方程

$$
a_{i1}x_1 + a_{i2}x_2 + \cdots + a_{in}x_n = b_i
$$

记为

$$
\boldsymbol{\alpha}_i^{\mathrm{T}} x = b_i \quad (i=1,2,\cdots,m)
$$

若将 A 按列分成 n 块,则与 A 相乘的 x 相应地按行分成 n 块,则 $Ax=b$ 可记为

$$
(a_1,a_2,\cdots,a_n)\begin{pmatrix} x_1 \\ x_2 \\ \vdots \\ x_n \end{pmatrix} = b
$$

即

$$
x_1 a_1 + x_2 a_2 + \cdots + x_n a_n = b
$$

此式为线性方程组的向量形式. 例如,线性方程组 $\begin{cases} -x_1+x_2-2x_3=3, \\ 2x_1-x_2+x_3=1 \end{cases}$ 可写成

$$
x_1\begin{pmatrix} -1 \\ 2 \end{pmatrix} + x_2\begin{pmatrix} 1 \\ -1 \end{pmatrix} + x_3\begin{pmatrix} -2 \\ 1 \end{pmatrix} = \begin{pmatrix} 3 \\ 1 \end{pmatrix}
$$

对于矩阵 $A=(a_{ij})_{m\times s}$ 与矩阵 $B=(b_{ij})_{s\times n}$ 的乘积 $AB=(c_{ij})_{m\times n}$,若将 A 按行分成 m 块,将 B 按列分成 n 块,则有

$$
AB = \begin{pmatrix} \boldsymbol{\alpha}_1^{\mathrm{T}} \\ \boldsymbol{\alpha}_2^{\mathrm{T}} \\ \vdots \\ \boldsymbol{\alpha}_m^{\mathrm{T}} \end{pmatrix}(b_1,b_2,\cdots,b_n) = \begin{pmatrix} \boldsymbol{\alpha}_1^{\mathrm{T}}b_1 & \boldsymbol{\alpha}_1^{\mathrm{T}}b_2 & \cdots & \boldsymbol{\alpha}_1^{\mathrm{T}}b_n \\ \boldsymbol{\alpha}_2^{\mathrm{T}}b_1 & \boldsymbol{\alpha}_2^{\mathrm{T}}b_2 & \cdots & \boldsymbol{\alpha}_2^{\mathrm{T}}b_n \\ \vdots & \vdots & & \vdots \\ \boldsymbol{\alpha}_m^{\mathrm{T}}b_1 & \boldsymbol{\alpha}_m^{\mathrm{T}}b_2 & \cdots & \boldsymbol{\alpha}_m^{\mathrm{T}}b_n \end{pmatrix} = (c_{ij})_{m\times n}
$$

其中

$$
c_{ij} = \boldsymbol{\alpha}_i^{\mathrm{T}}b_j = (a_{i1},a_{i2},\cdots,a_{is})\begin{pmatrix} b_{1j} \\ b_{2j} \\ \vdots \\ b_{sj} \end{pmatrix} = \sum_{k=1}^{s} a_{ik}b_{kj} \quad (i=1,2,\cdots,m; \ j=1,2,\cdots,n)
$$

由此可以进一步领会矩阵相乘的定义.

以对角矩阵 Λ_m 左乘矩阵矩阵 $A_{m\times n}$ 时,把 A 按行分块,有

$$
\Lambda_m A_{m\times n} = \begin{pmatrix} \lambda_1 & & & \\ & \lambda_2 & & \\ & & \ddots & \\ & & & \lambda_m \end{pmatrix}\begin{pmatrix} \boldsymbol{\alpha}_1^{\mathrm{T}} \\ \boldsymbol{\alpha}_2^{\mathrm{T}} \\ \vdots \\ \boldsymbol{\alpha}_m^{\mathrm{T}} \end{pmatrix} = \begin{pmatrix} \lambda\boldsymbol{\alpha}_1^{\mathrm{T}} \\ \lambda\boldsymbol{\alpha}_2^{\mathrm{T}} \\ \vdots \\ \lambda\boldsymbol{\alpha}_m^{\mathrm{T}} \end{pmatrix}
$$

可见以对角矩阵 $\boldsymbol{\Lambda}_m$ 左乘矩阵 $\boldsymbol{A}_{m\times n}$ 的结果是 $\boldsymbol{A}$ 中的每一行乘以 $\boldsymbol{\Lambda}_m$ 中与该行对应的对角元.

以对角矩阵 $\boldsymbol{\Lambda}_m$ 右乘矩阵矩阵 $\boldsymbol{A}_{m\times n}$ 时,将 $\boldsymbol{A}$ 按列分块,有

$$\boldsymbol{A}_{m\times n}\boldsymbol{\Lambda}_m=(\boldsymbol{a}_1,\boldsymbol{a}_2,\cdots,\boldsymbol{a}_n)\begin{pmatrix}\lambda_1&&&\\&\lambda_2&&\\&&\ddots&\\&&&\lambda_n\end{pmatrix}=(\lambda_1\boldsymbol{a}_1,\lambda_2\boldsymbol{a}_2,\cdots,\lambda_n\boldsymbol{a}_n)$$

可见以对角矩阵 $\boldsymbol{\Lambda}_m$ 右乘矩阵 $\boldsymbol{A}_{m\times n}$ 的结果是 $\boldsymbol{A}$ 中的每一列乘以 $\boldsymbol{\Lambda}_m$ 中与该列对应的对角元.

例 4 设 $\boldsymbol{A}$ 为三阶方阵且 $|\boldsymbol{A}|=-2$,把 $\boldsymbol{A}$ 按列分块为 $\boldsymbol{A}=(\boldsymbol{\alpha}_1,\boldsymbol{\alpha}_2,\boldsymbol{\alpha}_3)$,其中 $\boldsymbol{\alpha}_j(j=1,2,3)$ 为 $\boldsymbol{A}$ 的第 j 列,求 $|\boldsymbol{\alpha}_3-2\boldsymbol{\alpha}_1,3\boldsymbol{\alpha}_2,\boldsymbol{\alpha}_1|$.

解 由行列式的性质 4 可知

$$|\boldsymbol{\alpha}_3-2\boldsymbol{\alpha}_1,3\boldsymbol{\alpha}_2,\boldsymbol{\alpha}_1|=|\boldsymbol{\alpha}_3,3\boldsymbol{\alpha}_2,\boldsymbol{\alpha}_1|-|2\boldsymbol{\alpha}_1,3\boldsymbol{\alpha}_2,\boldsymbol{\alpha}_1|$$

又在行列式 $|2\boldsymbol{\alpha}_1,3\boldsymbol{\alpha}_2,\boldsymbol{\alpha}_1|$ 中第 1 列与第 3 列成比例,故 $|2\boldsymbol{\alpha}_1,3\boldsymbol{\alpha}_2,\boldsymbol{\alpha}_1|=0$,于是

$$\begin{aligned}|\boldsymbol{\alpha}_3-2\boldsymbol{\alpha}_1,3\boldsymbol{\alpha}_2,\boldsymbol{\alpha}_1|&=|\boldsymbol{\alpha}_3,3\boldsymbol{\alpha}_2,\boldsymbol{\alpha}_1|-|2\boldsymbol{\alpha}_1,3\boldsymbol{\alpha}_2,\boldsymbol{\alpha}_1|\\&=|\boldsymbol{\alpha}_3,3\boldsymbol{\alpha}_2,\boldsymbol{\alpha}_1|=3|\boldsymbol{\alpha}_3,\boldsymbol{\alpha}_2,\boldsymbol{\alpha}_1|\\&=3(-1)|\boldsymbol{\alpha}_1,\boldsymbol{\alpha}_2,\boldsymbol{\alpha}_3|=-3\times(-2)\\&=6\end{aligned}$$

习 题 3-4

1. 设三阶方阵 $\boldsymbol{A}$ 按列分块为 $\boldsymbol{A}=(\boldsymbol{a}_1,\boldsymbol{a}_2,\boldsymbol{a}_3)$,其中 $\boldsymbol{a}_i\ (i=1,2,3)$ 是 $\boldsymbol{A}$ 的第 i 列,且 $|\boldsymbol{A}|=5$,又设矩阵 $\boldsymbol{B}=(\boldsymbol{a}_1+2\boldsymbol{a}_2,3\boldsymbol{a}_1+4\boldsymbol{a}_3,5\boldsymbol{a}_2)$,则 $|\boldsymbol{B}|=$ _____.

2. 设三阶矩阶 $\boldsymbol{A}=(\boldsymbol{\alpha}_1,\boldsymbol{\beta},\boldsymbol{\gamma}),\boldsymbol{B}=(\boldsymbol{\alpha}_2,\boldsymbol{\beta},\boldsymbol{\gamma})$ 且 $|\boldsymbol{A}|=2,|\boldsymbol{B}|=-1$,则 $|\boldsymbol{A}+\boldsymbol{B}|=$ _____.

3. 设 $\boldsymbol{A}=\begin{pmatrix}2&0&0\\0&1&0\\0&2&2\end{pmatrix}$,则 $\boldsymbol{A}^{-1}=$ _____.

4. 计算 $\begin{pmatrix}1&2&1&0\\0&1&0&1\\0&0&2&1\\0&0&0&3\end{pmatrix}\begin{pmatrix}1&0&3&1\\0&1&2&-1\\0&0&-2&3\\0&0&0&-3\end{pmatrix}$.

5. 设矩阵 $\boldsymbol{A}=\begin{pmatrix}1&1&0&0\\3&2&0&0\\0&0&3&-2\\0&0&0&-1\end{pmatrix}$,求 $|\boldsymbol{A}|,\boldsymbol{A}^{-1},|\boldsymbol{A}^{10}|$ 及 $\boldsymbol{A}\boldsymbol{A}^{\mathrm{T}}$.

6. 求下列矩阵的逆矩阵和它的行列式的值.

$$(1)\begin{pmatrix} 6 & 2 & 0 & 0 \\ 2 & 1 & 0 & 0 \\ 0 & 0 & 2 & -1 \\ 0 & 0 & 1 & 1 \end{pmatrix} \qquad (2)\begin{pmatrix} 1 & 0 & 0 & 0 \\ 1 & 2 & 0 & 0 \\ 2 & 1 & 3 & 0 \\ 1 & 2 & 1 & 4 \end{pmatrix} \qquad (3)\begin{pmatrix} 0 & 0 & 4 & 1 \\ 0 & 0 & 5 & 1 \\ 5 & 2 & 0 & 0 \\ 3 & 1 & 0 & 0 \end{pmatrix}$$

7. 设 A 是 $m \times n$ 矩阵,B 是 $n \times s$ 矩阵,x 是列向量,证明:$AB = O$ 的充分必要条件是 B 的每一列都是齐次线性方程组 $Ax = 0$ 的解.

3.5 初 等 矩 阵

矩阵的初等变换是矩阵的一种十分重要的运算,它在解线性方程组、求逆矩阵及矩阵理论的探讨中都有重要的作用. 这一节我们来建立矩阵的初等变换与矩阵乘法的联系,并在这个基础上,给出用初等变换求逆矩阵的方法.

3.5.1 初 等 矩 阵

定义 1 由单位矩阵 E 经过一次初等变换得到的矩阵称为初等矩阵.

三种初等变换对应着三种初等矩阵.

(1) 互换单位矩阵 E 的第 i,j 两行(列)的位置,得到的初等矩阵记为 $E_n(i,j)$,即

$$E_n(i,j) = \begin{pmatrix} 1 \\ & \ddots \\ & & 1 \\ & & & 0 & \cdots & 1 \\ & & & & 1 \\ & & & \vdots & & \ddots & \vdots \\ & & & & & & 1 \\ & & & 1 & \cdots & & & 0 \\ & & & & & & & & 1 \\ & & & & & & & & & \ddots \\ & & & & & & & & & & 1 \end{pmatrix} \begin{matrix} \\ \\ \\ \leftarrow \text{第} i \text{行} \\ \\ \\ \\ \leftarrow \text{第} j \text{行} \end{matrix}$$

(2) 用非零数 k 乘 E_n 的第 i 行(列)得到的矩阵记作 $E_n(i(k))$,即

$$E_n(i(k)) = \begin{pmatrix} 1 \\ & \ddots \\ & & 1 \\ & & & k \\ & & & & 1 \\ & & & & & \ddots \\ & & & & & & 1 \end{pmatrix} \begin{matrix} \\ \\ \\ \leftarrow \text{第} i \text{行} \end{matrix}$$

(3) 以数 k 乘 E_n 的第 j 行加到第 i 行上(或以数 k 乘 E_n 的第 i 列加到第 j 列上),得

到的初等矩阵记作 $\boldsymbol{E}_n(i,j(k))$,即

$$\boldsymbol{E}_n(i,j(k))=\begin{pmatrix} 1 & & & & & & & \\ & \ddots & & & & & & \\ & & 1 & \cdots & k & & & \\ & & & \ddots & \vdots & & & \\ & & & & 1 & & & \\ & & & & & \ddots & & \\ & & & & & & 1 \end{pmatrix} \begin{matrix} \\ \\ \leftarrow 第\ i\ 行 \\ \\ \leftarrow 第\ j\ 行 \\ \\ \\ \end{matrix}$$

这三类矩阵就是全部的初等矩阵.

由于初等矩阵都是单位矩阵经过一次初等变换得到的,那么它们的行列式都不等于 0,因此初等矩阵都是可逆矩阵.并且满足

$$\boldsymbol{E}_n(i,j)\boldsymbol{E}_n(i,j)=\boldsymbol{E}_n$$

$$\boldsymbol{E}_n\left(i\left(\frac{1}{k}\right)\right)\boldsymbol{E}_n(i(k))=\boldsymbol{E}_n$$

$$\boldsymbol{E}_n(i,j(-k))\boldsymbol{E}_n(i,j(k))=\boldsymbol{E}_n$$

于是

$$\boldsymbol{E}_n(i,j)^{-1}=\boldsymbol{E}_n(i,j)$$

$$\boldsymbol{E}_n(i(k))^{-1}=\boldsymbol{E}_n\left(i\left(\frac{1}{k}\right)\right)$$

$$\boldsymbol{E}_n(i,j(k))^{-1}=\boldsymbol{E}_n(i,j(-k))$$

定理 1 对一个 $m\times n$ 矩阵 $\boldsymbol{A}$ 实施一次初等行变换就相当于在 $\boldsymbol{A}$ 的左边乘以相应的 m 阶初等矩阵;对 $\boldsymbol{A}$ 实施一次初等列变换就相当于在 $\boldsymbol{A}$ 的右边乘以相应的 n 阶初等矩阵.即

$$\boldsymbol{A}_{m\times n}\xrightarrow{r_i\leftrightarrow r_j}\boldsymbol{E}_m(i,j)\boldsymbol{A}_{m\times n}$$

$$\boldsymbol{A}_{m\times n}\xrightarrow{kr_i}\boldsymbol{E}_m(i(k))\boldsymbol{A}_{m\times n}$$

$$\boldsymbol{A}_{m\times n}\xrightarrow{r_i+kr_j}\boldsymbol{E}_m(i,j(k))\boldsymbol{A}_{m\times n}$$

$$\boldsymbol{A}_{m\times n}\xrightarrow{c_i\leftrightarrow c_j}\boldsymbol{A}_{m\times n}\boldsymbol{E}_n(i,j)$$

$$\boldsymbol{A}_{m\times n}\xrightarrow{kc_i}\boldsymbol{A}_{m\times n}\boldsymbol{E}_n(i(k))$$

$$\boldsymbol{A}_{m\times n}\xrightarrow{c_j+kc_i}\boldsymbol{A}_{m\times n}\boldsymbol{E}_n(i,j(k))$$

证 这里仅证明 $\boldsymbol{A}_{m\times n}\xrightarrow{r_i\leftrightarrow r_j}\boldsymbol{E}_m(i,j)\boldsymbol{A}_{m\times n}$,其他情形可类似证明.将矩阵 $\boldsymbol{A}_{m\times n}$ 表示成按行分块的分块矩阵

$$\boldsymbol{A}=\begin{pmatrix} \boldsymbol{a}_1^{\mathrm{T}} \\ \boldsymbol{a}_2^{\mathrm{T}} \\ \vdots \\ \boldsymbol{a}_m^{\mathrm{T}} \end{pmatrix}$$

其中，$\boldsymbol{a}_i^T=(a_{i1},a_{i2},\cdots,a_{in})\ (i=1,2,\cdots,m)$，于是

$$\boldsymbol{E}_m(i,j)\boldsymbol{A}_{m\times n}=\begin{pmatrix}1&&&&&&\\&\ddots&&&&&\\&&0&\cdots&1&&\\&&\vdots&\ddots&\vdots&&\\&&1&\cdots&0&&\\&&&&&\ddots&\\&&&&&&1\end{pmatrix}\begin{pmatrix}\boldsymbol{a}_1^T\\\vdots\\\boldsymbol{a}_i^T\\\vdots\\\boldsymbol{a}_j^T\\\vdots\\\boldsymbol{a}_m^T\end{pmatrix}=\begin{pmatrix}\boldsymbol{a}_1^T\\\vdots\\\boldsymbol{a}_j^T\\\vdots\\\boldsymbol{a}_i^T\\\vdots\\\boldsymbol{a}_m^T\end{pmatrix}$$

其结果相当于对矩阵 $\boldsymbol{A}_{m\times n}$ 进行一次第一种初等行变换，即交换矩阵的第 i,j 两行.

例如，令 $\boldsymbol{A}=\begin{pmatrix}a_{11}&a_{12}&a_{13}\\a_{21}&a_{22}&a_{23}\end{pmatrix}$，则

$$\boldsymbol{E}_2(1,2)\boldsymbol{A}=\begin{pmatrix}0&1\\1&0\end{pmatrix}\begin{pmatrix}a_{11}&a_{12}&a_{13}\\a_{21}&a_{22}&a_{23}\end{pmatrix}=\begin{pmatrix}a_{21}&a_{22}&a_{23}\\a_{11}&a_{12}&a_{13}\end{pmatrix}$$

$$\boldsymbol{A}\boldsymbol{E}_3(2,3)=\begin{pmatrix}a_{11}&a_{12}&a_{13}\\a_{21}&a_{22}&a_{23}\end{pmatrix}\begin{pmatrix}1&0&0\\0&0&1\\0&1&0\end{pmatrix}=\begin{pmatrix}a_{11}&a_{13}&a_{12}\\a_{21}&a_{23}&a_{22}\end{pmatrix}$$

$$\boldsymbol{E}_2(1(k))\boldsymbol{A}=\begin{pmatrix}k&0\\0&1\end{pmatrix}\begin{pmatrix}a_{11}&a_{12}&a_{13}\\a_{21}&a_{22}&a_{23}\end{pmatrix}=\begin{pmatrix}ka_{11}&ka_{12}&ka_{13}\\a_{21}&a_{22}&a_{23}\end{pmatrix}$$

$$\boldsymbol{A}\boldsymbol{E}_3(2(k))=\begin{pmatrix}a_{11}&a_{12}&a_{13}\\a_{21}&a_{22}&a_{23}\end{pmatrix}\begin{pmatrix}1&0&0\\0&k&0\\0&0&1\end{pmatrix}=\begin{pmatrix}a_{11}&ka_{12}&a_{13}\\a_{21}&ka_{22}&a_{23}\end{pmatrix}$$

$$\boldsymbol{E}_2(1,2(k))\boldsymbol{A}=\begin{pmatrix}1&k\\0&1\end{pmatrix}\begin{pmatrix}a_{11}&a_{12}&a_{13}\\a_{21}&a_{22}&a_{23}\end{pmatrix}=\begin{pmatrix}a_{11}+ka_{21}&a_{12}+ka_{22}&a_{13}+ka_{23}\\a_{21}&a_{22}&a_{23}\end{pmatrix}$$

$$\boldsymbol{A}\boldsymbol{E}_3(1,2(k))=\begin{pmatrix}a_{11}&a_{12}&a_{13}\\a_{21}&a_{22}&a_{23}\end{pmatrix}\begin{pmatrix}1&k&0\\0&1&0\\0&0&1\end{pmatrix}=\begin{pmatrix}a_{11}&a_{12}+ka_{11}&a_{13}\\a_{21}&a_{22}+ka_{21}&a_{23}\end{pmatrix}$$

3.5.2 利用初等矩阵求逆矩阵

由前面的讨论我们知道，任一矩阵 $\boldsymbol{A}_{m\times n}$，总可以经过有限次初等行变换变成行阶梯形矩阵和行最简形矩阵. 如果对行最简形矩阵再施以初等列变换，可变成一种形式更简单的矩阵，称为标准形. 例如，设有行最简形矩阵 $\boldsymbol{B}$

$$\boldsymbol{B}=\begin{pmatrix}1&0&-1&0&4\\0&1&-1&0&3\\0&0&0&1&-3\\0&0&0&0&0\end{pmatrix}$$

对 $\boldsymbol{B}$ 施以初等列变换有

$$B = \begin{pmatrix} 1 & 0 & -1 & 0 & 4 \\ 0 & 1 & -1 & 0 & 3 \\ 0 & 0 & 0 & 1 & -3 \\ 0 & 0 & 0 & 0 & 0 \end{pmatrix} \xrightarrow{c_3 \leftrightarrow c_4} \begin{pmatrix} 1 & 0 & 0 & -1 & 4 \\ 0 & 1 & 0 & -1 & 3 \\ 0 & 0 & 1 & 0 & -3 \\ 0 & 0 & 0 & 0 & 0 \end{pmatrix}$$

$$\xrightarrow[c_5 - 4c_1 - 3c_2 + 3c_3]{c_4 + c_1 + c_2} \begin{pmatrix} 1 & 0 & 0 & 0 & 0 \\ 0 & 1 & 0 & 0 & 0 \\ 0 & 0 & 1 & 0 & 0 \\ 0 & 0 & 0 & 0 & 0 \end{pmatrix} = F$$

F 称为矩阵 B 的标准形,其特点是:F 的左上角元素 $a_{ii} = 1(i = 1, 2, 3)$,其余元素为 0.

一般地,有如下结论:

任一矩阵 $A_{m \times n}$,总可以经过初等变换(行变换和列变换)化成标准形

$$F = \begin{pmatrix} 1 & 0 & \cdots & 0 & 0 & \cdots & 0 \\ 0 & 1 & \cdots & 0 & & & \vdots \\ \vdots & \vdots & & \vdots & \vdots & & \vdots \\ 0 & 0 & \cdots & 1 & 0 & \cdots & 0 \\ 0 & & \cdots & & 0 & \cdots & 0 \\ \vdots & & & \vdots & \vdots & & \vdots \\ 0 & & \cdots & 0 & 0 & \cdots & 0 \end{pmatrix}_{m \times n} = \begin{pmatrix} E_r & O \\ O & O \end{pmatrix}_{m \times n}$$

其中,r 是 1 的个数,也是 A 的行阶梯形矩阵中非零行的行数.

根据定理 1 可将该结论叙述为:

定理 2 设 A 为任意 $m \times n$ 矩阵,则一定存在有限个 m 阶初等矩阵 $P_1, P_2, \cdots, P_s$ 和 n 阶初等矩阵 $P_{s+1}, \cdots, P_k$,使得

$$P_1 \cdots P_s A P_{s+1} \cdots P_k = \begin{pmatrix} E_r & O \\ O & O \end{pmatrix}_{m \times n} = F_{m \times n}$$

特别地,当矩阵 A 可逆时,有如下结论.

定理 3 设 A 为 n 阶可逆矩阵,那么一定存在有限个 n 阶初等矩阵 $P_1, \cdots, P_s, P_{s+1}, \cdots, P_k$,使得

$$P_1 \cdots P_s A P_{s+1} \cdots P_k = E$$

证 由定理 2 可知,一定存在有限个 n 阶初等矩阵 $P_1, \cdots, P_s, P_{s+1}, \cdots, P_k$,使得

$$P_1 \cdots P_s A P_{s+1} \cdots P_k = F_{n \times n}$$

下面证明 $F_{n \times n} = E$. 用反证法.

若 $F_{n \times n} \neq E$,则 $F_{n \times n}$ 的对角线上必有零元,即 $F_{n \times n} = \begin{pmatrix} E_r & O \\ O & O \end{pmatrix} (r < n)$,则有

$$|P_1 \cdots P_s A P_{s+1} \cdots P_k| = |F_{n \times n}| = \begin{vmatrix} E_r & O \\ O & O \end{vmatrix} = 0$$

于是 $|P_1| \cdots |P_s| |A| |P_{s+1}| \cdots |P_k| = 0$,即 $|P_1|, \cdots |P_s|, |A|, |P_{s+1}|, \cdots, |P_k|$ 中至少有一个为零,这与 $P_1, \cdots, P_s, A, P_{s+1}, \cdots, P_k$ 均为可逆矩阵矛盾,故 $F_{n \times n} = E$. 定理得证.

注 定理 3 也可理解为可逆矩阵一定与单位矩阵等价,或可逆矩阵的标准形是单位矩阵.

定理 4 如果 n 阶矩阵 $\boldsymbol{A}$ 可逆,则 $\boldsymbol{A}$ 可表示成有限个 n 阶初等矩阵 $\boldsymbol{P}_1, \boldsymbol{P}_2, \cdots, \boldsymbol{P}_k$ 的乘积,即 $\boldsymbol{A} = \boldsymbol{P}_1 \boldsymbol{P}_2 \cdots \boldsymbol{P}_k$.

证 由定理 3 知 $\boldsymbol{A} \sim \boldsymbol{E}$,那么 $\boldsymbol{E} \sim \boldsymbol{A}$,即 $\boldsymbol{E}$ 可经过有限次初等变换变成 $\boldsymbol{A}$,亦即存在着有限个初等矩阵 $\boldsymbol{P}_1, \boldsymbol{P}_2, \cdots, \boldsymbol{P}_k$,使得 $\boldsymbol{P}_1 \cdots \boldsymbol{P}_s \boldsymbol{E} \boldsymbol{P}_{s+1} \cdots \boldsymbol{P}_k = \boldsymbol{A}$,即

$$\boldsymbol{A} = \boldsymbol{P}_1 \cdots \boldsymbol{P}_s \boldsymbol{P}_{s+1} \cdots \boldsymbol{P}_k \tag{3.7}$$

定理 3 与定理 4 不仅是矩阵 $\boldsymbol{A}$ 可逆的必要条件,还是充分条件. 读者可以自行证明.

由定理 4 知,任何一个可逆矩阵总可以写成有限个初等矩阵的乘积,而矩阵 $\boldsymbol{A}, \boldsymbol{B}$ 等价意味着矩阵 $\boldsymbol{A}$ 经过有限次的初等变换可变成 $\boldsymbol{B}$,于是有如下推论:

推论 1 $m \times n$ 矩阵 $\boldsymbol{A}, \boldsymbol{B}$ 等价的充要条件是存在 m 阶可逆矩阵 $\boldsymbol{P}$ 与 n 阶可逆矩阵 $\boldsymbol{Q}$ 使 $\boldsymbol{PAQ} = \boldsymbol{B}$.

由式(3.7)可知

$$\boldsymbol{P}_k^{-1} \boldsymbol{P}_{k-1}^{-1} \cdots \boldsymbol{P}_1^{-1} \boldsymbol{A} = \boldsymbol{E} \tag{3.8}$$

两边同时右乘 $\boldsymbol{A}^{-1}$,有

$$\boldsymbol{P}_k^{-1} \boldsymbol{P}_{k-1}^{-1} \cdots \boldsymbol{P}_1^{-1} \boldsymbol{E} = \boldsymbol{A}^{-1} \tag{3.9}$$

因为初等矩阵的逆矩阵仍为初等矩阵,所以式(3.8)表明:经过一系列初等行变换,可把可逆矩阵 $\boldsymbol{A}$ 变成单位矩阵 $\boldsymbol{E}$. 式(3.9)表明经过同样的初等行变换,可把单位矩阵 $\boldsymbol{E}$ 变成 $\boldsymbol{A}$ 的逆矩阵 $\boldsymbol{A}^{-1}$.

用分块矩阵的形式,将 $\boldsymbol{A}, \boldsymbol{E}$ 这两个 $n \times n$ 矩阵写在一起,构成一个 $n \times 2n$ 矩阵

$$(\boldsymbol{A} \vdots \boldsymbol{E})$$

按矩阵的分块乘法,式(3.8)和式(3.9)可以合并写成

$$\boldsymbol{P}_k^{-1} \cdots \boldsymbol{P}_1^{-1} (\boldsymbol{A} \vdots \boldsymbol{E}) = (\boldsymbol{P}_k^{-1} \cdots \boldsymbol{P}_1^{-1} \boldsymbol{A} \vdots \boldsymbol{P}_k^{-1} \cdots \boldsymbol{P}_1^{-1} \boldsymbol{E}) = (\boldsymbol{E} \vdots \boldsymbol{A}^{-1}) \tag{3.10}$$

由此我们得到用初等行变换求逆矩阵的方法:

作 $n \times 2n$ 矩阵 $(\boldsymbol{A} \vdots \boldsymbol{E})$,对 $(\boldsymbol{A} \vdots \boldsymbol{E})$ 实施仅限于行的初等变换,当把左边的方阵 $\boldsymbol{A}$ 化成 $\boldsymbol{E}$ 时,右边的单位矩阵 $\boldsymbol{E}$ 就变成了 $\boldsymbol{A}^{-1}$. 即

$$(\boldsymbol{A} \vdots \boldsymbol{E}) \xrightarrow{r} (\boldsymbol{E} \vdots \boldsymbol{A}^{-1})$$

例 1 设 $\boldsymbol{A} = \begin{pmatrix} -3 & 2 & -5 \\ 2 & 1 & 0 \\ 1 & 0 & 1 \end{pmatrix}$,求 $\boldsymbol{A}^{-1}$.

解 $(\boldsymbol{A} \vdots \boldsymbol{E}) = \begin{pmatrix} -3 & 2 & -5 & 1 & 0 & 0 \\ 2 & 1 & 0 & 0 & 1 & 0 \\ 1 & 0 & 1 & 0 & 0 & 1 \end{pmatrix} \xrightarrow{r_1 \leftrightarrow r_3} \begin{pmatrix} 1 & 0 & 1 & 0 & 0 & 1 \\ 2 & 1 & 0 & 0 & 1 & 0 \\ -3 & 2 & -5 & 1 & 0 & 0 \end{pmatrix}$

$\xrightarrow[r_3+3r_1]{r_2-2r_1} \begin{pmatrix} 1 & 0 & 1 & 0 & 0 & 1 \\ 0 & 1 & -2 & 0 & 1 & -2 \\ 0 & 2 & -2 & 1 & 0 & 3 \end{pmatrix} \xrightarrow{r_3-2r_2} \begin{pmatrix} 1 & 0 & 1 & 0 & 0 & 1 \\ 0 & 1 & -2 & 0 & 1 & -2 \\ 0 & 0 & 2 & 1 & -2 & 7 \end{pmatrix}$

$$\xrightarrow[\begin{array}{c} r_1 - \frac{1}{2} r_3 \\ r_2 + r_3 \end{array}]{} \begin{pmatrix} 1 & 0 & 0 & -\frac{1}{2} & 1 & -\frac{5}{2} \\ 0 & 1 & 0 & 1 & -1 & 5 \\ 0 & 0 & 2 & 1 & -2 & 7 \end{pmatrix}$$

$$\xrightarrow[\frac{1}{2} r_3]{} \begin{pmatrix} 1 & 0 & 0 & -\frac{1}{2} & 1 & -\frac{5}{2} \\ 0 & 1 & 0 & 1 & -1 & 5 \\ 0 & 0 & 1 & \frac{1}{2} & -1 & \frac{7}{2} \end{pmatrix}$$

所以
$$\boldsymbol{A}^{-1} = \begin{pmatrix} -\frac{1}{2} & 1 & -\frac{5}{2} \\ 1 & -1 & 5 \\ \frac{1}{2} & -1 & \frac{7}{2} \end{pmatrix}$$

矩阵的初等行变换还可用来求解矩阵方程 $\boldsymbol{AX} = \boldsymbol{B}$，其中 $\boldsymbol{A}$ 为可逆矩阵. 显然 $\boldsymbol{X} = \boldsymbol{A}^{-1}\boldsymbol{B}$. 又 $\boldsymbol{A}^{-1}$ 可写成有限个初等矩阵的乘积，即 $\boldsymbol{A}^{-1} = \boldsymbol{P}_1 \cdots \boldsymbol{P}_l$. 将 $\boldsymbol{A}, \boldsymbol{B}$ 写在一起，做成分块矩阵 $(\boldsymbol{A} \vdots \boldsymbol{B})$，以 $\boldsymbol{P}_1 \cdots \boldsymbol{P}_l$ 左乘 $(\boldsymbol{A} \vdots \boldsymbol{B})$，有

$$\boldsymbol{P}_1 \cdots \boldsymbol{P}_l(\boldsymbol{A} \vdots \boldsymbol{B}) = (\boldsymbol{P}_1 \cdots \boldsymbol{P}_l \boldsymbol{A} \vdots \boldsymbol{P}_1 \cdots \boldsymbol{P}_l \boldsymbol{B}) = (\boldsymbol{A}^{-1}\boldsymbol{A} \vdots \boldsymbol{A}^{-1}\boldsymbol{B}) = (\boldsymbol{E} \vdots \boldsymbol{A}^{-1}\boldsymbol{B})$$

于是，对矩阵 $(\boldsymbol{A} \vdots \boldsymbol{B})$ 实施仅限于行的初等变换，当把 $\boldsymbol{A}$ 变成 $\boldsymbol{E}$ 时，$\boldsymbol{B}$ 就变成 $\boldsymbol{X} = \boldsymbol{A}^{-1}\boldsymbol{B}$. 即

$$(\boldsymbol{A} \vdots \boldsymbol{B}) \xrightarrow{r} (\boldsymbol{E} \vdots \boldsymbol{A}^{-1}\boldsymbol{B})$$

例 2 解矩阵方程 $\begin{pmatrix} 0 & 1 & 2 \\ 1 & 1 & 4 \\ 2 & -1 & 0 \end{pmatrix} \boldsymbol{X} = \begin{pmatrix} 2 & -3 \\ 1 & 5 \\ 3 & 6 \end{pmatrix}$.

解 设 $\boldsymbol{A} = \begin{pmatrix} 0 & 1 & 2 \\ 1 & 1 & 4 \\ 2 & -1 & 0 \end{pmatrix}, \boldsymbol{B} = \begin{pmatrix} 2 & -3 \\ 1 & 5 \\ 3 & 6 \end{pmatrix}$,

$$(\boldsymbol{A} \vdots \boldsymbol{B}) = \begin{pmatrix} 0 & 1 & 2 & 2 & -3 \\ 1 & 1 & 4 & 1 & 5 \\ 2 & -1 & 0 & 3 & 6 \end{pmatrix} \xrightarrow{r_1 \leftrightarrow r_2} \begin{pmatrix} 1 & 1 & 4 & 1 & 5 \\ 0 & 1 & 2 & 2 & -3 \\ 2 & -1 & 0 & 3 & 6 \end{pmatrix}$$

$$\xrightarrow[r_3 - 2r_1]{} \begin{pmatrix} 1 & 1 & 4 & 1 & 5 \\ 0 & 1 & 2 & 2 & -3 \\ 0 & -3 & -8 & 1 & -4 \end{pmatrix}$$

$$\xrightarrow[\begin{array}{c} r_3 + 3r_2 \\ r_1 - r_2 \end{array}]{} \begin{pmatrix} 1 & 0 & 2 & -1 & 8 \\ 0 & 1 & 2 & 2 & -3 \\ 0 & 0 & -2 & 7 & -13 \end{pmatrix}$$

$$\xrightarrow[\begin{array}{c} r_1 + r_3 \\ r_2 + r_3 \\ -\frac{1}{2} r_3 \end{array}]{} \begin{pmatrix} 1 & 0 & 0 & 6 & -5 \\ 0 & 1 & 0 & 9 & -16 \\ 0 & 0 & 1 & -\frac{7}{2} & \frac{13}{2} \end{pmatrix}$$

于是
$$X = \begin{pmatrix} 6 & -5 \\ 9 & -16 \\ -\dfrac{7}{2} & \dfrac{13}{2} \end{pmatrix}$$

类似地,也可以用初等列变换求 A^{-1},或用初等列变换求解矩阵方程 $XA = B$.

对矩阵 $\begin{pmatrix} A \\ E \end{pmatrix}$ 实施仅限于列的初等变换,使 $\begin{pmatrix} A \\ E \end{pmatrix} \xrightarrow{c} \begin{pmatrix} E \\ A^{-1} \end{pmatrix}$,可求出 A^{-1}.

对于矩阵方程 $XA = B$,其解为 $X = BA^{-1}$,对矩阵 $\begin{pmatrix} A \\ B \end{pmatrix}$ 实施仅限于列的初等变换,使

$\begin{pmatrix} A \\ B \end{pmatrix} \xrightarrow{c} \begin{pmatrix} E \\ BA^{-1} \end{pmatrix}$.

以上利用初等变换求逆矩阵和求解矩阵方程的方法称为初等变换法.

习 题 3-5

1. 判断下列命题是否正确,并给出理由.

(1) 初等矩阵都是可逆矩阵。 （　　）

(2) 初等矩阵乘初等矩阵还是初等矩阵。 （　　）

(3) 初等矩阵的逆矩阵还是初等矩阵。 （　　）

(4) 用初等变换法求逆矩阵时可以同时做初等行变换和初等列变换。 （　　）

2. 下列矩阵中是初等矩阵的为（　　）.

A. $\begin{pmatrix} 1 & 0 \\ 0 & 0 \end{pmatrix}$
B. $\begin{pmatrix} 0 & 1 & -1 \\ -1 & 0 & 1 \\ 0 & 0 & 1 \end{pmatrix}$

C. $\begin{pmatrix} 1 & 0 & 0 \\ 0 & 1 & 0 \\ 1 & 0 & 1 \end{pmatrix}$
D. $\begin{pmatrix} 0 & 1 & 0 \\ 0 & 0 & 3 \\ 1 & 0 & 0 \end{pmatrix}$

3. 设矩阵 $A = \begin{pmatrix} a_{11} & a_{12} \\ a_{21} & a_{22} \end{pmatrix}$, $B = \begin{pmatrix} a_{21}+a_{11} & a_{22}+a_{12} \\ a_{11} & a_{12} \end{pmatrix}$, $P_1 = \begin{pmatrix} 0 & 1 \\ 1 & 0 \end{pmatrix}$, $P_2 = \begin{pmatrix} 1 & 0 \\ 1 & 1 \end{pmatrix}$ 则必

有（　　）.

A. $P_1 P_2 A = B$　　B. $P_2 P_1 A = B$　　C. $A P_1 P_2 = B$　　D. $A P_2 P_1 = B$

4. 求下列矩阵的逆矩阵.

(1) $\begin{pmatrix} 0 & 1 & 2 \\ 1 & 1 & 4 \\ 2 & -1 & 0 \end{pmatrix}$
(2) $\begin{pmatrix} 3 & 2 & 1 \\ 3 & 1 & 5 \\ 3 & 2 & 3 \end{pmatrix}$

(3) $\begin{pmatrix} 3 & -2 & 0 & -1 \\ 0 & 2 & 2 & 1 \\ 1 & -2 & -3 & -2 \\ 0 & 1 & 2 & 1 \end{pmatrix}$
(4) $\begin{pmatrix} 1 & 0 & 0 & 0 \\ 1 & 2 & 0 & 0 \\ 1 & 2 & 3 & 0 \\ 1 & 2 & 3 & 4 \end{pmatrix}$

5. 利用初等变换求解下列矩阵方程.

(1) $\begin{pmatrix} 1 & 2 & 3 \\ 3 & 1 & 2 \\ 2 & 3 & 1 \end{pmatrix} X = \begin{pmatrix} 2 & 4 & 0 \\ 4 & 0 & 2 \\ 0 & 2 & 4 \end{pmatrix}$

(2) $X \begin{pmatrix} 5 & 3 & 1 \\ 1 & -3 & -2 \\ -5 & 2 & 1 \end{pmatrix} = \begin{pmatrix} -8 & 3 & 0 \\ -5 & 9 & 0 \\ -2 & 15 & 0 \end{pmatrix}$

6. 设 $A = \begin{pmatrix} 1 & -1 & 0 \\ 0 & 1 & -1 \\ -1 & 0 & 1 \end{pmatrix}$，$AX = 2X + A$，求 X.

7. 设 A 是四阶可逆方阵，将 A 的第 2 行和第 3 行对换得到的矩阵记为 B. 证明：B 可逆，并求 AB^{-1}.

3.6 矩阵的秩

由 3.5 节知，给定一个矩阵 $A_{m \times n}$，总可以经过初等变换将其化为标准形 $F = \begin{pmatrix} E_r & O \\ O & O \end{pmatrix}_{m \times n}$，其中 r 是 A 的行阶梯形矩阵中非零行的行数. 这里 r 就是矩阵 A 的秩，但是 r 的唯一性并未证明. 为此我们从另一角度给出秩的定义.

定义 1 在矩阵 $A = (a_{ij})_{m \times n}$ 中任取 k 行 k 列 $(k \leqslant \min\{m, n\})$，位于这些行列交叉处的 k^2 个元素，不改变它们在 A 中所处的位置次序而得到的 k 阶行列式，称为矩阵 A 的 k 阶子式.

例如，矩阵 $A = \begin{pmatrix} 3 & 1 & 0 & 2 \\ 1 & -1 & 2 & -1 \\ 1 & 3 & -4 & 4 \end{pmatrix}$，取其第 1 行和第 2 行、第 3 列和第 4 列，交叉处的元素按原位置构成一个二阶行列式

$$\begin{vmatrix} 0 & 2 \\ 2 & -1 \end{vmatrix} = -4$$

我们也可写出 A 的全部三阶行列式如下

$$\begin{vmatrix} 3 & 1 & 0 \\ 1 & -1 & 2 \\ 1 & 3 & -4 \end{vmatrix} = 0, \quad \begin{vmatrix} 3 & 1 & 2 \\ 1 & -1 & -1 \\ 1 & 3 & 4 \end{vmatrix} = 0$$

$$\begin{vmatrix} 3 & 0 & 2 \\ 1 & 2 & -1 \\ 1 & -4 & 4 \end{vmatrix} = 0, \quad \begin{vmatrix} 1 & 0 & 2 \\ -1 & 2 & -1 \\ 3 & -4 & 4 \end{vmatrix} = 0$$

注 (1) k 阶子式是行列式.

(2) $m \times n$ 矩阵的子式的最高阶数 $k = \min\{m, n\}$.

(3) $m \times n$ 矩阵的 k 阶子式共有 $C_m^k \cdot C_n^k$ 个,其中不为 0 的子式称为非零子式.

由行列式性质可知,当 A 的所有 $r+1$ 阶子式全为 0 时,所有高于 $r+1$ 阶的子式(如果存在的话)也全为 0.

定义 2 设矩阵 A 有一个非零的 r 阶子式 D,且所有的 $r+1$ 阶子式(如果存在的话)全等于 0,那么称 D 为 A 的最高阶非零子式.数 r 称为矩阵 A 的秩,记为 $R(A)$,并规定零矩阵的秩为 0.

显然 A 的秩就是 A 的非零子式的最高阶数.

注 (1) 对于矩阵 A,若存在一个 k 阶子式不为 0,则 $R(A) \geqslant k$;若所有 k 阶子式全为 0,则 $R(A) < k$.

(2) 若 A 为 $m \times n$ 矩阵,则 $0 \leqslant R(A) \leqslant \min\{m, n\}$.

(3) 由于行列式与其转置行列式相等,因此 A^T 的子式与 A 的子式对应相等,从而 $R(A^T) = R(A)$.另外,由行列式的性质易知 $R(\lambda A) = R(A)$ $(\lambda \neq 0)$.

(4) 若删去矩阵 A 的一行(列)得到矩阵 B,则 $R(B) \leqslant R(A)$.这是因为 B 的非零子式必是 A 的一个非零子式.

对于 n 阶方阵 A,由于 A 的 n 阶子式只有 $|A|$,故当 $|A| \neq 0$ 时,$R(A) = n$,当 $|A| = 0$ 时,$R(A) < n$.可见可逆矩阵的秩等于矩阵的阶数.不可逆矩阵的秩小于矩阵的阶数.因此,可逆矩阵(非奇异矩阵)又称为满秩矩阵,不可逆矩阵(奇异矩阵)称为降秩矩阵.

例 1 求下列矩阵的秩.

(1) $A = \begin{pmatrix} 1 & 2 & 3 \\ 2 & 3 & -5 \\ 4 & 7 & 1 \end{pmatrix}$ (2) $B = \begin{pmatrix} 3 & 2 & 1 & 0 & 1 \\ 0 & -2 & 1 & 2 & 3 \\ 0 & 0 & 0 & 2 & 1 \\ 0 & 0 & 0 & 0 & 0 \end{pmatrix}$

解 (1) 在 A 中,容易看出一个二阶子式 $\begin{vmatrix} 1 & 2 \\ 2 & 3 \end{vmatrix} = -1 \neq 0$,$A$ 的三阶子式只有一个 $|A|$,而

$$|A| = \begin{vmatrix} 1 & 2 & 3 \\ 2 & 3 & -5 \\ 4 & 7 & 1 \end{vmatrix} \xlongequal{r_2 + 2r_1} \begin{vmatrix} 1 & 2 & 3 \\ 4 & 7 & 1 \\ 4 & 7 & 1 \end{vmatrix} = 0$$

所以 $R(A) = 2$.

(2) B 是一个行阶梯形矩阵,其非零行有三行,显然 B 的所有四阶子式全为 0,而以三个非零行的非零首元为对角元的三阶子式 $\begin{vmatrix} 3 & 2 & 0 \\ 0 & -2 & 2 \\ 0 & 0 & 2 \end{vmatrix}$ 是一个上三角行列式,显然不为 0,因此 $R(B) = 3$.

由本例可知,对于行数与列数较高的矩阵,按定义求秩很麻烦,然而行阶梯形矩阵的秩就等于其非零行的行数,无须计算.因此,能否用初等变换将矩阵化成行阶梯形矩阵后,再求其秩?这里涉及的一个问题是:经过初等变换后的矩阵的秩改变吗?即经过初等变换后的矩阵的秩是否与原矩阵的秩相等.

定理 1 若 $A \sim B$，则 $R(A) = R(B)$.

证 仅就第二种初等行变换加以证明，其余情形留给读者自行证明.

对矩阵 $A = (a_{ij})_{m \times n}$ 实施第二种初等行变换，即用数 k $(k \neq 0)$ 乘矩阵 A 的第 i 行，得

$$A = \begin{pmatrix} a_{11} & a_{12} & \cdots & a_{1n} \\ \vdots & \vdots & & \vdots \\ a_{i1} & a_{i2} & \cdots & a_{in} \\ \vdots & \vdots & & \vdots \\ a_{m1} & a_{m2} & \cdots & a_{mn} \end{pmatrix} \xrightarrow{r_i \times k} \begin{pmatrix} a_{11} & a_{12} & \cdots & a_{1n} \\ \vdots & \vdots & & \vdots \\ ka_{i1} & ka_{i2} & \cdots & ka_{in} \\ \vdots & \vdots & & \vdots \\ a_{m1} & a_{m2} & \cdots & a_{mn} \end{pmatrix} = B$$

显然矩阵 B 的不包含第 i 行元素的子式和矩阵 A 的相应子式是相同的，而矩阵 B 的一切包含第 i 行元素的子式是矩阵 A 的相应子式的 k 倍，因此矩阵 B 的子式是否为 0 的情形与矩阵 A 的相应子式是否为 0 的情形相同. 若矩阵 A 的非零子式最高阶数为 r，则矩阵 B 的非零子式的最高阶数也为 r，所以 $R(A) = R(B)$.

该定理说明，初等变换不改变矩阵的秩.

由于 $A \sim B$ 的充分必要条件是存在可逆矩阵 P、Q，使得 $PAQ = B$，因此有如下推论：

推论 1 若有可逆矩阵 P, Q，使得 $PAQ = B$，则 $R(A) = R(B)$.

例 2 求矩阵 $A = \begin{pmatrix} 1 & -3 & 5 & -2 & 1 \\ -2 & 1 & -3 & 1 & -4 \\ -1 & -7 & 9 & -3 & -7 \\ 3 & -14 & 22 & -9 & 1 \end{pmatrix}$ 的秩及一个最高阶非零子式.

解 用初等行变换将 A 化成行阶梯形矩阵

$$A = \begin{pmatrix} 1 & -3 & 5 & -2 & 1 \\ -2 & 1 & -3 & 1 & -4 \\ -1 & -7 & 9 & -3 & -7 \\ 3 & -14 & 22 & -9 & 1 \end{pmatrix} \xrightarrow[r_4 - 3r_1]{\substack{r_2 + 2r_1 \\ r_3 + r_1}} \begin{pmatrix} 1 & -3 & 5 & -2 & 1 \\ 0 & -5 & 7 & -3 & -2 \\ 0 & -10 & 14 & -5 & -6 \\ 0 & -5 & 7 & -3 & -2 \end{pmatrix}$$

$$\xrightarrow[r_4 - r_2]{r_3 - 2r_2} \begin{pmatrix} 1 & -3 & 5 & -2 & 1 \\ 0 & -5 & 7 & -3 & -2 \\ 0 & 0 & 0 & 1 & -2 \\ 0 & 0 & 0 & 0 & 0 \end{pmatrix} = B$$

由于矩阵 B 中非零行的行数是 3，所以 $R(A) = R(B) = 3$.

再求 A 的一个最高阶非零子式. 因为 A 经过初等行变换变为 B 时，没有经过初等列变换. 阶梯形矩阵 B 的非零首元出现在第 1、2、4 列，不妨考察 A 的第 1、2、4 列和第 1、2、3 行的元素所构成的子式 $\begin{vmatrix} 1 & -3 & -2 \\ -2 & 1 & 1 \\ -1 & -7 & -3 \end{vmatrix} = -5 \neq 0$，于是该三阶子式即为一个最高阶非零子式.

例3 设矩阵 $A=\begin{pmatrix} 1 & -2 & 2 & -1 \\ 2 & -4 & 8 & 0 \\ -2 & 4 & -2 & 3 \\ 3 & -6 & 0 & -6 \end{pmatrix}, b=\begin{pmatrix} 1 \\ 2 \\ 3 \\ 4 \end{pmatrix}$，求矩阵 A 及 $B=(A,b)$ 的秩.

解 对 B 实施初等行变换变为行阶梯形矩阵,设 B 的行阶梯形矩阵为 $\tilde{B}=(\tilde{A},\tilde{b})$,则 $\tilde{A}$ 就是 A 的行阶梯形矩阵,故从 $\tilde{B}=(\tilde{A},\tilde{b})$ 中可以同时看出 $R(A)$ 及 $R(B)$.

$$B=\begin{pmatrix} 1 & -2 & 2 & -1 & 1 \\ 2 & -4 & 8 & 0 & 2 \\ -2 & 4 & -2 & 3 & 3 \\ 3 & -6 & 0 & -6 & 4 \end{pmatrix} \xrightarrow[\substack{r_2-2r_1 \\ r_3+2r_1 \\ r_4-3r_1}]{} \begin{pmatrix} 1 & -2 & 2 & -1 & 1 \\ 0 & 0 & 4 & 2 & 0 \\ 0 & 0 & 2 & 1 & 5 \\ 0 & 0 & -6 & -3 & 1 \end{pmatrix}$$

$$\xrightarrow[\substack{r_2\div 2 \\ r_3-r_2 \\ r_4+3r_2}]{} \begin{pmatrix} 1 & -2 & 2 & -1 & 1 \\ 0 & 0 & 2 & 1 & 0 \\ 0 & 0 & 0 & 0 & 5 \\ 0 & 0 & 0 & 0 & 1 \end{pmatrix} \xrightarrow[\substack{r_3\div 5 \\ r_4-r_3}]{} \begin{pmatrix} 1 & -2 & 2 & -1 & 1 \\ 0 & 0 & 2 & 1 & 0 \\ 0 & 0 & 0 & 0 & 1 \\ 0 & 0 & 0 & 0 & 0 \end{pmatrix}$$

因此, $R(A)=2$, $R(B)=3$.

从矩阵 B 的行阶梯形矩阵可知,本例中 A 与 b 所对应的线性方程组 $Ax=b$ 无解. 这是因为行阶梯形矩阵的第三行表示矛盾方程 $0=1$.

例4 设矩阵 $A=\begin{pmatrix} 1 & 2 & -1 & 1 \\ 3 & 2 & \lambda & -1 \\ 5 & 6 & 3 & \mu \end{pmatrix}$,已知 $R(A)=2$,求 λ 与 μ 的值.

解 对 A 实施初等行变换

$$A\xrightarrow[\substack{r_2-3r_1 \\ r_3-5r_1}]{} \begin{pmatrix} 1 & 2 & -1 & 1 \\ 0 & -4 & \lambda+3 & -4 \\ 0 & -4 & 8 & \mu-5 \end{pmatrix} \xrightarrow{r_3-r_2} \begin{pmatrix} 1 & 2 & -1 & 1 \\ 0 & -4 & \lambda+3 & -4 \\ 0 & 0 & 5-\lambda & \mu-1 \end{pmatrix}$$

因 $R(A)=2$,故

$$\begin{cases} 5-\lambda=0 \\ \mu-1=0 \end{cases} \quad 即 \quad \begin{cases} \lambda=5 \\ \mu=1 \end{cases}$$

下面再介绍几个常用矩阵的秩的性质(假设运算都是可行的):

(i) $\max\{R(A),R(B)\} \leqslant R(A,B) \leqslant R(A)+R(B)$

(ii) $R(A+B) \leqslant R(A)+R(B)$

(iii) $R(AB) \leqslant \min\{R(A),R(B)\}$

(iv) 若 $A_{m\times n}B_{n\times l}=O$,则 $R(A)+R(B) \leqslant n$.

证明略.

例5 设 A 为 n 阶矩阵,证明: $R(A+E)+R(A-E) \geqslant n$.

证 因为 $(A+E)+(E-A)=2E$,由性质(ii),有

$$R(A+E)+R(E-A) \geqslant R(2E)=n$$

而 $R(A-E)=R(E-A)$,所以

$$R(A+E)+R(A-E) \geqslant n$$

习 题 3-6

1. 设 $m \times n$ 矩阵 A, 且 $R(A)=r, D$ 为 A 的一个 $r+1$ 阶子式, 则 $D=$ _____.

2. 设三阶方阵 A 的秩为 3, 矩阵

$$P = \begin{pmatrix} 0 & 1 & 0 \\ 1 & 0 & 0 \\ 0 & 0 & 1 \end{pmatrix}, \quad Q = \begin{pmatrix} 1 & 0 & 0 \\ 0 & 1 & 0 \\ 1 & 0 & 1 \end{pmatrix}$$

若矩阵 $B=PAQ$, 则 $R(B)=$ _____.

3. 设 A 是 n 阶矩阵, 且 $AB=AC$, 则由( )可得出 $B=C$.

A. $|A|=0$ B. $A \neq 0$ C. $R(A)=n$ D. A 为任意 n 阶矩阵

4. 设 A 为 3×4 矩阵, 若矩阵 A 的秩为 2, 则矩阵 $4A^T$ 的秩等于( ).

A. 1   B. 2   C. 3   D. 4

5. 已知 A 是一个 3×4 矩阵, 下列命题中正确的是( ).

A. 若矩阵 A 中所有三阶子式都为 0, 则 $R(A)=2$

B. 若 A 中存在二阶子式不为 0, 则 $R(A)=2$

C. 若 $R(A)=2$, 则 A 中所有二阶子式都不为 0

D. 若 $R(A)=2$, 则 A 中所有三阶子式都为 0

6. 设有一个矩阵的秩是 r, 有没有等于 0 的 $r-1$ 阶子式? 有没有等于 0 的 r 阶子式? 有没有不等于 0 的 $r+1$ 阶子式?

7. 求下列矩阵的秩, 并求一个最高阶非零子式.

(1) $\begin{pmatrix} 3 & 1 & 0 & 2 \\ 1 & -1 & 2 & -1 \\ 1 & 3 & -4 & 4 \end{pmatrix}$ (2) $\begin{pmatrix} 3 & 2 & -1 & -3 & -1 \\ 2 & -1 & 3 & 1 & -3 \\ 7 & 0 & 5 & -1 & -8 \end{pmatrix}$

8. 用初等变换求下列矩阵的秩.

(1) $\begin{pmatrix} 2 & -1 & 1 & -1 & 3 \\ 4 & -2 & -2 & 3 & 2 \\ 2 & -1 & 5 & -6 & 1 \end{pmatrix}$ (2) $\begin{pmatrix} 1 & 2 & 3 & 4 \\ 1 & -2 & 4 & 5 \\ 1 & 10 & 1 & 2 \end{pmatrix}$

9. 设 A, B 都是 $m \times n$ 矩阵, 证明: A 与 B 等价的充分必要条件是 $R(A)=R(B)$.

10. 设 $A = \begin{pmatrix} 1 & -2 & 3k \\ -1 & 2k & -3 \\ k & -2 & 3 \end{pmatrix}$, 问 k 为何值时, 可使:

(1) $R(A)=1$ (2) $R(A)=2$ (3) $R(A)=3$

11. 设 A 是 n 阶方阵, 若存在 n 阶方阵 $B \neq O$, 使 $AB=O$, 证明: $R(A)<n$.

12. 已知 $A = \begin{pmatrix} 1 \\ 2 \\ 3 \end{pmatrix} (1,-1,0), B = \begin{pmatrix} 1 & 2 & -1 \\ 2 & a & 2 \\ -1 & 2 & 3 \end{pmatrix}$, 若 $R(AB+B)=2$, 求 a 的值.

13. 确定参数 λ，使矩阵 $\begin{pmatrix} 1 & 1 & \lambda^2 & -2 \\ 1 & -2 & \lambda & 1 \\ 2 & 1 & -2 & \lambda \end{pmatrix}$ 的秩最小.

综合复习题 3

A

1. 设 A, B 为同阶可逆矩阵，则下列等式成立的是（　　）.

A. $(AB)^{\mathrm{T}} = A^{\mathrm{T}} B^{\mathrm{T}}$　　　　　　　　　　B. $(AB)^{\mathrm{T}} = B^{\mathrm{T}} A^{\mathrm{T}}$

C. $(AB^{\mathrm{T}})^{-1} = A^{-1} (B^{\mathrm{T}})^{-1}$　　　　　　D. $(AB^{\mathrm{T}})^{-1} = A^{-1} (B^{-1})^{\mathrm{T}}$

2. 设 A 是可逆矩阵，且 $A + AB = E$，则 $A^{-1} = ($　　$)$.

A. B　　　　　　B. $1 + B$　　　　　　C. $E + B$　　　　　　D. $(E - AB)^{-1}$

3. 若矩阵 $A^2 = A$，则（　　）.

A. $A = O$　　　　　　　　　　　　　　B. $A = E$

C. $A = O$ 或 $A = E$　　　　　　　　D. A 与 $A - E$ 中至少有一个是不可逆的

4. 下列矩阵（　　）是初等矩阵.

A. $\begin{pmatrix} 1 & 0 & 0 \\ 0 & 0 & 1 \\ 0 & 2 & 0 \end{pmatrix}$　　　　　　　　　　B. $\begin{pmatrix} 1 & 0 & 0 \\ 0 & 0 & 1 \\ 0 & 0 & 0 \end{pmatrix}$

C. $\begin{pmatrix} -1 & 0 & 0 \\ 0 & -1 & 0 \\ 0 & 0 & -1 \end{pmatrix}$　　　　　　D. $\begin{pmatrix} 0 & 1 & 0 \\ 1 & 0 & 0 \\ 0 & 0 & 1 \end{pmatrix}$

5. 若矩阵 A 有一个 k 阶子式不等于 0，则（　　）.

A. $R(A) \geqslant k$　　　B. $R(A) > k$　　　C. $R(A) < k$　　　D. $R(A) \leqslant k$

6. 若 $A = \begin{pmatrix} 1 & a \\ 0 & 1 \end{pmatrix}$，且 $A^{-1} = A^{\mathrm{T}}$，则 $a = $ _____.

7. 当 a _____ 时，矩阵 $A = \begin{pmatrix} 1 & 3 \\ -1 & a \end{pmatrix}$ 可逆.

8. 已知

$$2 \begin{pmatrix} 2 & 1 & -3 \\ 0 & -2 & 1 \end{pmatrix} + 3X - \begin{pmatrix} 1 & -2 & 2 \\ 3 & 0 & -1 \end{pmatrix} = O$$

求矩阵 X.

9. 设 $A = \begin{pmatrix} 1 & 1 & 1 \\ -1 & 1 & 1 \\ 1 & -1 & 1 \end{pmatrix}$，$B = \begin{pmatrix} 1 & 2 & 1 \\ 1 & 3 & -1 \\ 2 & 1 & 2 \end{pmatrix}$，求：

(1) $AB - 3B$　　(2) $AB - BA$　　(3) $(A-B)(A+B)$　　(4) $A^2 - B^2$

10. 设矩阵 $A=\begin{pmatrix} 1 & 2 & 0 & 0 & 0 \\ 0 & 1 & 0 & 0 & 0 \\ 0 & 0 & 2 & 1 & 0 \\ 0 & 0 & 1 & 2 & -1 \\ 0 & 0 & 1 & 0 & 1 \end{pmatrix}, B=\begin{pmatrix} 1 & 0 & 0 & 0 & 0 \\ 0 & 1 & 0 & 0 & 0 \\ 1 & 0 & 1 & 0 & 2 \\ 0 & 1 & 1 & 2 & -1 \\ 3 & 2 & 1 & 1 & 1 \end{pmatrix}$, 用分块矩阵计算 AB.

11. 用矩阵的初等变换求逆矩阵.

(1) $\begin{pmatrix} 1 & 3 & -5 & 7 \\ 0 & 1 & 2 & -3 \\ 0 & 0 & 1 & 2 \\ 0 & 0 & 0 & 1 \end{pmatrix}$
(2) $\begin{pmatrix} 1 & 1 & 1 & 1 \\ 1 & 1 & -1 & -1 \\ 1 & -1 & 1 & -1 \\ 1 & -1 & -1 & 1 \end{pmatrix}$

12. 求解矩阵方程.

$$\begin{pmatrix} 0 & 1 & 0 \\ 1 & 0 & 0 \\ 0 & 0 & 1 \end{pmatrix} X \begin{pmatrix} 1 & 0 & 0 \\ 0 & 0 & 1 \\ 0 & 1 & 0 \end{pmatrix} = \begin{pmatrix} 1 & -4 & 3 \\ 2 & 0 & -1 \\ 1 & -2 & 0 \end{pmatrix}$$

13. 能否适当选取矩阵 $A=\begin{pmatrix} 1 & -2 & -1 & 3 \\ 3 & -6 & -3 & 9 \\ -2 & 4 & 2 & k \end{pmatrix}$ 中的 k 的值, 使:

(1) $R(A)=1$ (2) $R(A)=2$ (3) $R(A)=3$

14. 求矩阵 $\begin{pmatrix} 1 & 1 & 2 & 2 & 1 \\ 0 & 2 & 1 & 5 & -1 \\ 2 & 0 & 3 & -1 & 3 \\ 1 & 1 & 0 & 4 & -1 \end{pmatrix}$ 的秩.

15. 已知 $AP=PB$, 其中 $B=\begin{pmatrix} 1 & 0 & 0 \\ 0 & 0 & 0 \\ 0 & 0 & -1 \end{pmatrix}, P=\begin{pmatrix} 1 & 2 & 3 \\ 0 & 1 & 2 \\ 0 & 0 & 1 \end{pmatrix}$, 求 A 与 A^{100}.

16. 设 A 为三阶方阵, A^* 为 A 的伴随矩阵, A^T 为 A 的转置矩阵, A^{-1} 为 A 的逆矩阵, 设 $|A|=4$, 求:

(1) $\left| \left(\frac{1}{2}A\right)^{-1} - 3A^* \right|$ (2) $\left| \left(\frac{1}{2}A\right)^* \right|$

17. 试证: 设 A,B,AB 均为 n 阶对称矩阵, 则 $AB=BA$.

18. 设 n 阶矩阵 A 满足 $A^2=E, AA^T=E$, 证明: A 是对称矩阵.

19. 设 n 阶矩阵 A 的伴随矩阵为 A^*, 证明: 若 $|A|=0$, 则 $|A^*|=0$.

B

1. 设 A,B 均为 n 阶方阵, 在下列情况下能推出 A 是单位矩阵的是(   ).

A. $AB=B$ B. $AB=BA$ C. $AA=E$ D. $A^{-1}=E$

2. 设 A 为三阶方阵, $R(A)=1$, 则(   ).

A. $R(A^*)=3$ B. $R(A^*)=2$ C. $R(A^*)=1$ D. $R(A^*)=0$

3. 已知 $A=\begin{pmatrix} 1 & 2 & 3 \\ 2 & 4 & t \\ 3 & 6 & 0 \end{pmatrix}$，$B$ 为三阶非零矩阵，且 $BA=O$，则（   ）．

A. $t=6$ 时，B 的秩必为 1

B. $t\ne6$ 时，B 的秩必为 1

C. $t=6$ 时，B 的秩必为 2

D. $t\ne6$ 时，B 的秩必为 2

4. 设 n（$n\geqslant3$）阶矩阵，$A=\begin{pmatrix} 1 & a & a & \cdots & a \\ a & 1 & a & \cdots & a \\ a & a & 1 & \cdots & a \\ \vdots & \vdots & \vdots & & \vdots \\ a & a & a & \cdots & 1 \end{pmatrix}$ 的秩为 $n-1$，则 a 必为（   ）．

A. 1   B. $\dfrac{1}{1-n}$ C. -1 D. $\dfrac{1}{n-1}$

5. 设 $\boldsymbol{\alpha}$ 是三维列向量，$\boldsymbol{\alpha}^{\mathrm{T}}$ 是 $\boldsymbol{\alpha}$ 的转置，若 $\boldsymbol{\alpha}\boldsymbol{\alpha}^{\mathrm{T}}=\begin{pmatrix} 1 & -1 & 1 \\ -1 & 1 & -1 \\ 1 & -1 & 1 \end{pmatrix}$，则 $\boldsymbol{\alpha}^{\mathrm{T}}\boldsymbol{\alpha}=$ _____.

6. 设 n 维向量 $\boldsymbol{\alpha}=(a,0,\cdots,0,a)^{\mathrm{T}}$ $(a<0)$，E 为 n 阶单位矩阵，矩阵

$$A=E-\boldsymbol{\alpha}\boldsymbol{\alpha}^{\mathrm{T}}, \quad B=E+\frac{1}{a}\boldsymbol{\alpha}\boldsymbol{\alpha}^{\mathrm{T}}$$

其中 A 的逆矩阵为 B，则 $a=$ _____.

7. 设 A,B 为 n 阶矩阵，$R(A)=r<n$，且 $AB=O$，则 $R(B)$ _____.

8. 设 A 为 n 阶矩阵，且 $|A|=2$，则 $(A^*)^*=$ _____.

9. 如果 $A=\dfrac{1}{2}(B+E)$，证明：$A^2=A$ 的充要条件是 $B^2=E$．

10. 计算

(1) $\begin{pmatrix} \lambda & 1 & 0 \\ 0 & \lambda & 1 \\ 0 & 0 & \lambda \end{pmatrix}^3$ (2) $\begin{pmatrix} 1 & 1 & 0 \\ 0 & 1 & 0 \\ 0 & 0 & 1 \end{pmatrix}^n$ $(n>0)$

11. 设 A 为 $n(n\geqslant2)$ 阶满秩方阵，A^* 为 A 的伴随矩阵，证明：$(A^*)^*=|A|^{n-2}A$．

12. 已知实对称矩阵 $A=(a_{ij})_{3\times3}$ 满足条件 $a_{ij}=A_{ij}(i,j=1,2,3)$，其中 A_{ij} 是 a_{ij} 的代数余子式，且 $a_{11}\ne0$，计算 $|A|$．

13. 设 $C=\begin{pmatrix} A & O \\ O & B \end{pmatrix}$，证明：$R(C)=R(A)+R(B)$．

14. 设 A 为 n 阶非零方阵，A^* 为 A 的伴随矩阵，若 $A^*=A^{\mathrm{T}}$，证明：$|A|\ne0$．

15. 设列矩阵 $\boldsymbol{x}=(x_1,x_2,\cdots,x_n)^{\mathrm{T}}$，$A=E-\boldsymbol{x}\boldsymbol{x}^{\mathrm{T}}$，证明：

(1) $A^2=A$ 的充分必要条件是 $\boldsymbol{x}^{\mathrm{T}}\boldsymbol{x}=1$；

(2) 当 $\boldsymbol{x}^{\mathrm{T}}\boldsymbol{x}=1$ 时，A 是不可逆矩阵．

第 4 章 线性方程组

线性方程组是线性代数的核心内容.本章首先利用矩阵的秩讨论线性方程组有解的条件,然后利用齐次线性方程组解的理论讨论向量组的线性相关性,最后通过研究向量组的线性相关性、向量组的秩等重要概念,讨论线性方程组的解的结构.

4.1 线性方程组的解

在第 1 章中,我们已经介绍过线性方程组的消元法和矩阵的初等变换,可以看到消元法和对该方程组的增广矩阵进行初等行变换是相对应的,它们在解线性方程组时,本质上没有什么区别.第 1 章 1.1 节中的例 2、例 3 和例 4 的线性方程组的解分别为唯一解、无穷多解和无解的情况,对这三个线性方程组的增广矩阵 (A,b) 进行初等行变换化为行阶梯形的结果分别为

$$\begin{pmatrix} 1 & 2 & 3 & 9 \\ 0 & 1 & 1 & 2 \\ 0 & 0 & 1 & 3 \end{pmatrix} \quad \begin{pmatrix} 1 & -2 & 1 & 3 \\ 0 & 1 & -3 & 1 \\ 0 & 0 & 0 & 0 \end{pmatrix} \quad \begin{pmatrix} 1 & 2 & 0 & -2 \\ 0 & -1 & 1 & 1 \\ 0 & 0 & 0 & 1 \end{pmatrix}$$

由第 3 章 3.6 节的例 3,对线性方程组的增广矩阵 (A,b) 进行初等行变换,可以同时求出系数矩阵的秩 $R(A)$ 与增广矩阵的秩 $R(A,b)$.第 1 个线性方程组的系数矩阵与增广矩阵满足的条件为

$$R(A)=R(A,b)=未知量个数$$

第 2 个线性方程组的系数矩阵与增广矩阵满足的条件为

$$R(A)=R(A,b)<未知量个数$$

第 3 个线性方程组的系数矩阵与增广矩阵满足的条件为 $R(A)\neq R(A,b)$.综合这三种情况,可以得到如下定理:

定理 1 设矩阵 $A=(a_{ij})_{m\times n}$,则 n 元线性方程组 $A_{m\times n}x=b$ 有解的充分必要条件是系数矩阵的秩等于增广矩阵的秩,即 $R(A)=R(A,b)$.

(i) 当 $R(A)=R(A,b)=n$ 时,$A_{m\times n}x=b$ 有唯一解;

(ii) 当 $R(A)=R(A,b)<n$ 时,$A_{m\times n}x=b$ 有无穷多解.

证 设 $R(A)=r$,将线性方程组的增广矩阵 (A,b) 进行初等行变换,化为行最简形矩阵为:

$$\bar{B}=\begin{pmatrix} 1 & 0 & \cdots & 0 & b_{1\,r+1} & \cdots & b_{1n} & d_1 \\ 0 & 1 & \cdots & 0 & b_{2\,r+1} & \cdots & b_{2n} & d_2 \\ \vdots & \vdots & & \vdots & \vdots & & \vdots & \vdots \\ 0 & 0 & \cdots & 1 & b_{r\,r+1} & \cdots & b_{m} & d_r \\ 0 & 0 & \cdots & 0 & 0 & \cdots & 0 & d_{r+1} \\ 0 & 0 & \cdots & 0 & 0 & \cdots & 0 & 0 \\ \vdots & \vdots & & \vdots & \vdots & & \vdots & \vdots \\ 0 & 0 & \cdots & 0 & 0 & \cdots & 0 & 0 \end{pmatrix}$$

若不能化为矩阵 $\overline{\boldsymbol{B}}$ 的形式,只需将未知量适当调换位置就可化为矩阵 $\overline{\boldsymbol{B}}$.

必要性.

反证法. 已知 n 元线性方程组 $\boldsymbol{A}_{m \times n} \boldsymbol{x} = \boldsymbol{b}$ 有解,假设 $R(\boldsymbol{A}) \neq R(\boldsymbol{A}, \boldsymbol{b})$,则 $R(\boldsymbol{A}) < R(\boldsymbol{A}, \boldsymbol{b})$,即行最简形矩阵 $\overline{\boldsymbol{B}}$ 中 $d_{r+1} \neq 0$,故矩阵 $\overline{\boldsymbol{B}}$ 对应的方程组中,方程 $0 = d_{r+1}$ 是矛盾方程,恒不成立,所以线性方程组无解,这与 n 元线性方程组 $\boldsymbol{A}_{m \times n} \boldsymbol{x} = \boldsymbol{b}$ 有解矛盾,因此,

$$R(\boldsymbol{A}) = R(\boldsymbol{A}, \boldsymbol{b})$$

充分性.

已知 $R(\boldsymbol{A}) = R(\boldsymbol{A}, \boldsymbol{b}) = r$,则 $d_{r+1} = 0$,此时行最简形矩阵 $\overline{\boldsymbol{B}}$ 对应的方程组没有矛盾方程,故方程组有解,其解分成两种情况:

(i) 当 $r = n$ 时,矩阵 $\overline{\boldsymbol{B}}$ 为
$\begin{pmatrix} 1 & 0 & \cdots & 0 & d_1 \\ 0 & 1 & \cdots & 0 & d_2 \\ \vdots & \vdots & & \vdots & \vdots \\ 0 & 0 & \cdots & 1 & d_n \\ 0 & 0 & \cdots & 0 & 0 \\ \vdots & \vdots & & \vdots & \vdots \\ 0 & 0 & \cdots & 0 & 0 \end{pmatrix}$,所以原方程组的同解方程组为:

$\begin{cases} x_1 = d_1, \\ x_2 = d_2, \\ \quad\vdots \\ x_n = d_n, \end{cases}$ 故方程组有唯一解.

(ii) 当 $r < n$ 时,矩阵 $\overline{\boldsymbol{B}}$ 为

$$\begin{pmatrix} 1 & 0 & \cdots & 0 & b_{1\,r+1} & \cdots & b_{1n} & d_1 \\ 0 & 1 & \cdots & 0 & b_{2\,r+1} & \cdots & b_{2n} & d_2 \\ \vdots & \vdots & & \vdots & \vdots & & \vdots & \vdots \\ 0 & 0 & \cdots & 1 & b_{r\,r+1} & \cdots & b_{m} & d_r \\ 0 & 0 & \cdots & 0 & 0 & \cdots & 0 & 0 \\ 0 & 0 & \cdots & 0 & 0 & \cdots & 0 & 0 \\ \vdots & \vdots & & \vdots & \vdots & & \vdots & \vdots \\ 0 & 0 & \cdots & 0 & 0 & \cdots & 0 & 0 \end{pmatrix}$$

原方程组的同解方程组为

$$\begin{cases} x_1 = d_1 - b_{1r+1} x_{r+1} - \cdots - b_{1n} x_n \\ x_2 = d_2 - b_{2r+1} x_{r+1} - \cdots - b_{2n} x_n \\ \quad\quad\cdots\cdots \\ x_r = d_r - b_{rr+1} x_{r+1} - \cdots - b_{m} x_n \end{cases}$$

因为 $x_{r+1}, x_{r+2}, \cdots, x_n$ 可以任意取值,故方程组有无穷多个解. 此时 $x_{r+1}, x_{r+2}, \cdots, x_n$

这 $n-r$ 个未知量称为自由未知量. 当自由未知量 $x_{r+1}, x_{r+2}, \cdots, x_n$ 分别取任意常数 c_1, $c_2, \cdots, c_{n-r}$ 时, 得方程组的全部解

$$\begin{cases} x_1 = d_1 - b_{1r+1}c_1 - \cdots - b_{1n}c_{n-r} \\ x_2 = d_2 - b_{2r+1}c_1 - \cdots - b_{2n}c_{n-r} \\ \vdots \\ x_r = d_r - b_{rr+1}c_1 - \cdots - b_{rn}c_{n-r} \\ x_{r+1} = \qquad\qquad c_1 \\ \qquad\qquad\qquad\qquad \vdots \\ x_n = \qquad\qquad\qquad\qquad c_{n-r} \end{cases}$$

其中, $c_1, c_2, \cdots, c_{n-r}$ 为任意常数. 称含有 $n-r$ 个参数的全部解为方程组的通解.

根据矩阵相等的概念, 方程组的通解也可以表示为如下形式

$$\begin{pmatrix} x_1 \\ x_2 \\ \vdots \\ x_r \\ x_{r+1} \\ \vdots \\ x_n \end{pmatrix} = \begin{pmatrix} d_1 - b_{1r+1}c_1 - \cdots - b_{1n}c_{n-r} \\ d_2 - b_{2r+1}c_1 - \cdots - b_{2n}c_{n-r} \\ \vdots \\ d_r - b_{rr+1}c_1 - \cdots - b_{rn}c_{n-r} \\ c_1 \\ \vdots \\ c_{n-r} \end{pmatrix}$$

定义 1 设线性方程组

$$\begin{cases} a_{11}x_1 + a_{12}x_2 + \cdots + a_{1n}x_n = b_1 \\ a_{21}x_1 + a_{22}x_2 + \cdots + a_{2n}x_n = b_2 \\ \qquad\qquad \cdots\cdots \\ a_{m1}x_1 + a_{m2}x_2 + \cdots + a_{mn}x_n = b_m \end{cases}$$

记

$$\boldsymbol{A} = \begin{pmatrix} a_{11} & a_{12} & \cdots & a_{1n} \\ a_{21} & a_{22} & \cdots & a_{2n} \\ \vdots & \vdots & & \vdots \\ a_{m1} & a_{m2} & \cdots & a_{mn} \end{pmatrix}, \quad \boldsymbol{x} = \begin{pmatrix} x_1 \\ x_2 \\ \vdots \\ x_n \end{pmatrix}, \quad \boldsymbol{b} = \begin{pmatrix} b_1 \\ b_2 \\ \vdots \\ b_m \end{pmatrix}$$

则线性方程组的矩阵形式为

$$\boldsymbol{A}\boldsymbol{x} = \boldsymbol{b}$$

称方程组的解 $\boldsymbol{x} = \begin{pmatrix} x_1 \\ x_2 \\ \vdots \\ x_n \end{pmatrix}$ 为线性方程组的解向量.

注 由定理 1 知, n 元线性方程组 $\boldsymbol{A}_{m \times n} \boldsymbol{x} = \boldsymbol{b}$ 无解的充分必要条件是系数矩阵的秩不等于增广矩阵的秩, 即 $R(\boldsymbol{A}) \neq R(\boldsymbol{A}, \boldsymbol{b})$.

对于齐次线性方程组 $A_{m \times n}x = 0$，显然满足 $R(A) = R(A, 0)$，故齐次线性方程组 $A_{m \times n}x = 0$ 必然有解，且至少有零解 $x = 0$。对应于定理 1 有解的两种情况，可以得到下面的定理．

定理 2 设 $A = (a_{ij})_{m \times n}$，对于 n 元齐次线性方程组 $A_{m \times n}x = 0$，有以下结论成立：

(i) 只有零解的充分必要条件是系数矩阵的秩 $R(A) = n$；

(ii) 有非零解的充分必要条件是系数矩阵的秩 $R(A) < n$．

利用定理 2，可以得到下面的推论：

推论 1 (i) 当 $m < n$ 时，n 元齐次线性方程组 $A_{m \times n}x = 0$ 必有非零解；

(ii) 当 $m = n$ 时，n 元齐次线性方程组 $A_{n \times n}x = 0$ 有非零解的充分必要条件是 $|A| = 0$．

证 (i) 当 $m < n$ 时，$R(A) \leqslant m < n$，所以 $A_{m \times n}x = 0$ 必有非零解．

(ii) 当 $m = n$ 时，系数矩阵 A 为 n 阶矩阵，n 元齐次线性方程组 $A_{n \times n}x = 0$ 有非零解的充分必要条件是 $R(A) < n$，而 $R(A) < n$ 的充分必要条件是矩阵 A 不可逆，即 $|A| = 0$．

综合归纳有以下结论：

(1) 对于非齐次线性方程组 $A_{m \times n}x = b$

$$A_{m \times n}x = b \text{ 无解} \Leftrightarrow R(A) \neq R(A, b)$$

$$A_{m \times n}x = b \text{ 有解} \Leftrightarrow R(A) = R(A, b) = r$$

当 $r = n$ 时，$A_{m \times n}x = b$ 有唯一解；当 $r < n$ 时 $A_{m \times n}x = b$ 有无穷解．

(2) 对于齐次线性方程组 $A_{m \times n}x = 0$

$$A_{m \times n}x = 0 \text{ 仅有零解} \Leftrightarrow R(A) = n$$

$$A_{m \times n}x = 0 \text{ 有非零解} \Leftrightarrow R(A) < n$$

例 1 判断线性方程组是否有解，若有解，求出其全部解．

$$\begin{cases} x_1 + 4x_2 - 3x_3 + 5x_4 = -2 \\ 3x_1 - 2x_2 + x_3 - 3x_4 = 4 \\ 2x_1 + x_2 - x_3 + x_4 = 1 \end{cases}$$

解 对线性方程组的增广矩阵进行初等行变换化为行阶梯形矩阵．

$$(A, b) = \begin{pmatrix} 1 & 4 & -3 & 5 & -2 \\ 3 & -2 & 1 & -3 & 4 \\ 2 & 1 & -1 & 1 & 1 \end{pmatrix} \xrightarrow[r_3 - 2r_1]{r_2 - 3r_1} \begin{pmatrix} 1 & 4 & -3 & 5 & -2 \\ 0 & -14 & 10 & -18 & 10 \\ 0 & -7 & 5 & -9 & 5 \end{pmatrix}$$

$$\xrightarrow[r_2 \div (-14)]{r_3 - \frac{1}{2}r_2} \begin{pmatrix} 1 & 4 & -3 & 5 & -2 \\ 0 & 1 & -\dfrac{5}{7} & \dfrac{9}{7} & -\dfrac{5}{7} \\ 0 & 0 & 0 & 0 & 0 \end{pmatrix}$$

由于 $R(A) = R(A, b) = 2 < 4$，所以方程组有无穷多个解，将行阶梯形矩阵继续进行初等行变换化为行最简形矩阵为

$$\begin{pmatrix} 1 & 0 & -\dfrac{1}{7} & -\dfrac{1}{7} & \dfrac{6}{7} \\ 0 & 1 & -\dfrac{5}{7} & \dfrac{9}{7} & -\dfrac{5}{7} \\ 0 & 0 & 0 & 0 & 0 \end{pmatrix}$$

则原方程组的同解方程组为

$$\begin{cases} x_1 = \dfrac{6}{7} + \dfrac{1}{7}x_3 + \dfrac{1}{7}x_4 \\ x_2 = -\dfrac{5}{7} + \dfrac{5}{7}x_3 - \dfrac{9}{7}x_4 \end{cases}$$

其中,x_3,x_4 为自由未知量. 令 $x_3 = c_1, x_4 = c_2$(c_1,c_2 为任意常数),代入同解方程组得线性方程组的通解为

$$\begin{pmatrix} x_1 \\ x_2 \\ x_3 \\ x_4 \end{pmatrix} = \begin{pmatrix} \dfrac{6}{7} + \dfrac{1}{7}c_1 + \dfrac{1}{7}c_2 \\ -\dfrac{5}{7} + \dfrac{5}{7}c_1 - \dfrac{9}{7}c_2 \\ c_1 \\ c_2 \end{pmatrix} \quad (c_1,c_2 \text{ 为任意常数})$$

例 2 求齐次线性方程组的全部解.

$$\begin{cases} x_1 + x_2 + x_3 + 4x_4 = 0 \\ 2x_1 + 2x_2 + x_3 + 5x_4 = 0 \\ x_1 + x_2 - x_3 - 2x_4 = 0 \end{cases}$$

解 因为齐次线性方程组的方程个数小于未知量的个数,所以必定有非零解. 对齐次线性方程组的系数矩阵进行初等行变换化为行最简形矩阵

$$\boldsymbol{A} = \begin{pmatrix} 1 & 1 & 1 & 4 \\ 2 & 2 & 1 & 5 \\ 1 & 1 & -1 & -2 \end{pmatrix} \xrightarrow[r_3 - r_1]{r_2 - 2r_1} \begin{pmatrix} 1 & 1 & 1 & 4 \\ 0 & 0 & -1 & -3 \\ 0 & 0 & -2 & -6 \end{pmatrix} \xrightarrow{r_3 - 2r_2} \begin{pmatrix} 1 & 1 & 1 & 4 \\ 0 & 0 & -1 & -3 \\ 0 & 0 & 0 & 0 \end{pmatrix}$$

$$\xrightarrow[r_3 \times (-1)]{r_1 + r_2} \begin{pmatrix} 1 & 1 & 0 & 1 \\ 0 & 0 & 1 & 3 \\ 0 & 0 & 0 & 0 \end{pmatrix}$$

则原方程组的同解方程组为

$$\begin{cases} x_1 = -x_2 - x_4 \\ x_3 = \quad\quad -3x_4 \end{cases}$$

其中,x_2,x_4 为自由未知量. 令 $x_2 = c_1, x_4 = c_2$(c_1,c_2 为任意常数),代入同解方程组得齐次线性方程组的通解为

$$\begin{pmatrix} x_1 \\ x_2 \\ x_3 \\ x_4 \end{pmatrix} = \begin{pmatrix} -c_1 - c_2 \\ c_1 \\ -3c_2 \\ c_2 \end{pmatrix}$$

其中,c_1,c_2 为任意常数.

例 3 k 为何值时,线性方程组

$$\begin{cases} kx_1+ & kx_2+ & 2x_3=1 \\ kx_1+(2k-1)x_2+ & 3x_3=1 \\ kx_1+ & kx_2+(k+3)x_3=2k-1 \end{cases}$$

(1) 有唯一解;(2)无解;(3)有无穷多解,并求其通解.

解 对线性方程组的增广矩阵进行初等行变换化为行阶梯形矩阵.

$$(\boldsymbol{A},\boldsymbol{b})=\begin{pmatrix} k & k & 2 & 1 \\ k & 2k-1 & 3 & 1 \\ k & k & k+3 & 2k-1 \end{pmatrix} \xrightarrow[r_3-r_1]{r_2-r_1} \begin{pmatrix} k & k & 2 & 1 \\ 0 & k-1 & 1 & 0 \\ 0 & 0 & k+1 & 2k-2 \end{pmatrix}$$

(1) 当 $k\neq0$, $k\neq1$ 且 $k\neq-1$ 时, $R(\boldsymbol{A})=R(\boldsymbol{A},\boldsymbol{b})=3$,线性方程组有唯一解.

(2) 当 $k=0$ 时,

$$(\boldsymbol{A},\boldsymbol{b})\rightarrow\begin{pmatrix} 0 & 0 & 2 & 1 \\ 0 & -1 & 1 & 0 \\ 0 & 0 & 1 & -2 \end{pmatrix} \xrightarrow[r_2\leftrightarrow r_3]{r_1\leftrightarrow r_2} \begin{pmatrix} 0 & -1 & 1 & 0 \\ 0 & 0 & 1 & -2 \\ 0 & 0 & 2 & 1 \end{pmatrix} \xrightarrow{r_3-2r_2} \begin{pmatrix} 0 & -1 & 1 & 0 \\ 0 & 0 & 1 & -2 \\ 0 & 0 & 0 & 5 \end{pmatrix}$$

则 $R(\boldsymbol{A})=2$, $R(\boldsymbol{A},\boldsymbol{b})=3$,因为 $R(\boldsymbol{A})\neq R(\boldsymbol{A},\boldsymbol{b})$,所以线性方程组无解.

当 $k=-1$ 时,

$$(\boldsymbol{A},\boldsymbol{b})\rightarrow\begin{pmatrix} -1 & -1 & 2 & 1 \\ 0 & -2 & 1 & 0 \\ 0 & 0 & 0 & -4 \end{pmatrix}$$

则 $R(\boldsymbol{A})=2$, $R(\boldsymbol{A},\boldsymbol{b})=3$,因为 $R(\boldsymbol{A})\neq R(\boldsymbol{A},\boldsymbol{b})$,所以线性方程组无解.

(3) 当 $k=1$ 时,

$$(\boldsymbol{A},\boldsymbol{b})\rightarrow\begin{pmatrix} 1 & 1 & 2 & 1 \\ 0 & 0 & 1 & 0 \\ 0 & 0 & 2 & 0 \end{pmatrix} \xrightarrow[r_3-2r_2]{r_1-2r_2} \begin{pmatrix} 1 & 1 & 0 & 1 \\ 0 & 0 & 1 & 0 \\ 0 & 0 & 0 & 0 \end{pmatrix}$$

$R(\boldsymbol{A})=R(\boldsymbol{A},\boldsymbol{b})=2<3$,所以线性方程组有无穷多解.

此时方程组的同解方程组为

$$\begin{cases} x_1=1-x_2 \\ x_3=0 \end{cases}$$

x_2 为自由未知量.令 $x_2=c$ (c 为任意常数),则线性方程组的通解为

$$\boldsymbol{x}=\begin{pmatrix} 1-c \\ c \\ 0 \end{pmatrix} \quad (c \text{ 为任意常数})$$

综上,当 $k\neq0$, $k\neq1$ 且 $k\neq-1$ 时,线性方程组有唯一解;当 $k=0$ 或 $k=-1$ 时,线性方程组无解;当 $k=1$ 时,线性方程组有无穷多解,其通解为

$$\boldsymbol{x}=\begin{pmatrix} 1-c \\ c \\ 0 \end{pmatrix} \quad (c \text{ 为任意常数})$$

一般地,求解线性方程组的一般步骤如下:

(1) 对非齐次线性方程组 $A_{m \times n} x = b$,先对其增广矩阵 (A, b) 进行初等行变换化为行阶梯形矩阵,并判断其是否有解. 若 $R(A)$ 与 $R(A, b)$ 相等,则该方程组有解,将其增广矩阵继续进行初等行变换化为行最简形矩阵,然后写出与原方程组对应的同解方程组,求出其解. 要注意的是,当 $R(A) = R(A, b) = r < n$ 时,(A, b) 的行阶梯形矩阵中含有 r 个非零行,通常把这 r 行的非零首元所对应的未知量作为非自由未知量,其余 $n - r$ 个未知量作为自由未知量.

(2) 对齐次线性方程组 $A_{m \times n} x = 0$,先对其系数矩阵进行初等行变换化为行阶梯形矩阵,判断其解的情况. 若 $R(A) = r = n$,则该方程组只有零解;若 $R(A) = r < n$,则该方程组有非零解,将其系数矩阵继续进行初等行变换化为行最简形矩阵,便可直接写出其通解.

习 题 4-1

1. 设 A 为 $m \times n$ 矩阵,$m \neq n$,则 n 元齐次线性方程组 $Ax = 0$ 有非零解的充分必要条件是( ).

A. $R(A) = n$ B. $R(A) = m$ C. $R(A) < n$ D. $R(A) < m$

2. 设线性方程组 $Ax = b$,若 $R(A) = 3, R(A, b) = 4$,则该线性方程组( ).

A. 有唯一解   B. 无解   C. 有非零解   D. 有无穷多解

3. 非齐次线性方程 $A_{m \times n} x = b$ 有无穷多解的充分必要条件是( ),其中 $B = (A, b)$.

A. $m < n$ B. $R(B) < n$

C. $R(A) = R(B)$ D. $R(A) = R(B) < n$

4. 设线性方程组 $A_{4 \times 4} x = b$ 的增广矩阵通过初等行变换化为矩阵

$$\begin{pmatrix} 1 & 3 & 1 & 2 & 6 \\ 0 & -1 & 3 & 1 & 4 \\ 0 & 0 & 0 & 2 & -1 \\ 0 & 0 & 0 & 0 & 0 \end{pmatrix}$$

则此线性方程组的通解中自由未知量的个数为( ).

A. 1   B. 2   C. 3   D. 4

5. 设 A 是 $m \times n$ 矩阵,非齐次线性方程组 $A_{m \times n} x = b$ 中令常向量 $b = 0$ 得齐次线性方程组 $A_{m \times n} x = 0$,

① 若 $A_{m \times n} x = 0$ 仅有零解,则 $A_{m \times n} x = b$ 有唯一解;

② 若 $A_{m \times n} x = 0$ 有非零解,则 $A_{m \times n} x = b$ 有无穷多解;

③ 若 $A_{m \times n} x = b$ 有无穷多解,则 $A_{m \times n} x = 0$ 有非零解;

④ 若 $A_{m \times n} x = b$ 有唯一解,则 $A_{m \times n} x = 0$ 仅有零解.

则以上命题正确的是( )

A. ①、③   B. ③、④   C. ②、③   D. ②、④

6. 设 A 为 n 阶矩阵,若 A 与 n 阶单位矩阵等价,那么方程组 $Ax = b$(　　).

A. 无解　　　　　　　　　　　B. 有唯一解

C. 有无穷多解　　　　　　　　D. 解的情况不能确定

7. 已知三元非齐次线性方程组的增广矩阵为 $\begin{pmatrix} 1 & -1 & 2 & \vdots & 1 \\ 0 & a+1 & 0 & \vdots & 1 \\ 0 & 0 & a+1 & \vdots & 0 \end{pmatrix}$,若该方程组无

解,则 a 的取值为_____.

8. 求解下列齐次线性方程组.

(1) $\begin{cases} x_1 + 2x_2 + x_3 + x_4 = 0 \\ 2x_1 + x_2 - 2x_3 - 2x_4 = 0 \\ x_1 - x_2 - 4x_3 - 3x_4 = 0 \end{cases}$

(2) $\begin{cases} x_1 + x_2 + x_3 + 4x_4 - 3x_5 = 0 \\ x_1 - x_2 + 3x_3 - 2x_4 - x_5 = 0 \\ 2x_1 + x_2 + 3x_3 + 5x_4 - 5x_5 = 0 \\ 3x_1 + x_2 + 5x_3 + 6x_4 - 7x_5 = 0 \end{cases}$

9. 判断下列方程组是否有解?如有解,求出其全部解.

(1) $\begin{cases} -3x_1 + x_2 + 4x_3 = 1 \\ x_1 + x_2 + x_3 = 0 \\ -2x_1 + x_3 = -1 \\ x_1 + x_2 - 2x_3 = 0 \end{cases}$

(2) $\begin{cases} x_1 + 5x_2 - x_3 - x_4 = -1 \\ x_1 - 2x_2 + x_3 + 3x_4 = 3 \\ 3x_1 + 8x_2 - x_3 + x_4 = 1 \\ x_1 - 9x_2 + 3x_3 + 7x_4 = 7 \end{cases}$

(3) $\begin{cases} x_1 + x_2 + 2x_3 + 3x_4 = 1 \\ x_2 + x_3 - 4x_4 = 1 \\ x_1 + 2x_2 + 3x_3 = 4 \\ 2x_1 + 3x_2 - x_3 - x_4 = -6 \end{cases}$

10. a 取何值时,方程组 $\begin{cases} x_1 + x_2 + x_3 = a, \\ ax_1 + x_2 + x_3 = 1, \\ x_1 + x_2 + ax_3 = 1 \end{cases}$ 有解?有解时求出其全部解.

11. 设有线性方程组 $\begin{cases} x_1 + a_1 x_2 + a_1^2 x_3 = a_1^3, \\ x_1 + a_2 x_2 + a_2^2 x_3 = a_2^3, \\ x_1 + a_3 x_2 + a_3^2 x_3 = a_3^3, \\ x_1 + a_4 x_2 + a_4^2 x_3 = a_4^3, \end{cases}$ 证明:若 a_1, a_2, a_3, a_4 两两互不相等,则

此线性方程组无解.

12. 证明:线性方程组 $\begin{cases} x_1 - x_2 = a_1, \\ x_2 - x_3 = a_2, \\ x_3 - x_4 = a_3, \\ x_4 - x_5 = a_4, \\ x_5 - x_1 = a_5 \end{cases}$ 有解的充要条件是

$$a_1 + a_2 + a_3 + a_4 + a_5 = 0$$

在有解的情况下,求出它的通解.

4.2 向量组及其线性组合

4.2.1 n 维向量的概念

在解析几何中,我们将"既有大小又有方向的量"称为向量,将可随意平行移动的有向线段作为向量的几何形象.引入坐标系后,定义了向量的坐标表示式,即用两个或三个有序实数表示平面上或空间中的向量.当 $n>3$ 时,向量的几何形象无法体现,我们可以用类似二维和三维向量的坐标表示式来定义 n 维向量.

定义 1 n 个数 $a_1, a_2, \cdots, a_n$ 所组成的有序数组称为 n 维向量,这 n 个数称为该向量的分量,第 i 个数 a_i 称为第 i 个分量.

分量全为实数的向量称为实向量,分量为复数的向量称为复向量,本书除特别指明外,一般只讨论实向量.

n 维向量可以写成一行 $\boldsymbol{a} = (a_1, a_2, \cdots, a_n)$,称为行向量;也可以写成一列 $\boldsymbol{b} = \begin{pmatrix} b_1 \\ b_2 \\ \vdots \\ b_n \end{pmatrix}$,

称为列向量. 一般地,用黑体小写字母 $\boldsymbol{a}, \boldsymbol{b}, \boldsymbol{\alpha}, \boldsymbol{\beta}$ 等表示列向量,用 $\boldsymbol{a}^T, \boldsymbol{b}^T, \boldsymbol{\alpha}^T, \boldsymbol{\beta}^T$ 等表示行向量. 所讨论的向量在不加特别说明的情况下均视为列向量.

分量全为零的向量称为零向量,记为 $\boldsymbol{0}$,即 $\boldsymbol{0} = (0, 0, \cdots, 0)^T$.

向量 $(-a_1, -a_2, \cdots, -a_n)^T$ 称为向量 $\boldsymbol{a} = (a_1, a_2, \cdots, a_n)^T$ 的负向量,记为 $-\boldsymbol{a}$.

4.2.2 向量的运算

行向量和列向量,也就是第 1 章定义的行矩阵和列矩阵,所以行向量和列向量都是按矩阵的运算规则进行运算的.

1. 向量的相等

两个 n 维向量,当且仅当它们对应的分量相等时,才是相等的,即

对于向量 $\boldsymbol{\alpha} = (a_1, a_2, \cdots, a_n)^T$ 和向量 $\boldsymbol{\beta} = (b_1, b_2, \cdots, b_n)^T$,若 $a_i = b_i \ (i=1, 2, \cdots, n)$,则 $\boldsymbol{\alpha} = \boldsymbol{\beta}$.

2. 向量的和、差

设有两个 n 维向量 $\boldsymbol{\alpha} = (a_1, a_2, \cdots, a_n)^T, \boldsymbol{\beta} = (b_1, b_2, \cdots, b_n)^T$,对应分量相加,称为向量 $\boldsymbol{\alpha}, \boldsymbol{\beta}$ 之和,记为 $\boldsymbol{\alpha} + \boldsymbol{\beta}$,即

$$\boldsymbol{\alpha} + \boldsymbol{\beta} = (a_1 + b_1, a_2 + b_2, \cdots, a_n + b_n)^T$$

两个 n 维向量 $\boldsymbol{\alpha} = (a_1, a_2, \cdots, a_n)^T, \boldsymbol{\beta} = (b_1, b_2, \cdots, b_n)^T$,对应分量相减,称为向量 $\boldsymbol{\alpha}, \boldsymbol{\beta}$ 之差,记为 $\boldsymbol{\alpha} - \boldsymbol{\beta}$,即

$$\boldsymbol{\alpha} - \boldsymbol{\beta} = (a_1 - b_1, a_2 - b_2, \cdots, a_n - b_n)^T$$

3. 向量的数乘

设 k 为实数,$\boldsymbol{\alpha} = (a_1, a_2, \cdots, a_n)^T$,由数 k 与向量 $\boldsymbol{\alpha}$ 的各分量相乘,称为数 k 与向量 $\boldsymbol{\alpha}$

的乘积,记为 $k\boldsymbol{\alpha}$,即 $k\boldsymbol{\alpha}=(ka_1,ka_2,\cdots,ka_n)^{\mathrm{T}}$.

向量的和、差及数乘运算统称为向量的线性运算.

由于向量是特殊矩阵,所以不难验证向量的线性运算满足以下规律:

(i) $\boldsymbol{\alpha}+\boldsymbol{\beta}=\boldsymbol{\beta}+\boldsymbol{\alpha}$

(ii) $\boldsymbol{\alpha}+(\boldsymbol{\beta}+\boldsymbol{\gamma})=(\boldsymbol{\alpha}+\boldsymbol{\beta})+\boldsymbol{\gamma}$

(iii) $k(\boldsymbol{\alpha}+\boldsymbol{\beta})=k\boldsymbol{\alpha}+k\boldsymbol{\beta}$

(iv) $(k+l)\boldsymbol{\alpha}=k\boldsymbol{\alpha}+l\boldsymbol{\alpha}$

(v) $k(l\boldsymbol{\alpha})=(kl)\boldsymbol{\alpha}$

(vi) $1\cdot\boldsymbol{\alpha}=\boldsymbol{\alpha}$

(vii) $\boldsymbol{\alpha}+\boldsymbol{0}=\boldsymbol{\alpha}$

(viii) $\boldsymbol{\alpha}+(-\boldsymbol{\alpha})=\boldsymbol{0}$

其中,$\boldsymbol{\alpha},\boldsymbol{\beta}$ 是向量,k,l 是数.

例 1 设 $3(\boldsymbol{\alpha}_1-\boldsymbol{\alpha})+2(\boldsymbol{\alpha}_2+\boldsymbol{\alpha})=5(\boldsymbol{\alpha}_3+\boldsymbol{\alpha})$,其中 $\boldsymbol{\alpha}_1=(2,5,1)^{\mathrm{T}}$,$\boldsymbol{\alpha}_2=(10,1,5)^{\mathrm{T}}$,$\boldsymbol{\alpha}_3=(4,1,-1)^{\mathrm{T}}$,求向量 $\boldsymbol{\alpha}$.

解 因为 $3(\boldsymbol{\alpha}_1-\boldsymbol{\alpha})+2(\boldsymbol{\alpha}_2+\boldsymbol{\alpha})=5(\boldsymbol{\alpha}_3+\boldsymbol{\alpha})$,所以 $\boldsymbol{\alpha}=\dfrac{1}{2}\boldsymbol{\alpha}_1+\dfrac{1}{3}\boldsymbol{\alpha}_2-\dfrac{5}{6}\boldsymbol{\alpha}_3$,即

$$\boldsymbol{\alpha}=\frac{1}{2}(2,5,1)^{\mathrm{T}}+\frac{1}{3}(10,1,5)^{\mathrm{T}}-\frac{5}{6}(4,1,-1)^{\mathrm{T}}=(1,2,3)^{\mathrm{T}}$$

设矩阵 $\boldsymbol{A}_{m\times n}=(\boldsymbol{\alpha}_1,\boldsymbol{\alpha}_2,\cdots,\boldsymbol{\alpha}_n)$,其中 $\boldsymbol{\alpha}_i=\begin{pmatrix}a_{1i}\\a_{2i}\\\vdots\\a_{mi}\end{pmatrix}$ $(i=1,2,\cdots,n)$ 为矩阵 $\boldsymbol{A}$ 的第 i 列,

$\boldsymbol{x}=\begin{pmatrix}x_1\\x_2\\\vdots\\x_n\end{pmatrix}$.那么线性方程组 $\boldsymbol{Ax}=\boldsymbol{b}$ 的向量形式为

$$x_1\boldsymbol{\alpha}_1+x_2\boldsymbol{\alpha}_2+\cdots+x_n\boldsymbol{\alpha}_n=\boldsymbol{b}$$

齐次线性方程组 $\boldsymbol{Ax}=\boldsymbol{0}$ 的向量形式为

$$x_1\boldsymbol{\alpha}_1+x_2\boldsymbol{\alpha}_2+\cdots+x_n\boldsymbol{\alpha}_n=\boldsymbol{0}$$

线性方程组的向量形式对接下来要讨论的向量组的线性关系非常重要,希望读者熟悉这种形式,以便于后面的学习.

4.2.3 向量组的线性组合

定义 2 若干个同维的列向量(或行向量)所组成的集合称为向量组.

例如,一个 $m\times n$ 矩阵

$$\boldsymbol{A}=\begin{pmatrix}a_{11}&a_{12}&\cdots&a_{1n}\\a_{21}&a_{22}&\cdots&a_{2n}\\\vdots&\vdots& &\vdots\\a_{m1}&a_{m2}&\cdots&a_{mn}\end{pmatrix}$$

的每一列 $\boldsymbol{\alpha}_i = \begin{pmatrix} a_{1j} \\ a_{2j} \\ \vdots \\ a_{mj} \end{pmatrix}$ $(j=1,2,\cdots n)$ 均为 m 维列向量,其组成的向量组 $\boldsymbol{\alpha}_1,\boldsymbol{\alpha}_2,\cdots,\boldsymbol{\alpha}_n$ 称为

矩阵 A 的列向量组,而矩阵 A 的每一行

$$\boldsymbol{\beta}_i^{\mathrm{T}} = (a_{i1}, a_{i2}, \cdots, a_{in}) \quad (i=1,2,\cdots,m)$$

均为 n 维行向量,其组成的向量组 $\boldsymbol{\beta}_1^{\mathrm{T}}, \boldsymbol{\beta}_2^{\mathrm{T}}, \cdots, \boldsymbol{\beta}_m^{\mathrm{T}}$ 称为矩阵 A 的行向量组.

根据上述讨论,矩阵 A 可记为

$$A = (\boldsymbol{\alpha}_1, \boldsymbol{\alpha}_2, \cdots, \boldsymbol{\alpha}_n) \quad \text{或} \quad A = \begin{pmatrix} \boldsymbol{\beta}_1^{\mathrm{T}} \\ \boldsymbol{\beta}_2^{\mathrm{T}} \\ \vdots \\ \boldsymbol{\beta}_m^{\mathrm{T}} \end{pmatrix}$$

这说明由有限个向量所组成的向量组可以构成一个矩阵. 这样,矩阵 A 就与其列向量组或行向量组之间建立了一一对应关系.

定义 3 给定向量组 $A:\boldsymbol{\alpha}_1,\boldsymbol{\alpha}_2,\cdots,\boldsymbol{\alpha}_n$,对于任何一组实数 $k_1,k_2,\cdots,k_n$,表达式为

$$k_1\boldsymbol{\alpha}_1 + k_2\boldsymbol{\alpha}_2 + \cdots + k_n\boldsymbol{\alpha}_n$$

称为向量组 A 的一个线性组合,$k_1,k_2,\cdots,k_n$ 称为这个线性组合的系数.

定义 4 给定向量组 $A:\boldsymbol{\alpha}_1,\boldsymbol{\alpha}_2,\cdots,\boldsymbol{\alpha}_n$ 和向量 $\boldsymbol{b}$,若存在一组数 $k_1,k_2,\cdots,k_n$ 使

$$\boldsymbol{b} = k_1\boldsymbol{\alpha}_1 + k_2\boldsymbol{\alpha}_2 + \cdots + k_n\boldsymbol{\alpha}_n$$

则称向量 $\boldsymbol{b}$ 是向量组 A 的线性组合,又称向量 $\boldsymbol{b}$ 能由向量组 A 线性表示或线性表出.

例如,由向量 $\boldsymbol{b} = (3,5,-2)^{\mathrm{T}}$ 和向量组 $A: \boldsymbol{a}_1 = (1,0,0)^{\mathrm{T}}, \boldsymbol{a}_2 = (0,-1,0)^{\mathrm{T}}, \boldsymbol{a}_3 = (0,0,2)^{\mathrm{T}}$ 可得,$\boldsymbol{b} = 3\boldsymbol{a}_1 - 5\boldsymbol{a}_2 - \boldsymbol{a}_3$,故向量 $\boldsymbol{b}$ 是向量组 $\boldsymbol{a}_1, \boldsymbol{a}_2, \boldsymbol{a}_3$ 的线性组合,线性组合的系数分别是 $3, -5, -1$.

显然,零向量可被任一与其同维数的向量组 $A:\boldsymbol{\alpha}_1,\boldsymbol{\alpha}_2,\cdots,\boldsymbol{\alpha}_n$ 线性表示. 这是因为至少有一组系数 $0,0,\cdots,0$,使得

$$\boldsymbol{0} = 0 \cdot \boldsymbol{\alpha}_1 + 0 \cdot \boldsymbol{\alpha}_2 + \cdots + 0 \cdot \boldsymbol{\alpha}_n$$

n 维向量组 $\boldsymbol{e}_1 = (1,0,\cdots,0)^{\mathrm{T}}, \boldsymbol{e}_2 = (0,1,\cdots,0)^{\mathrm{T}}, \cdots, \boldsymbol{e}_n = (0,0,\cdots,1)^{\mathrm{T}}$ 称为 n 维单位坐标向量组. 显然任一 n 维向量 $\boldsymbol{a} = (a_1,a_2,\cdots,a_n)^{\mathrm{T}}$ 是 n 维单位坐标向量组的线性组合,这是因为 $\boldsymbol{a} = a_1\boldsymbol{e}_1 + a_2\boldsymbol{e}_2 + \cdots + a_n\boldsymbol{e}_n$.

向量组 $A:\boldsymbol{\alpha}_1,\boldsymbol{\alpha}_2,\cdots,\boldsymbol{\alpha}_n$ 中任何一个向量 $\boldsymbol{\alpha}_i$ 是这个向量组的线性组合,这是因为

$$\boldsymbol{\alpha}_i = 0 \cdot \boldsymbol{\alpha}_1 + \cdots + 0 \cdot \boldsymbol{\alpha}_{i-1} + 1 \cdot \boldsymbol{\alpha}_i + 0 \cdot \boldsymbol{\alpha}_{i+1} + \cdots + 0 \cdot \boldsymbol{\alpha}_n$$

根据定义 4,向量 $\boldsymbol{b}$ 能由向量组 $A:\boldsymbol{\alpha}_1,\boldsymbol{\alpha}_2,\cdots,\boldsymbol{\alpha}_n$ 线性表示,即存在一组数 $k_1,k_2,\cdots,k_n$,使得 $k_1\boldsymbol{\alpha}_1 + k_2\boldsymbol{\alpha}_2 + \cdots + k_n\boldsymbol{\alpha}_n = \boldsymbol{b}$,这等价于线性方程组 $x_1\boldsymbol{\alpha}_1 + x_2\boldsymbol{\alpha}_2 + \cdots + x_n\boldsymbol{\alpha}_n = \boldsymbol{b}$ 有解,且该线性方程组的解就是线性表示的系数 $k_1,k_2,\cdots,k_n$. 因此,由线性方程组有解的充分必要条件,可得:

定理 1 向量 $\boldsymbol{b}$ 能由向量组 $A:\boldsymbol{\alpha}_1,\boldsymbol{\alpha}_2,\cdots,\boldsymbol{\alpha}_n$ 线性表示的充分必要条件是矩阵 $A = (\boldsymbol{\alpha}_1,\boldsymbol{\alpha}_2,\cdots,\boldsymbol{\alpha}_n)$ 的秩等于矩阵 $B = (\boldsymbol{\alpha}_1,\boldsymbol{\alpha}_2,\cdots,\boldsymbol{\alpha}_n,\boldsymbol{b})$ 的秩.

例 2 证明:向量 $\boldsymbol{b} = (8,-2,5,-9)^{\mathrm{T}}$ 能由向量组 $\boldsymbol{\alpha}_1 = (3,1,1,1)^{\mathrm{T}}, \boldsymbol{\alpha}_2 = (-1,1,-1,3)^{\mathrm{T}}, \boldsymbol{\alpha}_3 = (1,3,-1,7)^{\mathrm{T}}$ 线性表示,并写出它的一种表示方式.

证 由定理 1，对向量组 $\boldsymbol{\alpha}_1,\boldsymbol{\alpha}_2,\boldsymbol{\alpha}_3,\boldsymbol{b}$ 构成的矩阵 $\boldsymbol{B}$ 进行初等行变换.

$$\boldsymbol{B}=(\boldsymbol{\alpha}_1,\boldsymbol{\alpha}_2,\boldsymbol{\alpha}_3,\boldsymbol{b})=\begin{pmatrix} 3 & -1 & 1 & 8 \\ 1 & 1 & 3 & \Sigma \\ 1 & -1 & -1 & 5 \\ 1 & 3 & 7 & -9 \end{pmatrix}\xrightarrow{r_1\leftrightarrow r_2}\begin{pmatrix} 1 & 1 & 3 & -2 \\ 3 & -1 & 1 & 8 \\ 1 & -1 & -1 & 5 \\ 1 & 3 & 7 & -9 \end{pmatrix}$$

$$\xrightarrow[\substack{r_3-r_1 \\ r_4-r_1}]{r_2-3r_1}\begin{pmatrix} 1 & 1 & 3 & -2 \\ 0 & -4 & -8 & 14 \\ 0 & -2 & -4 & 7 \\ 0 & 2 & 4 & -7 \end{pmatrix}\xrightarrow[\substack{r_4+\frac{1}{2}r_2}]{r_3-\frac{1}{2}r_2}\begin{pmatrix} 1 & 1 & 3 & -2 \\ 0 & -4 & -8 & 14 \\ 0 & 0 & 0 & 0 \\ 0 & 0 & 0 & 0 \end{pmatrix}\xrightarrow[\substack{r_1-r_2}]{r_2\times\left(-\frac{1}{4}\right)}\begin{pmatrix} 1 & 0 & 1 & \dfrac{3}{2} \\ 0 & 1 & 2 & -\dfrac{7}{2} \\ 0 & 0 & 0 & 0 \\ 0 & 0 & 0 & 0 \end{pmatrix}$$

显然 $R(\boldsymbol{\alpha}_1,\boldsymbol{\alpha}_2,\boldsymbol{\alpha}_3)=R(\boldsymbol{\alpha}_1,\boldsymbol{\alpha}_2,\boldsymbol{\alpha}_3,\boldsymbol{b})$，故向量 $\boldsymbol{b}$ 能由向量组 $\boldsymbol{\alpha}_1,\boldsymbol{\alpha}_2,\boldsymbol{\alpha}_3$ 线性表示.

以 $A=(\boldsymbol{\alpha}_1,\boldsymbol{\alpha}_2,\boldsymbol{\alpha}_3)$ 为系数矩阵，以 $\boldsymbol{B}=(\boldsymbol{\alpha}_1,\boldsymbol{\alpha}_2,\boldsymbol{\alpha}_3,\boldsymbol{b})$ 为增广矩阵的非齐次线性方程组 $\boldsymbol{Ax}=\boldsymbol{b}$ 的一个解为

$$(x_1,x_2,x_3)^{\mathrm{T}}=\left(\frac{3}{2},-\frac{7}{2},0\right)^{\mathrm{T}}$$

可得向量 $\boldsymbol{b}$ 由向量组 $\boldsymbol{\alpha}_1,\boldsymbol{\alpha}_2,\boldsymbol{\alpha}_3$ 的一个线性表示：$\boldsymbol{b}=\dfrac{3}{2}\cdot\boldsymbol{\alpha}_1-\dfrac{7}{2}\cdot\boldsymbol{\alpha}_2+0\cdot\boldsymbol{\alpha}_3$.

注 事实上，线性方程组 $x_1\boldsymbol{\alpha}_1+x_2\boldsymbol{\alpha}_2+x_3\boldsymbol{\alpha}_3=\boldsymbol{b}$ 的任意一个解都是向量 $\boldsymbol{b}$ 由向量组 $\boldsymbol{\alpha}_1,\boldsymbol{\alpha}_2,\boldsymbol{\alpha}_3$ 线性表示的一组表示系数. 故线性方程组 $x_1\boldsymbol{\alpha}_1+x_2\boldsymbol{\alpha}_2+x_3\boldsymbol{\alpha}_3=\boldsymbol{b}$ 的解不唯一时，$\boldsymbol{b}$ 由向量组 $\boldsymbol{\alpha}_1,\boldsymbol{\alpha}_2,\boldsymbol{\alpha}_3$ 线性表示的表示法也不唯一.

4.2.4 向量组的等价

定义 5 设有两向量组 $A:\boldsymbol{\alpha}_1,\boldsymbol{\alpha}_2,\cdots,\boldsymbol{\alpha}_s,B:\boldsymbol{\beta}_1,\boldsymbol{\beta}_2,\cdots,\boldsymbol{\beta}_t$，若向量组 B 中的每一个向量都能由向量组 A 线性表示，则称向量组 B 能由向量组 A 线性表示. 若向量组 A 与向量组 B 能互相线性表示，则称这两个向量组等价.

按定义，若向量组 B 能由向量组 A 线性表示，则对 B 中任一向量 $\boldsymbol{\beta}_j$，存在一组数：$k_{1j},k_{2j},\cdots,k_{sj}$，使

$$\boldsymbol{\beta}_j=k_{1j}\boldsymbol{\alpha}_1+k_{2j}\boldsymbol{\alpha}_2+\cdots+k_{sj}\boldsymbol{\alpha}_s=(\boldsymbol{\alpha}_1,\boldsymbol{\alpha}_2,\cdots,\boldsymbol{\alpha}_s)\begin{pmatrix} k_{1j} \\ k_{2j} \\ \vdots \\ k_{sj} \end{pmatrix}\quad(j=1,2,\cdots,t)$$

记 $A=(\boldsymbol{\alpha}_1,\boldsymbol{\alpha}_2,\cdots,\boldsymbol{\alpha}_s),B=(\boldsymbol{\beta}_1,\boldsymbol{\beta}_2,\cdots,\boldsymbol{\beta}_t)$，则

$$\boldsymbol{B}=(\boldsymbol{\beta}_1,\boldsymbol{\beta}_2,\cdots,\boldsymbol{\beta}_t)=(\boldsymbol{\alpha}_1,\boldsymbol{\alpha}_2,\cdots,\boldsymbol{\alpha}_s)\begin{pmatrix} k_{11} & k_{12} & \cdots & k_{1t} \\ k_{21} & k_{22} & \cdots & k_{2t} \\ \vdots & \vdots & & \vdots \\ k_{s1} & k_{s2} & \cdots & k_{st} \end{pmatrix}=\boldsymbol{AK}$$

其中矩阵 $\boldsymbol{K}_{s\times t}=(k_{ij})_{s\times t}$ 称为向量组 B 由向量组 A 线性表示的系数矩阵.

由上面的分析，可以得到如下结论：

定理 2 若有两个向量组 $A:\boldsymbol{\alpha}_1,\boldsymbol{\alpha}_2,\cdots,\boldsymbol{\alpha}_s,B:\boldsymbol{\beta}_1,\boldsymbol{\beta}_2,\cdots,\boldsymbol{\beta}_t$，则向量组 B 能由向量组 A 线性表示的充分必要条件是矩阵方程 $\boldsymbol{B}=\boldsymbol{AX}$ 有解，其中矩阵

$$\boldsymbol{A}=(\boldsymbol{\alpha}_1,\boldsymbol{\alpha}_2,\cdots,\boldsymbol{\alpha}_s)\quad \boldsymbol{B}=(\boldsymbol{\beta}_1,\boldsymbol{\beta}_2,\cdots,\boldsymbol{\beta}_t)$$

注 若已知 $\boldsymbol{B}=\boldsymbol{A}_{s\times t}\boldsymbol{K}_{t\times n}$，则矩阵 $\boldsymbol{B}$ 的列向量组能由矩阵 $\boldsymbol{A}$ 的列向量组线性表示，$\boldsymbol{K}$ 为这一表示的系数矩阵。又因为 $\boldsymbol{B}^{\mathrm{T}}=\boldsymbol{K}^{\mathrm{T}}\boldsymbol{A}^{\mathrm{T}}$，所以矩阵 $\boldsymbol{B}^{\mathrm{T}}$ 的列向量组能由矩阵 $\boldsymbol{K}^{\mathrm{T}}$ 的列向量组线性表示，$\boldsymbol{A}^{\mathrm{T}}$ 为这一表示的系数矩阵，即矩阵 $\boldsymbol{B}$ 的行向量组能由 $\boldsymbol{K}$ 的行向量组线性表示，$\boldsymbol{A}$ 为这一表示的系数矩阵。

定理 3 设有两向量组 $A:\boldsymbol{\alpha}_1,\boldsymbol{\alpha}_2,\cdots,\boldsymbol{\alpha}_s,B:\boldsymbol{\beta}_1,\boldsymbol{\beta}_2,\cdots,\boldsymbol{\beta}_t$，则向量组 B 能由 A 线性表示的充分必要条件是 $R(\boldsymbol{A})=R(\boldsymbol{A},\boldsymbol{B})$，其中 $\boldsymbol{A}=(\boldsymbol{\alpha}_1,\boldsymbol{\alpha}_2,\cdots,\boldsymbol{\alpha}_s),\boldsymbol{B}=(\boldsymbol{\beta}_1,\boldsymbol{\beta}_2,\cdots,\boldsymbol{\beta}_t)$。

证 必要性。若向量组 B 能由向量组 A 线性表示，则存在一组数 $k_{1j},k_{2j},\cdots,k_{sj}\ (j=1,2,\cdots,t)$，使得

$$\boldsymbol{\beta}_j=k_{1j}\boldsymbol{\alpha}_1+k_{2j}\boldsymbol{\alpha}_2+\cdots+k_{sj}\boldsymbol{\alpha}_s$$

令矩阵 $\boldsymbol{A}=(\boldsymbol{\alpha}_1,\boldsymbol{\alpha}_2,\cdots,\boldsymbol{\alpha}_s),\boldsymbol{B}=(\boldsymbol{\beta}_1,\boldsymbol{\beta}_2,\cdots,\boldsymbol{\beta}_t)$，对分块矩阵 $(\boldsymbol{A},\boldsymbol{B})$ 做初等列变换，有

$$(\boldsymbol{A},\boldsymbol{B})\xrightarrow[\substack{(j=1,2,\cdots,t)}]{c_{s+j}-k_{1j}c_1-k_{2j}c_2-\cdots-k_{sj}c_s}(\boldsymbol{A},\boldsymbol{O})$$

所以 $R(\boldsymbol{A},\boldsymbol{B})=R(\boldsymbol{A},\boldsymbol{O})=R(\boldsymbol{A})$。

充分性。若 $R(\boldsymbol{A})=R(\boldsymbol{A},\boldsymbol{B})$，则由 $R(\boldsymbol{A})\leqslant R(\boldsymbol{A},\boldsymbol{\beta}_j)\leqslant R(\boldsymbol{A},\boldsymbol{B})\ (j=1,2,\cdots t)$，有 $R(\boldsymbol{A})=R(\boldsymbol{A},\boldsymbol{\beta}_j)$，所以 $\boldsymbol{\beta}_j\ (j=1,2,\cdots,t)$ 可由向量组 A 线性表示，即向量组 B 可由向量组 A 线性表示。

推论 1 向量组 $A:\boldsymbol{\alpha}_1,\boldsymbol{\alpha}_2,\cdots,\boldsymbol{\alpha}_s$ 与向量组 $B:\boldsymbol{\beta}_1,\boldsymbol{\beta}_2,\cdots,\boldsymbol{\beta}_t$ 等价的充分必要条件是 $R(\boldsymbol{A})=R(\boldsymbol{B})=R(\boldsymbol{A},\boldsymbol{B})$，其中 $\boldsymbol{A}=(\boldsymbol{\alpha}_1,\boldsymbol{\alpha}_2,\cdots,\boldsymbol{\alpha}_s),\boldsymbol{B}=(\boldsymbol{\beta}_1,\boldsymbol{\beta}_2,\cdots,\boldsymbol{\beta}_t)$。

显然，向量组的等价具有自反性、对称性和传递性。

习 题 4-2

1. 设四维向量 $\boldsymbol{\alpha}=(3,-1,1,2)^T,\boldsymbol{\beta}=(3,1,-1,4)^T$，若向量 $\boldsymbol{\gamma}$ 满足 $\boldsymbol{\alpha}-2\boldsymbol{\gamma}=3\boldsymbol{\beta}$，则 $\boldsymbol{\gamma}=$ _____.

2. 设 $\boldsymbol{\beta}$ 可由向量 $\boldsymbol{\alpha}_1=(1,0,0),\boldsymbol{\alpha}_2=(0,0,1)$ 线性表示，则下列向量中 $\boldsymbol{\beta}$ 只能是（　　）.

A. $(2,1,1)$ B. $(-3,0,2)$ C. $(1,1,0)$ D. $(0,1,0)$

3. 已知 $\boldsymbol{B}=\boldsymbol{AC}$，则下列结论不正确的是（　　）.

A. 矩阵 $\boldsymbol{B}$ 的列向量组能由矩阵 $\boldsymbol{A}$ 的列向量组线性表示

B. 矩阵 $\boldsymbol{A}$ 的列向量组能由矩阵 $\boldsymbol{B}$ 的列向量组线性表示

C. 矩阵 $\boldsymbol{B}$ 的行向量组能由 $\boldsymbol{C}$ 的行向量组线性表示

D. $R(\boldsymbol{A})\geqslant R(\boldsymbol{B})$

4. 已知向量 $\boldsymbol{\alpha}=(2,0,-1,3)^T,\boldsymbol{\beta}=(1,7,4,-2)^T,\boldsymbol{\gamma}=(0,1,0,1)^T$.

(1) 求 $2\boldsymbol{\alpha}+\boldsymbol{\beta}-3\boldsymbol{\gamma}$；

(2) 若向量 $\boldsymbol{x}$ 满足 $3\boldsymbol{\alpha}-\boldsymbol{\beta}+5\boldsymbol{\gamma}+2\boldsymbol{x}=\boldsymbol{0}$，求 $\boldsymbol{x}$.

5. 证明:向量 $\boldsymbol{\beta}=(-1,1,5)$ 是向量 $\boldsymbol{\alpha}_1=(1,2,3),\boldsymbol{\alpha}_2=(0,1,4),\boldsymbol{\alpha}_3=(2,3,6)$ 的线性组合,并求出这个线性组合的表示系数.

6. 证明:向量 $(4,5,5)^{\mathrm{T}}$ 可以用多种方式表示成向量 $(1,2,3)^{\mathrm{T}},(-1,1,4)^{\mathrm{T}}$ 及 $(3,3,2)^{\mathrm{T}}$ 的线性组合.

7. 判断向量 $\boldsymbol{\beta}_1=(4,3,-1,11)^{\mathrm{T}}$ 与 $\boldsymbol{\beta}_2=(4,3,0,11)^{\mathrm{T}}$ 是否都为向量组 $\boldsymbol{\alpha}_1=(1,2,-1,5)^{\mathrm{T}},\boldsymbol{\alpha}_1=(1,2,-1,5)^{\mathrm{T}},\boldsymbol{\alpha}_2=(2,-1,1,1)^{\mathrm{T}}$ 的线性组合. 若是,写出表示式.

8. 若 $\boldsymbol{\beta}=(7,-2,\lambda)^{\mathrm{T}},\boldsymbol{\alpha}_1=(2,3,5)^{\mathrm{T}},\boldsymbol{\alpha}_2=(3,7,8)^{\mathrm{T}},\boldsymbol{\alpha}_3=(1,-1,1)^{\mathrm{T}}$,且 $\boldsymbol{\beta}$ 可由向量组 $\boldsymbol{\alpha}_1,\boldsymbol{\alpha}_2,\boldsymbol{\alpha}_3$ 线性表示,求 λ.

9. 设有向量 $\boldsymbol{\alpha}_1=(1,1,0)^{\mathrm{T}},\boldsymbol{\alpha}_2=(5,3,2)^{\mathrm{T}},\boldsymbol{\alpha}_3=(1,3,-1)^{\mathrm{T}},\boldsymbol{\alpha}_4=(-2,2,-3)^{\mathrm{T}},\boldsymbol{A}$ 是三阶矩阵,且有 $\boldsymbol{A}\boldsymbol{\alpha}_1=\boldsymbol{\alpha}_2,\boldsymbol{A}\boldsymbol{\alpha}_2=\boldsymbol{\alpha}_3,\boldsymbol{A}\boldsymbol{\alpha}_3=\boldsymbol{\alpha}_4$,试求 $\boldsymbol{A}\boldsymbol{\alpha}_4$.

4.3 向量组的线性相关性

4.3.1 向量组的线性相关性的概念

齐次线性方程组 $\boldsymbol{A}\boldsymbol{x}=\boldsymbol{0}$ 的向量形式为
$$x_1\boldsymbol{\alpha}_1+x_2\boldsymbol{\alpha}_2+\cdots+x_n\boldsymbol{\alpha}_n=\boldsymbol{0}$$
其中,$\boldsymbol{\alpha}_1,\boldsymbol{\alpha}_2,\cdots,\boldsymbol{\alpha}_n$ 为矩阵 $\boldsymbol{A}$ 的列向量组。

若齐次线性方程组 $\boldsymbol{A}\boldsymbol{x}=\boldsymbol{0}$ 只有零解,则当且仅当 $x_1=x_2=\cdots=x_n=0$ 时,
$$x_1\boldsymbol{\alpha}_1+x_2\boldsymbol{\alpha}_2+\cdots+x_n\boldsymbol{\alpha}_n=\boldsymbol{0}$$
成立.

若齐次线性方程组 $\boldsymbol{A}\boldsymbol{x}=\boldsymbol{0}$ 有非零解,则存在一组不全为零的数 $k_1,k_2,\cdots,k_n$,使得
$$k_1\boldsymbol{\alpha}_1+k_2\boldsymbol{\alpha}_2+\cdots+k_n\boldsymbol{\alpha}_n=\boldsymbol{0}$$
上面两种不同的情况反映了一个向量组重要的线性关系,即向量组的线性相关性.

定义 1 设有向量组 $A:\boldsymbol{\alpha}_1,\boldsymbol{\alpha}_2,\cdots,\boldsymbol{\alpha}_n$,如果存在不全为零的数 $k_1,k_2,\cdots,k_n$,使
$$k_1\boldsymbol{\alpha}_1+k_2\boldsymbol{\alpha}_2+\cdots+k_n\boldsymbol{\alpha}_n=\boldsymbol{0}$$
成立,则称向量组 $A:\boldsymbol{\alpha}_1,\boldsymbol{\alpha}_2,\cdots,\boldsymbol{\alpha}_n$ 线性相关,否则称向量组线性无关.

注 定义中的"否则"应理解为:当且仅当 $k_1=k_2=\cdots=k_n=0$ 时,关系式
$$k_1\boldsymbol{\alpha}_1+k_2\boldsymbol{\alpha}_2+\cdots+k_n\boldsymbol{\alpha}_n=\boldsymbol{0}$$
成立,则向量组 $A:\boldsymbol{\alpha}_1,\boldsymbol{\alpha}_2,\cdots,\boldsymbol{\alpha}_n$ 线性无关.

如向量组 $\boldsymbol{\alpha}_1=(1,-2)^{\mathrm{T}},\boldsymbol{\alpha}_2=(-3,6)^{\mathrm{T}}$,存在 $k_1=3,k_2=1$ 使得 $k_1\boldsymbol{\alpha}_1+k_2\boldsymbol{\alpha}_2=\boldsymbol{0}$ 成立,故向量组 $\boldsymbol{\alpha}_1,\boldsymbol{\alpha}_2$ 线性相关.

又如向量组 $\boldsymbol{\alpha}_1=(1,-2)^{\mathrm{T}},\boldsymbol{\alpha}_2=(0,2)^{\mathrm{T}}$,当且仅当 $k_1=k_2=0$ 时,关系式 $k_1\boldsymbol{\alpha}_1+k_2\boldsymbol{\alpha}_2=\boldsymbol{0}$ 成立,故向量组 $\boldsymbol{\alpha}_1,\boldsymbol{\alpha}_2$ 线性无关.

由定义可得如下结论:

(1) 向量组只含有一个向量 $\boldsymbol{\alpha}$ 时,则

(i) $\boldsymbol{\alpha}$ 线性无关的充分必要条件是 $\boldsymbol{\alpha}\neq\boldsymbol{0}$;

（ii）$\boldsymbol{\alpha}$ 线性相关的充分必要条件是 $\boldsymbol{\alpha} = \boldsymbol{0}$.

（2）仅含两个向量的向量组线性相关的充分必要条件是这两个向量的对应分量成比例；反之，仅含两个向量的向量组线性无关的充分必要条件是这两个向量的对应分量不成比例.

（3）包含零向量的任何向量组是线性相关的.

例 1 n 维单位坐标向量组 $\boldsymbol{e}_1 = (1,0,\cdots,0)^{\mathrm{T}}$，$\boldsymbol{e}_2 = (0,1,\cdots,0)^{\mathrm{T}}$，$\cdots$，$\boldsymbol{e}_n = (0,0,\cdots,1)^{\mathrm{T}}$ 线性无关.

证 设存在一组数 $k_1,k_2,\cdots,k_n$，使得 $k_1\boldsymbol{e}_1 + k_2\boldsymbol{e}_2 + \cdots + k_n\boldsymbol{e}_n = \boldsymbol{0}$，即 $(k_1,k_2,\cdots,k_n)^{\mathrm{T}} = (0,0,\cdots,0)^{\mathrm{T}}$，则 $k_1 = k_2 = \cdots = k_n = 0$. 由定义 1 可得向量组 $\boldsymbol{e}_1,\boldsymbol{e}_2,\cdots,\boldsymbol{e}_n$ 线性无关.

4.3.2 向量组的线性相关性的判定

由定义 1 可知，向量组 $A:\boldsymbol{\alpha}_1,\boldsymbol{\alpha}_2,\cdots,\boldsymbol{\alpha}_n$ 线性相关的充分必要条件是齐次线性方程组 $x_1\boldsymbol{\alpha}_1 + x_2\boldsymbol{\alpha}_2 + \cdots + x_n\boldsymbol{\alpha}_n = \boldsymbol{0}$ 有非零解；线性无关的充分必要条件是齐次线性方程组 $x_1\boldsymbol{\alpha}_1 + x_2\boldsymbol{\alpha}_2 + \cdots + x_n\boldsymbol{\alpha}_n = \boldsymbol{0}$ 只有零解. 由齐次线性方程组解的理论，可以得到如下判断向量组线性相关性的定理.

定理 1 设向量组 $A:\boldsymbol{\alpha}_1,\boldsymbol{\alpha}_2,\cdots,\boldsymbol{\alpha}_n$ 构成的矩阵 $\boldsymbol{A} = (\boldsymbol{\alpha}_1,\boldsymbol{\alpha}_2,\cdots,\boldsymbol{\alpha}_n)$，则向量组 A 线性相关的充分必要条件是矩阵 $\boldsymbol{A}$ 的秩小于向量个数 n，即 $R(\boldsymbol{A}) < n$；向量组 A 线性无关的充分必要条件是 $R(\boldsymbol{A}) = n$.

例 2 设向量组 $\boldsymbol{\alpha}_1,\boldsymbol{\alpha}_2,\boldsymbol{\alpha}_3$ 线性无关，$\boldsymbol{\beta}_1 = \boldsymbol{\alpha}_1 + \boldsymbol{\alpha}_2$，$\boldsymbol{\beta}_2 = \boldsymbol{\alpha}_2 + \boldsymbol{\alpha}_3$，$\boldsymbol{\beta}_3 = \boldsymbol{\alpha}_1 + \boldsymbol{\alpha}_3$，证明：$\boldsymbol{\beta}_1,\boldsymbol{\beta}_2,\boldsymbol{\beta}_3$ 线性无关.

证法一 用定义证明.

设存在一组数 k_1,k_2,k_3，使得 $k_1\boldsymbol{\beta}_1 + k_2\boldsymbol{\beta}_2 + k_3\boldsymbol{\beta}_3 = \boldsymbol{0}$，即

$$k_1(\boldsymbol{\alpha}_1 + \boldsymbol{\alpha}_2) + k_2(\boldsymbol{\alpha}_2 + \boldsymbol{\alpha}_3) + k_3(\boldsymbol{\alpha}_1 + \boldsymbol{\alpha}_3) = \boldsymbol{0}$$

整理后，得

$$(k_1 + k_3)\boldsymbol{\alpha}_1 + (k_1 + k_2)\boldsymbol{\alpha}_2 + (k_2 + k_3)\boldsymbol{\alpha}_3 = \boldsymbol{0}$$

因为 $\boldsymbol{\alpha}_1,\boldsymbol{\alpha}_2,\boldsymbol{\alpha}_3$ 线性无关，所以必有

$$\begin{cases} k_1 + k_3 = 0 \\ k_1 + k_2 = 0 \\ k_2 + k_3 = 0 \end{cases}$$

解方程组，得 $\begin{cases} k_1 = 0, \\ k_2 = 0, \\ k_3 = 0, \end{cases}$ 故 $\boldsymbol{\beta}_1,\boldsymbol{\beta}_2,\boldsymbol{\beta}_3$ 线性无关.

证法二 用定理 1 证明.

$$(\boldsymbol{\beta}_1,\boldsymbol{\beta}_2,\boldsymbol{\beta}_3) = (\boldsymbol{\alpha}_1 + \boldsymbol{\alpha}_2,\boldsymbol{\alpha}_2 + \boldsymbol{\alpha}_3,\boldsymbol{\alpha}_1 + \boldsymbol{\alpha}_3) = (\boldsymbol{\alpha}_1,\boldsymbol{\alpha}_2,\boldsymbol{\alpha}_3)\begin{pmatrix} 1 & 0 & 1 \\ 1 & 1 & 0 \\ 0 & 1 & 1 \end{pmatrix}$$

因为 $\boldsymbol{\alpha}_1,\boldsymbol{\alpha}_2,\boldsymbol{\alpha}_3$ 线性无关,则 $R(\boldsymbol{\alpha}_1,\boldsymbol{\alpha}_2,\boldsymbol{\alpha}_3)=3$,又因为 $\begin{vmatrix} 1 & 0 & 1 \\ 1 & 1 & 0 \\ 0 & 1 & 1 \end{vmatrix}=2\neq 0$,即矩阵

$\begin{pmatrix} 1 & 0 & 1 \\ 1 & 1 & 0 \\ 0 & 1 & 1 \end{pmatrix}$ 可逆,则有 $R(\boldsymbol{\beta}_1,\boldsymbol{\beta}_2,\boldsymbol{\beta}_3)=R(\boldsymbol{\alpha}_1,\boldsymbol{\alpha}_2,\boldsymbol{\alpha}_3)=3$,由定理 1 可知 $\boldsymbol{\beta}_1,\boldsymbol{\beta}_2,\boldsymbol{\beta}_3$ 线性

无关.

例 3 已知 $\boldsymbol{\alpha}_1=(1,-1,0,0)^{\mathrm{T}}$,$\boldsymbol{\alpha}_2=(0,1,1,-1)^{\mathrm{T}}$,$\boldsymbol{\alpha}_3=(-1,3,2,1)^{\mathrm{T}}$,$\boldsymbol{\alpha}_4=(-2,6,4,1)^{\mathrm{T}}$,试讨论向量组 $\boldsymbol{\alpha}_1,\boldsymbol{\alpha}_2,\boldsymbol{\alpha}_3$ 及向量组 $\boldsymbol{\alpha}_1,\boldsymbol{\alpha}_2,\boldsymbol{\alpha}_3,\boldsymbol{\alpha}_4$ 的线性相关性.

解 令矩阵 $\boldsymbol{A}=(\boldsymbol{\alpha}_1,\boldsymbol{\alpha}_2,\boldsymbol{\alpha}_3)$,矩阵 $\boldsymbol{B}=(\boldsymbol{\alpha}_1,\boldsymbol{\alpha}_2,\boldsymbol{\alpha}_3,\boldsymbol{\alpha}_4)$.对矩阵 $\boldsymbol{B}$ 进行初等行变换,将其化为行阶梯形矩阵,即可同时得出矩阵 $\boldsymbol{A}$ 及矩阵 $\boldsymbol{B}$ 的秩.

$$(\boldsymbol{\alpha}_1,\boldsymbol{\alpha}_2,\boldsymbol{\alpha}_3,\boldsymbol{\alpha}_4)=\begin{pmatrix} 1 & 0 & -1 & -2 \\ -1 & 1 & 3 & 6 \\ 0 & 1 & 2 & 4 \\ 0 & -1 & 1 & 1 \end{pmatrix}\rightarrow\begin{pmatrix} 1 & 0 & -1 & -2 \\ 0 & 1 & 2 & 4 \\ 0 & 0 & 3 & 5 \\ 0 & 0 & 0 & 0 \end{pmatrix}$$

所以 $R(\boldsymbol{A})=3,R(\boldsymbol{B})=3<4$.故 $\boldsymbol{\alpha}_1,\boldsymbol{\alpha}_2,\boldsymbol{\alpha}_3$ 线性无关,$\boldsymbol{\alpha}_1,\boldsymbol{\alpha}_2,\boldsymbol{\alpha}_3,\boldsymbol{\alpha}_4$ 线性相关.

推论 1 当向量组所含向量个数等于向量的维数时,向量组线性相关的充要条件是该向量组构成的矩阵 $\boldsymbol{A}$ 的行列式 $|\boldsymbol{A}|=0$;向量组线性无关的充要条件是 $|\boldsymbol{A}|\neq 0$.

推论 2 当向量组所含向量个数大于向量的维数时,向量组一定线性相关.

例 4 判断下列向量组的线性相关性.

(1) $\boldsymbol{\alpha}_1=(3,-1,2)^{\mathrm{T}}$,$\boldsymbol{\alpha}_2=(1,5,-7)^{\mathrm{T}}$,$\boldsymbol{\alpha}_3=(7,-13,20)^{\mathrm{T}}$

(2) $\boldsymbol{\alpha}_1=(1,1,1,1)^{\mathrm{T}}$,$\boldsymbol{\alpha}_2=(1,2,4,8)^{\mathrm{T}}$,$\boldsymbol{\alpha}_3=(1,3,9,27)^{\mathrm{T}}$,$\boldsymbol{\alpha}_4=(1,4,16,64)^{\mathrm{T}}$

(3) $\boldsymbol{\alpha}_1=(1,2,3)^{\mathrm{T}}$,$\boldsymbol{\alpha}_2=(1,4,9)^{\mathrm{T}}$,$\boldsymbol{\alpha}_3=(1,8,27)^{\mathrm{T}}$,$\boldsymbol{\alpha}_4=(1,16,81)^{\mathrm{T}}$

解 (1) 方法一

令 $\boldsymbol{A}=(\boldsymbol{\alpha}_1,\boldsymbol{\alpha}_2,\boldsymbol{\alpha}_3)=\begin{pmatrix} 3 & 1 & 7 \\ -1 & 5 & -13 \\ 2 & -7 & 20 \end{pmatrix}$,对 $\boldsymbol{A}$ 进行初等行变换化为行阶梯形矩阵

$$\boldsymbol{A}=\begin{pmatrix} 3 & 1 & 7 \\ -1 & 5 & -13 \\ 2 & -7 & 20 \end{pmatrix}\rightarrow\begin{pmatrix} -1 & 5 & -13 \\ 0 & 1 & -2 \\ 0 & 0 & 0 \end{pmatrix}$$

因为 $R(\boldsymbol{A})=2<3$,所以向量组 $\boldsymbol{\alpha}_1,\boldsymbol{\alpha}_2,\boldsymbol{\alpha}_3$ 线性相关.

方法二

令 $\boldsymbol{A}=(\boldsymbol{\alpha}_1,\boldsymbol{\alpha}_2,\boldsymbol{\alpha}_3)=\begin{pmatrix} 3 & 1 & 7 \\ -1 & 5 & -13 \\ 2 & -7 & 20 \end{pmatrix}$,计算 $\boldsymbol{A}$ 的行列式,得

$$|A| = \begin{vmatrix} 3 & 1 & 7 \\ -1 & 5 & -13 \\ 2 & -7 & 20 \end{vmatrix} = 0$$

所以向量组 $\alpha_1, \alpha_2, \alpha_3$ 线性相关.

(2) 令 $A = (\alpha_1, \alpha_2, \alpha_3, \alpha_4) = \begin{pmatrix} 1 & 1 & 1 & 1 \\ 1 & 2 & 3 & 4 \\ 1 & 4 & 9 & 16 \\ 1 & 8 & 27 & 64 \end{pmatrix}$，则 $|A| = \begin{vmatrix} 1 & 1 & 1 & 1 \\ 1 & 2 & 3 & 4 \\ 1 & 4 & 9 & 16 \\ 1 & 8 & 27 & 64 \end{vmatrix}$.

此行列式为范德蒙德行列式，可以得到

$$|A| = \prod_{1 \leqslant i < j \leqslant 4} (j - i) = 12 \neq 0$$

由推论 1 可知向量组 $\alpha_1, \alpha_2, \alpha_3, \alpha_4$ 线性无关.

(3) 由推论 2，由于向量组的向量维数是 3，向量组所含向量个数是 4，所以向量组 $\alpha_1, \alpha_2, \alpha_3, \alpha_4$ 线性相关.

4.3.3　向量组的线性相关性的若干定理

关于向量组的线性相关性，还有一些方便实用的判定方法.

定理 2　向量组 $\alpha_1, \alpha_2, \cdots, \alpha_n$ $(n \geqslant 2)$ 线性相关的充分必要条件是向量组中至少有一个向量可由其余 $n-1$ 个向量线性表示.

证　必要性. 因为 $\alpha_1, \alpha_2, \cdots, \alpha_n$ $(n \geqslant 2)$ 线性相关，所以存在不全为 0 的 n 个常数 $k_1, k_2, \cdots, k_n$ 使得 $k_1\alpha_1 + k_2\alpha_2 + \cdots + k_n\alpha_n = \mathbf{0}$. 不妨设 $k_1 \neq 0$，则

$$\alpha_1 = -\frac{k_2}{k_1}\alpha_2 - \cdots - \frac{k_n}{k_1}\alpha_n$$

即 α_1 可以由 $\alpha_2, \alpha_3, \cdots, \alpha_n$ 线性表示.

充分性. 不妨设 α_1 可以由 $\alpha_2, \alpha_3, \cdots, \alpha_n$ 线性表示，即存在 $n-1$ 个常数 $k_2, k_3, \cdots, k_n$，使得 $\alpha_1 = k_2\alpha_2 + \cdots + k_n\alpha_n$，即 $\alpha_1 - k_2\alpha_2 - \cdots - k_n\alpha_n = 0$，在组合系数 $1, -k_2, \cdots, -k_n$ 中至少有一个数不为零，所以向量组 $\alpha_1, \alpha_2, \cdots, \alpha_n$ $(n \geqslant 2)$ 线性相关.

注　定理的结论是其中至少存在一个向量可以由其余向量线性表示，并不是说每个向量都可以由其余向量线性表示. 例如，向量组 $\alpha_1 = (1,2,3)^{\mathrm{T}}$，$\alpha_2 = (2,4,6)^{\mathrm{T}}$，$\alpha_3 = (2,4,5)^{\mathrm{T}}$ 线性相关，其中 $\alpha_1 = \frac{1}{2}\alpha_2 + 0 \cdot \alpha_3$，$\alpha_2 = 2\alpha_1 + 0 \cdot \alpha_3$，但向量 α_3 不能由 α_1, α_2 线性表示.

定理 3　若向量组 $\alpha_1, \alpha_2, \cdots, \alpha_n, b$ 线性相关，而向量组 $\alpha_1, \alpha_2, \cdots, \alpha_n$ 线性无关，则向量 b 可由 $\alpha_1, \alpha_2, \cdots, \alpha_n$ 线性表示，且表示方法唯一.

证　设 $A = (\alpha_1, \alpha_2, \cdots, \alpha_n)$，由向量组 $\alpha_1, \alpha_2, \cdots, \alpha_n$ 线性无关，有 $R(A) = n$. 向量组 $\alpha_1, \alpha_2, \cdots, \alpha_n, b$ 线性相关，则 $R(A) \leqslant R(A, b) < n+1$，所以 $R(A) = R(A, b) = n$. 由此可得向量 b 可由 $\alpha_1, \alpha_2, \cdots, \alpha_n$ 线性表示，且表示方法唯一.

定理 4　设向量组 $A: \alpha_1, \alpha_2, \cdots, \alpha_r$ 线性相关，则向量组 $\alpha_1, \alpha_2, \cdots, \alpha_r, \alpha_{r+1}, \cdots, \alpha_n$ 必线性相关；反之，若 $\alpha_1, \alpha_2, \cdots, \alpha_r, \alpha_{r+1}, \cdots, \alpha_n$ 线性无关，则向量组 $\alpha_1, \alpha_2, \cdots, \alpha_r$ 也线性无关.

证 若向量组 $A:\boldsymbol{\alpha}_1,\boldsymbol{\alpha}_2,\cdots,\boldsymbol{\alpha}_r$ 线性相关,则有不全为零的 r 个数 $k_1,k_2,\cdots,k_r$,使得

$$k_1\boldsymbol{\alpha}_1+k_2\boldsymbol{\alpha}_2+\cdots+k_r\boldsymbol{\alpha}_r=\boldsymbol{0}$$

从而

$$k_1\boldsymbol{\alpha}_1+k_2\boldsymbol{\alpha}_2+\cdots+k_r\boldsymbol{\alpha}_r+0\cdot\boldsymbol{\alpha}_{r+1}+\cdots+0\cdot\boldsymbol{\alpha}_n=\boldsymbol{0}$$

因为 $k_1,k_2,\cdots,k_r,0,\cdots,0$ 为 n 个不全为零的数,故 $\boldsymbol{\alpha}_1,\boldsymbol{\alpha}_2,\cdots,\boldsymbol{\alpha}_r,\boldsymbol{\alpha}_{r+1},\cdots,\boldsymbol{\alpha}_n$ 线性相关. 其逆否命题为:若 $\boldsymbol{\alpha}_1,\boldsymbol{\alpha}_2,\cdots,\boldsymbol{\alpha}_r,\boldsymbol{\alpha}_{r+1},\cdots,\boldsymbol{\alpha}_n$ 线性无关,则向量组 $\boldsymbol{\alpha}_1,\boldsymbol{\alpha}_2,\cdots,\boldsymbol{\alpha}_r$ 也线性无关. 事实上,若 $\boldsymbol{\alpha}_1,\boldsymbol{\alpha}_2,\cdots,\boldsymbol{\alpha}_r,\boldsymbol{\alpha}_{r+1},\cdots,\boldsymbol{\alpha}_n$ 线性无关,则该向量组中任何部分向量组都线性无关.

定理 4 可以简述为:部分相关,则整体相关;整体无关,则部分无关.

定理 5 若 m 个 n 维向量 $\boldsymbol{\alpha}_1,\boldsymbol{\alpha}_2,\cdots,\boldsymbol{\alpha}_m$ 线性相关,同时去掉其第 i $(1\leqslant i\leqslant n)$ 个分量得到的 m 个 $n-1$ 维向量也线性相关;反之,若 m 个 $n-1$ 维向量 $\boldsymbol{\alpha}_1,\boldsymbol{\alpha}_2,\cdots,\boldsymbol{\alpha}_m$ 线性无关,同时增加第 i $(1\leqslant i\leqslant n)$ 个分量得到的 m 个 n 维向量也线性无关.

证 如果 m 个 n 维向量 $\boldsymbol{\alpha}_1,\boldsymbol{\alpha}_2,\cdots,\boldsymbol{\alpha}_m$ 线性相关,设 $A=(\boldsymbol{\alpha}_1,\boldsymbol{\alpha}_2,\cdots,\boldsymbol{\alpha}_m)$,将 $\boldsymbol{\alpha}_1,\boldsymbol{\alpha}_2,\cdots,\boldsymbol{\alpha}_m$ 同时去掉其第 i $(1\leqslant i\leqslant n)$ 个分量得到的 m 个 $n-1$ 维向量记为 $\boldsymbol{\beta}_1,\boldsymbol{\beta}_2,\cdots,\boldsymbol{\beta}_m$,设 $B=(\boldsymbol{\beta}_1,\boldsymbol{\beta}_2,\cdots,\boldsymbol{\beta}_m)$,因为 $\boldsymbol{\alpha}_1,\boldsymbol{\alpha}_2,\cdots,\boldsymbol{\alpha}_m$ 线性相关,所以 $R(A)<m$,而 $B=(\boldsymbol{\beta}_1,\boldsymbol{\beta}_2,\cdots,\boldsymbol{\beta}_m)$ 是矩阵 $A=(\boldsymbol{\alpha}_1,\boldsymbol{\alpha}_2,\cdots,\boldsymbol{\alpha}_m)$ 去掉一行后所得的矩阵,所以 $R(B)\leqslant R(A)<m$,所以 $\boldsymbol{\beta}_1,\boldsymbol{\beta}_2,\cdots,\boldsymbol{\beta}_m$ 线性相关.

若 m 个 $n-1$ 维向量 $\boldsymbol{\alpha}_1,\boldsymbol{\alpha}_2,\cdots,\boldsymbol{\alpha}_m$ 线性无关,设 $A=(\boldsymbol{\alpha}_1,\boldsymbol{\alpha}_2,\cdots,\boldsymbol{\alpha}_m)$,同时增加第 i $(1\leqslant i\leqslant n)$ 个分量得到的 m 个 n 维向量记为 $\boldsymbol{\beta}_1,\boldsymbol{\beta}_2,\cdots,\boldsymbol{\beta}_m$,设 $B=(\boldsymbol{\beta}_1,\boldsymbol{\beta}_2,\cdots,\boldsymbol{\beta}_m)$. 因为 $\boldsymbol{\alpha}_1,\boldsymbol{\alpha}_2,\cdots,\boldsymbol{\alpha}_m$ 线性无关,所以 $R(A)=m$,而 $B=(\boldsymbol{\beta}_1,\boldsymbol{\beta}_2,\cdots,\boldsymbol{\beta}_m)$ 是矩阵 $A=(\boldsymbol{\alpha}_1,\boldsymbol{\alpha}_2,\cdots,\boldsymbol{\alpha}_m)$ 增加一行后所得的矩阵,所以 $m=R(A)\leqslant R(B)\leqslant m$,即 $R(B)=m$,所以 $\boldsymbol{\beta}_1,\boldsymbol{\beta}_2,\cdots,\boldsymbol{\beta}_m$ 线性无关.

把定理 5 中的同时减少(增加)一个分量推广到同时减少(增加)几个分量的情况,其结论仍然成立.

定理 5 可以简述为:线性相关的向量组截短后仍相关;线性无关的向量组加长后仍无关.

例 5 判断下列向量组的线性相关性.

(1) $\boldsymbol{\alpha}_1=(1,3,2)^{\mathrm{T}},\boldsymbol{\alpha}_2=(2,6,4)^{\mathrm{T}},\boldsymbol{\alpha}_3=(3,1,5)^{\mathrm{T}}$

(2) $\boldsymbol{\alpha}_1=(1,0,0,0)^{\mathrm{T}},\boldsymbol{\alpha}_2=(0,0,1,0)^{\mathrm{T}},\boldsymbol{\alpha}_3=(0,0,0,1)^{\mathrm{T}}$

(3) $\boldsymbol{\alpha}_1=(1,0,0,1)^{\mathrm{T}},\boldsymbol{\alpha}_2=(0,1,0,3)^{\mathrm{T}},\boldsymbol{\alpha}_3=(0,0,1,4)^{\mathrm{T}}$

解 (1) 显然 $\boldsymbol{\alpha}_1,\boldsymbol{\alpha}_2$ 线性相关,根据定理 4 部分相关则整体相关有,$\boldsymbol{\alpha}_1,\boldsymbol{\alpha}_2,\boldsymbol{\alpha}_3$ 线性相关.

(2) $\boldsymbol{\alpha}_1,\boldsymbol{\alpha}_2,\boldsymbol{\alpha}_3$ 是四维单位坐标向量组中的三个向量,而四维单位坐标向量组线性无关,根据定理 4 整体无关则部分无关有,向量组 $\boldsymbol{\alpha}_1,\boldsymbol{\alpha}_2,\boldsymbol{\alpha}_3$ 线性无关.

(3) 三维单位坐标向量组 $\boldsymbol{\beta}_1=(1,0,0)^{\mathrm{T}},\boldsymbol{\beta}_2=(0,1,0)^{\mathrm{T}},\boldsymbol{\beta}_3=(0,0,1)^{\mathrm{T}}$ 线性无关,根据定理 5,线性无关的向量组加长后仍无关,所以 $\boldsymbol{\beta}_1,\boldsymbol{\beta}_2,\boldsymbol{\beta}_3$ 增加了第 4 维分量后的向量组 $\boldsymbol{\alpha}_1,\boldsymbol{\alpha}_2,\boldsymbol{\alpha}_3$ 线性无关.

定理 6 设有两个向量组 $A:\boldsymbol{\alpha}_1,\boldsymbol{\alpha}_2,\cdots,\boldsymbol{\alpha}_s$,$B:\boldsymbol{\beta}_1,\boldsymbol{\beta}_2,\cdots,\boldsymbol{\beta}_t$,若向量组 A 线性无关,且向量组 A 能由向量组 B 线性表示,则 $s\leqslant t$.

证 设 $A=(\boldsymbol{\alpha}_1,\boldsymbol{\alpha}_2,\cdots,\boldsymbol{\alpha}_s)$,$B=(\boldsymbol{\beta}_1,\boldsymbol{\beta}_2,\cdots,\boldsymbol{\beta}_t)$,向量组 $A:\boldsymbol{\alpha}_1,\boldsymbol{\alpha}_2,\cdots,\boldsymbol{\alpha}_s$ 线性无关,所

以矩阵 A 的秩 $R(A)=s$. 因为向量组 A 能由向量组 B 线性表示,由 4.2 的定理 3 可知 $R(B)=R(A,B)$,所以

$$s=R(A) \leqslant R(A,B)=R(B) \leqslant t$$

即 $s \leqslant t$.

由定理 6 可得如下推论:

推论 3 向量组 $A:\alpha_1,\alpha_2,\cdots,\alpha_s$ 能由向量组 $B:\beta_1,\beta_2,\cdots,\beta_t$ 线性表示,若 $s>t$,则向量组 A 线性相关.

推论 4 若向量组 $A:\alpha_1,\alpha_2,\cdots,\alpha_s$ 与向量组 $B:\beta_1,\beta_2,\cdots,\beta_t$ 等价,且向量组 A 与 B 都是线性无关的,则 $s=t$.

习 题 4-3

1. 判断下列命题是否正确,为什么?

(1) 若向量组 $\alpha_1,\alpha_2,\cdots,\alpha_n$ 是线性相关的,则 α_1 一定可以由 $\alpha_2,\cdots,\alpha_n$ 线性表示;

(2) 如果存在不全为零的数 $k_1,k_2,\cdots,k_n$,使得 $k_1\alpha_1+k_2\alpha_2+\cdots+k_n\alpha_n \neq 0$,则向量组 $\alpha_1,\alpha_2,\cdots,\alpha_n$ 线性无关;

(3) 向量组 $\alpha_1,\alpha_2,\cdots,\alpha_n$ 线性无关,则对任意不全为零的数 $k_1,k_2,\cdots,k_n$,都有

$$k_1\alpha_1+k_2\alpha_2+\cdots+k_n\alpha_n \neq 0$$

2. 已知向量组 $A:\alpha_1,\alpha_2,\alpha_3,\alpha_4$ 中 $\alpha_2,\alpha_3,\alpha_4$ 线性相关,那么( ).

A. $\alpha_1,\alpha_2,\alpha_3,\alpha_4$ 线性无关

B. $\alpha_1,\alpha_2,\alpha_3,\alpha_4$ 线性相关

C. α_1 可由 $\alpha_2,\alpha_3,\alpha_4$ 线性表示

D. α_3,α_4 线性无关

3. 设有向量组 $A:\alpha_1,\alpha_2,\alpha_3,\alpha_4$,其中 $\alpha_1,\alpha_2,\alpha_3$ 线性无关,则( ).

A. α_1,α_3 线性无关

B. $\alpha_1,\alpha_2,\alpha_3,\alpha_4$ 线性无关

C. $\alpha_1,\alpha_2,\alpha_3,\alpha_4$ 线性相关

D. $\alpha_2,\alpha_3,\alpha_4$ 线性相关

4. 下列命题中错误的是( ).

A. 只含有一个零向量的向量组线性相关

B. 由 3 个二维向量组成的向量组线性相关

C. 由一个非零向量组成的向量组线性相关

D. 两个成比例的向量组成的向量组线性相关

5. 向量组 $\alpha_1,\alpha_2,\cdots,\alpha_s$ 线性无关的充分必要条件是( ).

A. $\alpha_1,\alpha_2,\cdots,\alpha_s$ 均不是零向量

B. $\alpha_1,\alpha_2,\cdots,\alpha_s$ 任意两个向量都不成比例

C. $\alpha_1,\alpha_2,\cdots,\alpha_s$ 中任意一个向量都不能由其余个向量线性表示

D. $\alpha_1,\alpha_2,\cdots,\alpha_s$ 中存在一个部分组线性无关

6. 向量组 $\alpha_1,\alpha_2,\cdots,\alpha_s (s \geqslant 2)$ 线性相关的充分必要条件是( ).

A. $\alpha_1,\alpha_2,\cdots,\alpha_s$ 至少有一个零向量

B. $\alpha_1,\alpha_2,\cdots,\alpha_s$ 至少有两个向量成比例

C. $\boldsymbol{\alpha}_1, \boldsymbol{\alpha}_2, \cdots, \boldsymbol{\alpha}_s$ 中任意部分组线性相关

D. $\boldsymbol{\alpha}_1, \boldsymbol{\alpha}_2, \cdots, \boldsymbol{\alpha}_s$ 中至少有一个向量能由其余向量线性表示

7. 设向量组 $A: \boldsymbol{\alpha}_1, \boldsymbol{\alpha}_2, \cdots, \boldsymbol{\alpha}_r$ 和向量组 $B: \boldsymbol{\beta}_1, \boldsymbol{\beta}_2, \cdots, \boldsymbol{\beta}_s$, 若向量组 A 能由向量组 B 线性表示, 且 $r > s$, 则( ).

    A. 向量组 A 线性相关   B. 向量组 A 线性无关

    C. 向量组 B 线性相关   D. 向量组 B 线性无关

8. 齐次线性方程组 $\boldsymbol{A}x = \boldsymbol{0}$ 有非零解的充分必要条件是( ).

    A. 系数矩阵 $\boldsymbol{A}$ 的任意两个列向量线性无关

    B. 系数矩阵 $\boldsymbol{A}$ 的任意两个列向量线性相关

    C. 系数矩阵 $\boldsymbol{A}$ 中必有一个列向量是其余列向量的线性组合

    D. 系数矩阵 $\boldsymbol{A}$ 的任一个列向量必是其余列向量的线性组合

9. 设三维列向量 $\boldsymbol{\alpha}_1, \boldsymbol{\alpha}_2, \boldsymbol{\alpha}_3$ 线性无关, $\boldsymbol{A}$ 为三阶方阵且

$$\boldsymbol{A}\boldsymbol{\alpha}_1 = \boldsymbol{\alpha}_1 + 2\boldsymbol{\alpha}_2 + 3\boldsymbol{\alpha}_3, \quad \boldsymbol{A}\boldsymbol{\alpha}_2 = 2\boldsymbol{\alpha}_2 + 3\boldsymbol{\alpha}_3, \quad \boldsymbol{A}\boldsymbol{\alpha}_3 = 3\boldsymbol{\alpha}_3$$

则 $|\boldsymbol{A}| = \underline{\qquad}$.

10. 判断下列向量组的线性相关性.

(1) $\boldsymbol{\alpha}_1 = (1,0,0)^{\mathrm{T}}, \boldsymbol{\alpha}_2 = (2,1,0)^{\mathrm{T}}, \boldsymbol{\alpha}_3 = (3,1,2)^{\mathrm{T}}, \boldsymbol{\alpha}_4 = (1,2,3)^{\mathrm{T}}$

(2) $\boldsymbol{\alpha}_1 = (1,2,0,1)^{\mathrm{T}}, \boldsymbol{\alpha}_2 = (1,3,0,-1)^{\mathrm{T}}, \boldsymbol{\alpha}_3 = (-1,-1,1,0)^{\mathrm{T}}$

(3) $\boldsymbol{\alpha}_1 = (1,-2,4,-8)^{\mathrm{T}}, \boldsymbol{\alpha}_2 = (1,3,9,27)^{\mathrm{T}}, \boldsymbol{\alpha}_3 = (1,4,16,64)^{\mathrm{T}}, \boldsymbol{\alpha}_4 = (1,-1,1,-1)^{\mathrm{T}}$

(4) $\boldsymbol{\alpha}_1 = (1,-2,4,-8,1)^{\mathrm{T}}, \boldsymbol{\alpha}_2 = (1,3,9,27,2)^{\mathrm{T}}, \boldsymbol{\alpha}_3 = (1,4,16,64,3)^{\mathrm{T}},$

    $\boldsymbol{\alpha}_4 = (1,-1,1,-1,4)^{\mathrm{T}}$

11. 问 t 为何值时, 下列向量组线性相关?

(1) $\boldsymbol{\alpha}_1 = (1,1,0)^{\mathrm{T}}, \boldsymbol{\alpha}_2 = (1,3,-1)^{\mathrm{T}}, \boldsymbol{\alpha}_3 = (5,3,t)^{\mathrm{T}}$

(2) $\boldsymbol{\alpha}_1 = (t,-1,-1)^{\mathrm{T}}, \boldsymbol{\alpha}_2 = (-1,t,-1)^{\mathrm{T}}, \boldsymbol{\alpha}_3 = (-1,-1,t)^{\mathrm{T}}$

12. 求出向量组 $\boldsymbol{\alpha}_1 = (2,2,4,a)^{\mathrm{T}}, \boldsymbol{\alpha}_2 = (-1,0,2,b)^{\mathrm{T}}, \boldsymbol{\alpha}_3 = (3,2,2,c)^{\mathrm{T}}, \boldsymbol{\alpha}_4 = (1,6,7,d)^{\mathrm{T}}$ 线性相关的充分必要条件.

13. 设向量组 $\boldsymbol{a}_1, \boldsymbol{a}_2, \boldsymbol{a}_3$ 线性相关, 向量组 $\boldsymbol{a}_2, \boldsymbol{a}_3, \boldsymbol{a}_4$ 线性无关, 证明:

(1) $\boldsymbol{a}_1$ 能由 $\boldsymbol{a}_2, \boldsymbol{a}_3$ 线性表示;

(2) $\boldsymbol{a}_4$ 不能由 $\boldsymbol{a}_1, \boldsymbol{a}_2, \boldsymbol{a}_3$ 线性表示.

14. 设 $\boldsymbol{\beta}_1 = \boldsymbol{\alpha}_1, \boldsymbol{\beta}_2 = \boldsymbol{\alpha}_1 + \boldsymbol{\alpha}_2, \cdots, \boldsymbol{\beta}_n = \boldsymbol{\alpha}_1 + \boldsymbol{\alpha}_2 + \cdots + \boldsymbol{\alpha}_n$, 且向量组 $\boldsymbol{\alpha}_1, \boldsymbol{\alpha}_2, \cdots, \boldsymbol{\alpha}_n$ 线性无关, 证明: 向量组 $\boldsymbol{\beta}_1, \boldsymbol{\beta}_2, \cdots, \boldsymbol{\beta}_n$ 也线性无关.

15. 设 $\boldsymbol{\beta}_1 = \boldsymbol{\alpha}_1 + \boldsymbol{\alpha}_2, \boldsymbol{\beta}_2 = \boldsymbol{\alpha}_2 + \boldsymbol{\alpha}_3, \boldsymbol{\beta}_3 = \boldsymbol{\alpha}_3 + \boldsymbol{\alpha}_4, \boldsymbol{\beta}_4 = \boldsymbol{\alpha}_1 + \boldsymbol{\alpha}_4$, 证明: 向量组 $\boldsymbol{\beta}_1, \boldsymbol{\beta}_2, \boldsymbol{\beta}_3, \boldsymbol{\beta}_4$ 线性相关.

16. 设向量组 $\boldsymbol{\alpha}_1, \boldsymbol{\alpha}_2, \boldsymbol{\alpha}_3$ 线性无关, 问以下向量组是否线性无关.

(1) $\boldsymbol{\beta}_1 = \boldsymbol{\alpha}_1 + 2\boldsymbol{\alpha}_2 + 3\boldsymbol{\alpha}_3, \boldsymbol{\beta}_2 = 3\boldsymbol{\alpha}_1 - \boldsymbol{\alpha}_2 + 4\boldsymbol{\alpha}_3, \boldsymbol{\beta}_3 = \boldsymbol{\alpha}_2 + \boldsymbol{\alpha}_3$

(2) $\boldsymbol{\beta}_1 = \boldsymbol{\alpha}_1 + \boldsymbol{\alpha}_2, \boldsymbol{\beta}_2 = \boldsymbol{\alpha}_2 + \boldsymbol{\alpha}_3, \boldsymbol{\beta}_3 = \boldsymbol{\alpha}_3 - \boldsymbol{\alpha}_1$

(3) $\boldsymbol{\beta}_1 = \boldsymbol{\alpha}_1 + 2\boldsymbol{\alpha}_2, \boldsymbol{\beta}_2 = 2\boldsymbol{\alpha}_2 + 3\boldsymbol{\alpha}_3, \boldsymbol{\beta}_3 = \boldsymbol{\alpha}_1 + 3\boldsymbol{\alpha}_3$

(4) $\boldsymbol{\beta}_1 = \boldsymbol{\alpha}_1 + \boldsymbol{\alpha}_2 + \boldsymbol{\alpha}_3, \boldsymbol{\beta}_2 = 2\boldsymbol{\alpha}_1 - 3\boldsymbol{\alpha}_2 + 22\boldsymbol{\alpha}_3, \boldsymbol{\beta}_3 = 3\boldsymbol{\alpha}_1 + 5\boldsymbol{\alpha}_2 - 5\boldsymbol{\alpha}_3$

4.4 向量组的秩

4.4.1 向量组的最大无关组

先看一例,设 V 是三维列向量的全体,$e_1=(1,0,0)^T$,$e_2=(0,1,0)^T$,$e_3=(0,0,1)^T$ 是三维单位坐标向量组,e_1,e_2,e_3 是线性无关的,而 V 中任意 4 个向量一定线性相关,因此 V 中的向量 e_1,e_2,e_3 具有下面两个性质:

(1) e_1,e_2,e_3 线性无关;

(2) 向量组 V 中任意多于 3 个的向量都线性相关.

满足这两个条件的部分组 e_1,e_2,e_3 在向量组 V 的向量表示上具有重要的意义,例如对 V 中任一向量 $\pmb{\alpha}=(a_1,a_2,a_3)^T$,将其加入到部分组 e_1,e_2,e_3,则由(2)e_1,e_2,e_3,$\pmb{\alpha}$ 为一组线性相关的向量组,而由(1) e_1,e_2,e_3 线性无关,因此根据 4.3 定理 3 可知,$\pmb{\alpha}$ 可由 e_1,e_2,e_3 线性表示,显然 $\pmb{\alpha}=a_1e_1+a_2e_2+a_3e_3$,即 V 可由其部分组 e_1,e_2,e_3 线性表示.

对具有这样特征的部分组,我们引入如下的定义:

定义 1 给定向量组 A,若在向量组 A 中能选出 r 个向量 $\pmb{\alpha}_1$,$\pmb{\alpha}_2$,$\cdots$,$\pmb{\alpha}_r$,满足

(i) 向量组 $\pmb{\alpha}_1$,$\pmb{\alpha}_2$,$\cdots$,$\pmb{\alpha}_r$ 线性无关;

(ii) 向量组 A 中任意 $r+1$ 向量都线性相关,

则称 $\pmb{\alpha}_1$,$\pmb{\alpha}_2$,$\cdots$,$\pmb{\alpha}_r$ 是向量组 A 的一个最大线性无关向量组(简称为最大无关组).

注 只含零向量的向量组没有最大无关组.

根据定义 1,向量组的最大无关组可能不止一个. 例如,二维向量组 $\pmb{\alpha}_1=(1,0)^T$,$\pmb{\alpha}_2=(0,1)^T$,$\pmb{\alpha}_3=(0,3)^T$ 由于任何三个二维向量必线性相关,而 $\pmb{\alpha}_1$,$\pmb{\alpha}_2$ 线性无关,故 $\pmb{\alpha}_1$,$\pmb{\alpha}_2$ 为该向量组的一个最大无关组;又 $\pmb{\alpha}_1$,$\pmb{\alpha}_3$ 也线性无关,故 $\pmb{\alpha}_1$,$\pmb{\alpha}_3$ 也是该向量组的最大无关组.

定理 1 如果 $\pmb{\alpha}_1$,$\pmb{\alpha}_2$,$\cdots$,$\pmb{\alpha}_r$ 是向量组 A 的一个线性无关部分组,它是最大无关组的充分必要条件是向量组 A 中的每一个向量都可由 $\pmb{\alpha}_1$,$\pmb{\alpha}_2$,$\cdots$,$\pmb{\alpha}_r$ 线性表示.

证 必要性. 对 A 中的任意向量 $\pmb{\alpha}$,如果 $\pmb{\alpha}$ 为 $\pmb{\alpha}_1$,$\pmb{\alpha}_2$,$\cdots$,$\pmb{\alpha}_r$ 中的一个,显然 $\pmb{\alpha}$ 可由 $\pmb{\alpha}_1$,$\pmb{\alpha}_2$,$\cdots$,$\pmb{\alpha}_r$ 线性表示;否则,将其与 $\pmb{\alpha}_1$,$\pmb{\alpha}_2$,$\cdots$,$\pmb{\alpha}_r$ 组成新的向量组 $\pmb{\alpha}_1$,$\pmb{\alpha}_2$,$\cdots$,$\pmb{\alpha}_r$,$\pmb{\alpha}$ 如果 $\pmb{\alpha}_1$,$\pmb{\alpha}_2$,$\cdots$,$\pmb{\alpha}_r$ 是向量组 A 的一个最大无关组,新向量组 $\pmb{\alpha}_1$,$\pmb{\alpha}_2$,$\cdots$,$\pmb{\alpha}_r$,$\pmb{\alpha}$ 一定线性相关,而 $\pmb{\alpha}_1$,$\pmb{\alpha}_2$,$\cdots$,$\pmb{\alpha}_r$ 线性无关,根据 4.3 节定理 3 可知,$\pmb{\alpha}$ 可由 $\pmb{\alpha}_1$,$\pmb{\alpha}_2$,$\cdots$,$\pmb{\alpha}_r$ 线性表示.

充分性. 如果向量组 A 中的每一个向量都可由 $\pmb{\alpha}_1$,$\pmb{\alpha}_2$,$\cdots$,$\pmb{\alpha}_r$ 线性表示,则 A 中任意 $r+1$ 个向量组成的向量组就可由 $\pmb{\alpha}_1$,$\pmb{\alpha}_2$,$\cdots$,$\pmb{\alpha}_r$ 线性表示,由 4.3 节推论 3 可知,这 $r+1$ 个向量一定线性相关. 即 A 中任意 $r+1$ 个向量线性相关. 所以 $\pmb{\alpha}_1$,$\pmb{\alpha}_2$,$\cdots$,$\pmb{\alpha}_r$ 是向量组 A 的一个最大无关组.

由定理 1 可以得出最大无关组的另一个等价的定义.

定义 2 给定向量组 A,若向量组 A 中能选出 r 个向量 $\pmb{\alpha}_1$,$\pmb{\alpha}_2$,$\cdots$,$\pmb{\alpha}_r$,满足

(i) 向量组 $\pmb{\alpha}_1$,$\pmb{\alpha}_2$,$\cdots$,$\pmb{\alpha}_r$ 线性无关;

(ii) 向量组 A 中的任意向量都可由这 r 个向量线性表示,

则称 $\boldsymbol{\alpha}_1,\boldsymbol{\alpha}_2,\cdots,\boldsymbol{\alpha}_r$ 是向量组 A 的一个最大线性无关向量组(简称为最大无关组).

注 向量组 A 与其最大无关组等价.

定理 2 向量组的任意两个最大无关组等价,且所含向量个数相同.

证 设 $\boldsymbol{\alpha}_1,\boldsymbol{\alpha}_2,\cdots,\boldsymbol{\alpha}_r$ 是向量组的一个最大无关组,$\boldsymbol{\beta}_1,\boldsymbol{\beta}_2,\cdots,\boldsymbol{\beta}_t$ 也是此向量组的一个最大无关组,则由最大无关组的定义可得这两个最大无关组可以互相线性表示,所以等价.则由 4.3 节的推论 4 可知,它们所含的向量个数相同.所以向量组的任意两个最大无关组等价,且所含向量个数相同.

4.4.2 向量组的秩

定义 3 向量组 $A:\boldsymbol{\alpha}_1,\boldsymbol{\alpha}_2,\cdots,\boldsymbol{\alpha}_s$ 的最大无关组所含向量的个数称为该向量组的秩,记为 $R(\boldsymbol{\alpha}_1,\boldsymbol{\alpha}_2,\cdots,\boldsymbol{\alpha}_s)$.

注 (1) 由零向量组成的向量组,由于没有最大无关组,所以规定其秩为 0.

(2) 线性无关的向量组 $\boldsymbol{\alpha}_1,\boldsymbol{\alpha}_2,\cdots,\boldsymbol{\alpha}_r$ 的最大无关组就是它本身 $\boldsymbol{\alpha}_1,\boldsymbol{\alpha}_2,\cdots,\boldsymbol{\alpha}_r$,所以秩为 r.

(3) 若向量组 A 的秩为 r,则向量组 A 中任意含有 r 个向量的线性无关的部分组都是 A 的一个最大无关组.

4.4.3 向量组的秩与矩阵的秩的关系

定理 3 设 A 为 $m\times n$ 矩阵,则矩阵 A 的秩等于它的列向量组的秩,也等于它的行向量组的秩.

证 记 $A_{m\times n}=(\boldsymbol{\alpha}_1,\boldsymbol{\alpha}_2,\cdots,\boldsymbol{\alpha}_n)$,设 $R(A)=r$,则必存在一个 r 阶的非零子式,这个 r 阶的非零子式的 r 列线性无关,由 4.3 节定理 5,这个非零子式所在的 A 中的 r 列也线性无关;由于矩阵 A 的任意 $r+1$ 阶子式都等于 0,可知 A 的任意 $r+1$ 列向量组成的向量组都线性相关,所以这 r 列为矩阵 A 的列向量组的一个最大无关组,即列向量组的秩为 r.

由 $R(A)=R(A^{\mathrm{T}})$ 可以证明行向量组的秩也为 r.

通常把矩阵 A 的行(列)向量组的秩称为矩阵 A 的行(列)秩.

如何求向量组的秩和最大无关组呢? 向量组 $\boldsymbol{\alpha}_1=\begin{pmatrix}1\\0\\0\end{pmatrix},\boldsymbol{\alpha}_2=\begin{pmatrix}0\\1\\0\end{pmatrix},\boldsymbol{\alpha}_3=\begin{pmatrix}0\\0\\1\end{pmatrix},\boldsymbol{\alpha}_4=\begin{pmatrix}1\\2\\3\end{pmatrix}$ 的秩和最大无关组很容易看出,一般的向量组的秩和最大无关组就不那么容易得到了.对于一个矩阵,如果仅进行初等行变换,总可以化为行最简形矩阵,行最简形矩阵的列向量组就类似于上述向量组的形式.那么矩阵的行最简形的列向量组和原矩阵的列向量组的线性关系是否一样呢? 也就是说矩阵经过初等行变换后,其列向量组的线性关系是否发生变化呢?

定理 4 矩阵 A 经过初等行变换后,其列向量组的线性关系不发生变化.

证 记矩阵 $A_{m\times n}=(\boldsymbol{\alpha}_1,\boldsymbol{\alpha}_2,\cdots,\boldsymbol{\alpha}_n)$,$P$ 为 m 阶可逆矩阵,$B=PA=(P\boldsymbol{\alpha}_1,P\boldsymbol{\alpha}_2,\cdots,P\boldsymbol{\alpha}_n)$;因为 P 为 m 阶可逆矩阵,所以矩阵 B 是矩阵 A 经过初等行变换得到的.设 $\boldsymbol{\alpha}_{j_1},\boldsymbol{\alpha}_{j_2},\cdots,\boldsymbol{\alpha}_{j_r}$ 是

矩阵 A 的列向量组 $\alpha_1, \alpha_2, \cdots, \alpha_n$ 的一个最大无关组,可以证明 $P\alpha_{j_1}, P\alpha_{j_2}, \cdots, P\alpha_{j_r}$ 是矩阵 B 的列向量组 $P\alpha_1, P\alpha_2, \cdots, P\alpha_n$ 的最大无关组.

设 $k_1 P\alpha_{j_1} + k_2 P\alpha_{j_2} + \cdots + k_r P\alpha_{j_r} = 0$,即 $P(k_1\alpha_{j_1} + k_2\alpha_{j_2} + \cdots + k_r\alpha_{j_r}) = 0$,因为 P 可逆,所以

$$k_1\alpha_{j_1} + k_2\alpha_{j_2} + \cdots + k_r\alpha_{j_r} = 0$$

又因为 $\alpha_{j_1}, \alpha_{j_2}, \cdots, \alpha_{j_r}$ 线性无关,所以有 $k_1 = k_2 = \cdots = k_r = 0$,故 $P\alpha_{j_1}, P\alpha_{j_2}, \cdots, P\alpha_{j_r}$ 线性无关.

设 $\alpha_s = l_{s1}\alpha_{j_1} + l_{s2}\alpha_{j_2} + \cdots + l_{sr}\alpha_{j_r}$ $(1 \leqslant s \leqslant n)$,则有

$$P\alpha_s = l_{s1}P\alpha_{j_1} + l_{s2}P\alpha_{j_2} + \cdots + l_{sr}P\alpha_{j_r} \quad (1 \leqslant s \leqslant n)$$

即 $P\alpha_1, P\alpha_2, \cdots, P\alpha_n$ 中的任意向量都可以由 $P\alpha_{j_1}, P\alpha_{j_2}, \cdots, P\alpha_{j_r}$ 线性表示,所以 $P\alpha_{j_1}, P\alpha_{j_2}, \cdots, P\alpha_{j_r}$ 是矩阵 B 的列向量组 $P\alpha_1, P\alpha_2, \cdots, P\alpha_n$ 的最大无关组,且 $P\alpha_s$ 用 $P\alpha_{j_1}, P\alpha_{j_2}, \cdots, P\alpha_{j_r}$ 线性表示的方法和 α_s 用 $\alpha_{j_1}, \alpha_{j_2}, \cdots, \alpha_{j_r}$ 表示的方法相同.

这就说明矩阵 $A = (\alpha_1, \alpha_2, \cdots, \alpha_n)$ 经过初等行变换后化为矩阵 $B = (\beta_1, \beta_2, \cdots, \beta_n)$,其列向量组的线性关系没有发生变化,具体来说就是以下两个结论:

(1) 若 $\alpha_{j_1}, \alpha_{j_2}, \cdots, \alpha_{j_r}$ 为矩阵 $A = (\alpha_1, \alpha_2, \cdots, \alpha_n)$ 的列向量组的最大无关组,则对应地有 $\beta_{j_1}, \beta_{j_2}, \cdots, \beta_{j_r}$ 是矩阵 $B = (\beta_1, \beta_2, \cdots, \beta_n)$ 的列向量组的最大无关组;

(2) 若 $\alpha_s = l_{s1}\alpha_{j_1} + l_{s2}\alpha_{j_2} + \cdots + l_{sr}\alpha_{j_r}$,则对应地有

$$\beta_s = l_{s1}\beta_{j_1} + l_{s2}\beta_{j_2} + \cdots + l_{sr}\beta_{j_r} \quad (1 \leqslant s \leqslant n)$$

由此,求一个列向量组的秩和最大无关组,只需将这个向量组构成一个矩阵,然后对其进行初等行变换,化为行阶梯形矩阵可求出矩阵的秩,即为该列向量组的秩.进一步化为行最简形矩阵,很容易得出向量组的一个最大无关组以及向量之间的线性关系.

例1 设向量组 $\alpha_1 = (1,1,0,0)^T$,$\alpha_2 = (1,2,1,-1)^T$,$\alpha_3 = (0,1,1,-1)^T$,$\alpha_4 = (1,3,2,1)^T$,$\alpha_5 = (2,6,4,-1)^T$.试求向量组的秩,并求出一个最大无关组,且将其余向量用这个最大无关组线性表示.

解 记 $A = (\alpha_1, \alpha_2, \alpha_3, \alpha_4, \alpha_5)$,将矩阵 A 进行初等行变换,化为行最简形矩阵

$$A = \begin{pmatrix} 1 & 1 & 0 & 1 & 2 \\ 1 & 2 & 1 & 3 & 6 \\ 0 & 1 & 1 & 2 & 4 \\ 0 & -1 & -1 & 1 & -1 \end{pmatrix} \xrightarrow{r_2 - r_1} \begin{pmatrix} 1 & 1 & 0 & 1 & 2 \\ 0 & 1 & 1 & 2 & 4 \\ 0 & 1 & 1 & 2 & 4 \\ 0 & -1 & -1 & 1 & -1 \end{pmatrix}$$

$$\xrightarrow[r_4 + r_2]{r_3 - r_2} \begin{pmatrix} 1 & 1 & 0 & 1 & 2 \\ 0 & 1 & 1 & 2 & 4 \\ 0 & 0 & 0 & 0 & 0 \\ 0 & 0 & 0 & 3 & 3 \end{pmatrix} \xrightarrow[r_4 \leftrightarrow r_3]{r_4 \times \frac{1}{3}} \begin{pmatrix} 1 & 1 & 0 & 1 & 2 \\ 0 & 1 & 1 & 2 & 4 \\ 0 & 0 & 0 & 1 & 1 \\ 0 & 0 & 0 & 0 & 0 \end{pmatrix}$$

$$\xrightarrow[r_1 - r_3]{r_2 - 2r_3} \begin{pmatrix} 1 & 1 & 0 & 0 & 1 \\ 0 & 1 & 1 & 0 & 2 \\ 0 & 0 & 0 & 1 & 1 \\ 0 & 0 & 0 & 0 & 0 \end{pmatrix} \xrightarrow{r_1 - r_2} \begin{pmatrix} 1 & 0 & -1 & 0 & -1 \\ 0 & 1 & 1 & 0 & 2 \\ 0 & 0 & 0 & 1 & 1 \\ 0 & 0 & 0 & 0 & 0 \end{pmatrix}$$

由于 $R(A) = 3$,所以该向量组的秩为 3.

记 $B = \begin{pmatrix} 1 & 0 & -1 & 0 & -1 \\ 0 & 1 & 1 & 0 & 2 \\ 0 & 0 & 0 & 1 & 1 \\ 0 & 0 & 0 & 0 & 0 \end{pmatrix} = (\boldsymbol{\beta}_1, \boldsymbol{\beta}_{\shortparallel}, \boldsymbol{\beta}_0, \boldsymbol{\beta}_4, \boldsymbol{\beta}_5)$，显然 $\boldsymbol{\beta}_1, \boldsymbol{\beta}_2, \boldsymbol{\beta}_4$ 是矩阵 B 的列向量

组的一个最大无关组，且满足

$$\boldsymbol{\beta}_3 = -\boldsymbol{\beta}_1 + \boldsymbol{\beta}_2, \quad \boldsymbol{\beta}_5 = -\boldsymbol{\beta}_1 + 2\boldsymbol{\beta}_2 + \boldsymbol{\beta}_4$$

相对应地，有：$\boldsymbol{\alpha}_1, \boldsymbol{\alpha}_2, \boldsymbol{\alpha}_4$ 是向量组 $\boldsymbol{\alpha}_1, \boldsymbol{\alpha}_2, \boldsymbol{\alpha}_3, \boldsymbol{\alpha}_4, \boldsymbol{\alpha}_5$ 的一个最大无关组，且满足

$$\boldsymbol{\alpha}_3 = -\boldsymbol{\alpha}_1 + \boldsymbol{\alpha}_2, \quad \boldsymbol{\alpha}_5 = -\boldsymbol{\alpha}_1 + 2\boldsymbol{\alpha}_2 + \boldsymbol{\alpha}_4$$

利用定理 3，可以进一步研究矩阵秩的性质.

性质 1 $R(A+B) \leqslant R(A) + R(B)$

证 设 A, B 均为 $m \times n$ 矩阵，$R(A) = r$，$R(B) = s$. 将 A, B 按列分块，记为

$$A_{m \times n} = (\boldsymbol{\alpha}_1, \boldsymbol{\alpha}_2, \cdots, \boldsymbol{\alpha}_n), \quad B_{m \times n} = (\boldsymbol{\beta}_1, \boldsymbol{\beta}_2, \cdots, \boldsymbol{\beta}_n)$$

则

$$A_{m \times n} + B_{m \times n} = (\boldsymbol{\alpha}_1 + \boldsymbol{\beta}_1, \boldsymbol{\alpha}_2 + \boldsymbol{\beta}_2, \cdots, \boldsymbol{\alpha}_n + \boldsymbol{\beta}_n)$$

不妨设 A, B 的列向量组的最大无关组分别为 $\boldsymbol{\alpha}_1, \boldsymbol{\alpha}_2, \cdots, \boldsymbol{\alpha}_r$ 和 $\boldsymbol{\beta}_1, \boldsymbol{\beta}_2, \cdots, \boldsymbol{\beta}_s$. 于是 $A+B$ 的列向量组可以由 $\boldsymbol{\alpha}_1, \boldsymbol{\alpha}_2, \cdots, \boldsymbol{\alpha}_r, \boldsymbol{\beta}_1, \boldsymbol{\beta}_2, \cdots, \boldsymbol{\beta}_s$ 线性表示，因此

$$R(A+B) = (A+B) \text{ 的列向量组的秩} \leqslant R(\boldsymbol{\alpha}_1, \boldsymbol{\alpha}_2, \cdots, \boldsymbol{\alpha}_r, \boldsymbol{\beta}_1, \boldsymbol{\beta}_2, \cdots, \boldsymbol{\beta}_s) \leqslant r + s$$

性质 2 $R(AB) \leqslant \min\{R(A), R(B)\}$

证 设 A, B 分别为 $m \times s$ 和 $s \times n$ 矩阵，令 $C = AB$，则 C 为 $m \times n$ 矩阵. 将 C 和 A 用列向量表示为

$$C = (c_1, c_2, \cdots, c_n), \quad A = (\boldsymbol{\alpha}_1, \boldsymbol{\alpha}_2, \cdots, \boldsymbol{\alpha}_s)$$

而 $B = (b_{ij})_{s \times n}$，由

$$C = (c_1, c_2, \cdots, c_n) = (\boldsymbol{\alpha}_1, \boldsymbol{\alpha}_2, \cdots, \boldsymbol{\alpha}_s) \begin{pmatrix} b_{11} & \cdots & b_{1n} \\ \vdots & & \vdots \\ b_{s1} & \cdots & b_{sn} \end{pmatrix}$$

知矩阵 $C = AB$ 的列向量组能由 A 的列向量组线性表示，因此 $R(C) \leqslant R(A)$.

又因为由 $C = AB$，得到 $C^T = B^T A^T$，所以 $R(C^T) \leqslant R(B^T)$，即 $R(C) \leqslant R(B)$，综合得

$$R(C) \leqslant \min\{R(A), R(B)\}$$

习 题 4-4

1. 设 $\boldsymbol{\alpha}_1, \boldsymbol{\alpha}_2, \boldsymbol{\alpha}_3, \boldsymbol{\alpha}_4$ 是一个四维向量组，若已知 $\boldsymbol{\alpha}_4$ 是 $\boldsymbol{\alpha}_1, \boldsymbol{\alpha}_2, \boldsymbol{\alpha}_3$ 的线性组合，且表示法唯一，则向量组 $\boldsymbol{\alpha}_1, \boldsymbol{\alpha}_2, \boldsymbol{\alpha}_3, \boldsymbol{\alpha}_4$ 的秩为（　　）.

A. 1 　　　　　　　B. 2 　　　　　　　C. 3 　　　　　　　D. 4

2. 向量组 $\boldsymbol{\alpha}_1, \boldsymbol{\alpha}_2, \cdots, \boldsymbol{\alpha}_s$ 的秩为 r，则下列说法不成立的是（　　）.

A. $\boldsymbol{\alpha}_1, \boldsymbol{\alpha}_2, \cdots, \boldsymbol{\alpha}_s$ 中任意 r 个向量的部分组皆线性无关

B. $\boldsymbol{\alpha}_1, \boldsymbol{\alpha}_2, \cdots, \boldsymbol{\alpha}_s$ 中至少有一个含 r 个向量的部分组线性无关

C. $\boldsymbol{\alpha}_1, \boldsymbol{\alpha}_2, \cdots, \boldsymbol{\alpha}_s$ 中任意含 r 个向量的线性无关部分组与 $\boldsymbol{\alpha}_1, \boldsymbol{\alpha}_2, \cdots, \boldsymbol{\alpha}_s$ 可相互线性表示

D. $\boldsymbol{\alpha}_1, \boldsymbol{\alpha}_2, \cdots, \boldsymbol{\alpha}_s$ 中 $r+1$ 个向量的部分组(如果存在)皆线性相关

3. 如果 $A_0 : \boldsymbol{\alpha}_1, \boldsymbol{\alpha}_2, \cdots, \boldsymbol{\alpha}_r$ 是向量组 A 的一个线性无关部分组,

① 向量组 A 中的每一个向量都可由 $\boldsymbol{\alpha}_1, \boldsymbol{\alpha}_2, \cdots, \boldsymbol{\alpha}_r$ 线性表示;

② 向量组 A 的秩为 r;

③ A 与 A_0 等价;

④ A 中任意 $r+1$ 个向量皆线性相关.

以上条件中能作为向量组 A_0 是 A 的最大无关组的充分必要条件是( ).

A. 只有①、④   B. 只有①、②、④

C. 只有①、③、④   D. ①、②、③、④

4. 设 A 为 3×4 的矩阵,且 $R(A)=3$,则下列结论中不正确的是( ).

A. A 的行向量线性无关

B. A 中所有的三阶子式都不为零

C. A 的列向量线性相关

D. A 中至少有一个三阶子式不为零

5. 若向量组 A 能由向量组 B 线性表示,则( ).

A. $R(A) > R(B)$ B. $R(A) < R(B)$

C. $R(A) \geqslant R(B)$ D. $R(A) \leqslant R(B)$

6. 向量组 $\boldsymbol{\alpha}_1 = (1,0,0), \boldsymbol{\alpha}_2 = (1,1,0), \boldsymbol{\alpha}_3 = (-5,2,0)$ 的秩是_____.

7. 已知向量组 $\boldsymbol{\alpha}_1 = \begin{pmatrix} 1 \\ 1 \\ -2 \end{pmatrix}, \boldsymbol{\alpha}_2 = \begin{pmatrix} 1 \\ -2 \\ 1 \end{pmatrix}, \boldsymbol{\alpha}_3 = \begin{pmatrix} t \\ 1 \\ 1 \end{pmatrix}$ 的秩为 2,则数 $t =$_____.

8. 设矩阵 $A = \begin{pmatrix} 2 & -1 & -1 & 1 & 2 \\ 1 & 1 & -2 & 1 & 4 \\ 4 & -6 & 2 & -2 & 4 \\ 3 & 6 & -9 & 7 & 9 \end{pmatrix}$,求矩阵 A 的列向量组的一个最大无关组,

并把其余列向量用这个最大无关组线性表示.

9. 求下列向量组的秩和一个最大无关组,并将其余向量用这个最大无关组线性表示.

(1) $\boldsymbol{\alpha}_1 = (2,1,1,1)^T$, $\boldsymbol{\alpha}_2 = (-1,1,7,10)^T$, $\boldsymbol{\alpha}_3 = (3,1,-1,-2)^T$, $\boldsymbol{\alpha}_4 = (8,5,9,11)^T$

(2) $\boldsymbol{\alpha}_1 = (2,4,2)^T$, $\boldsymbol{\alpha}_2 = (1,1,0)^T$, $\boldsymbol{\alpha}_3 = (2,3,1)^T$, $\boldsymbol{\alpha}_4 = (3,5,2)^T$

10. 已知向量组 $\boldsymbol{\alpha}_1, \boldsymbol{\alpha}_2, \boldsymbol{\alpha}_3$ 线性相关,$\boldsymbol{\alpha}_2, \boldsymbol{\alpha}_3, \boldsymbol{\alpha}_4$ 线性无关,求向量组 $\boldsymbol{\alpha}_1, \boldsymbol{\alpha}_2, \boldsymbol{\alpha}_3, \boldsymbol{\alpha}_4$ 的秩.

11. 证明:如果 n 维单位坐标向量组 $e_1, e_2, \cdots, e_n$ 可以由 n 维向量组 $\boldsymbol{\alpha}_1, \boldsymbol{\alpha}_2, \cdots, \boldsymbol{\alpha}_n$ 线性表示,则 $\boldsymbol{\alpha}_1, \boldsymbol{\alpha}_2, \cdots, \boldsymbol{\alpha}_n$ 线性无关.

12. 设 $\boldsymbol{\alpha}_1, \boldsymbol{\alpha}_2, \cdots, \boldsymbol{\alpha}_n$ 是一组 n 维向量,证明它们线性无关的充分必要条件是任一 n 维向量组都可以由它们线性表示.

13. 设 $\boldsymbol{\alpha}_1, \boldsymbol{\alpha}_2, \cdots, \boldsymbol{\alpha}_s$ 是一个 n 维向量组,其秩为 r_1;$\boldsymbol{\beta}_1, \boldsymbol{\beta}_2, \cdots, \boldsymbol{\beta}_l$ 是另一组 n 维向量组,其秩为 r_2. 设 $\boldsymbol{\alpha}_1, \boldsymbol{\alpha}_2, \cdots, \boldsymbol{\alpha}_s, \boldsymbol{\beta}_1, \boldsymbol{\beta}_2, \cdots, \boldsymbol{\beta}_l$ 的秩为 r_3;证明

$$\max(r_1, r_2) \leqslant r_3 \leqslant r_1 + r_2$$

14. 设向量组 $\boldsymbol{\beta}_1, \boldsymbol{\beta}_2, \cdots, \boldsymbol{\beta}_r$ 能由向量组 $\boldsymbol{\alpha}_1, \boldsymbol{\alpha}_2, \cdots, \boldsymbol{\alpha}_s$ 线性表示为

$$(\boldsymbol{\beta}_1, \boldsymbol{\beta}_2, \cdots, \boldsymbol{\beta}_r) = (\boldsymbol{\alpha}_1, \boldsymbol{\alpha}_2, \cdots, \boldsymbol{\alpha}_s) \boldsymbol{K}$$

其中，$\boldsymbol{K}$ 为 $s \times r$ 矩阵，且 $\boldsymbol{\alpha}_1, \boldsymbol{\alpha}_2, \cdots, \boldsymbol{\alpha}_s$ 线性无关. 证明：$\boldsymbol{\beta}_1, \boldsymbol{\beta}_2, \cdots, \boldsymbol{\beta}_r$ 线性无关的充分必要条件是 $R(\boldsymbol{K}) = r$.

4.5 线性方程组的解的结构

在 4.1 节中，我们利用矩阵的秩，给出了线性方程组有解的两个重要结果，即：

（1）齐次线性方程组 $\boldsymbol{A}_{m \times n} \boldsymbol{x} = \boldsymbol{0}$ 只有零解的充分必要条件是 $R(\boldsymbol{A}) = n$，有非零解的充分必要条件是 $R(\boldsymbol{A}) < n$.

（2）非齐次线性方程组 $\boldsymbol{A}_{m \times n} \boldsymbol{x} = \boldsymbol{b}$ 有唯一解的充分必要条件是 $R(\boldsymbol{A}) = R(\boldsymbol{A}, \boldsymbol{b}) = n$，有无穷多解的充分必要条件是 $R(\boldsymbol{A}) = R(\boldsymbol{A}, \boldsymbol{b}) < n$.

本节利用 4.3 节和 4.4 节中向量组的有关理论来讨论线性方程组有无穷多解时解的结构，从而完善线性方程组的理论.

4.5.1 齐次线性方程组解的结构

1. 齐次线性方程组解的性质

性质 1 若 $\boldsymbol{\zeta}_1, \boldsymbol{\zeta}_2$ 为齐次线性方程组 $\boldsymbol{A}\boldsymbol{x} = \boldsymbol{0}$ 的解，则 $\boldsymbol{\zeta}_1 + \boldsymbol{\zeta}_2$ 也是该齐次线性方程组 $\boldsymbol{A}\boldsymbol{x} = \boldsymbol{0}$ 的解.

证 因为 $\boldsymbol{\zeta}_1, \boldsymbol{\zeta}_2$ 为齐次线性方程组 $\boldsymbol{A}\boldsymbol{x} = \boldsymbol{0}$ 的解，所以 $\boldsymbol{A}\boldsymbol{\zeta}_1 = \boldsymbol{0}, \boldsymbol{A}\boldsymbol{\zeta}_2 = \boldsymbol{0}$，于是 $\boldsymbol{A}(\boldsymbol{\zeta}_1 + \boldsymbol{\zeta}_2) = \boldsymbol{A}\boldsymbol{\zeta}_1 + \boldsymbol{A}\boldsymbol{\zeta}_2 = \boldsymbol{0}$，故 $\boldsymbol{\zeta}_1 + \boldsymbol{\zeta}_2$ 也是该齐次线性方程组 $\boldsymbol{A}\boldsymbol{x} = \boldsymbol{0}$ 的解.

性质 2 若 $\boldsymbol{\zeta}_1$ 为齐次线性方程组 $\boldsymbol{A}\boldsymbol{x} = \boldsymbol{0}$ 的解，k 为任意实数，则 $k\boldsymbol{\zeta}_1$ 也是齐次线性方程组 $\boldsymbol{A}\boldsymbol{x} = \boldsymbol{0}$ 的解.

证 因为 $\boldsymbol{\zeta}_1$ 为齐次线性方程组 $\boldsymbol{A}\boldsymbol{x} = \boldsymbol{0}$ 的解，所以 $\boldsymbol{A}\boldsymbol{\zeta}_1 = \boldsymbol{0}$，于是

$$\boldsymbol{A}(k\boldsymbol{\zeta}_1) = k \cdot \boldsymbol{A}\boldsymbol{\zeta}_1 = k \cdot \boldsymbol{0} = \boldsymbol{0}$$

故 $k\boldsymbol{\zeta}_1$ 也是 $\boldsymbol{A}\boldsymbol{x} = \boldsymbol{0}$ 的解.

若齐次线性方程组有非零解 $\boldsymbol{\zeta}$，则它一定有无穷多个解，至少 $k\boldsymbol{\zeta}$（k 为任意常数）是其解.

设 $\boldsymbol{\zeta}_1, \boldsymbol{\zeta}_2, \cdots, \boldsymbol{\zeta}_r$ 都是齐次线性方程组 $\boldsymbol{A}\boldsymbol{x} = \boldsymbol{0}$ 的解，由性质 1 和 2 可知，对于任意的常数 $k_1, k_2, \cdots, k_r$，有 $k_1\boldsymbol{\zeta}_1 + k_2\boldsymbol{\zeta}_2 + \cdots + k_r\boldsymbol{\zeta}_r$ 也是齐次线性方程组 $\boldsymbol{A}\boldsymbol{x} = \boldsymbol{0}$ 的解.

定义 1 齐次线性方程组 $\boldsymbol{A}\boldsymbol{x} = \boldsymbol{0}$ 的有限个解向量 $\boldsymbol{\zeta}_1, \boldsymbol{\zeta}_2, \cdots, \boldsymbol{\zeta}_r$ 满足：

（1）$\boldsymbol{\zeta}_1, \boldsymbol{\zeta}_2, \cdots, \boldsymbol{\zeta}_r$ 线性无关；

（2）$\boldsymbol{A}\boldsymbol{x} = \boldsymbol{0}$ 的任意一个解均可由 $\boldsymbol{\zeta}_1, \boldsymbol{\zeta}_2, \cdots, \boldsymbol{\zeta}_r$ 线性表示，

则称 $\boldsymbol{\zeta}_1, \boldsymbol{\zeta}_2, \cdots, \boldsymbol{\zeta}_r$ 是齐次线性方程组 $\boldsymbol{A}\boldsymbol{x} = \boldsymbol{0}$ 的一个基础解系.

根据定义 1，若 $\boldsymbol{\zeta}_1, \boldsymbol{\zeta}_2, \cdots, \boldsymbol{\zeta}_r$ 是齐次线性方程组 $\boldsymbol{A}\boldsymbol{x} = \boldsymbol{0}$ 的一个基础解系. 则 $\boldsymbol{A}\boldsymbol{x} = \boldsymbol{0}$ 的通解可表示为

$$\boldsymbol{x} = k_1\boldsymbol{\zeta}_1 + k_2\boldsymbol{\zeta}_2 + \cdots + k_r\boldsymbol{\zeta}_r$$

其中，$k_1, k_2, \cdots, k_r$ 为任意常数.

由基础解系的定义可知，若基础解系存在，则基础解系即为线性方程组 $\boldsymbol{A}\boldsymbol{x} = \boldsymbol{0}$ 的所

有解向量的一个最大无关组.

当一个齐次线性方程组只有零解时,该方程组基础解系不存在;当一个齐次线性方程组有非零解时,显然有无穷多个解,那么这无穷多个解向量中,最大无关组是否一定存在呢,即是否一定存在基础解系呢? 如果存在,如何求它的基础解系?

例 1 判断齐次线性方程组是否有非零解? 若有,求出其通解.

$$\begin{cases} x_1+ \ x_2+ \ \ \ \ \ \ \ x_4+2x_5=0 \\ x_1+2x_2+x_3+3x_4+6x_5=0 \\ \ \ \ \ \ \ x_2+x_3+2x_4+4x_5=0 \\ \ \ \ \ \ \ x_2+x_3- \ \ x_4+ \ \ x_5=0 \end{cases}$$

解 对线性方程组的系数矩阵进行初等行变换化为行最简形矩阵

$$A=\begin{pmatrix} 1 & 1 & 0 & 1 & 2 \\ 1 & 2 & 1 & 3 & 6 \\ 0 & 1 & 1 & 2 & 4 \\ 0 & 1 & 1 & -1 & 1 \end{pmatrix} \xrightarrow{r} \begin{pmatrix} 1 & 0 & -1 & 0 & -1 \\ 0 & 1 & 1 & 0 & 2 \\ 0 & 0 & 0 & 1 & 1 \\ 0 & 0 & 0 & 0 & 0 \end{pmatrix}$$

因为 $R(A)=3<5$,所以此齐次线性方程组有非零解.且原方程组的同解方程组为

$$\begin{cases} x_1- \ \ \ \ x_3- \ \ \ \ x_5=0 \\ \ \ \ \ x_2+x_3+ \ \ \ 2x_5=0 \quad 即 \\ \ \ \ \ \ \ \ \ \ \ \ x_4+x_5=0 \end{cases} \begin{cases} x_1= \ \ \ x_3+ \ \ x_5 \\ x_2=-x_3-2x_5 \\ x_4= \ \ \ \ \ \ -x_5 \end{cases}$$

令 $x_3=c_1, x_5=c_2$(c_1, c_2 为任意常数),所以其通解为

$$\begin{pmatrix} x_1 \\ x_2 \\ x_3 \\ x_4 \\ x_5 \end{pmatrix} = \begin{pmatrix} c_1+c_2 \\ -c_1-2c_2 \\ c_1 \\ -c_2 \\ c_2 \end{pmatrix} = c_1\begin{pmatrix} 1 \\ -1 \\ 1 \\ 0 \\ 0 \end{pmatrix} + k_2\begin{pmatrix} 1 \\ -2 \\ 0 \\ -1 \\ 1 \end{pmatrix} = k_1\zeta_1+c_2\zeta_2 \quad (c_1, c_2 \text{ 为任意常数})$$

对于向量 $\zeta_1=\begin{pmatrix} 1 \\ -1 \\ 1 \\ 0 \\ 0 \end{pmatrix}$,$\zeta_2=\begin{pmatrix} 1 \\ -2 \\ 0 \\ -1 \\ 1 \end{pmatrix}$,其第三维分量和第五维分量构成的向量组 $\begin{pmatrix} 1 \\ 0 \end{pmatrix}$,

$\begin{pmatrix} 0 \\ 1 \end{pmatrix}$ 线性无关,由 4.3 节定理 5,线性无关的向量组加长后仍无关,所以 ζ_1, ζ_2 线性无关,且方程组的任意解都可以由 ζ_1, ζ_2 线性表示,所以 ζ_1, ζ_2 是线性方程组的基础解系.

从例 1 中可以看到,$R(A)=3$,所以该线性方程组的非自由未知量的个数为 3,自由未知量的个数为 2;其基础解系存在,且所含向量个数与自由未知量个数相等.一般地有如下结论:

定理 1 对齐次线性方程组 $A_{m\times n}x=0$,若 $R(A)=r<n$,则该方程组的基础解系一定存在,且基础解系中所含解向量的个数为 $n-r$,其中 n 是方程组所含未知量的个数.

证 对 n 元齐次线性方程组 $A_{m \times n} x = 0$，若 $R(A) = r < n$，不妨设 A 的前 r 个列向量线性无关，则其行最简形矩阵为

$$B = \begin{pmatrix} 1 & 0 & \cdots & 0 & b_{1r+1} & \cdots & b_{1n} \\ 0 & 1 & \cdots & 0 & b_{2r+1} & \cdots & b_{2n} \\ \vdots & \vdots & & \vdots & \vdots & & \vdots \\ 0 & 0 & \cdots & 1 & b_{rr+1} & \cdots & b_{rn} \\ 0 & 0 & \cdots & 0 & 0 & \cdots & 0 \\ \vdots & \vdots & & \vdots & \vdots & & \vdots \\ 0 & 0 & \cdots & 0 & 0 & \cdots & 0 \end{pmatrix}$$

否则对 $x_1, x_2, \cdots, x_n$ 适当调换顺序即可.

易见方程组的同解方程组为

$$\begin{cases} x_1 = -b_{1r+1} x_{r+1} - \cdots - b_{1n} x_n \\ x_2 = -b_{2r+1} x_{r+1} - \cdots - b_{2n} x_n \\ \quad\quad\quad \cdots \\ x_r = -b_{rr+1} x_{r+1} - \cdots - b_{rn} x_n \end{cases} \tag{4.1}$$

其中 $x_{r+1}, x_{r+2}, \cdots, x_n$ 为自由未知量，分别取 $\begin{pmatrix} x_{r+1} \\ x_{r+2} \\ \vdots \\ x_n \end{pmatrix}$ 为

$$\begin{pmatrix} 1 \\ 0 \\ \vdots \\ 0 \end{pmatrix}, \begin{pmatrix} 0 \\ 1 \\ \vdots \\ 0 \end{pmatrix}, \cdots, \begin{pmatrix} 0 \\ 0 \\ \vdots \\ 1 \end{pmatrix} \tag{4.2}$$

代入方程组(4.1)得到线性方程组的 $n - r$ 个解

$$\zeta_1 = \begin{pmatrix} -b_{1r+1} \\ -b_{2r+1} \\ \vdots \\ -b_{rr+1} \\ 1 \\ 0 \\ \vdots \\ 0 \end{pmatrix}, \zeta_2 = \begin{pmatrix} -b_{1r+2} \\ -b_{2r+2} \\ \vdots \\ -b_{rr+2} \\ 0 \\ 1 \\ \vdots \\ 0 \end{pmatrix}, \cdots, \zeta_{n-r} = \begin{pmatrix} -b_{1n} \\ -b_{2n} \\ \vdots \\ -b_{rn} \\ 0 \\ 0 \\ \vdots \\ 1 \end{pmatrix} \tag{4.3}$$

现证 $\zeta_1, \zeta_2, \cdots, \zeta_{n-r}$ 就是 $Ax = 0$ 的一个基础解系.

(1) 由于向量组 $\begin{pmatrix} 1 \\ 0 \\ \vdots \\ 0 \end{pmatrix}, \begin{pmatrix} 0 \\ 1 \\ \vdots \\ 0 \end{pmatrix}, \cdots, \begin{pmatrix} 0 \\ 0 \\ \vdots \\ 1 \end{pmatrix}$ 线性无关，则同时增加 r 个分量得到的向量组

$\zeta_1,\zeta_2,\cdots,\zeta_{n-r}$ 线性无关.

（2）令自由未知量 $x_{r+1},x_{r+2},\cdots,x_n$ 分别取 $c_1,c_2,\cdots,c_{n-r}$ 代入（4.1）得到线性方程组的通解

$$\zeta=\begin{pmatrix}-b_{1r+1}c_1-\cdots-b_{1n}c_{n-r}\\-b_{2r+1}c_1-\cdots-b_{2n}c_{n-r}\\\vdots\\-b_{rr+1}c_1-\cdots-b_{rn}c_{n-r}\\c_1\\\vdots\\c_{n-r}\end{pmatrix}=c_1\begin{pmatrix}-b_{1r+1}\\-b_{2r+1}\\\vdots\\-b_{rr+1}\\1\\0\\\vdots\\0\end{pmatrix}+c_2\begin{pmatrix}-b_{1r+2}\\-b_{2r+2}\\\vdots\\-b_{rr+2}\\0\\1\\\vdots\\0\end{pmatrix}+\cdots+c_{n-r}\begin{pmatrix}-b_{1n}\\-b_{2n}\\\vdots\\-b_{rn}\\0\\0\\\vdots\\1\end{pmatrix}$$

$$=c_1\zeta_1+c_2\zeta_2+\cdots+c_{n-r}\zeta_{n-r}\quad\text{（其中 }c_1,\cdots,c_{n-r}\text{ 为任意常数）}$$

即方程组的任意解都可以由 $\zeta_1,\zeta_2,\cdots,\zeta_{n-r}$ 线性表示.

因此，$\zeta_1,\zeta_2,\cdots,\zeta_{n-r}$ 是方程组的一个基础解系，它含有 $n-r$ 个线性无关的解向量.

定理1的证明给出了求齐次线性方程组的一个基础解系的方法，其步骤如下：

（1）对齐次线性方程组的系数矩阵 A 进行初等行变换，将它化为行最简形矩阵 B.

（2）写出以矩阵 B 为系数矩阵的同解齐次线性方程组. 一般将 r 个非零行的非零首元所对应的未知量作为非自由未知量，其余 $n-r$ 个未知量作为自由未知量，并得到如（4.1）所示的方程组.

（3）对 $n-r$ 个自由未知量确定类似式（4.2）所示的 $n-r$ 组值，并由式（4.3）得到齐次线性方程组的 $n-r$ 个解向量，它就是齐次线性方程组的一个基础解系.

注 自由未知量的选取不唯一，所以可以得到不同的基础解系；此外，自由未知量可以任意取值，故对应不同的取值，只要取值所得的 $n-r$ 个解向量线性无关，就能构成不同的基础解系. 因此，齐次线性方程组的基础解系不唯一.

例2 求齐次线性方程组

$$\begin{cases}x_1-\ 3x_2+\ 5x_3-2x_4+\ x_5=0\\-2x_1+\ \ x_2-\ 3x_3+\ x_4-4x_5=0\\-\ x_1-\ 7x_2+\ 9x_3-4x_4-5x_5=0\\3x_1-14x_2+22x_3-9x_4+\ x_5=0\end{cases}$$

的一个基础解系.

解 对这个齐次线性方程组的系数矩阵 A 进行初等行变换化为行最简形矩阵

$$A=\begin{pmatrix}1&-3&5&-2&1\\-2&1&-3&1&-4\\-1&-7&9&-4&-5\\3&-14&22&-9&1\end{pmatrix}\xrightarrow[\substack{r_3+r_1\\r_4-3r_1}]{r_2+2r_1}\begin{pmatrix}1&-3&5&-2&1\\0&-5&7&-3&-2\\0&-10&14&-6&-4\\0&-5&7&-3&-2\end{pmatrix}$$

$$
\xrightarrow[r_4-r_2]{r_3-2r_2}
\begin{pmatrix}
1 & -3 & 5 & -2 & 1 \\
0 & -5 & 7 & -3 & -2 \\
0 & 0 & 0 & 0 & 0 \\
0 & 0 & 0 & 0 & 0
\end{pmatrix}
\xrightarrow[r_1+3r_2]{r_2\times\left(-\frac{1}{5}\right)}
\begin{pmatrix}
1 & 0 & 4/5 & -1/5 & 11/5 \\
0 & 1 & -7/5 & 3/5 & 2/5 \\
0 & 0 & 0 & 0 & 0 \\
0 & 0 & 0 & 0 & 0
\end{pmatrix}
$$

于是,这个齐次线性方程组的同解方程组为

$$
\begin{cases}
x_1 = -\dfrac{4}{5}x_3 + \dfrac{1}{5}x_4 - \dfrac{11}{5}x_5 \\[2mm]
x_2 = \quad\ \dfrac{7}{5}x_3 - \dfrac{3}{5}x_4 - \dfrac{2}{5}x_5
\end{cases}
$$

其中 x_3,x_4,x_5 为自由未知量.令 $\begin{pmatrix}x_3\\x_4\\x_5\end{pmatrix}$ 分别取 $\begin{pmatrix}1\\0\\0\end{pmatrix}$,$\begin{pmatrix}0\\1\\0\end{pmatrix}$,$\begin{pmatrix}0\\0\\1\end{pmatrix}$,得齐次线性方程组的一个基础解系为

$$
\boldsymbol{\zeta}_1 = \begin{pmatrix}-4/5\\7/5\\1\\0\\0\end{pmatrix},\quad
\boldsymbol{\zeta}_2 = \begin{pmatrix}1/5\\-3/5\\0\\1\\0\end{pmatrix},\quad
\boldsymbol{\zeta}_3 = \begin{pmatrix}-11/5\\-2/5\\0\\0\\1\end{pmatrix}
$$

注 本题在求解基础解系时,为了避免产生分数,也可令 $\begin{pmatrix}x_3\\x_4\\x_5\end{pmatrix}$ 分别取 $\begin{pmatrix}5\\0\\0\end{pmatrix}$,$\begin{pmatrix}0\\5\\0\end{pmatrix}$,$\begin{pmatrix}0\\0\\5\end{pmatrix}$,

可得齐次线性方程组的另一个基础解系为

$$
\boldsymbol{\zeta}_1 = \begin{pmatrix}-4\\7\\5\\0\\0\end{pmatrix},\quad
\boldsymbol{\zeta}_2 = \begin{pmatrix}1\\-3\\0\\5\\0\end{pmatrix},\quad
\boldsymbol{\zeta}_3 = \begin{pmatrix}-11\\-2\\0\\0\\5\end{pmatrix}
$$

例3 设 $\boldsymbol{A}$ 为 $m\times n$ 矩阵,$\boldsymbol{B}$ 为 $n\times s$ 矩阵,若 $\boldsymbol{AB}=\boldsymbol{O}$,证明:$R(\boldsymbol{A})+R(\boldsymbol{B})\leqslant n$.

证 令 $\boldsymbol{B}=(\boldsymbol{b}_1,\boldsymbol{b}_2,\cdots,\boldsymbol{b}_s)$,有

$$
\boldsymbol{AB}=\boldsymbol{A}(\boldsymbol{b}_1,\boldsymbol{b}_2,\cdots,\boldsymbol{b}_s)=(\boldsymbol{Ab}_1,\boldsymbol{Ab}_2,\cdots,\boldsymbol{Ab}_s)=\boldsymbol{O}
$$

即

$$
\boldsymbol{Ab}_1=\boldsymbol{Ab}_2=\cdots=\boldsymbol{Ab}_s=\boldsymbol{0}
$$

所以矩阵 $\boldsymbol{B}$ 的列向量组 $\boldsymbol{b}_1,\boldsymbol{b}_2,\cdots,\boldsymbol{b}_s$ 都是齐次线性方程组 $\boldsymbol{A}_{m\times n}\boldsymbol{x}=\boldsymbol{0}$ 的解向量.设 $R(\boldsymbol{A}_{m\times n})=r$,若 $r=n$,则齐次线性方程组 $\boldsymbol{A}_{m\times n}\boldsymbol{x}=\boldsymbol{0}$ 只有零解,此时必有 $\boldsymbol{b}_1=\boldsymbol{b}_2=\cdots=\boldsymbol{b}_s=\boldsymbol{0}$,即 $\boldsymbol{B}=\boldsymbol{O}$,从而 $R(\boldsymbol{B})=0$,因此 $R(\boldsymbol{A})+R(\boldsymbol{B})=n$.若 $r<n$,则齐次线性方程组 $\boldsymbol{A}_{m\times n}\boldsymbol{x}=\boldsymbol{0}$ 的基础解系存在,且含有 $n-r$ 个线性无关的解向量.由于基础解系实质上就是齐次线性方程组 $\boldsymbol{A}_{m\times n}\boldsymbol{x}=\boldsymbol{0}$ 的解向量组的最大无关组,所以方程组的解向量组的秩为 $n-r$,由于 $\boldsymbol{b}_1$,

$b_2, \cdots, b_s$ 是方程组 $A_{m \times n} x = 0$ 的解向量组中的 s 个解向量,所以它的秩不会超过 $n-r$. 由此可知

$$R(b_1, b_2, \cdots, b_s) \leqslant n-r = n-R(A) \quad 即 \quad R(A)+R(B) \leqslant n$$

4.5.2 非齐次线性方程组的解的结构

将非齐次线性方程组 $Ax = b$ 中常向量 b 换成零向量而得到的齐次线性方程组 $Ax = 0$ 称为非齐次线性方程组 $Ax = b$ 的导出组. 下面讨论非齐次线性方程组 $Ax = b$ 的解与其导出组 $Ax = 0$ 的解之间的关系,从而得出非齐次线性方程组 $Ax = b$ 的解的结构.

1. 非齐次线性方程组的解的性质

性质 3 如果 η 是非齐次线性方程组 $Ax = b$ 的一个解,ζ 是它的导出组 $Ax = 0$ 的解,则 $\eta + \zeta$ 是非齐次线性方程组 $Ax = b$ 的解.

证 η 是非齐次线性方程组 $Ax = b$ 的一个解,所以 $A\eta = b$,ζ 是它的导出组的解,所以 $A\zeta = 0$,从而 $A(\eta + \zeta) = A\eta + A\zeta = b$,即 $\eta + \zeta$ 是非齐次线性方程组 $Ax = b$ 的解.

性质 4 如果 η_1, η_2 均是非齐次线性方程组 $Ax = b$ 的解,则 $\eta_1 - \eta_2$ 是它的导出组 $Ax = 0$ 的解.

证 因为 η_1, η_2 均是非齐次线性方程组 $Ax = b$ 的解,所以 $A\eta_1 = b$,$A\eta_2 = b$,则 $A(\eta_1 - \eta_2) = A\eta_1 - A\eta_2 = b - b = 0$,即 $\eta_1 - \eta_2$ 是齐次线性方程组 $Ax = 0$ 的解.

2. 非齐次线性方程组的解的结构

定理 2 设 η^* 是非齐次线性方程组 $Ax = b$ 的一个特解,$\zeta_1, \zeta_2, \cdots, \zeta_{n-r}$ 是其导出组 $Ax = 0$ 的基础解系,则非齐次线性方程组的通解 η 为

$$\eta = \eta^* + c_1 \zeta_1 + c_2 \zeta_2 + \cdots + c_{n-r} \zeta_{n-r} \quad (c_1, c_2, \cdots, c_{n-r} \text{为任意常数})$$

证 由于 η^* 是非齐次线性方程组 $Ax = b$ 的一个特解,η 为其任意一个解,则 $\eta - \eta^*$ 是它的导出组 $Ax = 0$ 的解. 所以 $\eta - \eta^* = c_1 \zeta_1 + c_2 \zeta_2 + \cdots + c_{n-r} \zeta_{n-r}$,即

$$\eta = \eta^* + c_1 \zeta_1 + c_2 \zeta_2 + \cdots + c_{n-r} \zeta_{n-r} \quad (c_1, c_2, \cdots, c_{n-r} \text{为任意常数})$$

例 4 求下列线性方程组的通解,并给出其导出组的一个基础解系.

$$\begin{cases} x_1 + x_2 + x_3 + 3x_4 + x_5 = 7 \\ 3x_1 + x_2 + 2x_3 + x_4 - 3x_5 = -2 \\ 2x_2 + x_3 + 2x_4 + 6x_5 = 23 \\ 4x_1 + 2x_2 + 3x_3 + 10x_4 - 2x_5 = 5 \end{cases}$$

解 对线性方程组的增广矩阵 (A, b) 进行初等行变换化为行最简形矩阵

$$(Ab) = \begin{pmatrix} 1 & 1 & 1 & 3 & 1 & 7 \\ 3 & 1 & 2 & 1 & -3 & -2 \\ 0 & 2 & 1 & 2 & 6 & 23 \\ 4 & 2 & 3 & 10 & -2 & 5 \end{pmatrix} \xrightarrow[r_4-4r_1]{r_2-3r_1} \begin{pmatrix} 1 & 1 & 1 & 3 & 1 & 7 \\ 0 & -2 & -1 & -8 & -6 & -23 \\ 0 & 2 & 1 & 2 & 6 & 23 \\ 0 & -2 & -1 & -2 & -6 & -23 \end{pmatrix}$$

$$\begin{matrix}r_4+r_3\\r_3+r_2\end{matrix}\longrightarrow
\begin{pmatrix}
1 & 1 & 1 & 3 & 1 & 7\\
0 & -2 & -1 & -8 & -6 & -23\\
0 & 0 & 0 & -6 & 0 & 0\\
0 & 0 & 0 & 0 & 0 & 0
\end{pmatrix}
\begin{matrix}r_2\times\left(-\dfrac{1}{2}\right)\\r_3\times\left(-\dfrac{1}{6}\right)\end{matrix}
\begin{pmatrix}
1 & 1 & 1 & 3 & 1 & 7\\
0 & 1 & \dfrac{1}{2} & 4 & 3 & \dfrac{23}{2}\\
0 & 0 & 0 & 1 & 0 & 0\\
0 & 0 & 0 & 0 & 0 & 0
\end{pmatrix}$$

$$\begin{matrix}r_1-3r_3\\r_2-4r_3\end{matrix}\longrightarrow
\begin{pmatrix}
1 & 1 & 1 & 0 & 1 & 7\\
0 & 1 & \dfrac{1}{2} & 0 & 3 & \dfrac{23}{2}\\
0 & 0 & 0 & 1 & 0 & 0\\
0 & 0 & 0 & 0 & 0 & 0
\end{pmatrix}
\xrightarrow{r_1-r_2}
\begin{pmatrix}
1 & 0 & \dfrac{1}{2} & 0 & -2 & -\dfrac{9}{2}\\
0 & 1 & \dfrac{1}{2} & 0 & 3 & \dfrac{23}{2}\\
0 & 0 & 0 & 1 & 0 & 0\\
0 & 0 & 0 & 0 & 0 & 0
\end{pmatrix}$$

得与原方程组同解的方程组为

$$\begin{cases}
x_1=-\dfrac{9}{2}-\dfrac{1}{2}x_3+2x_5\\[2mm]
x_2=\ \ \dfrac{23}{2}-\dfrac{1}{2}x_3-3x_5\\[2mm]
x_4=0
\end{cases}$$

令 $\begin{pmatrix}x_3\\x_5\end{pmatrix}=\begin{pmatrix}0\\0\end{pmatrix}$，得方程组的一个特解

$$\boldsymbol{\eta}^*=\begin{pmatrix}x_1\\x_2\\x_3\\x_4\\x_5\end{pmatrix}=\begin{pmatrix}-\dfrac{9}{2}\\[1mm]\dfrac{23}{2}\\[1mm]0\\0\\0\end{pmatrix}$$

原方程组的导出组的同解方程组为

$$\begin{cases}
x_1=-\dfrac{1}{2}x_3+2x_5\\[2mm]
x_2=-\dfrac{1}{2}x_3-3x_5\\[2mm]
x_4=0
\end{cases}$$

分别令 $\begin{pmatrix}x_3\\x_5\end{pmatrix}=\begin{pmatrix}-2\\0\end{pmatrix}$，$\begin{pmatrix}0\\1\end{pmatrix}$，得导出组的基础解系 $\boldsymbol{\zeta}_1=\begin{pmatrix}1\\1\\-2\\0\\0\end{pmatrix}$，$\boldsymbol{\zeta}_2=\begin{pmatrix}2\\-3\\0\\0\\1\end{pmatrix}$，所以原方程组的

通解为

$$\boldsymbol{\eta}=\boldsymbol{\eta}^{*}+c_{1}\boldsymbol{\zeta}_{1}+c_{2}\boldsymbol{\zeta}_{2}=\begin{pmatrix}-\dfrac{9}{2}\\[2mm]\dfrac{23}{2}\\[2mm]0\\0\\0\end{pmatrix}+c_{1}\begin{pmatrix}1\\1\\-2\\0\\0\end{pmatrix}+c_{2}\begin{pmatrix}2\\-3\\0\\0\\1\end{pmatrix}\quad(c_{1},c_{2}\ \text{为任意常数})$$

例 5 设四元非齐次线性方程组 $\boldsymbol{Ax}=\boldsymbol{b}$ 的系数矩阵 $\boldsymbol{A}$ 的秩为 3,已知它的三个解向量为 $\boldsymbol{\eta}_{1},\boldsymbol{\eta}_{2},\boldsymbol{\eta}_{3}$,其中

$$\boldsymbol{\eta}_{1}=\begin{pmatrix}3\\-4\\1\\2\end{pmatrix},\quad \boldsymbol{\eta}_{2}+\boldsymbol{\eta}_{3}=\begin{pmatrix}2\\3\\4\\0\end{pmatrix}$$

求该方程组的通解.

解 $\boldsymbol{\eta}_{1},\boldsymbol{\eta}_{2},\boldsymbol{\eta}_{3}$ 是非齐次线性方程组 $\boldsymbol{Ax}=\boldsymbol{b}$ 的解,所以 $\boldsymbol{A\eta}_{1}=\boldsymbol{b},\boldsymbol{A\eta}_{2}=\boldsymbol{b},\boldsymbol{A\eta}_{3}=\boldsymbol{b}$. 则有

$$\boldsymbol{A}(2\boldsymbol{\eta}_{1}-\boldsymbol{\eta}_{2}-\boldsymbol{\eta}_{3})=2\cdot\boldsymbol{A\eta}_{1}-\boldsymbol{A\eta}_{2}-\boldsymbol{A\eta}_{3}=2\boldsymbol{b}-\boldsymbol{b}-\boldsymbol{b}=\boldsymbol{0}$$

即

$$\boldsymbol{\zeta}=2\boldsymbol{\eta}_{1}-\boldsymbol{\eta}_{2}-\boldsymbol{\eta}_{3}=\begin{pmatrix}4\\-11\\-2\\4\end{pmatrix}$$

是 $\boldsymbol{Ax}=\boldsymbol{b}$ 的导出组 $\boldsymbol{Ax}=\boldsymbol{0}$ 的解. 又因为 $R(\boldsymbol{A})=3$,所以 $\boldsymbol{Ax}=\boldsymbol{0}$ 的基础解系只含有一个线性无关的解向量. 则 $\boldsymbol{\zeta}=\begin{pmatrix}4\\-11\\-2\\4\end{pmatrix}$ 是 $\boldsymbol{Ax}=\boldsymbol{0}$ 的一个基础解系. 所以 $\boldsymbol{Ax}=\boldsymbol{b}$ 的通解为

$$\boldsymbol{\eta}=\boldsymbol{\eta}_{1}+k\boldsymbol{\zeta}=\begin{pmatrix}3\\-4\\1\\2\end{pmatrix}+k\begin{pmatrix}4\\-11\\-2\\4\end{pmatrix}\quad(k\ \text{为任意常数})$$

习 题 4-5

1. 设 $\boldsymbol{A}$ 为五阶方阵,若 $R(\boldsymbol{A})=3$,则齐次线性方程组 $\boldsymbol{Ax}=\boldsymbol{0}$ 的基础解系中包含的解向量的个数是( ).

A. 2   B. 3   C. 4   D. 5

2. 设 $\boldsymbol{\alpha}_{1},\boldsymbol{\alpha}_{2}$ 是非齐次方程组 $\boldsymbol{Ax}=\boldsymbol{b}$ 的解,$\boldsymbol{\beta}$ 是其导出组 $\boldsymbol{Ax}=\boldsymbol{0}$ 的解,则 $\boldsymbol{Ax}=\boldsymbol{b}$ 必有一个解是( ).

A. $\boldsymbol{\alpha}_{1}+\boldsymbol{\alpha}_{2}$ B. $\boldsymbol{\alpha}_{1}-\boldsymbol{\alpha}_{2}$

C. $\boldsymbol{\beta}+\boldsymbol{\alpha}_{1}+\boldsymbol{\alpha}_{2}$ D. $\boldsymbol{\beta}+\dfrac{1}{2}\boldsymbol{\alpha}_{1}+\dfrac{1}{2}\boldsymbol{\alpha}_{2}$

3. 设 3 元非齐次线性方程组 $Ax=b$ 的两个解为 $\alpha=(1,0,2)^{\mathrm{T}}$, $\beta=(1,-1,3)^{\mathrm{T}}$, 且 $R(A)=2$, 则对于任意常数 k, k_1, k_2, 方程组的通解可表示为(　　).

A. $k_1(1,0,2)^{\mathrm{T}}+k_2(1,-1,3)^{\mathrm{T}}$ 　　　　B. $(1,0,2)^{\mathrm{T}}+k(1,-1,3)^{\mathrm{T}}$

C. $(1,0,2)^{\mathrm{T}}+k(0,1,-1)^{\mathrm{T}}$ 　　　　D. $(1,0,2)^{\mathrm{T}}+k(2,-1,5)^{\mathrm{T}}$

4. 设 $m\times n$ 矩阵 A 的秩为 $R(A)=n-1$, 且 ξ_1, ξ_2 是齐次方程 $Ax=0$ 的两个不同的解, 则 $Ax=0$ 的通解为(　　).

A. $k\xi_1$, $k\in R$ 　　　　　　　　　B. $k\xi_2$, $k\in R$

C. $k(\xi_1+\xi_2)$, $k\in R$ 　　　　　　D. $k(\xi_1-\xi_2)$, $k\in R$

5. 已知 η_1, η_2 是非齐次线性方程组 $Ax=b$ 的两个不同的解, ζ_1, ζ_2 是其导出组 $Ax=0$ 的基础解系, k_1, k_2 为任意常数, 则 $Ax=b$ 的通解为(　　).

A. $k_1\zeta_1+k_2(\zeta_1+\zeta_2)+\dfrac{\eta_1-\eta_2}{2}$ 　　　　B. $k_1\zeta_1+k_2(\zeta_1-\zeta_2)+\dfrac{\eta_1+\eta_2}{2}$

C. $k_1\zeta_1+k_2(\eta_1+\eta_2)+\dfrac{\eta_1-\eta_2}{2}$ 　　　　D. $k_1\zeta_1+k_2(\eta_1-\eta_2)+\dfrac{\eta_1+\eta_2}{2}$

6. 设 ζ_1, ζ_2, ζ_3 是齐次线性方程组 $Ax=0$ 的基础解系, 则(　　)不是 $Ax=0$ 的基础解系.

A. $\zeta_1+\zeta_2$, $\zeta_2+\zeta_3$, $\zeta_3+\zeta_1$ 　　　　B. $\zeta_1+3\zeta_2$, $\zeta_2+2\zeta_3$, $\zeta_3+\zeta_1$

C. ζ_1, $\zeta_1+\zeta_2$, $\zeta_1+\zeta_2+\zeta_3$ 　　　　D. $\zeta_1-\zeta_2$, $\zeta_2-\zeta_3$, $\zeta_3-\zeta_1$

7. 若齐次线性方程组 $A_{m\times n}x=0$ 的解都是 $B_{m\times n}x=0$ 的解, 则(　　).

A. $R(A)<R(B)$ 　　　　　　　　　B. $R(A)\geqslant R(B)$

C. $R(A)=R(B)$ 　　　　　　　　　D. $R(A)\leqslant R(B)$

8. 求下列齐次线性方程组的一个基础解系与通解.

(1) $\begin{cases} 2x_1+x_2-2x_3+3x_4=0 \\ 3x_1+2x_2-x_3+2x_4=0 \\ x_1+x_2+x_3-x_4=0 \end{cases}$ 　　　　(2) $\begin{cases} x_1+x_2-x_3-x_4=0 \\ 2x_1-5x_2+3x_3+2x_4=0 \\ 7x_1-7x_2+3x_3+x_4=0 \end{cases}$

(3) $\begin{cases} 2x_1-3x_2-2x_3+x_4=0 \\ 3x_1+5x_2+4x_3-2x_4=0 \\ 8x_1+7x_2+6x_3-3x_4=0 \end{cases}$

9. 求下列非齐次线性方程组的通解, 并写出它的导出组的基础解系:

(1) $\begin{cases} x_1+x_2-3x_3-x_4=1 \\ 3x_1-x_2-3x_3-4x_4=4 \\ x_1+5x_2-9x_3-8x_4=0 \end{cases}$ 　　　　(2) $\begin{cases} x_1+2x_2-x_3+3x_4+x_5=2 \\ 2x_1+4x_2-2x_3+6x_4+3x_5=6 \\ -x_1-2x_2+x_3-x_4+3x_5=4 \end{cases}$

10. 设四元非齐次线性方程组 $Ax=b$ 的系数矩阵 A 的秩为 2, 已知它的三个解向量

为 η_1, η_2, η_3, 其中 $\eta_1=\begin{pmatrix} 4 \\ 3 \\ 2 \\ 1 \end{pmatrix}$, $\eta_2=\begin{pmatrix} 1 \\ 3 \\ 5 \\ 1 \end{pmatrix}$, $\eta_3=\begin{pmatrix} -2 \\ 6 \\ 3 \\ 2 \end{pmatrix}$, 求该方程组的通解.

11. 证明：$R(A^TA) = R(A)$.（提示:证明方程组 $Ax = 0$ 和 $A^TAx = 0$ 同解）

12. 已知 n 阶方阵 A 的每行的元素之和为零,且 $R(A) = n-1$,求方程组 $Ax = 0$ 的通解.

13. 求出一个齐次线性方程组,使它的基础解系由向量 $\xi_1 = \begin{pmatrix} 1 \\ 2 \\ 3 \\ 4 \end{pmatrix}$, $\xi_2 = \begin{pmatrix} 4 \\ 3 \\ 2 \\ 1 \end{pmatrix}$ 组成.

14. 设 $\eta*$ 是非齐次线性方程组 $Ax = b$ 的一个解,$\zeta_1, \zeta_2, \cdots, \zeta_{n-r}$ 是其导出组的基础解系,证明：

(1) $\eta*, \zeta_1, \zeta_2, \cdots, \zeta_{n-r}$ 线性无关；

(2) $\eta*, \eta*+\zeta_1, \cdots, \eta*+\zeta_{n-r}$ 线性无关.

综合复习题 4

A

1. 判断题

(1) 若 $R(A_{2\times3}) = 2$,则方程组 $A_{2\times3}x = b$ 一定有解. （   ）

(2) 若向量组 $\alpha_1, \alpha_2, \cdots, \alpha_s$ ($s \geq 2$) 线性相关,则其中任何向量都可由其余向量线性表示. （   ）

(3) 向量组的秩等于向量组的最大无关组的个数. （   ）

(4) 非齐次线性方程组 $Ax = b$ 有无穷多个解的充分必要条件是它有两个不同的解. （   ）

(5) 若向量组是秩为 r,则向量组中任意 r 个线性无关的部分组都是向量组的一个最大无关组. （   ）

2. 已知 $\alpha_1 = (1,1,0,1)^T, \alpha_2 = (0,1,t,4)^T, \alpha_3 = (2,1,-2,-2)^T$ 线性相关,则 $t = $ _____.

3. 当 λ 取何值时,线性方程组

$$\begin{cases} (\lambda+3)x_1 + \quad x_2 + \quad 2x_3 = \lambda \\ \lambda x_1 + (\lambda-1)x_2 + \quad x_3 = \lambda \\ 3(\lambda+1)x_1 + \quad \lambda x_2 + (\lambda+3)x_3 = 3 \end{cases}$$

有唯一解；无解；无穷多解. 当方程组有无穷多解时求出它的通解.

4. 写出一个以 $x = c_1 \begin{pmatrix} 2 \\ -3 \\ 1 \\ 0 \end{pmatrix} + c_2 \begin{pmatrix} -2 \\ 4 \\ 0 \\ 1 \end{pmatrix}$ ($c_1, c_2 \in \mathbf{R}$) 为通解的齐次线性方程组.

5. 设向量组 $\alpha_1, \alpha_2, \alpha_3$ 线性无关,已知 $\beta_1 = k_1\alpha_1 + \alpha_2 + k_1\alpha_3, \beta_2 = \alpha_1 + k_2\alpha_2 + (k_2+1)\alpha_3, \beta_3 = \alpha_1 + \alpha_2 + \alpha_3$,试问当 k_1, k_2 为何值时,$\beta_1, \beta_2, \beta_3$ 线性相关？线性无关？

6. 设 A 为 4×3 矩阵，B 为 3×3 矩阵，且 $AB = O$，其中矩阵 $A = \begin{pmatrix} 1 & 1 & -1 \\ 1 & 2 & 1 \\ 2 & 3 & 0 \\ 0 & -1 & -2 \end{pmatrix}$，证明：$B$ 的列向量组线性相关.

7. 求向量组 $\boldsymbol{\alpha}_1 = (1,1,3,1)^T$，$\boldsymbol{\alpha}_2 = (-1,1,-1,3)^T$，$\boldsymbol{\alpha}_3 = (5,-2,8,-9)^T$，$\boldsymbol{\alpha}_4 = (-1,3,1,7)^T$ 的秩和一个最大无关组，并将其余向量用此最大无关组线性表示.

8. 求下列齐次线性方程组的一个基础解系及通解.

(1) $\begin{cases} x_1 - x_2 + 5x_3 - x_4 = 0 \\ x_1 + x_2 - 2x_3 + 3x_4 = 0 \\ 3x_1 - x_2 + 8x_3 + x_4 = 0 \\ x_1 + 3x_2 - 9x_3 + 7x_4 = 0 \end{cases}$

(2) $nx_1 + (n-1)x_2 + \cdots + 2x_{n-1} + x_n = 0$

9. 求下列非齐次线性方程组的通解，并写出对应的导出组的基础解系.

(1) $\begin{cases} 2x_1 + 7x_2 + 3x_3 + x_4 = 6 \\ 3x_1 + 5x_2 + 2x_3 + 2x_4 = 4 \\ 9x_1 + 4x_2 + x_3 + 7x_4 = 2 \end{cases}$

(2) $\begin{cases} x_1 + x_2 + x_3 + x_4 + x_5 = 7 \\ 3x_1 + 2x_2 + x_3 + x_4 - 3x_5 = -2 \\ x_2 + 2x_3 + 2x_4 + 6x_5 = 23 \\ 5x_1 + 4x_2 + 3x_3 + 3x_4 - x_5 = 12 \end{cases}$

B

1. 若齐次线性方程组 $\begin{cases} kx + y - 2z = 0, \\ x + ky + 2z = 0, \\ kx + y + kz = 0 \end{cases}$ 有非零解，且 $k^2 \neq 1$，则 k 的值为 _____.

2. 已知 $A = (\boldsymbol{\alpha}_1, \boldsymbol{\alpha}_2, \boldsymbol{\alpha}_3, \boldsymbol{\alpha}_4)$，且 $\boldsymbol{\beta} = 2\boldsymbol{\alpha}_1 + \boldsymbol{\alpha}_2 - \boldsymbol{\alpha}_4$. 则方程组 $A\boldsymbol{x} = \boldsymbol{\beta}$ 的一个解向量为 _____.

3. 设 $\boldsymbol{\eta}_1, \boldsymbol{\eta}_2$ 是非齐次线性方程组 $A\boldsymbol{x} = \boldsymbol{b}$ 的解，又已知 $k_1\boldsymbol{\eta}_1 + k_2\boldsymbol{\eta}_2$ 也是 $A\boldsymbol{x} = \boldsymbol{b}$ 的解，则 $k_1 + k_2 = $ _____.

4. 对非齐次线性方程组 $A_{m \times n}\boldsymbol{x} = \boldsymbol{b}$，设 $R(A) = r$，则( ).

A. $r = m$ 时，方程组 $A\boldsymbol{x} = \boldsymbol{b}$ 有解

B. $r = n$ 时，方程组 $A\boldsymbol{x} = \boldsymbol{b}$ 有唯一解

C. $m = n$ 时，方程组 $A\boldsymbol{x} = \boldsymbol{b}$ 有唯一解

D. $r < n$ 时，方程组 $A\boldsymbol{x} = \boldsymbol{b}$ 有无穷多解

5. 设 $\boldsymbol{\alpha}_1, \boldsymbol{\alpha}_2, \cdots, \boldsymbol{\alpha}_s$ 均为 n 维向量，则下列结论不正确的是( ).

A. 若对任意一组不全为零的数 $k_1, k_2, \cdots, k_s$，都有 $k_1\boldsymbol{\alpha}_1 + k_2\boldsymbol{\alpha}_2 + \cdots + k_s\boldsymbol{\alpha}_s \neq \boldsymbol{0}$，则 $\boldsymbol{\alpha}_1, \boldsymbol{\alpha}_2, \cdots, \boldsymbol{\alpha}_s$ 线性无关

B. 若 $\boldsymbol{\alpha}_1,\boldsymbol{\alpha}_2,\cdots,\boldsymbol{\alpha}_s$ 线性相关,则存在一组不全为零的数 $k_1,k_2,\cdots,k_s$,使得 $k_1\boldsymbol{\alpha}_1+k_2\boldsymbol{\alpha}_2+\cdots+k_s\boldsymbol{\alpha}_s=\boldsymbol{0}$

C. $\boldsymbol{\alpha}_1,\boldsymbol{\alpha}_2,\cdots,\boldsymbol{\alpha}_s$ 线性无关的充分必要条件是此向量组的秩为 s

D. $\boldsymbol{\alpha}_1,\boldsymbol{\alpha}_2,\cdots,\boldsymbol{\alpha}_s$ 线性无关的充分必要条件是其中任意两个向量线性无关

6. 设 $\boldsymbol{A}$ 为 $m\times n$ 矩阵,则有(　　).

A. 若 $m<n$,则 $\boldsymbol{Ax}=\boldsymbol{b}$ 有无穷多解

B. 若 $m<n$,则 $\boldsymbol{Ax}=\boldsymbol{0}$ 有非零解,且基础解系含有 $n-m$ 个解向量

C. 若 $\boldsymbol{A}$ 有 n 阶子式不为零,则 $\boldsymbol{Ax}=\boldsymbol{b}$ 有唯一解

D. 若 $\boldsymbol{A}$ 有 n 阶子式不为零,则 $\boldsymbol{Ax}=\boldsymbol{0}$ 仅有零解

7. 已知 $\boldsymbol{\alpha},\boldsymbol{\beta},\boldsymbol{\gamma}$ 线性无关,则下列向量组中一定线性无关的是(　　).

A. $2\boldsymbol{\alpha}+5\boldsymbol{\beta}-3\boldsymbol{\gamma},7\boldsymbol{\alpha}-\boldsymbol{\beta}-\boldsymbol{\gamma},\boldsymbol{\alpha}-\boldsymbol{\beta}-\boldsymbol{\gamma}$

B. $5\boldsymbol{\alpha}-3\boldsymbol{\beta}+\boldsymbol{\gamma},2\boldsymbol{\alpha}+\boldsymbol{\beta}-\boldsymbol{\gamma},3\boldsymbol{\alpha}-4\boldsymbol{\beta}+2\boldsymbol{\gamma}$

C. $3\boldsymbol{\alpha}+2\boldsymbol{\beta}+4\boldsymbol{\gamma},\boldsymbol{\alpha}-\boldsymbol{\beta}+\boldsymbol{\gamma},\boldsymbol{\alpha}-\boldsymbol{\beta}+\boldsymbol{\gamma}$

D. $\boldsymbol{\alpha}+\boldsymbol{\beta}+2\boldsymbol{\gamma},\boldsymbol{\alpha}-2\boldsymbol{\beta}+\boldsymbol{\gamma},2\boldsymbol{\alpha}-\boldsymbol{\beta}+3\boldsymbol{\gamma}$

8. 设 n 维列向量组 $\boldsymbol{\alpha}_1,\boldsymbol{\alpha}_2,\cdots,\boldsymbol{\alpha}_m$($m<n$)线性无关,则 n 维列向量组 $\boldsymbol{\beta}_1,\boldsymbol{\beta}_2,\cdots,\boldsymbol{\beta}_m$ 线性无关的充分必要条件是(　　).

A. 向量组 $\boldsymbol{\alpha}_1,\boldsymbol{\alpha}_2,\cdots,\boldsymbol{\alpha}_m$ 可由向量组 $\boldsymbol{\beta}_1,\boldsymbol{\beta}_2,\cdots,\boldsymbol{\beta}_m$ 线性表示

B. 向量组 $\boldsymbol{\beta}_1,\boldsymbol{\beta}_2,\cdots,\boldsymbol{\beta}_m$ 可由向量组 $\boldsymbol{\alpha}_1,\boldsymbol{\alpha}_2,\cdots,\boldsymbol{\alpha}_m$ 线性表示

C. 向量组 $\boldsymbol{\alpha}_1,\boldsymbol{\alpha}_2,\cdots,\boldsymbol{\alpha}_m$ 与向量组 $\boldsymbol{\beta}_1,\boldsymbol{\beta}_2,\cdots,\boldsymbol{\beta}_m$ 等价

D. 矩阵 $\boldsymbol{A}=(\boldsymbol{\alpha}_1,\boldsymbol{\alpha}_2,\cdots,\boldsymbol{\alpha}_m)$ 与矩阵 $\boldsymbol{B}=(\boldsymbol{\beta}_1,\boldsymbol{\beta}_2,\cdots,\boldsymbol{\beta}_m)$ 等价

9. 设有齐次线性方程组 $\boldsymbol{Ax}=\boldsymbol{0}$ 和 $\boldsymbol{Bx}=\boldsymbol{0}$,其中 A,B 均为 $m\times n$ 矩阵,现有 4 个命题:

① 若 $\boldsymbol{Ax}=\boldsymbol{0}$ 的解均是 $\boldsymbol{Bx}=\boldsymbol{0}$ 的解,则 $R(\boldsymbol{A})\geqslant R(\boldsymbol{B})$;

② 若 $R(\boldsymbol{A})\geqslant R(\boldsymbol{B})$,则 $\boldsymbol{Ax}=\boldsymbol{0}$ 的解均是 $\boldsymbol{Bx}=\boldsymbol{0}$ 的解;

③ 若 $\boldsymbol{Ax}=\boldsymbol{0}$ 与 $\boldsymbol{Bx}=\boldsymbol{0}$ 同解,则 $R(\boldsymbol{A})=R(\boldsymbol{B})$;

④ 若 $R(\boldsymbol{A})=R(\boldsymbol{B})$,则 $\boldsymbol{Ax}=\boldsymbol{0}$ 与 $\boldsymbol{Bx}=\boldsymbol{0}$ 同解.

以上命题中正确的是(　　).

A. ①、②　　　　B. ①、③　　　　C. ②、④　　　　D. ③、④

10. $\boldsymbol{\eta}_1,\boldsymbol{\eta}_2,\boldsymbol{\eta}_3$ 是齐次线性方程组 $\boldsymbol{Ax}=\boldsymbol{0}$ 的三个不同的解,给出以下 4 个命题:

① 如果 $\boldsymbol{\eta}_1,\boldsymbol{\eta}_2,\boldsymbol{\eta}_3$ 和 $\boldsymbol{Ax}=\boldsymbol{0}$ 的一个基础解系等价,则 $\boldsymbol{\eta}_1,\boldsymbol{\eta}_2,\boldsymbol{\eta}_3$ 也是 $\boldsymbol{Ax}=\boldsymbol{0}$ 的基础解系;

② 如果 $\boldsymbol{\eta}_1,\boldsymbol{\eta}_2,\boldsymbol{\eta}_3$ 是 $\boldsymbol{Ax}=\boldsymbol{0}$ 的一个基础解系,则 $\boldsymbol{Ax}=\boldsymbol{0}$ 的每个解都可以用 $\boldsymbol{\eta}_1,\boldsymbol{\eta}_2,\boldsymbol{\eta}_3$ 线性表示,并且表示方式唯一;

③ 如果 $\boldsymbol{Ax}=\boldsymbol{0}$ 的每个解都可以用 $\boldsymbol{\eta}_1,\boldsymbol{\eta}_2,\boldsymbol{\eta}_3$ 线性表示,并且表示方式唯一,则 $\boldsymbol{\eta}_1,\boldsymbol{\eta}_2,\boldsymbol{\eta}_3$ 是 $\boldsymbol{Ax}=\boldsymbol{0}$ 的一个基础解系;

④ 如果 $n-R(\boldsymbol{A})=3$,则 $\boldsymbol{\eta}_1,\boldsymbol{\eta}_2,\boldsymbol{\eta}_3$ 是 $\boldsymbol{Ax}=\boldsymbol{0}$ 的一个基础解系.

其中正确的为(　　).

A. ①、②、③　　B. ②、③、④　　C. ①、②、③、④　　D. ②、③

11. 设线性方程组 $\begin{cases} x_1 + \quad\ \ x_3 = 2, \\ x_1 + 2x_2 - \ x_3 = 0, \\ 2x_1 + \ x_2 - ax_3 = b, \end{cases}$ 讨论当 a, b 为何值时,方程组无解,有唯一解,有无穷多解.

12. 设四维向量组 $\boldsymbol{\alpha}_1 = (1+a, 1, 1, 1)^T, \boldsymbol{\alpha}_2 = (2, 2+a, 2, 2)^T, \boldsymbol{\alpha}_3 = (3, 3, 3+a, 3)^T, \boldsymbol{\alpha}_4 = (4, 4, 4, 4+a)^T$,问 a 为何值时 $\boldsymbol{\alpha}_1, \boldsymbol{\alpha}_2, \boldsymbol{\alpha}_3, \boldsymbol{\alpha}_4$ 线性相关? 当 $\boldsymbol{\alpha}_1, \boldsymbol{\alpha}_2, \boldsymbol{\alpha}_3, \boldsymbol{\alpha}_4$ 线性相关时,求其一个最大线性无关组,并将其余向量用该最大线性无关组线性表示.

13. 求非齐次线性方程组 $\begin{cases} x_1 + 2x_2 - \ x_3 + \ 4x_4 = 2, \\ 2x_1 - \ x_2 + \ x_3 + \ x_4 = 1, \\ x_1 + 7x_2 - 4x_3 + 11x_4 = 5 \end{cases}$ 的通解,并求出其导出组的一个基础解系.

14. 设 $\boldsymbol{a}_i = (a_{i1}, a_{i2}, \cdots, a_{in})^T \ (i = 1, 2, \cdots, r; \ r < n)$ 是 n 维实向量,且 $\boldsymbol{a}_1, \boldsymbol{a}_2, \cdots, \boldsymbol{a}_r$ 线性无关,$\boldsymbol{\beta} = (b_1, b_2, \cdots, b_n)^T$ 是线性方程组 $\begin{cases} a_{11}x_1 + a_{12}x_2 + \cdots + a_{1n}x_n = 0, \\ a_{21}x_1 + a_{22}x_2 + \cdots + a_{2n}x_n = 0, \\ \qquad\qquad \cdots\cdots \\ a_{m1}x_1 + a_{m2}x_2 + \cdots + a_{mn}x_n = 0 \end{cases}$ 的非零解,试判断向量组 $\boldsymbol{a}_1, \boldsymbol{a}_2, \cdots, \boldsymbol{a}_r, \boldsymbol{\beta}$ 的线性相关性.

15. 已知四阶方阵 $\boldsymbol{A} = (\boldsymbol{\alpha}_1, \boldsymbol{\alpha}_2, \boldsymbol{\alpha}_3, \boldsymbol{\alpha}_4), \boldsymbol{\alpha}_1, \boldsymbol{\alpha}_2, \boldsymbol{\alpha}_3, \boldsymbol{\alpha}_4$ 均为四维列向量,其中 $\boldsymbol{\alpha}_2, \boldsymbol{\alpha}_3, \boldsymbol{\alpha}_4$ 线性无关,$\boldsymbol{\alpha}_1 = 2\boldsymbol{\alpha}_2 - \boldsymbol{\alpha}_3$,如果 $\boldsymbol{\beta} = \boldsymbol{\alpha}_1 + \boldsymbol{\alpha}_2 + \boldsymbol{\alpha}_3 + \boldsymbol{\alpha}_4$,求线性方程组 $\boldsymbol{A}\boldsymbol{x} = \boldsymbol{\beta}$ 的通解.

16. 设 $\boldsymbol{\alpha}_0, \boldsymbol{\alpha}_1, \boldsymbol{\alpha}_2, \cdots, \boldsymbol{\alpha}_{n-r}$ 为 $\boldsymbol{A}\boldsymbol{x} = \boldsymbol{b} \ (\boldsymbol{b} \neq \boldsymbol{0})$ 的 $n-r+1$ 个线性无关的解向量,$\boldsymbol{A}$ 的秩为 r,证明:$\boldsymbol{\alpha}_1 - \boldsymbol{\alpha}_0, \boldsymbol{\alpha}_2 - \boldsymbol{\alpha}_0, \cdots, \boldsymbol{\alpha}_{n-r} - \boldsymbol{\alpha}_0$ 是其导出组的基础解系.

第5章 特征值与特征向量

矩阵的特征值、特征向量和相似对角化理论是矩阵理论的重要组成部分,在数学各分支、科学技术以及计量经济学等领域有着广泛的应用. 本章主要讨论方阵的特征值、特征向量理论及方阵的相似对角化等问题.

5.1 向量的内积、长度及正交性

在第 4 章中,我们定义了向量的线性运算,并利用它讨论向量之间的线性关系,但尚未涉及向量的度量性质,如长度、夹角等.

在空间解析几何中,向量 $x=(x_1,x_2,x_3)$ 和 $y=(y_1,y_2,y_3)$ 的长度与夹角等度量性质可以通过两个向量的数量积

$$x \cdot y=|x||y|\cos\theta \quad (\theta \text{ 为向量 } x \text{ 与 } y \text{ 的夹角})$$

来表示,且在直角坐标系中,有

$$x \cdot y=x_1 y_1+x_2 y_2+x_3 y_3$$

$$|x|=\sqrt{x_1^2+x_2^2+x_3^2}, \quad \theta=\arccos\frac{x \cdot y}{|x||y|}$$

本节中,我们要将数量积的概念推广到 n 维向量空间中,并引入内积的概念.

5.1.1 内积及其性质

定义 1 设有 n 维向量

$$x=\begin{pmatrix} x_1 \\ x_2 \\ \vdots \\ x_n \end{pmatrix}, \quad y=\begin{pmatrix} y_1 \\ y_2 \\ \vdots \\ y_n \end{pmatrix}$$

令 $[x,y]=x_1 y_1+x_2 y_2+\cdots+x_n y_n$,称 $[x,y]$ 为向量 x 与 y 的内积.

内积是两个向量之间的一种运算,其结果是一个实数,按矩阵的记法可表示为

$$[x,y]=x^{\mathrm{T}}y=(x_1,x_2,\cdots,x_n)\begin{pmatrix} y_1 \\ y_2 \\ \vdots \\ y_n \end{pmatrix}$$

或

$$[x,y]=y^{\mathrm{T}}x=(y_1,y_2,\cdots,y_n)\begin{pmatrix} x_1 \\ x_2 \\ \vdots \\ x_n \end{pmatrix}$$

内积的运算性质如下(其中 x,y,z 为 n 维向量, λ 为实数):

(i) $[x,y]=[y,x]$;

(ii) $[\lambda x,y]=\lambda[x,y]$;

(iii) $[x+y,z]=[x,z]+[y,z]$;

(iv) $[x,x]\geqslant0$;当且仅当 $x=0$ 时, $[x,x]=0$.

例1 已知 $x=(1,2,3)^{\mathrm{T}}$, $y=(1,1,1)^{\mathrm{T}}$,试求 x 和 y 的内积.

解 $[x,y]=x^{\mathrm{T}}y=1\times1+2\times1+3\times1=6$

例2 假设对于 n 维向量 x,y 有 $[x,y]=-2$, $[x,x]=\dfrac{1}{4}$,求 $[([x,y]x+2[x,x]y),3x]$.

解
$$[([x,y]x+2[x,x]y),3x]=[[x,y]x,3x]+[2[x,x]y,3x]$$
$$=3[x,y][x,x]+6[x,x][y,x]$$
$$=9[x,y][x,x]=-\frac{9}{2}$$

5.1.2 向量的长度与性质

定义2 令 $\|x\|=\sqrt{[x,x]}=\sqrt{x_1^2+x_2^2+\cdots+x_n^2}$,称 $\|x\|$ 为 n 维向量 x 的长度(或范数).

向量的长度具有下述性质:

(i) 非负性. $\|x\|\geqslant0$;

(ii) 齐次性. $\|\lambda x\|=|\lambda|\|x\|$;

(iii) 三角不等式. $\|x+y\|\leqslant\|x\|+\|y\|$;

(iv) 对任意 n 维向量 x,y,有 $|[x,y]|\leqslant\|x\|\cdot\|y\|$.

当 $\|x\|=1$ 时,称 x 为单位向量. 对 $\mathbf{R}^n$ 中的任一非零向量 α,向量 $\dfrac{\alpha}{\|\alpha\|}$ 是一个单位向量,因为

$$\left\|\frac{\alpha}{\|\alpha\|}\right\|=\frac{1}{\|\alpha\|}\|\alpha\|=1$$

注 用非零向量 α 的长度去除向量 α,得到一个单位向量,这一过程通常称为将向量 α 单位化.

当 $\|\alpha\|\neq0$, $\|\beta\|\neq0$,定义

$$\theta=\arccos\frac{[\alpha,\beta]}{\|\alpha\|\cdot\|\beta\|}\quad(0\leqslant\theta\leqslant\pi)$$

称 θ 为 n 维向量 α 与 β 的夹角.

5.1.3 正交向量组

定义3 若两向量 α 与 β 的内积等于0,即

$$[\alpha,\beta]=0$$

则称向量 α 与 β 相互正交(或垂直),记作 $\alpha\perp\beta$.

注 零向量与任何向量都正交.

定义 4 若 n 维向量 $\boldsymbol{\alpha}_1, \boldsymbol{\alpha}_2, \cdots, \boldsymbol{\alpha}_r$ 是一个非零向量组,且 $\boldsymbol{\alpha}_1, \boldsymbol{\alpha}_2, \cdots, \boldsymbol{\alpha}_r$ 中的向量两两正交,则称该向量组为正交向量组.

若一个正交向量组中每一个向量都是单位向量,则称此向量组为正交规范向量组或标准正交向量组.

例如,由于 $[e_i, e_j] = \delta_{ij} = \begin{cases} 1, & i=j \\ 0, & i \neq j \end{cases} (i,j=1,2,3,4)$,故向量组

$$e_1 = \begin{pmatrix} 1 \\ 0 \\ 0 \\ 0 \end{pmatrix}, \quad e_2 = \begin{pmatrix} 0 \\ 1 \\ 0 \\ 0 \end{pmatrix}, \quad e_3 = \begin{pmatrix} 0 \\ 0 \\ 1 \\ 0 \end{pmatrix}, \quad e_4 = \begin{pmatrix} 0 \\ 0 \\ 0 \\ 1 \end{pmatrix}$$

为正交规范向量组.

定理 1 若 n 维向量 $\boldsymbol{\alpha}_1, \boldsymbol{\alpha}_2, \cdots, \boldsymbol{\alpha}_r$ 是一个正交向量组,则 $\boldsymbol{\alpha}_1, \boldsymbol{\alpha}_2, \cdots, \boldsymbol{\alpha}_r$ 线性无关.

证 设有数 $\lambda_1, \lambda_2, \cdots, \lambda_r$ 使

$$\lambda_1 \boldsymbol{\alpha}_1 + \lambda_2 \boldsymbol{\alpha}_2 + \cdots + \lambda_r \boldsymbol{\alpha}_r = \boldsymbol{0}$$

以 $\boldsymbol{\alpha}_1^{\mathrm{T}}$ 左乘上式两端,得

$$\lambda_1 \boldsymbol{\alpha}_1^{\mathrm{T}} \boldsymbol{\alpha}_1 = 0$$

因 $\boldsymbol{\alpha}_1 \neq \boldsymbol{0}$,故 $\boldsymbol{\alpha}_1^{\mathrm{T}} \boldsymbol{\alpha}_1 = \| \boldsymbol{\alpha}_1 \|^2 \neq 0$,从而必有 $\lambda_1 = 0$. 类似可证明 $\lambda_2 = 0, \cdots, \lambda_r = 0$. 于是向量组 $\boldsymbol{\alpha}_1, \boldsymbol{\alpha}_2, \cdots, \boldsymbol{\alpha}_r$ 线性无关.

注 反之不成立,即线性无关向量组不一定是正交向量组.

例 1 设 $\boldsymbol{\alpha}_1 = (1,1,-1,1)^{\mathrm{T}}, \boldsymbol{\alpha}_2 = (1,-1,-1,1)^{\mathrm{T}}, \boldsymbol{\alpha}_3 = (2,1,1,3)^{\mathrm{T}}$,求 $\boldsymbol{\alpha}_1$ 与 $\boldsymbol{\alpha}_2$ 的夹角以及与 $\boldsymbol{\alpha}_1, \boldsymbol{\alpha}_2, \boldsymbol{\alpha}_3$ 都正交的向量.

解 $\boldsymbol{\alpha}_1$ 与 $\boldsymbol{\alpha}_2$ 的夹角 $\varphi = \arccos \dfrac{[\boldsymbol{\alpha}_1, \boldsymbol{\alpha}_2]}{\| \boldsymbol{\alpha}_1 \| \, \| \boldsymbol{\alpha}_2 \|} = \arccos \dfrac{1}{2} = \dfrac{\pi}{3}$. 设 $\boldsymbol{\beta} = (x_1, x_2, x_3, x_4)$ 与 $\boldsymbol{\alpha}_1, \boldsymbol{\alpha}_2, \boldsymbol{\alpha}_3$ 都正交,由正交条件可得方程组

$$\begin{cases} [\boldsymbol{\alpha}_1, \boldsymbol{\beta}] = \ x_1 + x_2 - x_3 + \ x_4 = 0 \\ [\boldsymbol{\alpha}_2, \boldsymbol{\beta}] = \ x_1 - x_2 - x_3 + \ x_4 = 0 \\ [\boldsymbol{\alpha}_3, \boldsymbol{\beta}] = 2x_1 + x_2 + x_3 + 3x_4 = 0 \end{cases}$$

解之得 $\boldsymbol{\beta} = k(-4, 0, -1, 3)^{\mathrm{T}}$,其中 k 为任意实数.

5.1.4　施密特正交化方法

正交规范向量组的求法:

设 $\boldsymbol{\alpha}_1, \cdots, \boldsymbol{\alpha}_r$ 是一组线性无关的向量组,将其化为一组与之等价的正交规范向量组 $e_1, \cdots, e_r$,可按如下两个步骤进行:

(1) 正交化.

$$\boldsymbol{\beta}_1 = \boldsymbol{\alpha}_1$$

$$\boldsymbol{\beta}_2 = \boldsymbol{\alpha}_2 - \frac{[\boldsymbol{\beta}_1, \boldsymbol{\alpha}_2]}{[\boldsymbol{\beta}_1, \boldsymbol{\beta}_1]} \boldsymbol{\beta}_1$$

$$\cdots\cdots$$

$$\boldsymbol{\beta}_r = \boldsymbol{\alpha}_r - \frac{[\boldsymbol{\beta}_1, \boldsymbol{\alpha}_r]}{[\boldsymbol{\beta}_1, \boldsymbol{\beta}_1]} \boldsymbol{\beta}_1 - \frac{[\boldsymbol{\beta}_2, \boldsymbol{\alpha}_r]}{[\boldsymbol{\beta}_2, \boldsymbol{\beta}_2]} \boldsymbol{\beta}_2 - \cdots - \frac{[\boldsymbol{\beta}_{r-1}, \boldsymbol{\alpha}_r]}{[\boldsymbol{\beta}_{r-1}, \boldsymbol{\beta}_{r-1}]} \boldsymbol{\beta}_{r-1}$$

可以验证 $\boldsymbol{\beta}_1, \cdots, \boldsymbol{\beta}_r$ 两两正交,且 $\boldsymbol{\beta}_1, \cdots, \boldsymbol{\beta}_r$ 与 $\boldsymbol{\alpha}_1, \cdots, \boldsymbol{\alpha}_r$ 等价.

注 上述过程称为施密特(Schmidt)正交化过程. 它不仅满足 $\boldsymbol{\beta}_1, \cdots, \boldsymbol{\beta}_r$ 与 $\boldsymbol{\alpha}_1, \cdots, \boldsymbol{\alpha}_r$ 等价,还满足:对任何 $k(1 \leqslant k \leqslant r)$,向量组 $\boldsymbol{\beta}_1, \cdots, \boldsymbol{\beta}_k$ 与 $\boldsymbol{\alpha}_1, \cdots, \boldsymbol{\alpha}_k$ 等价.

(2) 单位化. 取

$$\boldsymbol{\gamma}_1 = \frac{\boldsymbol{\beta}_1}{\parallel \boldsymbol{\beta}_1 \parallel}, \boldsymbol{\gamma}_2 = \frac{\boldsymbol{\beta}_2}{\parallel \boldsymbol{\beta}_2 \parallel}, \cdots, \boldsymbol{\gamma}_r = \frac{\boldsymbol{\beta}_r}{\parallel \boldsymbol{\beta}_r \parallel}$$

则 $\boldsymbol{\gamma}_1, \cdots, \boldsymbol{\gamma}_r$ 是与 $\boldsymbol{\alpha}_1, \cdots, \boldsymbol{\alpha}_r$ 等价的正交规范向量组.

例2 设 $\boldsymbol{\alpha}_1 = (2, 1, -1)^{\mathrm{T}}, \boldsymbol{\alpha}_2 = (3, -1, 1)^{\mathrm{T}}, \boldsymbol{\alpha}_3 = (-1, 4, 0)^{\mathrm{T}}$,将 $\boldsymbol{\alpha}_1, \boldsymbol{\alpha}_2, \boldsymbol{\alpha}_3$ 正交规范化.

解 先将 $\boldsymbol{\alpha}_1, \boldsymbol{\alpha}_2, \boldsymbol{\alpha}_3$ 正交化. 令

$$\boldsymbol{\beta}_1 = \boldsymbol{\alpha}_1, \quad \boldsymbol{\beta}_2 = \boldsymbol{\alpha}_2 - \frac{[\boldsymbol{\beta}_1, \boldsymbol{\alpha}_2]}{[\boldsymbol{\beta}_1, \boldsymbol{\beta}_1]} \boldsymbol{\beta}_1 = \begin{pmatrix} 3 \\ -1 \\ 1 \end{pmatrix} - \frac{4}{6} \begin{pmatrix} 2 \\ 1 \\ -1 \end{pmatrix} = \frac{5}{3} \begin{pmatrix} 1 \\ -1 \\ 1 \end{pmatrix}$$

$$\boldsymbol{\beta}_3 = \boldsymbol{\alpha}_3 - \frac{[\boldsymbol{\beta}_1, \boldsymbol{\alpha}_3]}{[\boldsymbol{\beta}_1, \boldsymbol{\beta}_1]} \boldsymbol{\beta}_1 - \frac{[\boldsymbol{\beta}_2, \boldsymbol{\alpha}_3]}{[\boldsymbol{\beta}_2, \boldsymbol{\beta}_2]} \boldsymbol{\beta}_2 = \begin{pmatrix} -1 \\ 4 \\ 0 \end{pmatrix} - \frac{1}{3} \begin{pmatrix} 2 \\ 1 \\ -1 \end{pmatrix} + \frac{5}{3} \begin{pmatrix} 1 \\ -1 \\ 1 \end{pmatrix} = \begin{pmatrix} 0 \\ 2 \\ 2 \end{pmatrix}$$

再将它们单位化,取

$$\boldsymbol{\eta}_1 = \frac{\boldsymbol{\beta}_1}{\parallel \boldsymbol{\beta}_1 \parallel} = \frac{1}{\sqrt{6}} \begin{pmatrix} 2 \\ 1 \\ -1 \end{pmatrix}, \quad \boldsymbol{\eta}_2 = \frac{\boldsymbol{\beta}_2}{\parallel \boldsymbol{\beta}_2 \parallel} = \frac{1}{\sqrt{3}} \begin{pmatrix} 1 \\ -1 \\ 1 \end{pmatrix}, \quad \boldsymbol{\eta}_3 = \frac{\boldsymbol{\beta}_3}{\parallel \boldsymbol{\beta}_3 \parallel} = \frac{1}{\sqrt{2}} \begin{pmatrix} 0 \\ 1 \\ 1 \end{pmatrix}$$

则 $\boldsymbol{\eta}_1, \boldsymbol{\eta}_2, \boldsymbol{\eta}_3$ 是与 $\boldsymbol{\alpha}_1, \boldsymbol{\alpha}_2, \boldsymbol{\alpha}_3$ 等价的正交规范向量组.

5.1.5 正交矩阵与正交变换

定义5 若 n 阶方阵 $\boldsymbol{A}$ 满足

$$\boldsymbol{A}^{\mathrm{T}} \boldsymbol{A} = \boldsymbol{E} \quad 即 \quad \boldsymbol{A}^{-1} = \boldsymbol{A}^{\mathrm{T}}$$

则称 $\boldsymbol{A}$ 为正交矩阵,简称正交阵.

定理2 正交阵有以下性质:

(i) 正交阵可逆,其逆阵为其转置矩阵,且仍为正交阵;

(ii) 正交阵的行列式为 ± 1;

(iii) 正交阵之积仍为正交阵.

以上性质读者可自行证明.

定理3 $\boldsymbol{A}$ 为正交矩阵的充分必要条件是 $\boldsymbol{A}$ 的行(列)向量组为正交规范向量组.

证 将 A 的列向量组记为 $\boldsymbol{\alpha}_1,\boldsymbol{\alpha}_2,\cdots,\boldsymbol{\alpha}_n$，则 $A=(\boldsymbol{\alpha}_1,\boldsymbol{\alpha}_2\cdots,\boldsymbol{\alpha}_n)$．于是

$$A^{\mathrm{T}}A=\begin{pmatrix}\boldsymbol{\alpha}_1^{\mathrm{T}}\\\vdots\\\boldsymbol{\alpha}_n^{\mathrm{T}}\end{pmatrix}(\boldsymbol{\alpha}_1,\cdots,\boldsymbol{\alpha}_n)=\begin{pmatrix}\boldsymbol{\alpha}_1^{\mathrm{T}}\boldsymbol{\alpha}_1&\cdots&\boldsymbol{\alpha}_1^{\mathrm{T}}\boldsymbol{\alpha}_n\\\vdots&\ddots&\vdots\\\boldsymbol{\alpha}_n^{\mathrm{T}}\boldsymbol{\alpha}_1&\cdots&\boldsymbol{\alpha}_n^{\mathrm{T}}\boldsymbol{\alpha}_n\end{pmatrix}=\begin{pmatrix}\|\boldsymbol{\alpha}_1\|^2&\cdots&[\boldsymbol{\alpha}_1,\boldsymbol{\alpha}_n]\\\vdots&&\vdots\\[\boldsymbol{\alpha}_n,\boldsymbol{\alpha}_1]&\cdots&\|\boldsymbol{\alpha}_n\|^2\end{pmatrix}$$

$A^{\mathrm{T}}A=E$ 的充分必要条件是 $[\boldsymbol{\alpha}_i,\boldsymbol{\alpha}_j]=\delta_{ij}=\begin{cases}1,&i=j\\0,&i\neq j\end{cases}(i,j=1,2,\cdots,n)$，即 $\boldsymbol{\alpha}_1,\boldsymbol{\alpha}_2,\cdots,\boldsymbol{\alpha}_n$

是一个正交规范向量组．故结论成立.

对 A 的行向量组可类似证明.

下面这些矩阵都是正交阵：

$$\begin{pmatrix}1&0\\0&1\end{pmatrix},\quad\begin{pmatrix}\cos\theta&-\sin\theta\\\sin\theta&\cos\theta\end{pmatrix},\quad\begin{pmatrix}\dfrac{1}{\sqrt{3}}&-\dfrac{1}{\sqrt{2}}&-\dfrac{1}{\sqrt{6}}\\[2mm]\dfrac{1}{\sqrt{3}}&\dfrac{1}{\sqrt{2}}&-\dfrac{1}{\sqrt{6}}\\[2mm]\dfrac{1}{\sqrt{3}}&0&\dfrac{2}{\sqrt{6}}\end{pmatrix}$$

定义 6 若 P 为正交矩阵，则线性变换 $y=Px$ 称为正交变换.

设 $y=Px$ 为正交变换，则有

$$\|y\|=\sqrt{y^{\mathrm{T}}y}=\sqrt{x^{\mathrm{T}}P^{\mathrm{T}}Px}=\sqrt{x^{\mathrm{T}}x}=\|x\|$$

这说明，正交变换保持向量的长度不变.

习 题 5-1

1. 设向量 $\boldsymbol{\alpha}^{\mathrm{T}}=(4,-1,2,-2)$，则下列向量是单位向量的是（　　）.

A. $\dfrac{1}{3}\boldsymbol{\alpha}$　　　　B. $\dfrac{1}{5}\boldsymbol{\alpha}$　　　　C. $\dfrac{1}{9}\boldsymbol{\alpha}$　　　　D. $\dfrac{1}{25}\boldsymbol{\alpha}$

2. 下列向量中与 $\boldsymbol{\alpha}^{\mathrm{T}}=(1,1,-1)$ 正交的向量是（　　）.

A. $\boldsymbol{\alpha}_1^{\mathrm{T}}=(1,1,1)$　　　　　　　　B. $\boldsymbol{\alpha}_2^{\mathrm{T}}=(-1,1,1)$

C. $\boldsymbol{\alpha}_3^{\mathrm{T}}=(1,-1,1)$　　　　　　　　D. $\boldsymbol{\alpha}_4^{\mathrm{T}}=(0,1,1)$

3. 设 A 为 n 阶正交矩阵，则行列式 $|A^2|=$（　　）.

A. -2　　　　B. -1　　　　C. 1　　　　D. 2

4. 设 $\boldsymbol{\alpha}$ 与 $\boldsymbol{\beta}$ 的内积 $[\boldsymbol{\alpha},\boldsymbol{\beta}]=2,\|\boldsymbol{\beta}\|=2$，则内积 $[2\boldsymbol{\alpha}+\boldsymbol{\beta},-\boldsymbol{\beta}]=$_____.

5. 设有向量组 $\boldsymbol{\varepsilon}_1=(1,0,0)^{\mathrm{T}},\boldsymbol{\varepsilon}_2=(0,1,0)^{\mathrm{T}},\boldsymbol{\varepsilon}_3=(0,0,1)^{\mathrm{T}}$，试求 $\boldsymbol{\varepsilon}_i$ 与 $\boldsymbol{\varepsilon}_j(i,j=1,2,3)$ 的内积.

6. 求 $\left[\left([\boldsymbol{\alpha},\boldsymbol{\alpha}]\boldsymbol{\beta}-\dfrac{1}{3}[\boldsymbol{\alpha},\boldsymbol{\beta}]\boldsymbol{\alpha}\right),3\boldsymbol{\alpha}\right]$.

7. 求向量 $\boldsymbol{\alpha}=(4,0,3)^{\mathrm{T}}$ 与 $\boldsymbol{\beta}=(-\sqrt{3},3,2)^{\mathrm{T}}$ 之间的夹角 θ.

8. 设 $\boldsymbol{\alpha}_1 = \begin{pmatrix} 1 \\ 2 \\ 1 \end{pmatrix}, \boldsymbol{\alpha}_2 = \begin{pmatrix} -1 \\ 3 \\ 1 \end{pmatrix}, \boldsymbol{\alpha}_3 = \begin{pmatrix} 4 \\ -1 \\ 0 \end{pmatrix}$, 试用施密特正交化方法, 将向量组正交规范化.

9. 已知两个向量 $\boldsymbol{\alpha}_1 = \begin{pmatrix} 1 \\ 1 \\ 1 \end{pmatrix}, \boldsymbol{\alpha}_2 = \begin{pmatrix} 1 \\ -2 \\ 1 \end{pmatrix}$ 正交, 试求 $\boldsymbol{\alpha}_3$ 使 $\boldsymbol{\alpha}_1, \boldsymbol{\alpha}_2, \boldsymbol{\alpha}_3$ 构成一个正交向量组.

10. 判别下列矩阵是否为正交阵.

(1) $\begin{pmatrix} 1 & -\dfrac{1}{2} & \dfrac{1}{3} \\ -\dfrac{1}{2} & 1 & \dfrac{1}{2} \\ \dfrac{1}{3} & \dfrac{1}{2} & -1 \end{pmatrix}$
(2) $\begin{pmatrix} \dfrac{1}{9} & -\dfrac{8}{9} & -\dfrac{4}{9} \\ -\dfrac{8}{9} & \dfrac{1}{9} & -\dfrac{4}{9} \\ -\dfrac{4}{9} & -\dfrac{4}{9} & \dfrac{7}{9} \end{pmatrix}$

5.2 方阵的特征值与特征向量

5.2.1 引例——下个月的心情如何?

设当天心情状态与下一天心情状态关系如图 5-1 所示.

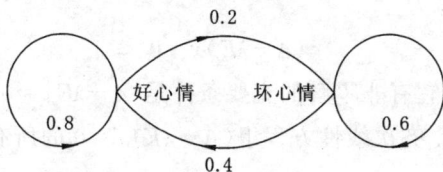

图 5-1

由图 5-1 可知当前为好心情, 则下一天为好心情的概率为 0.8, 为坏心情的概率为 0.2; 当前心情为坏心情, 则下一天为坏心情的概率为 0.6, 为好心情的概率为 0.4. 即心情转移矩阵为 $\boldsymbol{P} = \begin{pmatrix} 0.8 & 0.4 \\ 0.2 & 0.6 \end{pmatrix}$. 如果当前心情向量 $\boldsymbol{M}_0 = \begin{pmatrix} 1 \\ 0 \end{pmatrix}$, 即当前心情好, 则下一天心情向量为

$$\begin{matrix} \boldsymbol{M}_1 & \boldsymbol{P} & \boldsymbol{M}_0 \end{matrix}$$

$$\begin{matrix} 好心情 \\ 坏心情 \end{matrix} \begin{pmatrix} 0.8 \\ 0.2 \end{pmatrix} = \begin{pmatrix} 0.8 & 0.4 \\ 0.2 & 0.6 \end{pmatrix} \begin{pmatrix} 1 \\ 0 \end{pmatrix}$$

由此可以预测 n 天后的心情为

$$\boldsymbol{M}_n = \boldsymbol{P} \boldsymbol{M}_{n-1} = \boldsymbol{P}(\boldsymbol{P} \boldsymbol{M}_{n-2}) = \boldsymbol{P}^2 \boldsymbol{M}_{n-2} = \cdots = \boldsymbol{P}^n \boldsymbol{M}_0$$

这样问题就变成了求矩阵 $\boldsymbol{P}$ 的方幂问题, 它和矩阵的特征值问题有密切关系. 下面我们给出特征值和特征向量的定义.

5.2.2 特征值与特征向量的概念

定义 1 设 A 是 n 阶方阵,如果数 λ 和 n 维非零向量 x 使

$$Ax = \lambda x \tag{5.1}$$

成立,则称数 λ 为方阵 A 的特征值,非零向量 x 称为 A 的对应于特征值 λ 的特征向量或称为 A 的属于特征值 λ 的特征向量.

例如 $\begin{pmatrix} 3 & -1 \\ -1 & 3 \end{pmatrix}\begin{pmatrix} 1 \\ 1 \end{pmatrix} = 2\begin{pmatrix} 1 \\ 1 \end{pmatrix}$,则称 2 为 $\begin{pmatrix} 3 & -1 \\ -1 & 3 \end{pmatrix}$ 的特征值,$\begin{pmatrix} 1 \\ 1 \end{pmatrix}$ 为 $\begin{pmatrix} 3 & -1 \\ -1 & 3 \end{pmatrix}$ 的对应于特征值 2 的特征向量.

例 1 已知向量 $x = (1,1,3)^{\mathrm{T}}$ 是矩阵 $\begin{pmatrix} -2 & 1 & 1 \\ a & 2 & 0 \\ -4 & b & 3 \end{pmatrix}$ 的一个特征向量,试求 A 对应于 x 的特征值,并确定 A 中 a,b 的值.

解 由定义知 $Ax = \lambda x$ 成立,即

$$\begin{pmatrix} -2 & 1 & 1 \\ a & 2 & 0 \\ -4 & b & 3 \end{pmatrix}\begin{pmatrix} 1 \\ 1 \\ 3 \end{pmatrix} = \begin{pmatrix} \lambda \\ \lambda \\ 3\lambda \end{pmatrix} \quad 即 \quad \begin{pmatrix} 2 \\ a+2 \\ b+5 \end{pmatrix} = \begin{pmatrix} \lambda \\ \lambda \\ 3\lambda \end{pmatrix}$$

于是得 $\lambda = 2, a = 0, b = 1$.

注 式(5.1)也可以写为

$$(A - \lambda E)x = 0$$

这是一个齐次线性方程组,它有非零解的充要条件是 $|A - \lambda E| = 0$,故满足方程 $|A - \lambda E| = 0$ 的 λ 都是矩阵 A 的特征值. 齐次线性方程组 $(A - \lambda E)x = 0$ 的所有非零解是对应于 λ 的全部特征向量.

称关于 λ 的一元 n 次方程 $|A - \lambda E| = 0$ 为矩阵 A 的特征方程,称 λ 的一元 n 次多项式

$$f(\lambda) = |A - \lambda E|$$

为矩阵 A 的特征多项式.

5.2.3 特征值与特征向量的计算

根据上述分析,可给出特征值和特征向量的求解步骤:

(1) 求出 n 阶方阵 A 的特征多项式 $f(\lambda) = |A - \lambda E|$;

(2) 求出特征方程 $|A - \lambda E| = 0$ 的全部根 $\lambda_1, \lambda_2, \cdots, \lambda_n$,即是 A 的特征值;

(3) 把每个 λ_i 代入齐次线性方程组 $(A - \lambda_i E)x = 0$,求出基础解系,就是 A 对应于 λ_i 的特征向量,基础解系的线性组合(零向量除外)就是 A 对应于 λ_i 的全部特征向量.

例 2 求 $A = \begin{pmatrix} 3 & -1 \\ -1 & 3 \end{pmatrix}$ 的特征值和特征向量.

解 A 的特征多项式

$$|A - \lambda E| = \begin{vmatrix} 3-\lambda & -1 \\ -1 & 3-\lambda \end{vmatrix} = (3-\lambda)^2 - 1$$

$$= 8 - 6\lambda + \lambda^2 = (2-\lambda)(4-\lambda)$$

于是解得 A 的特征值为 $\lambda_1 = 2, \lambda_2 = 4$. 下面分别求特征向量：

对于 $\lambda_1 = 2$, 解齐次方程组 $(A - 2E)x = 0$, 即 $\begin{pmatrix} 3-2 & -1 \\ -1 & 3-2 \end{pmatrix} \begin{pmatrix} x_1 \\ x_2 \end{pmatrix} = \begin{pmatrix} 0 \\ 0 \end{pmatrix}$, 得基础解系

$p_1 = \begin{pmatrix} 1 \\ 1 \end{pmatrix}$, 因此属于 $\lambda_1 = 2$ 的全部特征向量为 $k_1 p_1$ $(k_1 \neq 0)$.

对于 $\lambda_2 = 4$, 解齐次方程组 $(A - 4E)x = 0$, 即 $\begin{pmatrix} 3-4 & -1 \\ -1 & 3-4 \end{pmatrix} \begin{pmatrix} x_1 \\ x_2 \end{pmatrix} = \begin{pmatrix} 0 \\ 0 \end{pmatrix}$, 得基础解系

$p_2 = \begin{pmatrix} 1 \\ -1 \end{pmatrix}$, 因此属于 $\lambda_2 = 4$ 的全部特征向量为 $k_2 p_2$ $(k_2 \neq 0)$.

例 3 求 $A = \begin{pmatrix} -2 & 1 & 1 \\ 0 & 2 & 0 \\ -4 & 1 & 3 \end{pmatrix}$ 的特征值和特征向量.

解 A 的特征多项式为

$$|A - \lambda E| = \begin{vmatrix} -2-\lambda & 1 & 1 \\ 0 & 2-\lambda & 0 \\ -4 & 1 & 3-\lambda \end{vmatrix} = (2-\lambda) \begin{vmatrix} -2-\lambda & 1 \\ -4 & 3-\lambda \end{vmatrix}$$

$$= -(\lambda+1)(\lambda-2)^2$$

所以 A 的特征值为 $\lambda_1 = -1, \lambda_2 = \lambda_3 = 2$(二重根).

当 $\lambda_1 = -1$ 时, 解 $(A+E)x = 0$, 由

$$A + E = \begin{pmatrix} -1 & 1 & 1 \\ 0 & 3 & 0 \\ -4 & 1 & 4 \end{pmatrix} \longrightarrow \begin{pmatrix} -1 & 0 & 1 \\ 0 & 1 & 0 \\ 0 & 0 & 0 \end{pmatrix}$$

得 $p_1 = \begin{pmatrix} 1 \\ 0 \\ 1 \end{pmatrix}$ 为基础解系, 则属于 $\lambda_1 = -1$ 的所有特征向量为 $k_1 p_1$ $(k_1 \neq 0)$.

当 $\lambda_2 = \lambda_3 = 2$ 时, 解 $(A - 2E)x = 0$, 由

$$A - 2E = \begin{pmatrix} -4 & 1 & 1 \\ 0 & 0 & 0 \\ -4 & 1 & 1 \end{pmatrix} \longrightarrow \begin{pmatrix} -4 & 1 & 1 \\ 0 & 0 & 0 \\ 0 & 0 & 0 \end{pmatrix}$$

得基础解系 $p_2 = \begin{pmatrix} 1 \\ 0 \\ 4 \end{pmatrix}, p_3 = \begin{pmatrix} 0 \\ 1 \\ -1 \end{pmatrix}$, 则属于 $\lambda_2 = \lambda_3 = 2$ 的全部特征向量为 $k_2 p_2 + k_3 p_3$ $(k_2,$

k_3 不全为 0).

5.2.4 特征值与特征向量的性质

性质 1 n 阶矩阵 $\boldsymbol{A}$ 与它的转置矩阵 $\boldsymbol{A}^{\mathrm{T}}$ 有相同的特征值.

证 由于

$$|\boldsymbol{A}^{\mathrm{T}}-\lambda\boldsymbol{E}| = |(\boldsymbol{A}-\lambda\boldsymbol{E})^{\mathrm{T}}| = |\boldsymbol{A}-\lambda\boldsymbol{E}|$$

所以 $\boldsymbol{A}$ 与 $\boldsymbol{A}^{\mathrm{T}}$ 有相同的特征值.

注 因为 $\boldsymbol{A}^{\mathrm{T}}$ 的特征向量是齐次方程组 $(\boldsymbol{A}^{\mathrm{T}}-\lambda\boldsymbol{E})\boldsymbol{x}=\boldsymbol{0}$ 的解,它与 $(\boldsymbol{A}-\lambda\boldsymbol{E})\boldsymbol{x}=\boldsymbol{0}$ 一般不同解,故 $\boldsymbol{A}$ 与 $\boldsymbol{A}^{\mathrm{T}}$ 对应于同一特征值的特征向量不一定相同.

性质 2 设 $\boldsymbol{A}=(a_{ij})$ 是 n 阶矩阵,$\lambda_1,\lambda_2,\cdots,\lambda_n$ 是 $\boldsymbol{A}$ 的 n 个特征值,则

(1) $\lambda_1+\lambda_2+\cdots+\lambda_n=a_{11}+a_{22}+\cdots+a_{nn}$

(2) $\lambda_1\lambda_2\cdots\lambda_n=|\boldsymbol{A}|$

其中,$\boldsymbol{A}$ 的主对角元素之和 $a_{11}+a_{22}+\cdots+a_{nn}$ 称为矩阵 $\boldsymbol{A}$ 的迹,记为 $\mathrm{tr}(\boldsymbol{A})$.

该定理的证明要用到 n 次多项式根与系数的关系,在此不予证明.

推论 1 n 阶方阵 $\boldsymbol{A}$ 可逆的充分必要条件是它的任一特征值不等于 0.

性质 3 设 λ 是方阵 $\boldsymbol{A}$ 的任一特征值,$\boldsymbol{p}$ 是所属的任一特征向量,则满足:

(1) $\forall k\in\mathbf{R}$,$k\lambda$ 是 $k\boldsymbol{A}$ 的特征值,$\boldsymbol{p}$ 是 $k\boldsymbol{A}$ 的属于 $k\lambda$ 的特征向量;

(2) $\forall k\in\mathbf{N}$,λ^k 是 $\boldsymbol{A}^k$ 的特征值,$\boldsymbol{p}$ 是 $\boldsymbol{A}^k$ 的属于 λ^k 的特征向量;

(3) 若 $f(\boldsymbol{A})$ 是 $\boldsymbol{A}$ 的多项式,则 $f(\lambda)$ 是 $f(\boldsymbol{A})$ 的特征值,$\boldsymbol{p}$ 是 $f(\boldsymbol{A})$ 的属于 $f(\lambda)$ 的特征向量;

(4) 若 $\boldsymbol{A}$ 可逆,则 $\dfrac{1}{\lambda}$ 是 $\boldsymbol{A}^{-1}$ 的特征值,$\boldsymbol{p}$ 是 $\boldsymbol{A}^{-1}$ 的属于 $\dfrac{1}{\lambda}$ 的特征向量;

(5) 若 $\boldsymbol{A}$ 可逆,则 $\dfrac{|\boldsymbol{A}|}{\lambda}$ 是 $\boldsymbol{A}^{*}$ 的特征值,$\boldsymbol{p}$ 是 $\boldsymbol{A}^{*}$ 的属于 $\dfrac{|\boldsymbol{A}|}{\lambda}$ 的特征向量.

证 这里仅证明(2)、(4),而将(1)、(3)、(5)留给读者自行证明.

(2) 由 $\boldsymbol{A}\boldsymbol{p}=\lambda\boldsymbol{p}$,有 $\boldsymbol{A}^2\boldsymbol{p}=\boldsymbol{A}(\boldsymbol{A}\boldsymbol{p})=\boldsymbol{A}(\lambda\boldsymbol{p})=\lambda(\boldsymbol{A}\boldsymbol{p})=\lambda(\lambda\boldsymbol{p})=\lambda^2\boldsymbol{p}$,知 $k=2$ 时结论成立,假设对于 $k-1$ 有 $\boldsymbol{A}^{k-1}\boldsymbol{p}=\lambda^{k-1}\boldsymbol{p}$ 成立,则由归纳原理推得对 k,有

$$\boldsymbol{A}^k\boldsymbol{p}=\boldsymbol{A}(\boldsymbol{A}^{k-1}\boldsymbol{p})=\boldsymbol{A}(\lambda^{k-1}\boldsymbol{p})=\lambda^{k-1}(\boldsymbol{A}\boldsymbol{p})=\lambda^{k-1}(\lambda\boldsymbol{p})=\lambda^k\boldsymbol{p}$$

(4) 设 $\boldsymbol{A}$ 可逆,由性质 2 有 $\prod\limits_{i=1}^{n}\lambda_i=|\boldsymbol{A}|\neq 0$,知所有特征值非零.进而在式 $\boldsymbol{A}\boldsymbol{p}=\lambda\boldsymbol{p}$ 两端左乘 $\boldsymbol{A}^{-1}$,得

$$\boldsymbol{p}=\boldsymbol{A}^{-1}(\boldsymbol{A}\boldsymbol{p})=\boldsymbol{A}^{-1}(\lambda\boldsymbol{p})=\lambda(\boldsymbol{A}^{-1}\boldsymbol{p})$$

由 $\lambda\neq 0$ 便得 $\boldsymbol{A}^{-1}\boldsymbol{p}=\lambda^{-1}\boldsymbol{p}$,知命题为真.

例 4 设三阶方阵 $\boldsymbol{A}$ 的特征值为 1、2、3,$\boldsymbol{B}=\boldsymbol{A}^3-3\boldsymbol{A}^2+3\boldsymbol{A}-\boldsymbol{E}$,则 $\boldsymbol{B}$ 不可逆.

证 易见 $\boldsymbol{B}=(\boldsymbol{A}-\boldsymbol{E})^3$,由性质 3,知 $\boldsymbol{B}$ 的特征值为 $(\lambda-1)^3$.以 $\lambda=1,2,3$ 分别代入,得 $\boldsymbol{B}$ 的特征值为 $0,1,8$,再由性质 2 得 $|\boldsymbol{B}|=0$,从而知 $\boldsymbol{B}$ 不可逆.

定理 1 属于不同特征值的特征向量线性无关.

证 设 $\lambda_1, \lambda_2 \cdots, \lambda_s$ 是 A 的 s 个各不相同的特征值,各取一个所属的特征向量记为 $p_1, p_2, \cdots, p_s$,则有 $Ap_i = \lambda_i p_i$ $(i=1,2,\cdots,s)$. 为证明它们线性无关,考察齐次线性方程组

$$k_1 p_1 + \cdots + k_s p_s = \mathbf{0} \tag{1}$$

两端左乘 A,得

$$A\Big(\sum_i k_i p_i\Big) = \sum_i k_i(Ap_i) = \sum_i k_i(\lambda_i p_i) = \sum_i \lambda_i(k_i p_i)$$

$$= \lambda_1(k_1 p_1) + \cdots + \lambda_s(k_s p_s) = \mathbf{0} \tag{2}$$

再左乘 A,类似得

$$\lambda_1^2(k_1 p_1) + \cdots + \lambda_s^2(k_s p_s) = \mathbf{0} \tag{3}$$

如此左乘 A 一共 $s-1$ 次,最终得到

$$\lambda_1^{s-1}(k_1 p_1) + \cdots + \lambda_s^{s-1}(k_s p_s) = \mathbf{0} \tag{4}$$

上述 s 个方程,视为关于向量 $(k_1 p_1), \cdots, (k_s p_s)$ 的齐次线性方程组

$$\begin{cases} k_1 p_1 + \cdots + k_s p_s = \mathbf{0} \\ \lambda_1(k_1 p_1) + \cdots + \lambda_s(k_s p_s) = \mathbf{0} \\ \qquad\cdots\cdots\cdots\cdots \\ \lambda_1^{s-1}(k_1 p_1) + \cdots + \lambda_s^{s-1}(k_s p_s) = \mathbf{0} \end{cases}$$

它的系数行列式为

$$V_s = \begin{vmatrix} 1 & 1 & \cdots & 1 \\ \lambda_1 & \lambda_2 & \cdots & \lambda_s \\ \vdots & \vdots & & \vdots \\ \lambda_1^{s-1} & \lambda_2^{s-1} & \cdots & \lambda_s^{s-1} \end{vmatrix}$$

这是一个 s 阶范德蒙德行列式. 由于 $\lambda_1, \cdots, \lambda_s$ 互不相同,知 $V_s = \prod_{1 \leqslant j < i \leqslant s}(\lambda_i - \lambda_j) \neq 0$,故方程组只有唯一零解 $k_1 p_1 = \cdots = k_s p_s = \mathbf{0}$. 注意到 $p_1, \cdots, p_s$ 是特征向量,均为非零向量,故有 $k_1 = \cdots = k_s = 0$,从而 $p_1, \cdots, p_s$ 线性无关.

注 (1) 属于不同特征值的特征向量是线性无关的.

(2) 属于同一特征值的特征向量的非零线性组合仍是属于这个特征值的特征向量.

(3) 矩阵的特征向量总是相对于矩阵的特征值而言的,一个特征值具有的特征向量不唯一;一个特征向量不能属于不同的特征值.

例 5 已知 λ_1, λ_2 是矩阵 A 的两个特征值,$\lambda_1 \neq \lambda_2$,x_1, x_2 分别是 A 属于 λ_1, λ_2 的特征向量,试证:$x_1 + x_2$ 一定不是 A 的特征向量.

证 假设 $x_1 + x_2$ 是 A 的特征向量,则有 λ 使 $A(x_1 + x_2) = \lambda(x_1 + x_2)$,又由

$$A(x_1 + x_2) = Ax_1 + Ax_2 = \lambda_1 x_1 + \lambda_2 x_2$$

与前一式相减,得 $(\lambda - \lambda_1)x_1 + (\lambda - \lambda_2)x_2 = \mathbf{0}$,由 $\lambda_1 \neq \lambda_2$ 知 x_1, x_2 线性无关,那么 $\lambda = \lambda_1, \lambda = \lambda_2$,即 $\lambda_1 = \lambda_2$,与条件矛盾.

故 $x_1 + x_2$ 一定不是 A 的特征向量.

习 题 5-2

1. 设 A 是一个 n ($\geqslant 3$) 阶方阵, 下列陈述中正确的是(　　).

A. 如存在数 λ 和向量 $\boldsymbol{\alpha}$ 使 $A\boldsymbol{\alpha}=\lambda\boldsymbol{\alpha}$, 则 $\boldsymbol{\alpha}$ 是 A 的属于特征值 λ 的特征向量

B. 如存在数 λ 和非零向量 $\boldsymbol{\alpha}$, 使 $(\lambda E-A)\boldsymbol{\alpha}=\boldsymbol{0}$, 则 λ 是 A 的特征值

C. A 的 2 个不同的特征值可以有同一个特征向量

D. 如 $\lambda_1, \lambda_2, \lambda_3$ 是 A 的 3 个互不相同的特征值, $\boldsymbol{\alpha}_1, \boldsymbol{\alpha}_2, \boldsymbol{\alpha}_3$ 依次是 A 的属于 $\lambda_1, \lambda_2, \lambda_3$ 的特征向量, 则 $\boldsymbol{\alpha}_1, \boldsymbol{\alpha}_2, \boldsymbol{\alpha}_3$ 有可能线性相关

2. 若可逆矩阵 A 有一个特征值 $\lambda=2$, 则矩阵 $\left(\dfrac{1}{3}A^2\right)^{-1}$ 有一个特征值是 (　　).

A. $\dfrac{4}{3}$　　　　　B. $\dfrac{3}{2}$　　　　　C. $\dfrac{3}{4}$　　　　　D. $\dfrac{2}{3}$

3. 已知四阶矩阵 A 的四个特征值为 $\dfrac{1}{2}, \dfrac{1}{3}, \dfrac{1}{4}, \dfrac{1}{5}$, 则 $|A^{-1}-E|=$(　　).

A. $\dfrac{1}{5}$　　　　　B. 24　　　　　C. 12　　　　　D. 5

4. 设 A 为三阶矩阵, 且已知 $|3A+2E|=0$, 则 A 必有一个特征值为(　　).

A. $-\dfrac{2}{3}$　　　　　B. $-\dfrac{3}{2}$　　　　　C. $\dfrac{2}{3}$　　　　　D. $\dfrac{3}{2}$

5. 设三阶方阵 A 的特征值为 $1, -1, 2$, 则下列矩阵中为可逆矩阵的是(　　).

A. $E-A$　　　　B. $-E-A$　　　　C. $2E-A$　　　　D. $-2E-A$

6. 设 n 阶矩阵 A 有一个特征值 3, 则 $|-3E+A|=$_____.

7. 已知三阶矩阵 A 的 3 个特征值为 $1, 2, -3$, 则 $|A^*|=$_____.

8. 求矩阵 $A=\begin{pmatrix} 3 & 1 \\ 5 & -1 \end{pmatrix}$ 的特征值和特征向量.

9. 设 $A=\begin{pmatrix} 3 & 0 & 2 \\ 0 & 1 & 0 \\ -5 & 1 & -4 \end{pmatrix}$, 求 A 的特征值与特征向量.

10. 求 n 阶数量矩阵 $A=\begin{pmatrix} a & 0 & \cdots & 0 \\ 0 & a & \cdots & 0 \\ \vdots & \vdots & & \vdots \\ 0 & 0 & \cdots & a \end{pmatrix}$ 的特征值与特征向量.

11. 试求上三角阵 A 的特征值, $A=\begin{pmatrix} a_{11} & a_{12} & \cdots & a_{1n} \\ 0 & a_{22} & \cdots & a_{2n} \\ \vdots & \vdots & & \vdots \\ 0 & 0 & \cdots & a_{nn} \end{pmatrix}$.

12. 设三阶矩阵 A 的特征值为 1、-1、2, 求 $|A^*+3A-2E|$.

13. 设有四阶方阵 A 满足条件 $|\sqrt{2}E+A|=0, AA^T=2E, |A|<0$, 求 A^* 的一个特征值.

5.3 相似矩阵 矩阵的对角化

对角矩阵是最简单的一类矩阵,如果对于某一 n 阶矩阵 A,可将它化为对角矩阵,并保持 A 的原有性质,那么可以大大简化对矩阵 A 的讨论.本节我们研究这个在理论和应用方面都具有重要意义的问题.

5.3.1 相似矩阵的定义和性质

定义 1 设 A,B 都是 n 阶矩阵,若存在可逆矩阵 P,使得

$$P^{-1}AP=B$$

则称 B 是 A 的相似矩阵,并称矩阵 A 与 B 相似.对 A 进行运算 $P^{-1}AP$ 称为对 A 进行相似变换,称可逆矩阵 P 为相似变换矩阵.

例如

$$\begin{pmatrix} 1 & -1 \\ -1 & 2 \end{pmatrix}^{-1} \begin{pmatrix} 3 & -1 \\ -1 & 3 \end{pmatrix} \begin{pmatrix} 1 & -1 \\ -1 & 2 \end{pmatrix} = \begin{pmatrix} 4 & -3 \\ 0 & 2 \end{pmatrix},$$

$$\begin{pmatrix} 1 & 1 \\ 1 & -1 \end{pmatrix}^{-1} \begin{pmatrix} 3 & -1 \\ -1 & 3 \end{pmatrix} \begin{pmatrix} 1 & 1 \\ 1 & -1 \end{pmatrix} = \begin{pmatrix} 2 & 0 \\ 0 & 4 \end{pmatrix}$$

则 $\begin{pmatrix} 4 & -3 \\ 0 & 2 \end{pmatrix}$、$\begin{pmatrix} 2 & 0 \\ 0 & 4 \end{pmatrix}$ 都是 $\begin{pmatrix} 3 & -1 \\ -1 & 3 \end{pmatrix}$ 的相似矩阵.由此可见,与 $\begin{pmatrix} 3 & -1 \\ -1 & 3 \end{pmatrix}$ 相似的矩阵不唯一.

矩阵的相似关系是一种等价关系,满足:

(i) 反身性:对任意 n 阶矩阵 A,A 与 A 相似;

(ii) 对称性:若 A 与 B 相似,则 B 与 A 相似;

(iii) 传递性:若 A 与 B 相似,且 B 与 C 相似,则 A 与 C 相似.

由相似定义易证明,留给读者作为练习.

注 两个常用运算表达式:

(1) $P^{-1}(AB)P=(P^{-1}AP)(P^{-1}BP)$

(2) $P^{-1}(kA+lB)P=kP^{-1}AP+lP^{-1}BP$ (k,l 为任意实数)

两个相似矩阵之间有许多共同的特性.

定理 1 若 n 阶矩阵 A 与 B 相似,则满足:

(1) A 与 B 的特征多项式相同,从而 A 与 B 的特征值亦相同.

(2) $R(A)=R(B)$

(3) $|A|=|B|$

(4) A^m 与 B^m 也相似,其中 m 为正整数.

证 (1) 由 A 与 B 相似,则存在可逆矩阵 P,使得 $P^{-1}AP=B$. 故

$$|B-\lambda E| = |P^{-1}AP-P^{-1}\lambda EP| = |P^{-1}(A-\lambda E)P|$$

$$= |P^{-1}||A-\lambda E||P| = |A-\lambda E|$$

故 A 与 B 的特征多项式相同,从而 A 与 B 的特征值也相同.

(2) 由于相似矩阵一定等价,而等价矩阵具有相同的秩,即 $R(A)=R(B)$.

(3) $|B|=|P^{-1}AP|=|P^{-1}||A||P|=|A|$

(4) $B^m=(P^{-1}AP)^m=(P^{-1}AP)\cdot(P^{-1}AP)\cdots(P^{-1}AP)=P^{-1}A^mP$

所以 A^m 与 B^m 也相似.

推论 1 若矩阵 A 与对角阵 $\Lambda=\begin{pmatrix}\lambda_1 & & & \\ & \lambda_2 & & \\ & & \ddots & \\ & & & \lambda_n\end{pmatrix}$ 相似,则 $\lambda_1,\lambda_2,\cdots,\lambda_n$ 一定是矩阵

A 的全部特征值.

由于相似矩阵有许多共同的特性,对于一个 n 阶方阵 A,我们设法在与 A 相似的矩阵中找一个较简单的矩阵如对角矩阵,在研究 A 的性质时只需先研究这个对角矩阵的性质即可. 因此下面考虑一个矩阵是否能与一个对角矩阵相似的问题.

5.3.2 矩阵的相似对角化

定理 2 n 阶矩阵 A 与对角矩阵 $\Lambda=\begin{pmatrix}\lambda_1 & & & \\ & \lambda_2 & & \\ & & \ddots & \\ & & & \lambda_n\end{pmatrix}$ 相似的充分必要条件是矩阵

A 有 n 个线性无关的特征向量.

证 必要性. 设 A 与对角矩阵 $\Lambda=\begin{pmatrix}\lambda_1 & & & \\ & \lambda_2 & & \\ & & \ddots & \\ & & & \lambda_n\end{pmatrix}$ 相似,则存在可逆矩阵 P,使

$$P^{-1}AP=\Lambda \quad 即 \quad AP=P\Lambda$$

将矩阵 P 按列分块,记 $P=(p_1,p_2\cdots,p_n)$,其中 $p_i(i=1,2,\cdots,h)$ 是 P 的第 i 列,则有

$$(Ap_1,Ap_2,\cdots,Ap_n)=(p_1,p_2,\cdots,p_n)\begin{pmatrix}\lambda_1 & & & \\ & \lambda_2 & & \\ & & \ddots & \\ & & & \lambda_n\end{pmatrix}$$

$$=(\lambda_1p_1,\lambda_2p_2,\cdots,\lambda_np_n).$$

由此可得 $Ap_i=\lambda_ip_i$ $(i=1,2,\cdots,n)$. 因 P 可逆,故 $p_i\neq0(i=1,2,\cdots,n)$ 且 $p_1,p_2,\cdots,p_n$ 线性无关. 因此 p_i 是 A 的属于特征值 λ_i 的特征向量,即 A 有 n 个线性无关的特征向量.

充分性. 设 $p_1,p_2,\cdots,p_n$ 是 A 的 n 个线性无关的特征向量,它们对应的特征值依次为 $\lambda_1,\lambda_2,\cdots,\lambda_n$. 记矩阵 $P=(p_1,p_2,\cdots,p_n)$,则 P 可逆,且

$$AP=A(p_1,p_2,\cdots,p_n)=(Ap_1,Ap_2,\cdots,Ap_n)=(\lambda_1p_1,\lambda_2p_2,\cdots,\lambda_np_n)$$

$$= (p_1, p_2, \cdots, p_n) \begin{pmatrix} \lambda_1 & & & \\ & \lambda_2 & & \\ & & \ddots & \\ & & & \lambda_n \end{pmatrix} = P\Lambda$$

于是有 $P^{-1}AP = \Lambda$，即 A 与对角矩阵 Λ 相似.

对于 n 阶方阵 A，若存在可逆矩阵 P，使 $P^{-1}AP = \Lambda$ 为对角阵，则称方阵 A 可对角化.

推论 2　若 n 阶矩阵 A 有 n 个相异的特征值 $\lambda_1, \lambda_2, \cdots, \lambda_n$，则 A 与对角矩阵

$$\Lambda = \begin{pmatrix} \lambda_1 & & & \\ & \lambda_2 & & \\ & & \ddots & \\ & & & \lambda_n \end{pmatrix}$$

相似.

定理 3　n 阶矩阵 A 可对角化的充分必要条件是对应于 A 的每个特征值的线性无关的特征向量的个数恰好等于该特征值的重数.

根据以上结论，可得 n 阶矩阵 A 对角化的步骤如下：

（1）求矩阵 A 的全部特征值，即求 $|A - \lambda E| = 0$ 的根 $\lambda_1, \lambda_2, \cdots, \lambda_n$；

（2）对于矩阵 A 的不同特征值 λ_i，解 $(A - \lambda_i E)x = 0$，求出对应于 λ_i 的线性无关的特征向量（基础解系）. 如果每一个特征值的重数等于基础解系中向量的个数，则 A 可对角化，否则 A 不可对角化；

（3）若 A 可对角化，把第二步所得 n 个线性无关的特征向量 $\xi_1, \xi_2, \cdots, \xi_n$ 当成矩阵 P 的列向量，即令

$$P = (\xi_1, \xi_2, \cdots, \xi_n)$$

则

$$P^{-1}AP = \Lambda = \begin{pmatrix} \lambda_1 & & & \\ & \lambda_2 & & \\ & & \ddots & \\ & & & \lambda_n \end{pmatrix} \qquad (1)$$

注　这里的特征值 $\lambda_1, \lambda_2, \cdots, \lambda_n$ 的顺序与所对应的特征向量 $\xi_1, \xi_2, \cdots, \xi_n$ 的顺序相同.

例 1　下列矩阵能否对角化. 若能，求出可逆矩阵 P，使得 $P^{-1}AP = \Lambda$.

（1）$A = \begin{pmatrix} -2 & 0 & 1 \\ 0 & 0 & 0 \\ 4 & 0 & -2 \end{pmatrix}$ 　　　　（2）$A = \begin{pmatrix} -1 & 1 & 0 \\ -4 & 3 & 0 \\ 1 & 0 & 2 \end{pmatrix}$

解　（1）由

$$|A - \lambda E| = \begin{vmatrix} -2-\lambda & 0 & 1 \\ 0 & -\lambda & 0 \\ 4 & 0 & -2-\lambda \end{vmatrix} = -\lambda^2(\lambda + 4) = 0$$

得到矩阵 A 的三个特征值为 $\lambda_1 = \lambda_2 = 0, \lambda_3 = -4$.

由

$$A - 0E = A = \begin{pmatrix} -2 & 0 & 1 \\ 0 & 0 & 0 \\ 4 & 0 & -2 \end{pmatrix} \xrightarrow[r_1 \times \left(-\frac{1}{2}\right)]{r_3 + 2r_1} \begin{pmatrix} 1 & 0 & -\frac{1}{2} \\ 0 & 0 & 0 \\ 0 & 0 & 0 \end{pmatrix}$$

得 $(A - 0E)x = 0$ 的基础解系为 $\xi_1 = (0,1,0)^T, \xi_2 = \left(\frac{1}{2},0,1\right)^T$.

由

$$A + 4E = \begin{pmatrix} 2 & 0 & 1 \\ 0 & 4 & 0 \\ 4 & 0 & 2 \end{pmatrix} \xrightarrow[r_2 \times \frac{1}{4}]{r_3 - 2r_1} \begin{pmatrix} 2 & 0 & 1 \\ 0 & 1 & 0 \\ 0 & 0 & 0 \end{pmatrix} \xrightarrow{r_1 \times \frac{1}{2}} \begin{pmatrix} 1 & 0 & \frac{1}{2} \\ 0 & 1 & 0 \\ 0 & 0 & 0 \end{pmatrix} \qquad (2)$$

得 $(A + 4E)x = 0$ 的基础解系为 $\xi_3 = \left(-\frac{1}{2},0,1\right)^T$.

故对应于 $\lambda_1 = \lambda_2 = 0$ 的特征向量为 $\xi_1 = (0,1,0)^T, \xi_2 = \left(\frac{1}{2},0,1\right)^T$，对应于 $\lambda_3 = -4$ 的特征向量为 $\xi_3 = \left(-\frac{1}{2},0,1\right)^T$.

因为 A 有三个线性无关的特征向量，所以 A 能对角化，这时

$$P = (\zeta_1, \zeta_2, \zeta_2) = \begin{pmatrix} 0 & \frac{1}{2} & -\frac{1}{2} \\ 1 & 0 & 0 \\ 0 & 1 & 1 \end{pmatrix}$$

可求出 $P^{-1} = \frac{1}{2} \begin{pmatrix} 0 & 2 & 0 \\ 2 & 0 & 1 \\ -2 & 0 & 1 \end{pmatrix}$

可以验证

$$P^{-1}AP = \Lambda = \begin{pmatrix} 0 & & \\ & 0 & \\ & & -4 \end{pmatrix}$$

（2）由

$$|A - \lambda E| = \begin{vmatrix} -1-\lambda & 1 & 0 \\ -4 & 3-\lambda & 0 \\ 1 & 0 & 2-\lambda \end{vmatrix} = (2-\lambda)(\lambda-1)^2 = 0$$

得 A 的三个特征值为 $\lambda_1 = 2, \lambda_2 = \lambda_3 = 1$.

当 $\lambda_1 = 2$ 时；由

$$A - 2E = \begin{pmatrix} -3 & 1 & 0 \\ -4 & 1 & 0 \\ 1 & 0 & 0 \end{pmatrix} \xrightarrow{r_1 \leftrightarrow r_3} \begin{pmatrix} 1 & 0 & 0 \\ -4 & 1 & 0 \\ -3 & 1 & 0 \end{pmatrix} \xrightarrow[r_3 + 3r_1]{r_2 + 4r_1} \begin{pmatrix} 1 & 0 & 0 \\ 0 & 1 & 0 \\ 0 & 1 & 0 \end{pmatrix} \xrightarrow{r_3 - r_2} \begin{pmatrix} 1 & 0 & 0 \\ 0 & 1 & 0 \\ 0 & 0 & 0 \end{pmatrix}$$

得同解方程组为 $\begin{cases} x_1 = 0, \\ x_2 = 0, \end{cases}$ 得 $(A-2E)x = 0$ 的基础解系为 $\xi_1 = (0,0,1)^T$.

当 $\lambda_2 = \lambda_3 = 1$ 时，由

$$A - E = \begin{pmatrix} -2 & 1 & 0 \\ -4 & 2 & 0 \\ 1 & 0 & 1 \end{pmatrix} \xrightarrow{r_1 \leftrightarrow r_3} \begin{pmatrix} 1 & 0 & 1 \\ -4 & 2 & 0 \\ -2 & 1 & 0 \end{pmatrix} \xrightarrow[r_3 + 2r_1]{r_2 + 4r_1} \begin{pmatrix} 1 & 0 & 1 \\ 0 & 2 & 4 \\ 0 & 1 & 2 \end{pmatrix} \xrightarrow[r_2 \times \frac{1}{2}]{r_3 - \frac{1}{2}r_2} \begin{pmatrix} 1 & 0 & 1 \\ 0 & 1 & 2 \\ 0 & 0 & 0 \end{pmatrix}$$

得同解方程组为 $\begin{cases} x_1 = -x_3, \\ x_2 = -2x_3, \end{cases}$ 得 $(A-E)x = 0$ 的基础解系为 $\xi_2 = (1,2,-1)^T$.

故对应于 $\lambda_1 = 2$ 的特征向量为 $\xi_1 = (0,0,1)^T$，对应于 $\lambda_2 = \lambda_3 = 1$ 的特征向量为 $\xi_2 = (1,2,-1)^T$，因为 A 只有两个线性无关的特征向量，所以 A 不能对角化.

例2 设 $A = \begin{pmatrix} 0 & 0 & 1 \\ 1 & 1 & x \\ 1 & 0 & 0 \end{pmatrix}$，问 x 为何值时，矩阵 A 能对角化.

解 $|A - \lambda E| = \begin{vmatrix} -\lambda & 0 & 1 \\ 1 & 1-\lambda & x \\ 1 & 0 & -\lambda \end{vmatrix} = (1-\lambda) \begin{vmatrix} -\lambda & 1 \\ 1 & -\lambda \end{vmatrix}$

$$= -(\lambda-1)^2(\lambda+1)$$

得 $\lambda_1 = -1, \lambda_2 = \lambda_3 = 1$.

对应单根 $\lambda_1 = -1$，可求得线性无关的特征向量恰有 1 个，故矩阵可对角化的充要条件是对应重根 $\lambda_2 = \lambda_3 = 1$，$A$ 有 2 个线性无关的特征向量，即方程 $(A-E)x = 0$ 有 2 个线性无关的解向量，亦即系数矩阵 $A-E$ 的秩 $R(A-E) = 1$.

由

$$A - E = \begin{pmatrix} -1 & 0 & 1 \\ 1 & 0 & x \\ 1 & 0 & -1 \end{pmatrix} \xrightarrow{r} \begin{pmatrix} 1 & 0 & -1 \\ 0 & 0 & x+1 \\ 0 & 0 & 0 \end{pmatrix}$$

要 $R(A-E) = 1$，得 $x+1 = 0$，即 $x = -1$. 因此，当 $x = -1$ 时，矩阵 A 能对角化.

例3 设矩阵 A 与 B 相似，且 $A = \begin{pmatrix} -2 & 0 & 0 \\ 2 & 0 & 2 \\ 3 & 1 & a \end{pmatrix}, B = \begin{pmatrix} -1 & 0 & 0 \\ 0 & 2 & 0 \\ 0 & 0 & b \end{pmatrix}$.

(1) 求 a, b 的值；

(2) 求可逆矩阵 P，使 $P^{-1}AP = B$；

(3) 求 A^{100}.

解 (1) 因为 A 与 B 相似，所以 A 的特征值是 $\lambda_1 = -1, \lambda_2 = 2, \lambda_3 = b$. 由特征值的性质得 $\lambda_1 + \lambda_2 + \lambda_3 = -2 + 0 + a, \lambda_1\lambda_2\lambda_3 = |A|$，即

$$\begin{cases} a - 2 = b + 1 \\ 4 = -2b \end{cases}$$

解得 $a = 1, b = -2$.

(2) A 的特征值是 $\lambda_1 = -1, \lambda_2 = 2, \lambda_3 = -2$,解齐次线性方程组 $(A - \lambda E)x = 0$ 可分别求得 A 的对应特征向量为

$$\boldsymbol{\alpha}_1 = \begin{pmatrix} 0 \\ -2 \\ 1 \end{pmatrix}, \quad \boldsymbol{\alpha}_2 = \begin{pmatrix} 0 \\ 1 \\ 1 \end{pmatrix}, \quad \boldsymbol{\alpha}_3 = \begin{pmatrix} -1 \\ 0 \\ 1 \end{pmatrix}$$

于是求可逆矩阵 $\boldsymbol{P} = \begin{pmatrix} 0 & 0 & -1 \\ -2 & 1 & 0 \\ 1 & 1 & 1 \end{pmatrix}$,使 $\boldsymbol{P}^{-1}\boldsymbol{A}\boldsymbol{P} = \boldsymbol{B}$.

(3) 由于 $\boldsymbol{A} = \boldsymbol{P}\boldsymbol{B}\boldsymbol{P}^{-1}$,于是 $\boldsymbol{A}^{100} = \boldsymbol{P}\boldsymbol{B}^{100}\boldsymbol{P}^{-1}$,其中 $\boldsymbol{P}^{-1} = \dfrac{1}{3}\begin{pmatrix} 1 & -1 & 1 \\ 2 & 1 & 2 \\ -3 & 0 & 0 \end{pmatrix}$. 所以

$$\boldsymbol{A}^{100} = \begin{pmatrix} 0 & 0 & -1 \\ -2 & 1 & 0 \\ 1 & 1 & 1 \end{pmatrix} \cdot \begin{pmatrix} (-1)^{100} & 0 & 0 \\ 0 & 2^{100} & 0 \\ 0 & 0 & (-2)^{100} \end{pmatrix} \cdot \frac{1}{3}\begin{pmatrix} 1 & -1 & 1 \\ 2 & 1 & 2 \\ -3 & 0 & 0 \end{pmatrix}$$

$$= \frac{1}{3}\begin{pmatrix} 3 \cdot 2^{100} & 0 & 0 \\ 2^{101} - 2 & 2^{100} + 2 & 2^{101} - 2 \\ 1 - 2^{100} & 2^{100} - 1 & 2^{101} + 1 \end{pmatrix}$$

习 题 5-3

1. 若 $\boldsymbol{A} = \begin{pmatrix} 2 & 0 & 0 \\ 0 & 0 & 1 \\ 0 & 1 & x \end{pmatrix}$ 与 $B = \begin{pmatrix} 2 & 0 & 0 \\ 0 & -1 & 0 \\ 0 & 0 & 1 \end{pmatrix}$ 相似,则 $x = ($ $)$.

A. -1 B. 0 C. 1 D. 2

2. 若 $\boldsymbol{A}$ 与 $\boldsymbol{B}$ 相似,则 $($ $)$.

A. $\boldsymbol{A}, \boldsymbol{B}$ 都和同一对角矩阵相似

B. $\boldsymbol{A}, \boldsymbol{B}$ 有相同的特征向量

C. $\boldsymbol{A} - \lambda \boldsymbol{E} = \boldsymbol{B} - \lambda \boldsymbol{E}$

D. $|\boldsymbol{A}| = |\boldsymbol{B}|$

3. 设 $\boldsymbol{A}$ 与 $\boldsymbol{B}$ 是两个相似 n 阶矩阵,则下列说法错误的是 $($ $)$.

A. $|\boldsymbol{A}| = |\boldsymbol{B}|$ B. $R(\boldsymbol{A}) = R(\boldsymbol{B})$

C. 存在可逆阵 $\boldsymbol{P}$,使 $\boldsymbol{P}^{-1}\boldsymbol{A}\boldsymbol{P} = \boldsymbol{B}$ D. $\lambda \boldsymbol{E} - \boldsymbol{A} = \lambda \boldsymbol{E} - \boldsymbol{B}$

4. 若 n 阶矩阵 A 仅有 λ_0 是 k 重特征根,其余都是单根,若 A 可对角化,则 $R(A - \lambda_0 E) = ($ $)$.

A. n B. k C. $n - k$ D. $k - n$

5. 已知四阶矩阵 A 与 B 相似,矩阵 A 的 4 个特征值为 $2,3,4,5$,则 $\left|B^{-1}-E\right|=($).

A. $\dfrac{1}{5}$ B. 24   C. 12   D. 5

6. 二阶方阵 A 的特征值分别为 $-2,-2,1$,且 B 与 A 相似,则 $\left|2B^{-1}\right|=$ _____.

7. 设 $A=\begin{pmatrix} 1 & 0 \\ 0 & 1 \end{pmatrix}$,$B=\begin{pmatrix} 1 & 1 \\ 0 & 1 \end{pmatrix}$,证明:$A$ 与 B 的特征多项式均为 $(\lambda-1)^2$,且 A 与 B 不相似.

8. 判断矩阵 $A=\begin{pmatrix} 1 & -2 & 2 \\ -2 & -2 & 4 \\ 2 & 4 & -2 \end{pmatrix}$ 能否相似对角化.

9. 设矩阵 $A=\begin{pmatrix} 2 & 0 & 1 \\ 3 & 1 & x \\ 4 & 0 & 5 \end{pmatrix}$ 可相似对角化,求 x.

10. 对下列矩阵,求可逆矩阵 P,使得 $P^{-1}AP$ 为对角阵.

(1) $A=\begin{pmatrix} -1 & -2 & 2 \\ 0 & 1 & 0 \\ 0 & 0 & 1 \end{pmatrix}$ (2) $A=\begin{pmatrix} 4 & 6 & 0 \\ -3 & -5 & 0 \\ -3 & -6 & 1 \end{pmatrix}$

11. 设 $A=\begin{pmatrix} -1 & 1 & 0 \\ -2 & 2 & 0 \\ 4 & -2 & 1 \end{pmatrix}$,求 A^{100}.

12. 设三阶矩阵 A 的特征值是 $\lambda_1=2,\lambda_2=-2,\lambda_3=1$,对应的特征向量依次为 $\alpha_1=\begin{pmatrix} 0 \\ 1 \\ 1 \end{pmatrix}$,$\alpha_2=\begin{pmatrix} 1 \\ 1 \\ 1 \end{pmatrix}$,$\alpha_3=\begin{pmatrix} 1 \\ 1 \\ 0 \end{pmatrix}$,求 A.

13. 设三阶矩阵 A 的特征值为 $1,0,-1$,对应的特征向量依次为

$$p_1=\begin{pmatrix} 1 \\ 2 \\ 2 \end{pmatrix}, \quad p_2=\begin{pmatrix} 2 \\ -2 \\ 1 \end{pmatrix}, \quad p_3=\begin{pmatrix} -2 \\ -1 \\ 2 \end{pmatrix}$$

求 A 及 A^{50}.

14. 设 A,B 都是 n 阶方阵,且 $|A|\neq 0$,证明:AB 与 BA 相似.

5.4   实对称矩阵的相似矩阵

上节讨论了一般方阵可对角化的条件,本节将讨论实对称矩阵对角化的问题.实对称矩阵具有许多一般方阵所没有的特殊性质.

5.4.1   实对称矩阵的特征值与特征向量

定理 1   实对称矩阵的特征值都为实数.

证　设复数 λ 为对称矩阵 A 的特征值,复向量 x 为对应的特征向量,即 $Ax = \lambda x, x \neq 0$ $\bar{\lambda}$ 表示 λ 的共轭复数,$\bar{x}$ 表示 x 的共轭复向量.显然有 $A\bar{x} = \overline{Ax} = (\overline{Ax}) = (\overline{\lambda x}) = \bar{\lambda}\bar{x}$.于是有

$$\bar{x}^{\mathrm{T}} Ax = \bar{x}^{\mathrm{T}} (Ax) = \bar{x}^{\mathrm{T}} (\lambda x) = \lambda \bar{x}^{\mathrm{T}} x$$

及

$$\bar{x}^{\mathrm{T}} Ax = (\bar{x}^{\mathrm{T}} A^{\mathrm{T}}) x = (A\bar{x})^{\mathrm{T}} x = (\bar{\lambda}\bar{x})^{\mathrm{T}} x = \bar{\lambda} \bar{x}^{\mathrm{T}} x$$

两式相减,得

$$(\lambda - \bar{\lambda}) \bar{x}^{\mathrm{T}} x = 0$$

但因 $x \neq 0$,所以

$$\bar{x}^{\mathrm{T}} x = \sum_{i=1}^{n} \bar{x}_i x_i = \sum_{i=1}^{n} |x_i|^2 \neq 0$$

故 $\lambda - \bar{\lambda} = 0$,即 $\lambda = \bar{\lambda}$,这就说明 λ 是实数.

注　实对称矩阵 A,因其特征值 λ_i 为实数,故方程组

$$(A - \lambda_i E) x = 0$$

是实系数方程组,由 $|A - \lambda_i E| = 0$ 知它必有实的基础解系,所以 A 的特征向量可以取实向量.

定理 2　实对称阵 A 的属于不同特征值的特征向量相互正交.

证　设 λ_1, λ_2 是实对称阵 A 的不同特征值,$\alpha_i (i = 1,2)$ 是属于 λ_i 的特征向量.则

$$\lambda_1 \alpha_1^{\mathrm{T}} = (\lambda_1 \alpha_1)^{\mathrm{T}} = (A\alpha_1)^{\mathrm{T}} = \alpha_1^{\mathrm{T}} A^{\mathrm{T}} = \alpha_1^{\mathrm{T}} A$$

从而

$$\lambda_1 \alpha_1^{\mathrm{T}} \alpha_2 = \alpha_1^{\mathrm{T}} A \alpha_2 = \lambda_2 \alpha_1^{\mathrm{T}} \alpha_2$$

即 $(\lambda_1 - \lambda_2) \alpha_1^{\mathrm{T}} \alpha_2 = 0$,由于 $\lambda_1 - \lambda_2 \neq 0$. 故 $[\alpha_1, \alpha_2] = \alpha_1^{\mathrm{T}} \alpha_2 = 0$,即 α_1 与 α_2 正交.

5.4.2　实对称矩阵的相似对角化理论

定理 3　设 A 为 n 阶实对称矩阵,λ 是 A 的特征方程的 k 重根,则矩阵 $A - \lambda E$ 的秩 $R(A - \lambda E) = n - k$,从而对应特征值 λ 恰有 k 个线性无关的特征向量.

定理 4　设 A 为 n 阶实对称矩阵,则必有正交矩阵 P,使得

$$P^{-1} AP = \Lambda$$

其中,Λ 是以 A 的 n 个特征值为对角元素的对角矩阵.

由定理 3 知,A 有 n 个线性无关的特征向量,将这 n 个线性无关的特征向量正交化、单位化,然后将所得到的向量按列构成正交矩阵 P 使 $P^{-1} AP = \Lambda$.

5.4.3　实对称矩阵的相似对角化方法

根据上述结论,可得正交变换矩阵 P 将实对称矩阵 A 对角化的步骤如下:

(1) 求出 A 的全部特征值 $\lambda_1, \lambda_2, \cdots, \lambda_n$.

(2) 对每一个特征值 λ_i,由 $(A - \lambda_i E) x = 0$ 求出对应于 λ_i 的特征向量.

(3) 将对应于同一特征值的线性无关的特征向量正交化,再单位化.

(4) 以这些单位向量作为列向量构成一个正交矩阵 P，则

$$P^{-1}AP = \Lambda$$

注 P 中列向量的排列顺序与对角矩阵 Λ 对角线上的特征值的排列顺序相对应.

例1 设 $A = \begin{pmatrix} 0 & -1 & 1 \\ -1 & 0 & 1 \\ 1 & 1 & 0 \end{pmatrix}$，求一个正交矩阵 P 及对角阵 Λ，使 $P^{-1}AP = \Lambda$.

解 由

$$|A - \lambda E| = \begin{vmatrix} -\lambda & -1 & 1 \\ -1 & -\lambda & 1 \\ 1 & 1 & -\lambda \end{vmatrix} = -(\lambda - 1)^2(\lambda + 2)$$

得 A 的特征值为 $\lambda_1 = -2, \lambda_2 = \lambda_3 = 1$.

对应 $\lambda_1 = -2$，解齐次方程组

$$(A + 2E)x = 0 \quad \text{即} \quad \begin{pmatrix} 2 & -1 & 1 \\ -1 & 2 & 1 \\ 1 & 1 & 2 \end{pmatrix}\begin{pmatrix} x_1 \\ x_2 \\ x_3 \end{pmatrix} = 0$$

得基础解系 $\xi_1 = (-1, -1, 1)^T$. 将 ξ_1 单位化，得 $p_1 = \dfrac{1}{\sqrt{3}}(-1, -1, 1)^T$.

对应 $\lambda_2 = \lambda_3 = 1$，解齐次方程组

$$(A - E)x = 0 \quad \text{即} \quad \begin{pmatrix} -1 & -1 & 1 \\ -1 & -1 & 1 \\ 1 & 1 & -1 \end{pmatrix}\begin{pmatrix} x_1 \\ x_2 \\ x_3 \end{pmatrix} = 0$$

得基础解系 $\xi_2 = (-1, 1, 0)^T, \xi_3 = (1, 0, 1)^T$.

将 ξ_2, ξ_3 正交化，取

$$\eta_2 = \xi_2 = (-1, 1, 0)^T$$

$$\eta_3 = \xi_3 - \frac{[\eta_2, \xi_3]}{[\eta_2, \eta_2]}\eta_2 = (1, 0, 1)^T + \frac{1}{2}(-1, 1, 0)^T = \frac{1}{2}(1, 1, 2)^T$$

再将 η_2, η_3 单位化，得

$$p_2 = \frac{1}{\sqrt{2}}(-1, 1, 0)^T, \quad p_3 = \frac{1}{\sqrt{6}}(1, 1, 2)^T$$

将 p_1, p_2, p_3 构成正交矩阵

$$P = (p_1, p_2, p_3) = \begin{pmatrix} \dfrac{-1}{\sqrt{3}} & \dfrac{-1}{\sqrt{2}} & \dfrac{1}{\sqrt{6}} \\ \dfrac{-1}{\sqrt{3}} & \dfrac{1}{\sqrt{2}} & \dfrac{1}{\sqrt{6}} \\ \dfrac{1}{\sqrt{3}} & 0 & \dfrac{2}{\sqrt{6}} \end{pmatrix}$$

使
$$P^{-1}AP = P^{T}AP = \Lambda = \begin{pmatrix} -2 & 0 & 0 \\ 0 & 1 & 0 \\ 0 & 0 & 1 \end{pmatrix}$$

例2 设 $A = \begin{pmatrix} 2 & -1 \\ -1 & 2 \end{pmatrix}$,求 A^{n}.

解 因为 A 为实对称矩阵,故 A 可对角化,即有可逆矩阵 P 及对角阵 Λ 使 $P^{-1}AP = \Lambda$.于是 $A = P\Lambda P^{-1}$,从而 $A^{n} = P\Lambda^{n}P^{-1}$.

因
$$|A - \lambda E| = \begin{vmatrix} 2-\lambda & -1 \\ -1 & 2-\lambda \end{vmatrix} = (\lambda-1)(\lambda-3)$$

故 A 的特征值为 $\lambda_1 = 1, \lambda_2 = 3$.于是

$$\Lambda = \begin{pmatrix} 1 & 0 \\ 0 & 3 \end{pmatrix}, \quad \Lambda^{n} = \begin{pmatrix} 1 & 0 \\ 0 & 3^{n} \end{pmatrix}$$

对应 $\lambda_1 = 1$,解方程组 $(A-E)x=0$,即 $\begin{pmatrix} 1 & -1 \\ -1 & 1 \end{pmatrix}\begin{pmatrix} x_1 \\ x_2 \end{pmatrix} = \begin{pmatrix} 0 \\ 0 \end{pmatrix}$,得 $p_1 = (1,1)^{T}$;

对应 $\lambda_2 = 3$,解方程组 $(A-3E)x=0$,即 $\begin{pmatrix} -1 & -1 \\ -1 & -1 \end{pmatrix}\begin{pmatrix} x_1 \\ x_2 \end{pmatrix} = \begin{pmatrix} 0 \\ 0 \end{pmatrix}$,得 $p_2 = (1,-1)^{T}$.

则有 $P = (p_1, p_2) = \begin{pmatrix} 1 & 1 \\ 1 & -1 \end{pmatrix}, P^{-1} = \frac{1}{2}\begin{pmatrix} 1 & 1 \\ 1 & -1 \end{pmatrix}$,于是

$$A^{n} = P\Lambda^{n}P^{-1} = \frac{1}{2}\begin{pmatrix} 1 & 1 \\ 1 & -1 \end{pmatrix}\begin{pmatrix} 1 & 0 \\ 0 & 3^{n} \end{pmatrix}\begin{pmatrix} 1 & 1 \\ 1 & -1 \end{pmatrix} = \frac{1}{2}\begin{pmatrix} 1+3^{n} & 1-3^{n} \\ 1-3^{n} & 1+3^{n} \end{pmatrix}$$

例3 已知三阶实对称矩阵 A 的特征值为 -6、3、3,且 $\xi = (2,-2,1)^{T}$ 是 A 的属于特征值 $\lambda_1 = -6$ 的特征向量,求 A.

解 属于特征值 $\lambda_2 = \lambda_3 = 3$ 的特征向量 $\beta = (x_1, x_2, x_3)^{T}$ 都应与 $\xi = (2,-2,1)^{T}$ 正交,即有 $[\xi, \beta] = 2x_1 - 2x_2 + x_3 = 0$,亦即 $2x_1 = 2x_2 - x_3$.

令 $x_2 = 1, x_3 = 0$,得一特征向量 $\xi_1 = (1,1,0)^{T}$.属于 3 的另一个与 ξ 和 ξ_1 都正交的特征向量 ξ_2 可由

$$\begin{cases} 2x_1 - 2x_2 + x_3 = 0 \\ x_1 + x_2 = 0 \end{cases}$$

得 $\xi_2 = (-1,1,4)^{T}$.

记 $Q = (\xi, \xi_1, \xi_2) = \begin{pmatrix} 2 & 1 & -1 \\ -2 & 1 & 1 \\ 1 & 0 & 4 \end{pmatrix}$,则它为正交矩阵且

$$Q^{-1}AQ = \Lambda = \begin{pmatrix} -6 & 0 & 0 \\ 0 & 3 & 0 \\ 0 & 0 & 3 \end{pmatrix}$$

于是

$$A = Q\Lambda Q^{-1} = \begin{pmatrix} 2 & 1 & -1 \\ -2 & 1 & 1 \\ 1 & 0 & 4 \end{pmatrix} \begin{pmatrix} -6 & 0 & 0 \\ 0 & 3 & 0 \\ 0 & 0 & 3 \end{pmatrix} \begin{pmatrix} 2 & 1 & -1 \\ -2 & 1 & 1 \\ 1 & 0 & 4 \end{pmatrix}^{-1}$$

$$= \begin{pmatrix} -1 & 4 & -2 \\ 4 & -1 & 2 \\ -2 & 2 & 2 \end{pmatrix}$$

习 题 5-4

1. 设三阶实对称矩阵 A 的特征值为 $\lambda_1 = \lambda_2 = 0, \lambda_3 = 2$,则 $R(A) = ($).

A. 0   B. 1   C. 2   D. 3

2. 已知三阶矩阵 A 与对角矩阵 $B = \begin{pmatrix} 1 & 0 & 0 \\ 0 & -1 & 0 \\ 0 & 0 & -1 \end{pmatrix}$ 相似,则 $A^{10} = ($).

A. A B. B C. E D. $-E$

3. 设二阶实对称矩阵 A 的特征值为 $1, 2$,它们对应的特征向量分别为 $\alpha_1 = (1, -1)^T, \alpha_2 = (-2, \lambda)$,则数 λ _____.

4. 设三阶实对称矩阵 A 的特征值是 $1, 2, 3$,矩阵 A 的属于特征值 $1, 2$ 的特征向量分别是 $\alpha_1 = (-1, -1, 1)^T, \alpha_2 = (1, -2, -1)^T$,则 A 的属于特征值 3 的特征向量是 _____.

5. 设 A 为 n 阶实对称矩阵,且 $A^2 + 2A - 3E = 0, \lambda = 1$ 是 A 的一重特征值,则行列式 $|A + 2E| = $ _____.

6. 设实对称矩阵 $A = \begin{pmatrix} 1 & -2 & 0 \\ -2 & 2 & -2 \\ 0 & -2 & 3 \end{pmatrix}$,求正交矩阵 P 及对角阵 Λ,使 $P^{-1}AP = \Lambda$.

7. 设有实对称矩阵 $A = \begin{pmatrix} 4 & 0 & 0 \\ 0 & 3 & 1 \\ 0 & 1 & 3 \end{pmatrix}$,求正交矩阵 P 及对角阵 Λ,使 $P^{-1}AP = \Lambda$.

8. 已知矩阵 $A = \begin{pmatrix} 2 & 0 & 0 \\ 0 & a & 2 \\ 0 & 2 & a \end{pmatrix}$ $(a > 0)$ 有一个特征值为 1,求正交矩阵 P 及对角阵 Λ 使得 $P^{-1}AP = \Lambda$.

9. 设 n 阶实对称矩阵 A 满足 $A^2 = A$,且 A 的秩为 r,试求行列式 $|2E - A|$ 的值.

10. 判断下列两矩阵 A, B 是否相似.

$$A = \begin{pmatrix} 1 & 1 & \cdots & 1 \\ 1 & 1 & \cdots & 1 \\ \vdots & \vdots & & \vdots \\ 1 & 1 & \cdots & 1 \end{pmatrix}, \quad B = \begin{pmatrix} n & 0 & \cdots & 0 \\ 1 & 0 & \cdots & 0 \\ \vdots & \vdots & & \vdots \\ 1 & 0 & \cdots & 0 \end{pmatrix}$$

11. 设方阵 $A=\begin{pmatrix} 1 & -2 & -4 \\ -2 & x & -2 \\ -4 & -2 & 1 \end{pmatrix}$ 与 $\Lambda=\begin{pmatrix} 5 & 0 & 0 \\ 0 & y & 0 \\ 0 & 0 & -4 \end{pmatrix}$ 相似,求 x,y.

12. 已知三阶对称矩阵 A 的特征值为 $6,3,3$,且 $p_1=(1,1,1)^T$ 是 A 的属于特征值 $\lambda_1=6$ 的特征向量,求 A.

13. 设三阶对称矩阵 A 的特征值为 $1,-1,0$,而 $\lambda_1=1$ 和 $\lambda_2=-1$ 的特征向量分别是 $(a,2a-1,1)^T,(a,1,1-3a)^T$,求 A.

综合复习题 5

A

1. 设 n 阶矩阵 A 的特征值为 λ,x 是 A 的属于特征值 λ 的特征向量,则 kA 的特征值为_____,A^5 的特征值为_____,$aA^2+bA+cE$ 的特征值为_____;若 A 可逆,则 A^{-1} 的特征值为_____,A^* 的特征值为_____.

2. 若 n 阶矩阵 A 有一个特征值为 2,则 $|A-2E|=$_____.

3. 若三阶矩阵 A 的三个特征值分别为 $-1,-1,8$,则 $|A|=$_____.

4. 设向量 α,β 分别为实对称矩阵 A 的 2 个不同特征值 λ_1,λ_2 所对应的特征向量,则 α 与 β 的内积是_____.

5. 设三阶方阵 A 的 3 个特征值分别为 $1,2,3$,又方阵 $B=A^2-2A+E$,则方阵 B 的特征值为_____.

6. 已知矩阵 $A=\begin{pmatrix} 2 & 1 & 1 \\ 1 & 2 & 1 \\ 1 & 1 & 2 \end{pmatrix}$ 相似于 $\begin{pmatrix} 1 & 0 & 0 \\ 0 & a & 0 \\ 0 & 0 & 4 \end{pmatrix}$,则 $a=$_____.

7. 设矩阵 $A=\begin{pmatrix} 1 & 0 & 0 \\ 0 & 2 & 0 \\ 0 & 0 & 3 \end{pmatrix}$,则 A 的特征值为_____.

8. 已知 $P^{-1}AP=\begin{pmatrix} 1 & & \\ & 2 & \\ & & -1 \end{pmatrix}$,其中 $P=\begin{pmatrix} 1 & -1 & 1 \\ 1 & 0 & 1 \\ 0 & 1 & 2 \end{pmatrix}$,则矩阵 A 的属于特征值 $\lambda=-1$ 的特征向量是_____.

9. n 阶矩阵 A 与对角矩阵相似的充分必要条件是_____.

10. 设 A 为实对称矩阵,$\alpha_1=(1,2,3)^T$ 与 $\alpha_2=(-1,-4,a)^T$ 分别是属于 A 的不同特征值 λ_1 与 λ_2 的特征向量,则 $a=$_____.

11. 若 n 阶矩阵 A 与 B 相似,则( ).

A. 它们的特征值相同   B. 它们具有相同的特征向量

C. 它们具有相同的特征矩阵   D. 存在可逆矩阵 C,使 $C^TAC=B$

12. n 阶矩阵 A 可与对角矩阵 Λ 相似的充分必要条件是( ).

A. A 有 n 个线性无关的特征向量　　　　B. A 有 n 个不同的特征值

C. A 的 n 个列向量线性无关　　　　D. A 有 n 个非零的特征值

13. 设 x_1,x_2 分别是 n 阶矩阵 A 的属于特征值 λ_1,λ_2 的两个的特征向量,则( ).

A. $\lambda_1=\lambda_2$ 时,x_1,x_2 一定成比例　　　　B. $\lambda_1=\lambda_2$ 时,x_1,x_2 一定不成比例

C. $\lambda_1\neq\lambda_2$ 时,x_1,x_2 一定成比例　　　　D. $\lambda_1\neq\lambda_2$ 时,x_1,x_2 一定不成比例

14. 0 不为 A 的特征值是 A 可逆的( ).

A. 充分条件　　　　　　　　　　B. 必要条件

C. 充分必要条件　　　　　　　　D. 非充分非必要条件

15. n 阶矩阵 A 与一对角阵相似的充分必要条件是( ).

A. $R(A)=n$　　　　　　　　　　B. A 有 n 个不同的特征值

C. A 一定是一对角阵　　　　　　D. A 有 n 个线性无关的特征向量

16. 设 A,B 均为 n 阶方阵,则下列结论中不正确的是( ).

A. 若 A 相似于 B,则 A^{T} 相似于 B^{T}

B. 若 A 相似于 B,且 A 可逆,则 A^{-1} 相似于 B^{-1}

C. 若 A 相似于 B,则 kA 与 kB 相似

D. 若 A 等价于 B,则 A 相似于 B

17. 设 A 为 n 阶可逆矩阵,λ 是 A 的一个特征值,则 A 的伴随矩阵 A^* 的特征值之一是( ).

A. $\lambda^{-1}|A|^n$　　　　B. $\lambda^{-1}|A|$　　　　C. $\lambda|A|$　　　　D. $\lambda|A|^n$

18. 已知矩阵 $A=\begin{pmatrix} 1 & 1 & 0 \\ 1 & 1 & 0 \\ 0 & 0 & 3 \end{pmatrix}$ 与 $B=\begin{pmatrix} 0 & 0 & 0 \\ 0 & 3 & 0 \\ 0 & 0 & x \end{pmatrix}$ 相似,

(1) 求 x;

(2) 求可逆矩阵 P,使 $P^{-1}AP=B$.

19. 将向量 $\alpha_1=(1,1,1)^{\mathrm{T}},\alpha_2=(-1,0,-1)^{\mathrm{T}},\alpha_3=(1,2,-3)^{\mathrm{T}}$ 正交规范化,并求向量 $\alpha=(3,2,1)^{\mathrm{T}}$ 用此正交规范向量组线性表示的表达式.

20. 已知实对称矩阵 $A=\begin{pmatrix} 1 & -2 & 2 \\ -2 & -2 & 4 \\ 2 & 4 & -2 \end{pmatrix}$,求正交矩阵 Q,使 $Q^{-1}AQ=\Lambda$,Λ 为对角矩阵.

21. 证明:可逆矩阵的特征值都不为 0.

B

1. 三阶矩阵 A 的特征值为 $\lambda_1=1,\lambda_2=-1,\lambda_3=-2$,它们对应的特征向量分别是 ξ_1,ξ_2,ξ_3,令 $P=(2\xi_2,-3\xi_3,4\xi_1)$,则 $P^{-1}AP=$( ).

A. $\begin{pmatrix} -1 & & \\ & -2 & \\ & & 1 \end{pmatrix}$ B. $\begin{pmatrix} -2 & & \\ & 1 & \\ & & -1 \end{pmatrix}$

C. $\begin{pmatrix} 1 & & \\ & -1 & \\ & & 2 \end{pmatrix}$ D. $\begin{pmatrix} -1 & & \\ & 1 & \\ & & 2 \end{pmatrix}$

2. 设 x_1，x_2 分别是 n 阶矩阵 A 的属于不同特征值 λ_1，λ_2 的 2 个的特征向量，则（   ）.

   A. 对任意的 $k_1 \neq 0$，$k_2 \neq 0$，$k_1 x_1 + k_2 x_2$ 是 A 的特征向量

   B. 存在 $k_1 \neq 0$，$k_2 \neq 0$，使 $k_1 x_1 + k_2 x_2$ 是 A 的特征向量

   C. 当 $k_1 \neq 0$，$k_2 \neq 0$ 时，$k_1 x_1 + k_2 x_2$ 不可能是 A 的特征向量

   D. 存在唯一的数 $k_1 \neq 0$，$k_2 \neq 0$，使 $k_1 x_1 + k_2 x_2$ 是 A 的特征向量

3. 设三阶方阵 A 的 3 个特征值为 $\lambda_1 = 0$，$\lambda_2 = 3$，$\lambda_3 = -6$，对应于 λ_1 的特征向量为 $x_1 = (1, 0, -1)^T$，对应 λ_2 的特征向量为 $x_2 = (2, 1, 1)^T$，记向量 $x_3 = x_1 + x_2$，则（   ）.

   A. x_3 是对应于特征值 $\lambda_1 = 0$ 的特征向量

   B. x_3 是对应于特征值 $\lambda_2 = 3$ 的特征向量

   C. x_3 是对应于特征值 $\lambda_3 = -6$ 的特征向量

   D. x_3 不是 A 的特征向量

4. 已知三阶矩阵 A 与三维向量 x 使得向量组 x，Ax，$A^2 x$ 线性无关，且满足 $A^3 x = 3Ax - 2A^2 x$. 设 $P = (x, Ax, A^2 x)$，求三阶矩阵 B，使 $A = PBP^{-1}$，并计算行列式 $|A + E|$.

5. 设 A 是 n 阶矩阵，$2, 4, \cdots, 2n$ 是 A 的 n 个特征值，计算行列式 $|A - 3E|$ 的值.

6. 若四阶矩阵 A 与 B 相似，矩阵 A 的特征值为 $\dfrac{1}{2}$，$\dfrac{1}{3}$，$\dfrac{1}{4}$，$\dfrac{1}{5}$，计算行列式 $|B^{-1} - E|$ 的值.

7. 设 $A = \begin{pmatrix} 0 & -1 & 0 \\ 1 & 0 & 0 \\ 0 & 0 & -1 \end{pmatrix}$，$B = P^{-1} A P$，其中 P 为三阶可逆矩阵，计算 $B^{2004} - 2A^2$.

8. 设矩阵 $A = \begin{pmatrix} 1 & 2 & -3 \\ -1 & 4 & -3 \\ 1 & a & 5 \end{pmatrix}$ 的特征方程有 1 个二重根，求 a 的值，并讨论 A 是否可相似对角化.

9. 设矩阵 A 与 B 相似，且 $A = \begin{pmatrix} 1 & -1 & 1 \\ 2 & 4 & -2 \\ -3 & -3 & a \end{pmatrix}$，$B = \begin{pmatrix} 2 & & \\ & 2 & \\ & & b \end{pmatrix}$. 求：

   （1）a，b 的值；   （2）可逆矩阵 P，使得 $P^{-1} A P = B$.

第 6 章 二 次 型

二次型起源于解析几何中化二次曲线方程和二次曲面方程为标准形的问题. 在平面解析几何中为了研究二次曲线 $Ax^2 + Bxy + Cy^2 = D$ 的几何性质,我们可以经过适当的坐标变换,将方程化为标准形 $A'x'^2 + C'y'^2 = D$,从而方便地识别曲线的类型,研究曲线的性质.

这种类型的问题不仅在几何上遇到,在科学技术及经济学等领域中的许多数学模型中也常常会遇到. 把这类问题一般化,我们需要解决关于 n 个变量的二次齐次多项式即二次型化为标准形的问题.

本章主要研究二次型及其矩阵、化二次型为标准形和规范形、二次型的有定性等问题.

6.1 二次型及其矩阵表示 合同变换和合同矩阵

6.1.1 二次型及其矩阵表示

1. 二次型的概念

定义 1 含有 n 个变量 $x_1, x_2, \cdots, x_n$ 的二次齐次多项式函数

$$f(x_1, x_2, \cdots x_n) \tag{6.1}$$
$$= a_{11}x_1^2 + 2a_{12}x_1x_2 + \cdots + 2a_{1n}x_1x_n + a_{22}x_2^2 + \cdots + 2a_{2n}x_2x_n + \cdots + a_{nn}x_n^2$$

称为 $x_1, x_2, \cdots, x_n$ 的一个 n 元二次型,简称为二次型.

当系数 $a_{ij}(i, j = 1, 2, \cdots, n)$ 全为实数时,f 称为实二次型,当系数 a_{ij} $(i, j = 1, 2, \cdots, n)$ 中有复数时,f 称为复二次型. 本章只研究实二次型.

例如,$f(x_1, x_2, x_3) = -4x_1^2 + 2x_1x_2 - 3x_1x_3 - 2x_2^2 + x_3^2$ 是一个三元实二次型;

$f(x, y) = 2x^2 - \mathrm{i}y^2$ 是一个二元复二次型;

$f(x_1, x_2, x_3) = x_1^4 - x_1x_2 + x_2x_3$ 不是一个二次型,因为它含有 4 次项 x_1^4.

定义 2 在二次型 f 中,如果系数 a_{ij} $(i \neq j)$ 全为 0,系数 a_{ii} $(i = 1, 2, \cdots, n)$ 不全为零,即二次型 f 中仅含变量的平方项,不含变量的混合项,形如

$$f(x_1, x_2, \cdots, x_n) = a_{11}x_1^2 + a_{22}x_2^2 + \cdots + a_{nn}x_n^2 \tag{6.2}$$

则称此为二次型的标准形.

如 $f(x_1, x_2, x_3) = 2x_1^2 - x_3^2$ 是二次型的标准形. 二次型的基本问题是研究如何把一个比较复杂的二次型化为比较简单的二次型,如标准形.

2. 二次型的矩阵表示

下面我们来建立二次型与矩阵之间的关系,从而利用矩阵这个工具来解决二次型的

基本问题.

令 $a_{ij}=a_{ji}(i\neq j;i,j=1,2,\cdots,n)$，则 $2a_{ij}x_ix_j=a_{ij}x_ix_j+a_{ji}x_jx_i$. 从而式(6.1)可改写为

$$f(x_1,x_2,\cdots,x_n)=a_{11}x_1^2+a_{12}x_1x_2+\cdots+a_{1n}x_1x_n$$
$$+a_{21}x_2x_1+a_{22}x_2^2+\cdots+a_{2n}x_n^2+\cdots \tag{6.3}$$
$$+a_{n1}x_nx_1+a_{n2}x_nx_2+\cdots+a_{nn}x_n^2$$

在式(6.3)中将每项的系数按上述顺序排列即可得到一个 n 阶矩阵

$$A=\begin{pmatrix} a_{11} & a_{12} & \cdots & a_{1n} \\ a_{21} & a_{22} & \cdots & a_{2n} \\ \vdots & \vdots & & \vdots \\ a_{n1} & a_{n2} & \cdots & a_{nn} \end{pmatrix}$$

由于 $a_{ij}=a_{ji}$，因此 A 是一个 n 阶对称矩阵，即 $A^{\mathrm{T}}=A$.

设 $x=(x_1,x_2,\cdots x_n)^{\mathrm{T}}$，由矩阵乘法，得

$$x^{\mathrm{T}}Ax=(x_1,x_2,\cdots,x_n)\begin{pmatrix} a_{11} & a_{12} & \cdots & a_{1n} \\ a_{21} & a_{22} & \cdots & a_{2n} \\ \vdots & \vdots & & \vdots \\ a_{n1} & a_{n2} & \cdots & a_{nn} \end{pmatrix}\begin{pmatrix} x_1 \\ x_2 \\ \vdots \\ x_n \end{pmatrix}=\begin{pmatrix} a_{11}x_1+a_{21}x_2+\cdots+a_{n1}x_n \\ a_{12}x_1+a_{22}x_2+\cdots+a_{n2}x_n \\ \vdots \\ a_{1n}x_1+a_{2n}x_2+\cdots+a_{nn}x_n \end{pmatrix}\begin{pmatrix} x_1 \\ x_2 \\ \vdots \\ x_n \end{pmatrix}$$

$$=(a_{11}x_1+a_{21}x_2+\cdots+a_{n1}x_n)x_1+(a_{12}x_1+a_{22}x_2+\cdots+a_{n2}x_n)x_2$$
$$+\cdots+(a_{1n}x_1+a_{2n}x_2+\cdots+a_{nn}x_n)x_n$$
$$=a_{11}x_1^2+a_{12}x_1x_2+\cdots+a_{1n}x_1x_n+a_{21}x_2x_1+a_{22}x_2^2+\cdots+a_{2n}x_n^2$$
$$+\cdots+a_{n1}x_nx_1+a_{n2}x_nx_2+\cdots+a_{nn}x_n^2$$

即为式(6.3).

我们常用 $f=x^{\mathrm{T}}Ax(A^{\mathrm{T}}=A)$ 表示二次型，称它为二次型的矩阵形式，对称矩阵 A 称二次型 f 的矩阵，f 称为对称矩阵 A 的二次型. 对称矩阵 A 的秩称为二次型的秩.

如二次型 $f(x_1,x_2,x_3)=x_1^2+2x_1x_2-3x_3^2$，用矩阵记号可以表示为

$$f(x_1,x_2,x_3)=(x_1,x_2,x_3)\begin{pmatrix} 1 & 1 & 0 \\ 1 & 0 & 0 \\ 0 & 0 & -3 \end{pmatrix}\begin{pmatrix} x_1 \\ x_2 \\ x_3 \end{pmatrix}$$

显然，一个二次型与一个对称矩阵一一对应. 任给一个二次型，可唯一确定一个对称矩阵；反之任给一个对称矩阵，也可唯一确定一个二次型. 二次型与对称矩阵之间的一一对应关系为我们用矩阵方法来研究二次型奠定了基础.

例1 写出下列二次型的矩阵.

(1) $f(x_1,x_2,x_3,x_4)=x_1^2-3x_2^2+2x_3^2+x_4^2+2x_1x_2-4x_1x_3+5x_2x_3-4x_3x_4$

(2) $f(x_1,x_2,x_3)=2x_1^2-4x_2^2+x_3^2$

(3) $f(x_1,x_2,x_3)=(x_1,x_2,x_3)\begin{pmatrix} 2 & -1 & 3 \\ 1 & -3 & 2 \\ -7 & 4 & 4 \end{pmatrix}\begin{pmatrix} x_1 \\ x_2 \\ x_3 \end{pmatrix}$

解 (1) 将二次型中平方项 $x_i^2(i=1,2,\cdots,n)$ 的系数作为矩阵的主对角线元素 a_{ii}

$(i=1,2,\cdots,n)$,将混合项 $x_i x_j$ $(i\neq j;i,j=1,2,\cdots,n)$系数的一半分别作为与主对角线对称位置的元素 $a_{ij},a_{ji}(i\neq j);(i,j=1,2,\cdots,n)$,可得

$$A=\begin{pmatrix} 1 & 1 & -2 & 0 \\ 1 & -3 & \dfrac{5}{2} & 0 \\ -2 & \dfrac{5}{2} & 2 & -2 \\ 0 & 0 & -2 & 1 \end{pmatrix}$$

(2) 二次型的矩阵为 $A=\begin{pmatrix} 2 & 0 & 0 \\ 0 & -4 & 0 \\ 0 & 0 & 1 \end{pmatrix}$.可以看到,二次型的标准形所对应的矩阵是一个对角矩阵.

(3) 由于 $\begin{pmatrix} 2 & -1 & 3 \\ 1 & -3 & 2 \\ -7 & 4 & 4 \end{pmatrix}$不是对称矩阵,故它不是二次型 f 的矩阵,将二次型展开,得

$$f(x_1,x_2,x_3)=(x_1,x_2,x_3)\begin{pmatrix} 2 & -1 & 3 \\ 1 & -3 & 2 \\ -7 & 4 & 4 \end{pmatrix}\begin{pmatrix} x_1 \\ x_2 \\ x_3 \end{pmatrix}$$

$$=(2x_1+x_2-7x_3,-x_1-3x_2+4x_3,3x_1+2x_2+4x_3)\begin{pmatrix} x_1 \\ x_2 \\ x_3 \end{pmatrix}$$

$$=x_1(2x_1+x_2-7x_3)+x_2(-x_1-3x_2+4x_3)+x_3(3x_1+2x_2+4x_3)$$

$$=2x_1^2-3x_2^2+4x_3^2-4x_1x_3+6x_2x_3$$

所以 f 的矩阵 $A=\begin{pmatrix} 2 & 0 & -2 \\ 0 & -3 & 3 \\ -2 & 3 & 4 \end{pmatrix}$.

例 2 写出对称矩阵 $A=\begin{pmatrix} 1 & -\sqrt{2} & 0 \\ -\sqrt{2} & 0 & \dfrac{1}{2} \\ 0 & \dfrac{1}{2} & \sqrt{3} \end{pmatrix}$的二次型.

解 因为 A 是三阶对称矩阵,所以 A 的二次型有 3 个变量.

$$f(x_1,x_2,x_3)=(x_1,x_2,x_3)\begin{pmatrix} 1 & -\sqrt{2} & 0 \\ -\sqrt{2} & 0 & \dfrac{1}{2} \\ 0 & \dfrac{1}{2} & \sqrt{3} \end{pmatrix}\begin{pmatrix} x_1 \\ x_2 \\ x_3 \end{pmatrix}$$

$$=x_1^2+\sqrt{3}x_3^2-2\sqrt{2}x_1x_2+x_2x_3$$

6.1.2 线性变换

在将二次型化为标准形的过程中,常常需要实施线性变换. 在第 3 章中我们学习了线性变换的矩阵表示.

对于 $x_1, x_2, \cdots x_m; y_1, y_2, \cdots, y_n$ 这两组变量,若有关系式

$$\begin{cases} x_1 = c_{11} y_1 + c_{12} y_2 + \cdots + c_{1n} y_n \\ x_2 = c_{21} y_1 + c_{22} y_2 + \cdots + c_{2n} y_n \\ \qquad\qquad \cdots\cdots \\ x_m = c_{m1} y_1 + c_{m2} y_2 + \cdots + c_{mn} y_n \end{cases}$$

则该关系式为由变量 $y_1, y_2, \cdots, y_n$ 到变量 $x_1, x_2, \cdots, x_m$ 的一个线性变换. 将其写成矩阵形式为

$$x = Cy$$

其中

$$C = \begin{pmatrix} c_{11} & c_{12} & \cdots & c_{1n} \\ c_{21} & c_{22} & \cdots & c_{2n} \\ \vdots & \vdots & & \vdots \\ c_{m1} & c_{m2} & \cdots & c_{mn} \end{pmatrix}, \quad x = \begin{pmatrix} x_1 \\ x_2 \\ \vdots \\ x_m \end{pmatrix}, \quad y = \begin{pmatrix} y_1 \\ y_2 \\ \vdots \\ y_n \end{pmatrix}$$

将 C 称为线性变换矩阵. 当 C 是满秩矩阵时,上述线性变换 $x = Cy$ 称为满秩线性变换(或非退化变换);当 C 是降秩矩阵时,上述线性变换 $x = Cy$ 称为降秩线性变换(或退化变换). 当 C 是正交矩阵时,上述线性变换 $x = Cy$ 称为正交变换.

当线性变换 $x = Cy$ 为满秩线性变换时,则 $y = C^{-1}x$,这是一个由变量 $x_1, x_2, \cdots, x_m$ 到变量 $y_1, y_2, \cdots, y_n$ 的满秩线性变换,称为 $x = Cy$ 的逆变换.

若二次型 $f = x^T A x$ 进行满秩线性变换 $x = Cy$,则

$$f = x^T A x = (Cy)^T A (Cy) = y^T C^T A C y = y^T (C^T A C) y$$

记 $B = C^T A C$,那么 $f = y^T B y$. 因为 A 是对称矩阵,所以

$$B^T = (C^T A C)^T = C^T A^T (C^T)^T = C^T A C = B$$

这说明 B 仍是对称矩阵,因此 $f = y^T B y$ 是以 B 为矩阵的 y 的 n 元二次型.

由此可见,一个二次型 $f = x^T A x$ 经过满秩线性变换 $x = Cy$ 可化为另一个新二次型 $f = y^T B y$.

例 3 设二次型 $f = 2x_1^2 - 4x_1 x_2 + x_2^2 - 4x_2 x_3$,分别做满秩变换.

(1) $\begin{cases} x_1 = y_1 + y_2 - 2y_3 \\ x_2 = y_2 - 2y_3 \\ x_3 = y_3 \end{cases}$ (2) $\begin{cases} x_1 = y_1 - y_2 \\ x_2 = y_2 + 2y_3 \\ x_3 = y_3 \end{cases}$

求新二次型.

解 可以将满秩变换直接代入 f,从而求出新二次型. 也可以用线性变换矩阵来求解. 二次型 f 的矩阵为 $A = \begin{pmatrix} 2 & -2 & 0 \\ -2 & 1 & -2 \\ 0 & -2 & 0 \end{pmatrix}$.

(1) 满秩变换矩阵 $C = \begin{pmatrix} 1 & 1 & -2 \\ 0 & 1 & -2 \\ 0 & 0 & 1 \end{pmatrix}$，因为

$$f = x^{\mathrm{T}}Ax = (Cy)^{\mathrm{T}}A(Cy)$$
$$= y^{\mathrm{T}}C^{\mathrm{T}}ACy = y^{\mathrm{T}}(C^{\mathrm{T}}AC)y = y^{\mathrm{T}}By$$

所以 $B = C^{\mathrm{T}}AC$

$$= \begin{pmatrix} 1 & 0 & 0 \\ 1 & 1 & 0 \\ -2 & -2 & 1 \end{pmatrix} \begin{pmatrix} 2 & -2 & 0 \\ -2 & 1 & -2 \\ 0 & -2 & 0 \end{pmatrix} \begin{pmatrix} 1 & 1 & -2 \\ 0 & 1 & -2 \\ 0 & 0 & 1 \end{pmatrix} = \begin{pmatrix} 2 & 0 & 0 \\ 0 & -1 & 0 \\ 0 & 0 & 4 \end{pmatrix}$$

于是新二次型为

$$f = 2y_1^2 - y_2^2 + 4y_3^2$$

(2) 满秩变换矩阵 $C = \begin{pmatrix} 1 & -1 & 0 \\ 0 & 1 & 2 \\ 0 & 0 & 1 \end{pmatrix}$，则

$$B = C^{\mathrm{T}}AC$$

$$= \begin{pmatrix} 1 & 0 & 0 \\ -1 & 1 & 0 \\ 0 & 2 & 1 \end{pmatrix} \begin{pmatrix} 2 & -2 & 0 \\ -2 & 1 & -2 \\ 0 & -2 & 0 \end{pmatrix} \begin{pmatrix} 1 & -1 & 0 \\ 0 & 1 & 2 \\ 0 & 0 & 1 \end{pmatrix} = \begin{pmatrix} 2 & -4 & -4 \\ -4 & 7 & 4 \\ -4 & 4 & -4 \end{pmatrix}$$

于是新二次型为

$$f = 2y_1^2 + 7y_2^2 - 4y_3^2 - 8y_1y_2 - 8y_1y_3 + 8y_2y_3$$

6.1.3 矩阵的合同

对于二次型 $x^{\mathrm{T}}Ax$ 的矩阵 A 与二次型 $y^{\mathrm{T}}By$ 的矩阵 B 的关系，有如下定义：

定义3 设 A、B 为两个 n 阶矩阵，如果存在可逆矩阵 C，使 $B = C^{\mathrm{T}}AC$，则称矩阵 A 合同于矩阵 B，或 A 与 B 合同.

定理1 若矩阵 A 与 B 合同，则矩阵 A 与 B 等价，且 $R(A) = R(B)$.

证 因矩阵 A 与 B 合同，故存在可逆矩阵 C，使得 $B = C^{\mathrm{T}}AC$，而 C^{T} 也可逆，故矩阵 A 与 B 等价，且 $R(A) = R(B)$.

由于合同关系是一种特殊的等价关系，因此具有以下性质：

(1) 反身性. 任一 n 阶矩阵 A 都与它本身合同.

(2) 对称性. 如果 n 阶矩阵 A 与 B 合同，则 B 与 A 合同.

(3) 传递性. 如果 n 阶矩阵 A 与 B 合同，B 与 C 合同，则 A 与 C 合同.

注 矩阵的合同关系是对任意的 n 阶矩阵而言的，虽然由二次型的矩阵引入，但并不仅限于对称矩阵.

从以上的讨论可知，对于二次型 $f = x^{\mathrm{T}}Ax$，经可逆变换 $x = Cy$ 后，二次型 f 的矩阵由对称矩阵 A 变为对称矩阵 $B = C^{\mathrm{T}}AC$，且二次型的秩不变. 因此合同关系是矩阵之间的又

一重要关系，它是研究二次型的主要工具.

目前为止，我们学习了矩阵间的三种关系，分别为等价关系、相似关系以及合同关系：

等价关系是指对于两个同型矩阵 $A_{m \times n}$ 与 $B_{m \times n}$，存在 m 阶可逆矩阵 P 和 n 阶可逆矩阵 Q，使 $PAQ = B$，则 A 与 B 等价；相似关系是指对于两个 n 阶矩阵 A 与 B，存在可逆矩阵 P，使 $P^{-1}AP = B$，则 A 与 B 相似；合同关系是指对于两个 n 阶矩阵 A 与 B，存在可逆矩阵 C，使 $C^T AC = B$，则 A 与 B 合同. 请读者注意区别矩阵的这三种不同的关系.

另外矩阵的三种关系之间也有些联系. 相似关系和合同关系是特殊的等价关系，即若两矩阵相似或合同，那么两矩阵一定等价；反过来，若两矩阵等价，不一定有相似关系或合同关系成立. 矩阵的相似关系和合同关系一般来说是不同的，但是如果对于两个 n 阶矩阵 A 与 B，若存在正交矩阵 C，使 $C^{-1}AC = B$，那么 A 与 B 相似和 A 与 B 合同就同时成立.

习 题 6-1

1. 写出下列二次型的矩阵.

(1) $f(x_1, x_2, x_3) = 2x_1^2 - 3x_2^2 + 3x_3^2 - 4x_1 x_2 + 6x_2 x_3$

(2) $f(x_1, x_2, x_3) = x_1 x_2 - x_1 x_3 + 4x_2 x_3$

(3) $f(x_1, x_2, x_3) = 3x_1^2 + 8x_1 x_2 - 2x_2^2$

(4) $f(x_1, x_2, x_3) = (c_1 x_1 + c_2 x_2 + c_3 x_3)^2$

(5) $f(x_1, x_2) = \boldsymbol{x}^T \begin{pmatrix} 1 & -1 \\ -1 & 4 \end{pmatrix} \boldsymbol{x}, \ \boldsymbol{x} = (x_1, x_2)^T$

(6) $f(x_1, x_2, x_3) = \boldsymbol{x}^T \begin{pmatrix} 1 & 2 & 3 \\ 4 & 1 & 0 \\ -5 & 2 & -1 \end{pmatrix} \boldsymbol{x}, \boldsymbol{x} = (x_1, x_2, x_3)^T$

2. 写出下列各对称矩阵所对应的二次型，并求出二次型的秩.

(1) $\begin{pmatrix} 0 & 0 & 1 \\ 0 & 1 & 0 \\ 1 & 0 & 0 \end{pmatrix}$　　　　　　(2) $\begin{pmatrix} 0 & -2 & 0 & -1 \\ -2 & 2 & -3 & 0 \\ 0 & -3 & 0 & 4 \\ -1 & 0 & 4 & 1 \end{pmatrix}$

3. 已知二次型 $f(x_1, x_2, x_3) = 2x_1^2 + x_2^2 + x_3^2 + 2x_1 x_2 + tx_2 x_3$ 的秩是 2，求 t 的值.

4. 设 $f(x_1, x_2, x_3) = x_1^2 + 2x_2^2 + 3x_3^2 - 4x_1 x_2 - 4x_2 x_3$，做满秩变换 $\boldsymbol{x} = \begin{pmatrix} 1 & 2 & -2 \\ 0 & 1 & -1 \\ 0 & 0 & 1 \end{pmatrix} \boldsymbol{y}$，

求新二次型.

5. 若 A, B 相似，则下列说法错误的是（　　　　）.

A. A 与 B 等价　　　　　　　　B. A 与 B 合同

C. $|A| = |B|$　　　　　　　　　　D. A 与 B 有相同特征值

6. 若矩阵 A 与 B 合同,则它们有相同的(　　).

A. 特征根　　　　　B. 秩　　　　　C. 逆矩阵　　　　　D. 行列式

7. 设 A、B 为同阶可逆矩阵,则(　　).

A. $AB = BA$

B. 存在可逆矩阵 P,使 $P^{-1}AP = B$

C. 存在可逆矩阵 C,使 $C^{T}AC = B$

D. 存在可逆矩阵 P 和 Q,使 $PAQ = B$

8. 证明:对称矩阵只能与对称矩阵合同.

9. 设 A,B 为 n 阶可逆矩阵,且 A 与 B 合同,试证明:A^{-1} 与 B^{-1} 合同.

6.2　化二次型为标准形

一个二次型经过满秩变换可化为另一个二次型.由上节的例 3 可知,通过不同的满秩变换可得到不同的新二次型.要将二次型 $f = x^{T}Ax$ 化为标准形,实质就是对二次型的矩阵 A,寻找适当的满秩矩阵 C,使 $C^{T}AC$ 成为对角矩阵.

下面介绍几种化二次型为标准形的方法.

6.2.1　正交变换法化二次型为标准形

由第 5 章知,对于一个实对称矩阵 A 必能找到一个正交矩阵 P,使得 A 与对角矩阵 $\Lambda = P^{-1}AP$ 相似,对于正交矩阵 P 有 $P^{-1} = P^{T}$,所以 A 与对角矩阵 $\Lambda = P^{T}AP$ 合同,于是有如下定理:

定理 1　对于二次型 $f(x_1, x_2, \cdots x_n) = x^{T}Ax$,总有正交变换 $x = Py$,使 f 化为标准形
$$f = \lambda_1 y_1^2 + \lambda_2 y_2^2 + \cdots + \lambda_n y_n^2$$
其中,$\lambda_1, \lambda_2, \cdots, \lambda_n$ 是 f 的矩阵 A 的特征值.

例 1　求一个正交变换 $x = Py$,化二次型
$$f = 5x_1^2 + 5x_2^2 + 3x_3^2 - 2x_1 x_2 + 6x_1 x_3 - 6x_2 x_3$$
为标准形,并求出正交矩阵 P.

解　二次型 f 的矩阵为
$$A = \begin{pmatrix} 5 & -1 & 3 \\ -1 & 5 & -3 \\ 3 & -3 & 3 \end{pmatrix}$$

它的特征多项式为
$$|A - \lambda E| = \begin{vmatrix} 5-\lambda & -1 & 3 \\ -1 & 5-\lambda & -3 \\ 3 & -3 & 3-\lambda \end{vmatrix} = -\lambda(\lambda-4)(\lambda-9)$$

于是 A 的特征值为 $\lambda_1 = 0, \lambda_2 = 4, \lambda_3 = 9$.

当 $\lambda_1 = 0$ 时,解齐次方程组 $Ax = 0$,由系数矩阵

$$A = \begin{pmatrix} 5 & -1 & 3 \\ -1 & 5 & -3 \\ 3 & -3 & 3 \end{pmatrix} \rightarrow \begin{pmatrix} 1 & -1 & 1 \\ 0 & 2 & -1 \\ 0 & 0 & 0 \end{pmatrix} \rightarrow \begin{pmatrix} 1 & 0 & \dfrac{1}{2} \\ 0 & 1 & -\dfrac{1}{2} \\ 0 & 0 & 0 \end{pmatrix}$$

得基础解系 $\xi_1 = \begin{pmatrix} -1 \\ 1 \\ 2 \end{pmatrix}$，故得 A 的属于特征值 0 的特征向量 ξ_1.

当 $\lambda_2 = 4$ 时，解齐次方程组 $(A - 4E)x = 0$，由系数矩阵

$$A - 4E = \begin{pmatrix} 1 & -1 & 3 \\ -1 & 1 & -3 \\ 3 & -3 & -1 \end{pmatrix} \rightarrow \begin{pmatrix} 1 & -1 & 3 \\ 0 & 0 & 1 \\ 0 & 0 & 0 \end{pmatrix} \rightarrow \begin{pmatrix} 1 & -1 & 0 \\ 0 & 0 & 1 \\ 0 & 0 & 0 \end{pmatrix}$$

得基础解系 $\xi_2 = \begin{pmatrix} 1 \\ 1 \\ 0 \end{pmatrix}$，故得 A 的属于特征值 4 的特征向量 ξ_2.

当 $\lambda_2 = 9$ 时，解齐次方程组 $(A - 9E)x = 0$，由系数矩阵

$$A - 9E = \begin{pmatrix} -4 & -1 & 3 \\ -1 & -4 & -3 \\ 3 & -3 & -6 \end{pmatrix} \rightarrow \begin{pmatrix} 1 & 4 & 3 \\ 0 & 1 & 1 \\ 0 & 0 & 0 \end{pmatrix} \rightarrow \begin{pmatrix} 1 & 0 & -1 \\ 0 & 1 & 1 \\ 0 & 0 & 0 \end{pmatrix}$$

得基础解系 $\xi_3 = \begin{pmatrix} 1 \\ -1 \\ 1 \end{pmatrix}$，故得 A 的属于特征值 9 的特征向量 ξ_3.

由于实对称矩阵属于不同特征值的特征向量相互正交，故 ξ_1, ξ_2, ξ_3 是正交的，再将它们单位化，得

$$\eta_1 = \frac{\xi_1}{\|\xi_1\|} = \begin{pmatrix} -\dfrac{1}{\sqrt{6}} \\ \dfrac{1}{\sqrt{6}} \\ \dfrac{2}{\sqrt{6}} \end{pmatrix}, \eta_2 = \frac{\xi_2}{\|\xi_2\|} = \begin{pmatrix} \dfrac{1}{\sqrt{2}} \\ \dfrac{1}{\sqrt{2}} \\ 0 \end{pmatrix}, \eta_3 = \frac{\xi_3}{\|\xi_3\|} = \begin{pmatrix} \dfrac{1}{\sqrt{3}} \\ -\dfrac{1}{\sqrt{3}} \\ \dfrac{1}{\sqrt{3}} \end{pmatrix}$$

故得正交矩阵 $P = (\eta_1, \eta_2, \eta_3) = \begin{pmatrix} -\dfrac{1}{\sqrt{6}} & \dfrac{1}{\sqrt{2}} & \dfrac{1}{\sqrt{3}} \\ \dfrac{1}{\sqrt{6}} & \dfrac{1}{\sqrt{2}} & -\dfrac{1}{\sqrt{3}} \\ \dfrac{2}{\sqrt{6}} & 0 & \dfrac{1}{\sqrt{3}} \end{pmatrix}$.

所以原二次型经正交变换 $x = Py$ 可化为标准形 $f = 4y_2^2 + 9y_3^2$.

用正交变换化二次型为标准形的具体步骤为：

（1）将二次型表示成矩阵形式 $f = x^T A x$，写出二次型的矩阵 A；

（2）求出矩阵 A 的所有特征值 $\lambda_1, \lambda_2, \cdots, \lambda_n$；

（3）求出对应于所有特征值 $\lambda_1, \lambda_2, \cdots, \lambda_n$ 的特征向量 $\xi_1, \xi_2, \cdots, \xi_n$；

（4）将特征向量 $\xi_1, \xi_2, \cdots, \xi_n$ 正交化，单位化得 $\eta_1, \eta_2, \cdots, \eta_n$，记矩阵

$$P = (\eta_1, \eta_2, \cdots, \eta_n)$$

（5）做正交变换 $x = Py$，得二次型 $f = x^T A x$ 的标准形 $f = \lambda_1 y_1^2 + \cdots + \lambda_n y_n^2$.

用正交变换化二次型为标准形，具有保持几何形状不变的特点.

6.2.2　拉格朗日配方法化二次型为标准形

对任意一个二次型 $f = x^T A x$，也可用拉格朗日配方法找到满秩变换 $x = Cy$，化二次型为标准形.

1. 含平方项的二次型

例 2　将 $f(x_1, x_2, x_3) = x_1^2 + 2x_2^2 + 7x_3^2 + 2x_1 x_2 + 2x_1 x_3 + 6x_2 x_3$ 化为标准形，并求所用的变换矩阵.

解　由于 f 中含有变量 x_1 的平方项，故先将含 x_1 的项集中起来配方

$$\begin{aligned}
f(x_1, x_2, x_3) &= x_1^2 + 2x_1(x_2 + x_3) + 2x_2^2 + 6x_2 x_3 + 7x_3^2 \\
&= [x_1^2 + 2x_1(x_2 + x_3) + (x_2 + x_3)^2] \\
&\quad - (x_2 + x_3)^2 + 2x_2^2 + 6x_2 x_3 + 7x_3^2 \\
&= (x_1 + x_2 + x_3)^2 + x_2^2 + 4x_2 x_3 + 6x_3^2
\end{aligned}$$

再将后三项中含有 x_2 的项集中起来配方，直到全部化成平方项

$$\begin{aligned}
f(x_1, x_2, x_3) &= (x_1 + x_2 + x_3)^2 + x_2^2 + 4x_2 x_3 + 4x_3^2 + 2x_3^2 \\
&= (x_1 + x_2 + x_3)^2 + (x_2 + 2x_3)^2 + 2x_3^2
\end{aligned}$$

令

$$\begin{cases} y_1 = x_1 + x_2 + x_3 \\ y_2 = x_2 + 2x_3 \\ y_3 = x_3 \end{cases} \quad 即 \quad \begin{cases} x_1 = y_1 - y_2 + y_3 \\ x_2 = y_2 - 2y_3 \\ x_3 = y_3 \end{cases}$$

令

$$y = \begin{pmatrix} y_1 \\ y_2 \\ y_3 \end{pmatrix}, \quad x = \begin{pmatrix} x_1 \\ x_2 \\ x_3 \end{pmatrix}, \quad C = \begin{pmatrix} 1 & -1 & 1 \\ 0 & 1 & -2 \\ 0 & 0 & 1 \end{pmatrix}$$

写出矩阵形式，有 $x = Cy$，其中 C 为满秩矩阵，则经过满秩变换 $x = Cy$ 可将二次型化为标准形 $f = y_1^2 + y_2^2 + 2y_3^2$，所用的变换矩阵为 $C = \begin{pmatrix} 1 & -1 & 1 \\ 0 & 1 & -2 \\ 0 & 0 & 1 \end{pmatrix}$.

2. 不含平方项的二次型

例 3　将 $f(x_1, x_2, x_3) = 2x_1 x_2 + 2x_1 x_3 - 6x_2 x_3$ 化为标准形，并求所做的变换矩阵.

解　由于这个二次型不含平方项，因此先作一个辅助变换，使其出现平方项，再按例

2 的方法进行配方. 令

$$\begin{cases} x_1 = y_1 \\ x_2 = y_1 + y_2 \\ x_3 = y_3 \end{cases} \quad 即 \quad \begin{pmatrix} x_1 \\ x_2 \\ x_3 \end{pmatrix} = \begin{pmatrix} 1 & 0 & 0 \\ 1 & 1 & 0 \\ 0 & 0 & 1 \end{pmatrix} \begin{pmatrix} y_1 \\ y_2 \\ y_3 \end{pmatrix}$$

也可以写为 $\boldsymbol{x} = \boldsymbol{C}_1 \boldsymbol{y}$, 其中 $\boldsymbol{C}_1 = \begin{pmatrix} 1 & 0 & 0 \\ 1 & 1 & 0 \\ 0 & 0 & 1 \end{pmatrix}$ 为满秩矩阵, 则原二次型可化为

$$\begin{aligned} f &= 2y_1(y_1 + y_2) + 2y_1 y_3 - 6(y_1 + y_2)y_3 \\ &= 2y_1^2 + 2y_1 y_2 - 4y_1 y_3 - 6y_2 y_3 \\ &= 2\left[y_1^2 + y_1(y_2 - 2y_3) + \frac{1}{4}(y_2 - 2y_3)^2 \right] \\ &\quad - \frac{1}{2}(y_2 - 2y_3)^2 - 6y_2 y_3 \\ &= 2\left(y_1 + \frac{1}{2}y_2 - y_3 \right)^2 - \frac{1}{2}y_2^2 - 4y_2 y_3 - 2y_3^2 \\ &= 2\left(y_1 + \frac{1}{2}y_2 - y_3 \right)^2 - \frac{1}{2}(y_2 + 4y_3)^2 + 6y_3^2 \end{aligned}$$

再令

$$\begin{cases} z_1 = y_1 + \frac{1}{2}y_2 - y_3 \\ z_2 = y_2 + 4y_3 \\ z_3 = y_3 \end{cases} \quad 即 \quad \begin{cases} y_1 = z_1 - \frac{1}{2}z_2 + 3z_3 \\ y_2 = z_2 - 4z_3 \\ y_3 = z_3 \end{cases}$$

即

$$\begin{pmatrix} y_1 \\ y_2 \\ y_3 \end{pmatrix} = \begin{pmatrix} 1 & -\frac{1}{2} & 3 \\ 0 & 1 & -4 \\ 0 & 0 & 1 \end{pmatrix} \begin{pmatrix} z_1 \\ z_2 \\ z_3 \end{pmatrix}$$

也可以写为 $\boldsymbol{y} = \boldsymbol{C}_2 \boldsymbol{z}$, 其中 $\boldsymbol{C}_2 = \begin{pmatrix} 1 & -\frac{1}{2} & 3 \\ 0 & 1 & -4 \\ 0 & 0 & 1 \end{pmatrix}$ 为满秩矩阵, 则原二次型可化为

$$f = 2z_1^2 - \frac{1}{2}z_2^2 + 6z_3^2$$

因为 $\boldsymbol{x} = \boldsymbol{C}_1 \boldsymbol{y}, \boldsymbol{y} = \boldsymbol{C}_2 \boldsymbol{z}$, 所以 $\boldsymbol{x} = \boldsymbol{C}_1 \boldsymbol{C}_2 \boldsymbol{z}$. 因此所用的变换矩阵为

$$\boldsymbol{C} = \boldsymbol{C}_1 \boldsymbol{C}_2 = \begin{pmatrix} 1 & 0 & 0 \\ 1 & 1 & 0 \\ 0 & 0 & 1 \end{pmatrix} \begin{pmatrix} 1 & -\frac{1}{2} & 3 \\ 0 & 1 & -4 \\ 0 & 0 & 1 \end{pmatrix} = \begin{pmatrix} 1 & -\frac{1}{2} & 3 \\ 1 & \frac{1}{2} & -1 \\ 0 & 0 & 1 \end{pmatrix}$$

本例还可以先作辅助变换

$$\begin{cases} x_1 = y_1 + y_2 \\ x_2 = y_1 - y_2 \\ x_3 = y_3 \end{cases} \quad 即 \quad \begin{pmatrix} x_1 \\ x_2 \\ x_3 \end{pmatrix} = \begin{pmatrix} 1 & 1 & 0 \\ 1 & -1 & 0 \\ 0 & 0 & 1 \end{pmatrix} \begin{pmatrix} y_1 \\ y_2 \\ y_3 \end{pmatrix},$$

也可以写为 $\boldsymbol{x} = \boldsymbol{C}_1 \boldsymbol{y}$，其中 $\boldsymbol{C}_1 = \begin{pmatrix} 1 & 1 & 0 \\ 1 & -1 & 0 \\ 0 & 0 & 1 \end{pmatrix}$ 为满秩矩阵.

则原二次型可化为

$$\begin{aligned} f &= 2x_1 x_2 + 2x_1 x_3 - 6x_2 x_3 \\ &= 2(y_1 + y_2)(y_1 - y_2) + 2(y_1 + y_2)y_3 - 6(y_1 - y_2)y_3 \\ &= 2y_1^2 - 2y_2^2 - 4y_1 y_3 + 8y_2 y_3 \\ &= 2(y_1^2 - 2y_1 y_3 + y_3^2) - 2y_3^2 - 2y_2^2 + 8y_2 y_3 \\ &= 2(y_1 - y_3)^2 - 2(y_2 - 2y_3)^2 + 6y_3^2 \end{aligned}$$

再令

$$\begin{cases} z_1 = y_1 - y_3 \\ z_2 = y_2 - 2y_3 \\ z_3 = y_3 \end{cases} \quad 即 \quad \begin{cases} y_1 = z_1 + z_3 \\ y_2 = z_2 + 2z_3 \\ y_3 = z_3 \end{cases}$$

则

$$\begin{pmatrix} y_1 \\ y_2 \\ y_3 \end{pmatrix} = \begin{pmatrix} 1 & 0 & 1 \\ 0 & 1 & 2 \\ 0 & 0 & 1 \end{pmatrix} \begin{pmatrix} z_1 \\ z_2 \\ z_3 \end{pmatrix}$$

也可以写为 $\boldsymbol{y} = \boldsymbol{C}_2 \boldsymbol{z}$，其中 $\boldsymbol{C}_2 = \begin{pmatrix} 1 & 0 & 1 \\ 0 & 1 & 2 \\ 0 & 0 & 1 \end{pmatrix}$ 为满秩矩阵. 则原二次型可化为

$$f = 2z_1^2 - 2z_2^2 + 6z_3^2$$

因为 $\boldsymbol{x} = \boldsymbol{C}_1 \boldsymbol{y}, \boldsymbol{y} = \boldsymbol{C}_2 \boldsymbol{z}$，所以 $\boldsymbol{x} = \boldsymbol{C}_1 \boldsymbol{C}_2 \boldsymbol{z}$. 因此所用的变换矩阵

$$\begin{aligned} \boldsymbol{C} = \boldsymbol{C}_1 \boldsymbol{C}_2 &= \begin{pmatrix} 1 & 1 & 0 \\ 1 & -1 & 0 \\ 0 & 0 & 1 \end{pmatrix} \begin{pmatrix} 1 & 0 & 1 \\ 0 & 1 & 2 \\ 0 & 0 & 1 \end{pmatrix} \\ &= \begin{pmatrix} 1 & 1 & 3 \\ 1 & -1 & -1 \\ 0 & 0 & 1 \end{pmatrix} \end{aligned}$$

可以看出，二次型经过不同的满秩线性变换都可以化为标准形，而且标准形不唯一. 一般地，任何一个二次型都可用配方法找到满秩线性变换将其化为标准形. 这也说明对任意一个对称矩阵 $\boldsymbol{A}$，一定存在一个满秩矩阵 $\boldsymbol{C}$，使得 $\boldsymbol{C}^{\mathrm{T}} \boldsymbol{A} \boldsymbol{C} = \boldsymbol{B}$ 为对角矩阵.

6.2.3 初等变换法化二次型为标准形

因为一个二次型对应一个对称矩阵，而二次型的标准形对应一个对角矩阵，所以化二

次型为标准形的问题就转化为矩阵的变换,使对称矩阵 A 通过初等变换化为对角矩阵 Λ. 即寻找可逆矩阵 C,使 $C^{\mathrm{T}}AC=\Lambda$ 为对角矩阵.

由于任一可逆矩阵 C 都可写成若干个初等矩阵的乘积,即存在初等矩阵 $P_1,P_2\cdots,P_s$,使 $C=P_1P_2\cdots P_s$,则 $\Lambda=C^{\mathrm{T}}AC=P_s^{\mathrm{T}}\cdots P_2^{\mathrm{T}}P_1^{\mathrm{T}}AP_1P_2\cdots P_s$ 是对角矩阵.

由此给出初等变换化二次型为标准形的方法:构造 $2n\times n$ 矩阵 $\begin{pmatrix}A\\E\end{pmatrix}$,对其施行相应于右乘初等阵 $P_1,P_2,\cdots,P_s$ 的初等列变换,再对 A 施行相应于左乘初等阵 $P_1^{\mathrm{T}},P_2^{\mathrm{T}},\cdots,P_s^{\mathrm{T}}$ 的初等行变换,使 A 成为对角矩阵 Λ,相应地 E 就化为可逆矩阵 C,从而得到二次型的标准形以及所用的满秩变换.

例 4 用初等变换法化例 2 中的二次型

$$f(x_1,x_2,x_3)=x_1^2+2x_2^2+7x_3^2+2x_1x_2+2x_1x_3+6x_2x_3$$

为标准形,并求所做的满秩变换.

解 二次型 $f(x_1,x_2,x_3)$ 的矩阵为

$$A=\begin{pmatrix}1 & 1 & 1\\ 1 & 2 & 3\\ 1 & 3 & 7\end{pmatrix}$$

$$\begin{pmatrix}A\\E\end{pmatrix}=\begin{pmatrix}1 & 1 & 1\\ 1 & 2 & 3\\ 1 & 3 & 7\\ 1 & 0 & 0\\ 0 & 1 & 0\\ 0 & 0 & 1\end{pmatrix}\xrightarrow[c_2+(-1)c_1]{r_2+(-1)r_1}\begin{pmatrix}1 & 0 & 1\\ 0 & 1 & 2\\ 1 & 2 & 7\\ 1 & -1 & 0\\ 0 & 1 & 0\\ 0 & 0 & 1\end{pmatrix}$$

$$\xrightarrow[c_3+(-1)c_1]{r_3+(-1)r_1}\begin{pmatrix}1 & 0 & 0\\ 0 & 1 & 2\\ 0 & 2 & 6\\ 1 & -1 & -1\\ 0 & 1 & 0\\ 0 & 0 & 1\end{pmatrix}\xrightarrow[c_3+(-2)c_2]{r_3+(-2)r_2}\begin{pmatrix}1 & 0 & 0\\ 0 & 1 & 0\\ 0 & 0 & 2\\ 1 & -1 & 1\\ 0 & 1 & -2\\ 0 & 0 & 1\end{pmatrix}$$

令 $C=\begin{pmatrix}1 & -1 & 1\\ 0 & 1 & -2\\ 0 & 0 & 1\end{pmatrix}$,即经过满秩变换 $x=Cy$ 可将二将型化为标准形 $f=y_1^2+y_2^2+2y_3^2$.

例 5 用初等变换法化例 3 中的二次型

$$f(x_1,x_2,x_3)=2x_1x_2+2x_1x_3-6x_2x_3$$

为标准形,并求所做的满秩变换.

解 二次型 $f(x_1,x_2,x_3)$ 的矩阵为

$$A = \begin{pmatrix} 0 & 1 & 1 \\ 1 & 0 & -3 \\ 1 & -3 & 0 \end{pmatrix}$$

$$\begin{pmatrix} A \\ E \end{pmatrix} = \begin{pmatrix} 0 & 1 & 1 \\ 1 & 0 & -3 \\ 1 & -3 & 0 \\ 1 & 0 & 0 \\ 0 & 1 & 0 \\ 0 & 0 & 1 \end{pmatrix} \xrightarrow[c_1 + c_2]{r_1 + r_2} \begin{pmatrix} 2 & 1 & -2 \\ 1 & 0 & -3 \\ -2 & -3 & 0 \\ 1 & 0 & 0 \\ 1 & 1 & 0 \\ 0 & 0 & 1 \end{pmatrix}$$

$$\xrightarrow[c_2 + \left(-\frac{1}{2}\right)c_1]{r_2 + \left(-\frac{1}{2} r_1\right)} \begin{pmatrix} 2 & 0 & -2 \\ 0 & -\frac{1}{2} & -2 \\ -2 & -2 & 0 \\ 1 & -\frac{1}{2} & 0 \\ 1 & \frac{1}{2} & 0 \\ 0 & 0 & 1 \end{pmatrix} \xrightarrow[c_3 + c_1]{r_3 + r_1} \begin{pmatrix} 2 & 0 & 0 \\ 0 & -\frac{1}{2} & -2 \\ 0 & -2 & -2 \\ 1 & -\frac{1}{2} & 1 \\ 1 & \frac{1}{2} & 1 \\ 0 & 0 & 1 \end{pmatrix}$$

$$\xrightarrow[c_3 + (-4)c_2]{r_3 + (-4)r_2} \begin{pmatrix} 2 & 0 & 0 \\ 0 & -\frac{1}{2} & 0 \\ 0 & 0 & 6 \\ 1 & -\frac{1}{2} & 3 \\ 1 & \frac{1}{2} & -1 \\ 0 & 0 & 1 \end{pmatrix}$$

令 $C = \begin{pmatrix} 1 & -\dfrac{1}{2} & 3 \\ 1 & \dfrac{1}{2} & -1 \\ 0 & 0 & 1 \end{pmatrix}$，则所求的满秩变换为 $x = Cy$，将原二次型化为

$$f = 2y_1^2 - \frac{1}{2}y_2^2 + 6y_3^2$$

以上我们分别介绍了正交变换、拉格朗日配方和初等变换把二次型化为标准形的具体做法.

例 3 与例 5 分别用了拉格朗日配方法和初等变换法将二次型
$$f(x_1, x_2, x_3) = 2x_1x_2 + 2x_1x_3 - 6x_2x_3$$
化为标准形. 一般来说, 不同的满秩线性变换化二次型为标准形, 其标准形一般不同. 但是它们有两点相同, 一是标准形中平方项的项数, 即二次型的秩; 二是标准形中正平方项的项数. 我们将在下节讨论这个问题.

习 题 6-2

1. 用正交变换法将二次型化为标准形,并写出所做的满秩线性变换矩阵.

(1) $f(x_1,x_2,x_3)=x_1^2+2x_2^2+3x_3^2-4x_1x_2-4x_2x_3$

(2) $f(x_1,x_2,x_3)=4x_1^2+3x_2^2+3x_3^2+2x_2x_3$

2. 用配方法将下列二次型化为标准形,并写出所做的满秩线性变换矩阵.

(1) $f(x_1,x_2,x_3)=x_1^2+2x_2^2+2x_1x_2-2x_1x_3$

(2) $f(x_1,x_2,x_3)=4x_1x_2-2x_1x_3-2x_2x_3$

3. 用初等变换法将二次型

$$f(x_1,x_2,x_3)=x_1^2-2x_2^2+x_3^2+2x_1x_2+4x_1x_3+2x_2x_3$$

化为标准形,并写出所做的满秩线性变换的矩阵.

4. 将二次型

$$f(x_1,x_2,x_3)=(x_1+x_2)^2+(x_2+x_3)^2+(x_1-x_3)^2$$

化为标准形.

5. 求一可逆矩阵 C,使 $C^T A C$ 为对角矩阵,其中 $A=\begin{pmatrix} 1 & 2 & 0 \\ 2 & 0 & 1 \\ 0 & 1 & 3 \end{pmatrix}$.

6.3 惯性定理 二次型的有定性

6.3.1 惯性定理和规范形

二次型可以通过不同的满秩线性变换化为不同的标准形. 如 6.2 节中的例 3,二次型

$f=2x_1x_2+2x_1x_3-6x_2x_3$,通过满秩变换 $x=\begin{pmatrix} 1 & -\dfrac{1}{2} & 3 \\ 1 & \dfrac{1}{2} & -1 \\ 0 & 0 & 1 \end{pmatrix}y$ 可化为标准形

$$f=2y_1^2-\frac{1}{2}y_2^2+6y_3^2$$

通过满秩变换 $x=\begin{pmatrix} 1 & 1 & 3 \\ 1 & -1 & -1 \\ 0 & 0 & 1 \end{pmatrix}z$ 可化为标准形 $f=2z_1^2-2z_2^2+6z_3^2$,可见标准形并不唯

一. 但是标准形中平方项的个数是相同的,都等于二次型的秩,且平方项的系数为正数的个数也是相同的.

定理 1(惯性定理) 设 n 元实二次型 $f=x^T A x$ 的秩为 r,有两个实满秩变换 $x=Cy$ 及 $x=Pz$,使

$$f=k_1y_1^2+\cdots+k_py_p^2-k_{p+1}y_{p+1}^2-\cdots-k_ry_r^2 \quad (k_i>0,\ i=1,2,\cdots,r)$$

及

$$f=\lambda_1 z_1^2+\cdots+\lambda_q z_q^2-\lambda_{q+1}z_{q+1}^2-\cdots-\lambda_r z_r^2 \qquad (\lambda_i>0,\ i=1,2,\cdots,r)$$

则 $p=q$.

证明略.

p 称为二次型 f（或矩阵 A）的正惯性指数，$r-p$ 称为二次型 f（或矩阵 A）的负惯性指数. 正惯性指数 p 与负惯性指数（$r-p$）的差（$2p-r$）称为二次型的符号差.

对二次型

$$f=k_1 y_1^2+\cdots+k_p y_p^2-k_{p+1}y_{p+1}^2-\cdots-k_r y_r^2 \qquad (k_i>0,\ i=1,2,\cdots,r)$$

再做满秩变换

$$\begin{pmatrix} y_1 \\ \vdots \\ y_r \\ y_{r+1} \\ \vdots \\ y_n \end{pmatrix} = \begin{pmatrix} \frac{1}{\sqrt{k_1}} & & & & & \\ & \ddots & & & & \\ & & \frac{1}{\sqrt{k_r}} & & & \\ & & & 1 & & \\ & & & & \ddots & \\ & & & & & 1 \end{pmatrix} \begin{pmatrix} t_1 \\ \vdots \\ t_r \\ t_{r+1} \\ \vdots \\ t_n \end{pmatrix}$$

得 $f=t_1^2+\cdots+t_p^2-t_{p+1}^2-\cdots-t_r^2$，称之为二次型 f 的规范形.

可以证明凡二次型都可以通过满秩变换化为规范形，且规范形唯一，与所做的满秩变换无关. 这就是说对任一实对称矩阵，都存在满秩矩阵 C，使

$$C^{\mathrm{T}}AC = \begin{pmatrix} E_p & & \\ & -E_{r-p} & \\ & & 0 \end{pmatrix} = \boldsymbol{\Lambda}$$

其中，r 为矩阵 A 的秩，p 为二次型 $x^{\mathrm{T}}Ax$ 的正惯性指数. 称 $\boldsymbol{\Lambda}$ 为矩阵 A 的（合同）规范形.

任何合同的对称矩阵，具有相同的规范形，具有相同的正惯性指数和秩.

例 1 化二次型 $f=2x_1 x_2+2x_1 x_3-6x_2 x_3$ 为规范形，并求所用的满秩变换矩阵.

解 先将二次型 f 通过满秩变换

$$x=C_1 y = \begin{pmatrix} 1 & -\dfrac{1}{2} & 3 \\ 1 & \dfrac{1}{2} & -1 \\ 0 & 0 & 1 \end{pmatrix} y$$

化为标准形

$$f=2y_1^2-\frac{1}{2}y_2^2+6y_3^2$$

再令

$$\begin{cases} y_1=\dfrac{1}{\sqrt{2}}t_1 \\ y_2=\sqrt{2}t_3 \\ y_3=\dfrac{1}{\sqrt{6}}t_2 \end{cases}$$

即
$$\begin{pmatrix} y_1 \\ y_2 \\ y_3 \end{pmatrix} = \begin{pmatrix} \dfrac{1}{\sqrt{2}} & 0 & 0 \\ 0 & 0 & \sqrt{2} \\ 0 & \dfrac{1}{\sqrt{6}} & 0 \end{pmatrix} \begin{pmatrix} t_1 \\ t_2 \\ t_3 \end{pmatrix}$$

其中，$C_2 = \begin{pmatrix} \dfrac{1}{\sqrt{2}} & 0 & 0 \\ 0 & 0 & \sqrt{2} \\ 0 & \dfrac{1}{\sqrt{6}} & 0 \end{pmatrix}$ 为满秩矩阵.

于是二次型的规范形为 $f = t_1^2 + t_2^2 - t_3^2$.

因 $\qquad\qquad\qquad x = C_1 y, \quad y = C_2 t$

故 $\qquad\qquad\qquad x = C_1 C_2 t$

因此所用的变换矩阵

$$C = C_1 C_2 = \begin{pmatrix} 1 & -\dfrac{1}{2} & 3 \\ 1 & \dfrac{1}{2} & -1 \\ 0 & 0 & 1 \end{pmatrix} \begin{pmatrix} \dfrac{1}{\sqrt{2}} & 0 & 0 \\ 0 & 0 & \sqrt{2} \\ 0 & \dfrac{1}{\sqrt{6}} & 0 \end{pmatrix} = \begin{pmatrix} \dfrac{1}{\sqrt{2}} & \dfrac{3}{\sqrt{6}} & -\dfrac{1}{\sqrt{2}} \\ \dfrac{1}{\sqrt{2}} & -\dfrac{1}{\sqrt{6}} & \dfrac{1}{\sqrt{2}} \\ 0 & \dfrac{1}{\sqrt{6}} & 0 \end{pmatrix}$$

6.3.2　二次型的有定性的概念

定义 1　设实二次型 $f(x_1, x_2, \cdots, x_n) = x^T A x$，如果对任意的非零向量 x，都有

(1) 若 $f = x^T A x > 0$，则称 f 是正定二次型，相应的对称矩阵 A 是正定的；

(2) 若 $f = x^T A x < 0$，则称 f 是负定二次型，矩阵 A 是负定的；

(3) 若 $f = x^T A x \geqslant 0$，则称 f 是半正定二次型，矩阵 A 是半正定的；

(4) 若 $f = x^T A x \leqslant 0$，则称 f 是半负定二次型，矩阵 A 是半负定的.

二次型及其矩阵的正定(负定)、半正定(半负定)统称为二次型及其矩阵的有定性.
不具有有定性的二次型及矩阵称为不定的.

如 $f(x, y, z) = x^2 + 4y^2 + 2z^2$ 是正定二次型；$f(x_1, x_2) = -2x_1^2 - 5x_2^2$ 是负定二次
型；$f(x_1, x_2, x_3) = x_1^2 + 2x_2^2$ 是半正定二次型.

又如

$$f(x_1, x_2, x_3) = x_1^2 + 4x_2^2 + x_3^2 + 4x_1 x_2 - 2x_1 x_3 - 4x_2 x_3$$

是半正定二次型，这是因为

$$f(x_1, x_2, x_3) = x_1^2 + 4x_2^2 + x_3^2 + 4x_1 x_2 - 2x_1 x_3 - 4x_2 x_3$$
$$= (x_1 + 2x_2 - x_3)^2 \geqslant 0$$
$$f(x_1, x_2, x_3) = -x_1^2 - 4x_2^2 - x_3^2 - 4x_1 x_2 + 2x_1 x_3 + 4x_2 x_3$$

是半负定二次型，这是因为

$$f(x_1, x_2, x_3) = -x_1^2 - 4x_2^2 - x_3^2 - 4x_1 x_2 + 2x_1 x_3 + 4x_2 x_3$$

$$= -(x_1 + 2x_2 - x_3)^2 \leqslant 0$$

$f(x_1, x_2, x_3) = 2x_1^2 + x_2^2 - 3x_3^2$ 是不定二次型,这是因为 f 的值可正可负. 如

$$f(1,0,0) = 2 > 0, \quad f(0,0,1) = -3 < 0$$

利用定义可以判别一些较简单的二次型的有定性.

例 2 证明:二次型 $f(x_1, x_2, \cdots, x_n) = k_1 x_1^2 + k_2 x_2^2 + \cdots + k_n x_n^2$,当 $k_i(i=1,2,\cdots,n) > 0$ 时,f 是正定二次型.

证 对任何 $x \neq 0$ 都有 $f > 0$,所以 f 是正定二次型,其矩阵

$$A = \begin{pmatrix} k_1 & & & \\ & k_2 & & \\ & & \ddots & \\ & & & k_n \end{pmatrix}$$

是正定矩阵.

例 3 设 A, B 均为 n 阶正定矩阵,证明:$aA + bB$ $(a > 0, b > 0)$ 为正定矩阵.

证 因为 A, B 均为 n 阶正定矩阵,故对任意的非零向量 x,都有

$$x^T A x > 0, \quad x^T B x > 0$$

由于 $a > 0, b > 0$,于是

$$x^T(aA + bB)x = ax^T A x + bx^T B x > 0$$

所以 $aA + bB$ 为正定矩阵.

6.3.3 二次型的有定性的判别法

有定二次型与有定矩阵在实际中有广泛的应用. 判断二次型的有定性除了用定义外,还可以用以下常用的方法.

定理 2 设 A 为正定矩阵,若 A 与 B 合同,则 B 为正定矩阵.

证 因为 A 与 B 合同,所以存在可逆矩阵 C,使 $B = C^T A C$. 令 $x = Cy$,$|C| \neq 0$,对任意非零向量 y,有

$$y^T B y = y^T C^T A C y = (Cy)^T A (Cy) = x^T A x > 0$$

故 B 为正定矩阵.

由上述定理的证明过程知若 A 与 B 合同,则 A 与 B 有相同的有定性.

定理 3 设二次型 $f(x_1, x_2, \cdots, x_n) = x^T A x$,则下列命题等价:

(1) $f(x_1, x_2, \cdots, x_n)$ 是正定二次型(或 A 是正定矩阵);

(2) A 的 n 个特征值均大于 0;

(3) f 的正惯性指数为 n;

(4) A 与单位矩阵 E 合同;

(5) 存在可逆矩阵 C 使得 $A = C^T C$.

证 (1) $\Rightarrow$ (2). 由二次型的性质知,存在正交变换 $x = Py$,化二次型 $f(x_1, x_2, \cdots, x_n) = x^T A x$ 为标准形

$$f = \lambda_1 y_1^2 + \lambda_2 y_2^2 + \cdots + \lambda_n y_n^2$$

其中,$\lambda_1, \lambda_2, \cdots, \lambda_n$ 是 f 的矩阵 A 的所有特征值.

分别取 $y=(1,0,\cdots,0)^T,(0,1,\cdots,0)^T,\cdots(0,0,\cdots,1)^T$,由于 P 是可逆阵,所以 $x\neq 0$ 与 $y\neq 0$ 等价.则 $x=Py\neq 0$ 使得

$$f=\lambda_1,\lambda_2,\cdots,\lambda_n.$$

由于 f 是正定二次型,所以 $\lambda_i>0\ (i=1,2,\cdots,n)$.

(2) $\Rightarrow$ (3) $\Rightarrow$ (4) $\Rightarrow$ (5) 显然成立.

下证(5) $\Rightarrow$ (1).对任意 $x\neq 0$,对于可逆阵 C 有 $Cx\neq 0$,于是

$$x^TAx=x^TC^TCx=(Cx)^T(Cx)>0$$

推论 1 若 A 为 n 阶正定矩阵,则 $|A|>0$.

证 因 A 为 n 阶正定矩阵,故 A 的 n 个特征值 $\lambda_1,\lambda_2,\cdots,\lambda_n$ 均大于 0,则

$$|A|=\lambda_1\lambda_2\cdots\lambda_n>0$$

注 该推论的逆命题不成立.

例 4 证明:如果 A 为正定矩阵,则 A^{-1}、A^* 也是正定矩阵.

证 若 A 为正定矩阵,则 A 可逆,且存在可逆矩阵 C,使得 $A=C^TC$,所以

$$A^{-1}=(C^TC)^{-1}=C^{-1}(C^{-1})^T$$

故 A^{-1} 为正定矩阵.

又 $A^*=|A|A^{-1}$,且 $|A|>0$,故 A^* 为正定矩阵.

定义 2 设 A 为 n 阶矩阵

$$A=\begin{pmatrix} a_{11} & a_{12} & \cdots & a_{1n} \\ a_{21} & a_{22} & \cdots & a_{2n} \\ \vdots & \vdots & & \vdots \\ a_{n1} & a_{n2} & \cdots & a_{nn} \end{pmatrix}$$

我们称其前 k 行与前 k 列交叉点上的元素构成的 k 阶子式为矩阵 A 的 k 阶顺序主子式,记为 $|A_k|$,显然 n 阶矩阵 A 有 n 个顺序主子式

$$|a_{11}|,\ \begin{vmatrix} a_{11} & a_{12} \\ a_{21} & a_{22} \end{vmatrix},\ \begin{vmatrix} a_{11} & a_{12} & a_{13} \\ a_{21} & a_{22} & a_{23} \\ a_{31} & a_{32} & a_{33} \end{vmatrix},\cdots,\ \begin{vmatrix} a_{11} & a_{12} & \cdots & a_{1n} \\ a_{21} & a_{22} & \cdots & a_{2n} \\ \vdots & \vdots & & \vdots \\ a_{n1} & a_{n2} & \cdots & a_{nn} \end{vmatrix}$$

例 5 求 $A=\begin{pmatrix} 1 & 2 & 3 \\ 2 & 0 & 1 \\ 0 & 0 & 2 \end{pmatrix}$ 的所有顺序主子式.

解 $|A_1|=1,\quad |A_2|=\begin{vmatrix} 1 & 2 \\ 2 & 0 \end{vmatrix}=-4,\quad |A_3|=\begin{vmatrix} 1 & 2 & 3 \\ 2 & 0 & 1 \\ 0 & 0 & 2 \end{vmatrix}=-8$

定理 4 矩阵 A 为 n 阶正定矩阵的充分必要条件是 A 的所有顺序主子式都大于 0.

证 必要性.设 $f(x_1,x_2,\cdots,x_n)=x^TAx$ 为正定的,令 $x=(x_1,\cdots,x_k,0,\cdots0)^T$,代入,得

$$f(x_1, \cdots, x_k, 0, \cdots 0) = (x_1, \cdots, x_k, 0, \cdots 0) \boldsymbol{A} \begin{pmatrix} x_1 \\ \vdots \\ x_k \\ 0 \\ \vdots \\ 0 \end{pmatrix}$$

$$= (x_1, \cdots, x_k) \boldsymbol{A}_k \begin{pmatrix} x_1 \\ \vdots \\ x_k \end{pmatrix} > 0$$

所以 $\boldsymbol{A}_k$ $(k=1,2,\cdots,n)$ 为 k 阶正定矩阵, 由推论 1 知, $\boldsymbol{A}$ 的所有顺序主子式 $|\boldsymbol{A}_k|$ $(k=1,2,\cdots,n)$ 都大于 0.

充分性. 设 $|\boldsymbol{A}_k| > 0 (k=1,2,\cdots,n)$. 当 $n=1$ 时, 因为 $|\boldsymbol{A}_1| > 0$, 所以 $f(x_1) = a_{11} x_1^2 > 0$, 结论成立.

假设结论对变量个数为 $n-1$ 时成立, 对 $\boldsymbol{A}$ 分块如下

$$\boldsymbol{A} = \begin{pmatrix} \boldsymbol{A}_{n-1} & \boldsymbol{\alpha} \\ \boldsymbol{\alpha}^{\mathrm{T}} & a_{nn} \end{pmatrix}$$

其中, $\boldsymbol{\alpha}^{\mathrm{T}} = (a_{1n}, a_{2n}, \cdots, a_{n-1,n})$.

因为 $\boldsymbol{A}$ 的所有顺序主子式 $|\boldsymbol{A}_k|$ $(k=1,2,\cdots,n)$ 都大于 0, 所以 $\boldsymbol{A}_{n-1}$ 的所有顺序主子式 $|\boldsymbol{A}_k|$ $(k=1,2,\cdots,n-1)$ 都大于 0, 于是以 $\boldsymbol{A}_{n-1}$ 为矩阵的 $n-1$ 个变量的二次型是正定的, 所以 $\boldsymbol{A}_{n-1}$ 的特征值都为正.

设正交矩阵 $\boldsymbol{P}_{n-1}$ 满足

$$\boldsymbol{P}_{n-1}^{\mathrm{T}} \boldsymbol{A}_{n-1} \boldsymbol{P}_{n-1} = \boldsymbol{\Lambda}_{n-1} = \begin{pmatrix} \lambda_1 & & & \\ & \lambda_2 & & \\ & & \ddots & \\ & & & \lambda_{n-1} \end{pmatrix}$$

设 $\boldsymbol{P} = \begin{pmatrix} \boldsymbol{P}_{n-1} & \boldsymbol{0} \\ \boldsymbol{0} & 1 \end{pmatrix}$, 则有

$$\boldsymbol{P}^{\mathrm{T}} \boldsymbol{A} \boldsymbol{P} = \begin{pmatrix} \boldsymbol{P}_{n-1}^{\mathrm{T}} & \boldsymbol{0} \\ \boldsymbol{0} & 1 \end{pmatrix} \begin{pmatrix} \boldsymbol{A}_{n-1} & \boldsymbol{\alpha} \\ \boldsymbol{\alpha}^{\mathrm{T}} & a_{nn} \end{pmatrix} \begin{pmatrix} \boldsymbol{P}_{n-1} & \boldsymbol{0} \\ \boldsymbol{0} & 1 \end{pmatrix} = \begin{pmatrix} \boldsymbol{P}_{n-1}^{\mathrm{T}} \boldsymbol{A}_{n-1} \boldsymbol{P}_{n-1} & \boldsymbol{P}_{n-1}^{\mathrm{T}} \boldsymbol{\alpha} \\ \boldsymbol{\alpha}^{\mathrm{T}} \boldsymbol{P}_{n-1} & a_{nn} \end{pmatrix} = \begin{pmatrix} \boldsymbol{\Lambda}_{n-1} & \boldsymbol{\beta} \\ \boldsymbol{\beta}^{\mathrm{T}} & a_{nn} \end{pmatrix}$$

此处 $\boldsymbol{\beta} = \boldsymbol{P}_{n-1}^{\mathrm{T}} \boldsymbol{\alpha}$.

取 $\boldsymbol{C} = \begin{pmatrix} \boldsymbol{E}_{n-1} & -\boldsymbol{\Lambda}_{n-1}^{-1} \boldsymbol{\beta} \\ \boldsymbol{0} & 1 \end{pmatrix}$, 故得

$$\boldsymbol{C}^{\mathrm{T}} \boldsymbol{P}^{\mathrm{T}} \boldsymbol{A} \boldsymbol{P} \boldsymbol{C} = \begin{pmatrix} \boldsymbol{\Lambda}_{n-1} & \boldsymbol{0} \\ \boldsymbol{0} & c \end{pmatrix}$$

其中, $c = a_{nn} - \boldsymbol{\beta}^{\mathrm{T}} \boldsymbol{\Lambda}_{n-1}^{-1} \boldsymbol{\beta}$.

而 $|\boldsymbol{C}^{\mathrm{T}} \boldsymbol{P}^{\mathrm{T}} \boldsymbol{A} \boldsymbol{P} \boldsymbol{C}| = |\boldsymbol{C}^{\mathrm{T}}| |\boldsymbol{P}^{\mathrm{T}}| |\boldsymbol{A}| |\boldsymbol{P}| |\boldsymbol{C}| = |\boldsymbol{P}|^2 |\boldsymbol{C}|^2 |\boldsymbol{A}| > 0$, 所以

$$\begin{pmatrix} \Lambda_{n-1} & 0 \\ 0 & c \end{pmatrix} = \lambda_1 \lambda_2 \cdots \lambda_{n-1} c > 0$$

又 $\lambda_1, \lambda_2, \cdots \lambda_{n-1}$ 均大于 0，故得 $c = a_{nn} - \boldsymbol{\beta}^T \Lambda_{n-1}^{-1} \boldsymbol{\beta} > 0$.

对二次型 $f(x_1, x_2, \cdots, x_n) = \boldsymbol{x}^T \boldsymbol{A} \boldsymbol{x}$ 做线性变换 $\boldsymbol{x} = \boldsymbol{PCy}$，则有

$$f(x_1, x_2, \cdots, x_n) = \lambda_1 y_1^2 + \lambda_2 y_2^2 + \cdots + \lambda_{n-1} y_{n-1}^2 + c y_n^2$$

所以二次型正定.

例 6 判别 $f(x_1, x_2, x_3) = 3x_1^2 + 6x_1x_3 + x_2^2 - 4x_2x_3 + 8x_3^2$ 是否为正定二次型.

解 二次型 f 的矩阵 $\boldsymbol{A} = \begin{pmatrix} 3 & 0 & 3 \\ 0 & 1 & -2 \\ 3 & -2 & 8 \end{pmatrix}$，$\boldsymbol{A}$ 的顺序主子式分别为

$$|\boldsymbol{A}_1| = 3 > 0, \quad |\boldsymbol{A}_2| = \begin{vmatrix} 3 & 0 \\ 0 & 1 \end{vmatrix} = 3 > 0, \quad |\boldsymbol{A}_3| = \begin{vmatrix} 3 & 0 & 3 \\ 0 & 1 & -2 \\ 3 & -2 & 8 \end{vmatrix} = 3 > 0$$

因此 $f(x_1, x_2, x_3)$ 是正定二次型.

类似地，可得到判别二次型负定性的方法.

定理 5 设二次型 $f(x_1, x_2, \cdots, x_n) = \boldsymbol{x}^T \boldsymbol{A} \boldsymbol{x}$，则下列命题等价：

(1) $f(x_1, x_2, \cdots, x_n)$ 是负定二次型（或 $\boldsymbol{A}$ 是负定矩阵）；

(2) $\boldsymbol{A}$ 的 n 个特征值为负；

(3) f 的负惯性指数为 n；

(4) $\boldsymbol{A}$ 与负单位矩阵 $-\boldsymbol{E}$ 合同；

(5) 存在可逆矩阵 $\boldsymbol{C}$，使得 $\boldsymbol{A} = -\boldsymbol{C}^T \boldsymbol{C}$；

(6) $\boldsymbol{A}$ 的各阶顺序主子式中，奇数阶顺序主子式为负，偶数阶顺序主子式为正.

例 7 问 t 为何值时，二次型

$$f(x_1, x_2, x_3) = -x_1^2 - x_2^2 - 5x_3^2 + 2tx_1x_2 - 2x_1x_3 + 4x_2x_3$$

是负定的.

解 二次型 f 的矩阵

$$\boldsymbol{A} = \begin{pmatrix} -1 & t & -1 \\ t & -1 & 2 \\ -1 & 2 & -5 \end{pmatrix}$$

要使二次型是负定的，须有

$$|\boldsymbol{A}_1| = -1 < 0, \quad |\boldsymbol{A}_2| = \begin{vmatrix} -1 & t \\ t & -1 \end{vmatrix} = 1 - t^2 > 0$$

$$|\boldsymbol{A}_3| = \begin{vmatrix} -1 & t & -1 \\ t & -1 & 2 \\ -1 & 2 & -5 \end{vmatrix} = t(5t-4) < 0$$

即

$$\begin{cases} 1 - t^2 > 0 \\ t(5t-4) < 0 \end{cases}$$

解得
$$0<t<\frac{4}{5}$$

因此当 $0<t<4/5$ 时,该二次型为负定二次型.

习 题 6-3

1. 二次型 $f(x_1,x_2,x_3,x_4)=-x_1^2+x_2^2-x_3^2+x_4^2$ 的符号差为( ).

A. 0   B. 1   C. -1 D. 2

2. n 个变量的实二次型 $f=x^{\mathrm{T}}Ax$ 为正定的充分必要条件是正惯性指数 p 满足( ).

A. $p>\dfrac{n}{2}$ B. $p\geqslant\dfrac{n}{2}$ C. $p=n$ D. $\dfrac{n}{2}\leqslant p<n$

3. 二次型 $f(x_1,x_2,x_3,x_4)=x_1^2+2x_2^2+x_3^2$ 是( ).

A. 正定二次型   B. 半正定二次型

C. 负定二次型   D. 不定二次型

4. 若二次型 $f=x^{\mathrm{T}}Ax$ 负定,则( ).

A. 顺序主子式小于 0

B. 奇数阶顺序主子式大于 0,偶数阶顺序主子式小于 0

C. 顺序主子式大于 0

D. 奇数阶顺序主子式小于 0,偶数阶顺序主子式大于 0

5. 二次型 $x^{\mathrm{T}}Ax$ 是正定的充要条件是实对称矩阵 A 的特征值都是_____.

6. 实对称矩阵 A 是正定的,则行列式必_____.

7. 判断下列命题是否正确,正确的命题在括号内打√,错误的命题在括号内打×.

(1) 若实对称矩阵 A 的特征值全大于零,则二次型 $f=x^{\mathrm{T}}Ax$ 是正定的.   ( )

(2) 若有非零向量 x 使得 $x^{\mathrm{T}}Ax>0$,则 A 为正定矩阵.   ( )

8. 化二次型
$$f(x_1,x_2,x_3)=-x_1^2-x_2^2-x_3^2+4x_1x_2+4x_1x_3-4x_2x_3$$
为规范形,并求出正、负惯性指数与符号差.

9. 已知二次型
$$f(x_1,x_2,x_3)=x_1^2+ax_2^2+x_3^2+2x_1x_2-2x_2x_3-2ax_1x_3$$
的正、负惯性指数都是 1,求此二次型中 a 的值.

10. 判断下列二次型的有定性.

(1) $f(x_1,x_2,x_3)=3x_1^2+6x_1x_3+x_2^2-4x_2x_3+8x_3^2$

(2) $f(x_1,x_2,x_3)=-2x_1^2-6x_2^2-4x_3^2+2x_1x_3+2x_2x_3$

(3) $f(x_1,x_2,x_3)=x_1^2+2x_2^2+3x_3^2+2x_1x_2-4x_2x_3$

11. 若二次型
$$f(x_1,x_2,x_3)=x_1^2+4x_2^2+4x_3^2+2\lambda x_1x_2-2x_1x_3+4x_2x_3$$
为正定二次型,求 λ 的取值范围.

12. 若二次型

$$f(x_1, x_2, x_3) = \lambda x_1^2 + \lambda x_2^2 + \lambda x_3^2 + 2x_1 x_2 + 2x_1 x_3 - 2x_2 x_3$$

为负定二次型,求 λ 的取值范围.

13. 设 A, B 分别为 m 阶、n 阶正定矩阵,证明:分块矩阵 $C = \begin{pmatrix} A & O \\ O & B \end{pmatrix}$ 也是正定矩阵.

综合复习题 6

A

1. 二次型 $f(x_1, x_2, x_3) = 3x_1^2 - x_2^2 + 4x_1 x_2 - 6x_1 x_3$ 的矩阵是_____.

2. 实对称矩阵 $A = \begin{pmatrix} 1 & 1 & 2 \\ 1 & 2 & 3 \\ 2 & 3 & 4 \end{pmatrix}$ 对应的二次型是_____,其秩为_____.

3. 二次型 $f(x_1, x_2, x_3) = x_1^2 - x_2^2 + 3x_3^2$ 的秩为_____,正惯性指数为_____.

4. 矩阵 A 是正定矩阵的充分必要条件是 A 的所有顺序主子式_____.

5. 下列矩阵为正定矩阵的是( ).

A. $\begin{pmatrix} 1 & 2 & 0 \\ 2 & 3 & 0 \\ 0 & 0 & 2 \end{pmatrix}$
B. $\begin{pmatrix} 4 & 3 & 2 \\ 3 & 4 & 1 \\ 2 & 1 & 4 \end{pmatrix}$

C. $\begin{pmatrix} 6 & -3 & 4 \\ -3 & 1 & 2 \\ 4 & 2 & 1 \end{pmatrix}$
D. $\begin{pmatrix} 1 & 2 & 1 \\ 2 & 4 & 1 \\ 1 & 1 & 5 \end{pmatrix}$

6. 设二次型 $f(x) = x^T A x$,其中 $A^T = A$,如果该二次型通过满秩线性变换 $x = Cy$ 可化为 $f = y^T B y$,则下列结论不正确的是( ).

A. A 与 B 相似
B. A 与 B 合同
C. A 与 B 等价
D. A 与 B 的秩相等

7. 设 A 为 n 阶实对称矩阵,A 是正定的充分必要条件是( ).

A. 二次型 $x^T A x$ 的负惯性指数为 0
B. 存在 n 阶矩阵 C,使得 $A = C^T C$
C. A 无负特征值
D. A 与 E 合同

8. 将下列二次型化为标准形,并写出所做的满秩线性变换矩阵.

(1) $f(x_1, x_2, x_3) = x_1^2 - 3x_3^2 - 2x_1 x_2 - 2x_1 x_3 - 6x_2 x_3$

(2) $f(x_1, x_2, x_3) = 2x_1 x_2 + 4x_1 x_3 + 2x_2 x_3$

9. 将第 8 题的第(1)题的二次型化为规范形,并写出所做的满秩线性变换.

10. 判断下列二次型的有定性.

(1) $f(x_1, x_2, x_3) = -2x_1^2 - 6x_2^2 - 4x_3^2 + 2x_1 x_2 + 2x_1 x_3$

(2) $f(x_1, x_2, x_3) = x_1^2 + 5x_1 x_2 - 3x_2 x_3$

(3) $f(x_1, x_2, x_3) = 2x_1^2 + 5x_2^2 + 5x_3^2 + 4x_1 x_2 - 4x_1 x_3 - 8x_2 x_3$

B

1. 二次型 $f(x_1,x_2,x_3)=\boldsymbol{x}^{\mathrm{T}}\begin{pmatrix}1 & 2 & 3\\ 4 & 5 & 6\\ 7 & 8 & 9\end{pmatrix}\boldsymbol{x}$，其中 $\boldsymbol{x}=(x_1,x_2,x_3)^{\mathrm{T}}$，求二次型 f 的矩阵和秩.

2. 二次型 $f(x_1,x_2,x_3)=x_1^2+6x_1x_2+4x_1x_3+x_2^2+2x_2x_3+tx_3^2$，若其秩为 2，则 t 的值为_____.

3. 二次型 $f(x_1,x_2,x_3)=2x_1^2+x_2^2+x_3^2-2tx_1x_2+2x_1x_3$ 正定时，t 应满足的条件是_____.

4. 下列矩阵中与 $\boldsymbol{A}=\begin{pmatrix}2 & 1 & 0\\ 1 & 2 & 0\\ 0 & 0 & 2\end{pmatrix}$ 合同的是(　　).

A. $\begin{pmatrix}1 & & \\ & 1 & \\ & & 1\end{pmatrix}$　　　　　　　　　　B. $\begin{pmatrix}1 & & \\ & 1 & \\ & & -1\end{pmatrix}$

C. $\begin{pmatrix}-1 & & \\ & -1 & \\ & & -1\end{pmatrix}$　　　　　　　D. $\begin{pmatrix}1 & & \\ & -1 & \\ & & -1\end{pmatrix}$

5. 设 $\boldsymbol{A},\boldsymbol{B}$ 为 n 阶正定矩阵，则(　　)是正定矩阵.

A. $\boldsymbol{AB}$　　　　　　　　　　　　　B. $\boldsymbol{A}^*+\boldsymbol{B}^*$

C. $\boldsymbol{A}^{-1}-\boldsymbol{B}^{-1}$　　　　　　　　　D. $k_1\boldsymbol{A}+k_2\boldsymbol{B}(k_1,k_2\in\mathbf{R})$

6. 设 $\boldsymbol{A}$ 为 n 阶实对称矩阵，且 $\boldsymbol{A}^3-6\boldsymbol{A}^2+11\boldsymbol{A}-6\boldsymbol{E}=\boldsymbol{O}$，证明：矩阵 $\boldsymbol{A}$ 正定.

7. 证明：负定矩阵的主对角元素全小于 0.

8. 设 $\boldsymbol{\xi}_1,\boldsymbol{\xi}_2,\cdots,\boldsymbol{\xi}_n$ 是 n 维非零列向量，且满足 $\boldsymbol{\xi}_i^{\mathrm{T}}\boldsymbol{A}\boldsymbol{\xi}_j=0\ (i\neq j)$，其中 $\boldsymbol{A}$ 是正定矩阵，证明：$\boldsymbol{\xi}_1,\boldsymbol{\xi}_2,\cdots,\boldsymbol{\xi}_n$ 线性无关.

9. 设 $\boldsymbol{A}$ 为 n 阶可逆矩阵，若 $\boldsymbol{A}$ 与 $-\boldsymbol{A}$ 合同，证明：n 必为偶数.

10. 设 $\boldsymbol{A}$ 为正定矩阵，$\boldsymbol{E}$ 为 n 阶单位矩阵，证明：$|\boldsymbol{A}+\boldsymbol{E}|>1$.

11. 设 $\boldsymbol{A}$ 为 n 阶实方阵，且 $|\boldsymbol{A}|\neq0$，证明：$\boldsymbol{A}^{\mathrm{T}}\boldsymbol{A}$ 为正定矩阵.

第7章 线性代数在经济中的应用

7.1 投入产出数学模型

　　线性代数理论在自然科学、社会科学和经济管理等领域有着广泛的应用,本节将以投入产出数学模型为例说明线性代数在经济中的应用.

　　投入产出分析是美国经济学家列昂西夫于 20 世纪 30 年代首先提出的. 他利用线性代数的理论和方法,研究一个经济系统(企业、地区、国家等)的各部门之间错综复杂的联系,建立起相应的数学模型(投入产出数学模型),用于经济分析和预测. 这种分析方法已经在世界各地广泛应用. 列昂西夫也因提出"投入—产出"分析方法获得 1973 年诺贝尔经济学奖.

　　经济系统是由许多经济部门组成的一个有机总体,每个经济部门的活动,可以分为两个方面:一方面,作为消耗部门,为了完成其经济活动,需要供给它所需要的物质,称为投入,如原材料、设备、劳动力、资金等;另一方面,作为生产部门,把它的产品分配给各部门作为生产资料或提供社会消费和留作积累,称为产出.

　　在研究经济问题过程中,假若一个经济系统有 n 个部门,我们将这个经济系统中 n 个部门间的投入与产出的数量依存关系采用棋盘式表格,列出一张平衡表称为投入产出平衡表. 由该表得出的线性方程组称为它的数学模型. 将投入产出表及由表得出的方程组统称为投入产出数学模型.

　　投入产出平衡表一般分为实物型及价值型两种类型. 实物型表采用实物计量单位编制,价值型表采用货币计量单位编制. 它们的基本原理是相同的. 下面首先就价值型的投入产出表及模型介绍一些投入产出分析方法中的一些基本概念和基本方法.

7.1.1 价值型投入产出数学模型

　　设一个经济系统由 n 个部门组成,各部门分别用 $1,2,\cdots,n$ 表示. 记 $x_{ij}\,(i,j=1,2,\cdots,n)$ 表示第 i 部门分配给第 j 部门作中间使用的产品数量,或者说第 j 部门在生产过程中消耗第 i 部门的产品数量,称为部门间的数量.

　　$x_i\,(i=1,2,\cdots,n)$ 表示第 i 部门的总产品价值量,简称为第 i 部门的总产品.

　　$y_i\,(i=1,2,\cdots,n)$ 表示第 i 部门生产的用作最终使用的产品数量.

　　$v_j\,(j=1,2,\cdots,n)$ 表示第 j 部门劳动报酬.

　　$m_j\,(j=1,2,\cdots,n)$ 表示第 j 部门创造的纯收入(包括利润,税收等).

　　$z_j\,(j=1,2,\cdots,n)$ 表示第 j 部门新创造价值,它等于第 j 部门劳动报酬与创造的纯收入之和,即 $z_j=v_j+m_j\,(j=1,2,\cdots,n)$.

编制投入产出表如表 7-1 所示.

表 7-1

投入＼产出		消耗部门				最终产品				总产品
		1	2	⋯	n	消费	累积	⋯	合计	
生产部门	1	x_{11}	x_{12}	⋯	x_{1n}				y_1	x_1
	2	x_{21}	x_{22}	⋯	x_{2n}				y_2	x_2
	⋮	⋮	⋮		⋮				⋮	⋮
	n	x_{n1}	x_{n2}	⋯	x_{nn}				y_n	x_n
新创造价值	报酬	v_1	v_2	⋯	v_n					
	利润	m_1	m_2	⋯	m_n					
	合计	z_1	z_2	⋯	z_n					
总产品价值		x_1	x_2	⋯	x_n					

在表 7-1 中,用双线将表分为 4 个部分,左上角(I)部分由 n 个部门交叉组成,它反映了经济系统各部门之间的生产技术性联系. 在这一部分中,每一个部门都以双重身份出现,反映在每一个数字(流量 x_{ij})都具有双重意义,从横向看,它表明每个部门生产的产品分配给各部门作中间使用的产品数量;从纵向看,它表明每个部门在生产过程中消耗各个部门的产品数量. 所有流量构成一个方阵,这部分是投入产出表的最基本部分.

右上角(II)部分反映了各部门的总产品在扣除生产消耗后的最终产品的分配情况.

左下角(III)部分反映了各部门总产品中新创造的价值部分,每一列指出该部门的新创造价值,包括劳动报酬和该部门创造的纯收入.

右下角(IV)部分反映了国民收入的再分配情况,如非生产部门工作者的工资、非生产性事业单位和组织的收入等. 由于再分配过程非常复杂,故常常空出不用.

7.1.2 模型的平衡方程组

1. 分配平衡方程组

表 7-1 中的(I)、(II)部分组成的横向长方形的每一行都有一个等式,即每个部门作为生产部门分配给各部门用于生产消耗的产品加上该部门的最终产品等于它的总产品,得到方程组

$$\begin{cases} x_1 = x_{11} + x_{12} + \cdots + x_{1n} + y_1 \\ x_2 = x_{21} + x_{22} + \cdots + x_{2n} + y_2 \\ \qquad\qquad \cdots\cdots \\ x_n = x_{n1} + x_{n2} + \cdots + x_{nn} + y_n \end{cases} \tag{7.1}$$

或简写为

$$x_i = \sum_{j=1}^n x_{ij} + y_i \quad (i = 1, 2, \cdots, n) \tag{7.2}$$

其中，$\sum\limits_{j=1}^{n} x_{ij}$ 表示第 i 部门分配给各部门在生产过程中消耗产品的总和，式(7.1) 或式(7.2) 称为分配平衡方程组．

2. 消耗平衡方程组

表 7-1 中(Ⅰ)、(Ⅲ)部分组成的竖向长方形的每一列都有一个等式，即每一个消耗部门对各部门的生产消耗加上该部门新创造的价值等于它的总产品的价值，得到方程组

$$\begin{cases} x_1 = x_{11} + x_{21} + \cdots + x_{n1} + z_1 \\ x_2 = x_{12} + x_{22} + \cdots + x_{n2} + z_2 \\ \qquad\cdots\cdots \\ x_n = x_{1n} + x_{2n} + \cdots + x_{nn} + z_n \end{cases} \tag{7.3}$$

或简写为

$$x_j = \sum_{i=1}^{n} x_{ij} + z_j \quad (j = 1, 2, \cdots, n) \tag{7.4}$$

其中，$\sum\limits_{i=1}^{n} x_{ij}$ 表示第 j 部门在生产过程中消耗各部门的产品总和，式(7.3) 或式(7.4) 称为消耗平衡方程组．

3. 其他平衡方程

表 7-1 除了上述两个基本平衡关系外，还可派生出如下平衡关系：

(1) 各部门的总投入等于总产出，即

$$\sum_{i=1}^{n} x_{ik} + z_k = \sum_{j=1}^{n} x_{kj} + y_k \quad (k = 1, 2, \cdots, n) \tag{7.5}$$

但一般来说

$$\sum_{i=1}^{n} x_{ik} \neq \sum_{j=1}^{n} x_{kj}, \quad z_k \neq y_k \quad (k = 1, 2, \cdots, n)$$

(2) 整个经济系统投入总量等于产出总量，即

$$\sum_{j=1}^{n} x_j = \sum_{i=1}^{n} x_i$$

亦即

$$\sum_{j=1}^{n} \sum_{i=1}^{n} x_{ij} + \sum_{j=1}^{n} z_j = \sum_{i=1}^{n} \sum_{j=1}^{n} x_{ij} + \sum_{i=1}^{n} y_i \tag{7.6}$$

(3) 整个经济系统中间产品总量等于中间投入总量，即

$$\sum_{j=1}^{n} \sum_{i=1}^{n} x_{ij} = \sum_{i=1}^{n} \sum_{i=1}^{n} x_{ij} \tag{7.7}$$

(4) 整个经济系统各部门最终产品价值总和等于各部门新创造的价值总和，即

$$\sum_{i=1}^{n} y_i = \sum_{j=1}^{n} z_j \tag{7.8}$$

例 1 设某一经济系统三个部门某年的投入产出情况如表 7-2 所示．求：

表 7-2

产出 \ 投入		消耗部门(中间产品)			最终产品	总产品
		1	2	3		
生产部门	1	190	100	65	y_1	x_1
	2	90	62	45	y_2	x_2
	3	110	40	35	y_3	x_3
新创造价值		150	134	125		
总产品价值		x_1	x_2	x_3		

(1) 各部门间的总产品 x_1, x_2, x_3;

(2) 各部门最终产品.(单位:万元)

解 (1) 由投入产出模型式(7.4)

$$x_j = \sum_{i=1}^{3} x_{ij} + z_j \quad (j = 1, 2, 3)$$

得

$$\begin{cases} x_1 = 190 + 90 + 110 + 150 = 540 \\ x_2 = 100 + 62 + 40 + 134 = 336 \\ x_1 = 65 + 45 + 35 + 125 = 270 \end{cases}$$

即三个部门的总产品分别为 540 万元,336 万元,270 万元.

(2) 由投入产出模型式(7.2),得

$$y_i = x_i - \sum_{j=1}^{n} x_{ij} \quad (i = 1, 2, 3)$$

即

$$\begin{cases} y_1 = 540 - (190 + 100 + 65) = 185 \\ y_2 = 336 - (90 + 62 + 45) = 139 \\ y_3 = 270 - (110 + 40 + 35) = 85 \end{cases}$$

亦即三个部门的最终产品分别为 185 万元,139 万元,85 万元.

7.1.3 直接消耗系数

为了确定经济系统各部门之间在生产消耗上的数量依存关系,我们引入部门之间的直接消耗系数概念.

1. 直接消耗系数定义

定义 1 第 j 部门生产单位产品直接消耗第 i 部门的产品价值量,称为第 j 部门对第 i 部门的直接消耗系数,记为 a_{ij},即

$$a_{ij} = \frac{x_{ij}}{x_j} \quad (i, j = 1, 2, \cdots, n) \tag{7.9}$$

各部门之间的直接消耗系数是以生产技术联系为基础的,是相对稳定的,通常将它称为技术系数. 它反映了各部门之间的直接联系的程度. 当 a_{ij} 愈接近于 1,则说明第 j 部门与第 i 部门的联系愈密切;当 a_{ij} 愈接近 0 时,则说明第 j 部门与第 i 部门的联系愈稀疏;当 a_{ij} 为 0 时,则说明第 j 部门与第 i 部门没有直接联系.

各部门间的直接消耗系数构成的 n 阶方阵

$$A=\begin{pmatrix} a_{11} & a_{12} & \cdots & a_{1n} \\ a_{21} & a_{22} & \cdots & a_{2n} \\ \vdots & \vdots & & \vdots \\ a_{n1} & a_{n2} & \cdots & a_{nn} \end{pmatrix}$$

称为直接消耗系数矩阵(或技术系数矩阵).

2. 直接消耗系数的性质

性质 1　$0 \leqslant a_{ij} < 1$ $(i,j=1,2,\cdots,n)$.

证　因为 $a_{ij}=\dfrac{x_{ij}}{x_j}$ 及 $x_{ij} \geqslant 0, x_j > 0, x_{ij} < x_j$ $(i,j=1,2,\cdots,n)$,所以 $0 \leqslant a_{ij} < 1$ $(i,j=1,2,\cdots,n)$.

性质 2　$\sum\limits_{i=1}^{r} a_{ij} < 1$ $(j=1,2,\cdots,n)$.

证　由 $a_{ij}=\dfrac{x_{ij}}{x_j}$ 及消耗平衡方程组 $x_j=\sum\limits_{i=1}^{n} x_{ij}+z_j$,可得

$$x_j = \sum_{i=1}^{n} a_{ij}x_j + z_j \quad (j=1,2,\cdots,n)$$

整理得

$$\left(1-\sum_{i=1}^{n} a_{ij}\right)x_j = z_j \quad (j=1,2,\cdots,n)$$

又因为

$$x_j > 0, \quad z_j > 0 \quad (j=1,2,\cdots,n)$$

所以

$$1-\sum_{i=1}^{n} a_{ij} > 0 \quad (j=1,2,\cdots,n)$$

即

$$\sum_{i=1}^{r} a_{ij} < 1 \quad (j=1,2,\cdots,n)$$

7.1.4　平衡方程组的解

1. 分配平衡方程组的解

将 $x_{ij}=a_{ij}x_j$ 代入分配平衡方程组(7.1),得

$$\begin{cases} x_1=a_{11}x_1+a_{12}x_2+\cdots+a_{1n}x_n+y_1 \\ x_2=a_{21}x_1+a_{22}x_2+\cdots+a_{2n}x_n+y_2 \\ \qquad\cdots\cdots \\ x_n=a_{n1}x_1+a_{n2}x_2+\cdots+a_{nn}x_n+y_n \end{cases} \quad (7.10)$$

设 $x = \begin{pmatrix} x_1 \\ x_2 \\ \vdots \\ x_n \end{pmatrix}$, $y = \begin{pmatrix} y_1 \\ y_2 \\ \vdots \\ y_n \end{pmatrix}$, 则方程组(7.8)的矩阵形式为

$$x = Ax + y$$

或

$$(E - A)x = y \tag{7.11}$$

由式(7.11)知:

(1) 如果已知一经济系统各部门间的直接消耗系数矩阵 A 及各部门的总产出 x, 即可求得各部门的最终产品 $y = (E - A)x$.

(2) 如果已知一经济系统各部门间的直接消耗系数矩阵 A 及各部门的最终产品 y, 则可以证明 $(E - A)$ 可逆, 且 $(E - A)^{-1}$ 为非负矩阵, 从而可求得各部门的总产出

$$x = (E - A)^{-1}y$$

例 2 设某经济系统有三个部门, 在某一个周期内, 各部门之间的直接消耗系数矩阵为

$$A = \begin{pmatrix} 0.25 & 0.1 & 0.1 \\ 0.2 & 0.2 & 0.1 \\ 0.1 & 0.1 & 0.2 \end{pmatrix}$$

(1) 已知三部门的总产值分别为 300 亿元, 200 亿元, 150 亿元, 求各部门的最终产品;

(2) 已知三部门的最终产品分别为 245 亿元, 90 亿元, 175 亿元, 求各部门的总产值.

解 (1) 已知 $x = \begin{pmatrix} 300 \\ 200 \\ 150 \end{pmatrix}$, 将 A, x 代入 $y = (E - A)x$, 得

$$\begin{pmatrix} y_1 \\ y_2 \\ y_3 \end{pmatrix} = \begin{pmatrix} 0.75 & -0.1 & -0.1 \\ -0.2 & 0.8 & -0.1 \\ -0.1 & -0.1 & 0.8 \end{pmatrix} \begin{pmatrix} 300 \\ 200 \\ 100 \end{pmatrix} = \begin{pmatrix} 190 \\ 85 \\ 70 \end{pmatrix}$$

即得各部门的最终产品分别为 190 亿元, 85 亿元, 70 亿元.

(2) 已知 $y = \begin{pmatrix} 245 \\ 90 \\ 175 \end{pmatrix}$, 将 A、y 代入 $x = (E - A)^{-1}y$, 不难求得

$$(E - A)^{-1} = \frac{10}{891} \begin{pmatrix} 126 & 18 & 18 \\ 34 & 118 & 19 \\ 20 & 17 & 116 \end{pmatrix}$$

所以

$$\begin{pmatrix} x_1 \\ x_2 \\ x_3 \end{pmatrix} = \frac{10}{891} \begin{pmatrix} 126 & 18 & 18 \\ 34 & 118 & 19 \\ 20 & 17 & 116 \end{pmatrix} \begin{pmatrix} 245 \\ 90 \\ 175 \end{pmatrix} = \begin{pmatrix} 400 \\ 250 \\ 300 \end{pmatrix}$$

即各部门的总产值分别为 400 亿元,250 亿元,300 亿元.

2. 消耗平衡方程组的解

将 $x_{ij} = a_{ij}x_j$ $(i,j=1,2,\cdots,n)$ 代入消耗平衡方程组式(7.4)

$$x_j = \sum_{i=1}^{n} x_{ij} + z_j \quad (j=1,2,\cdots,n)$$

即

$$z_j = \left(1 - \sum_{i=1}^{n} a_{ij}\right) x_j \quad (j=1,2,\cdots,n) \tag{7.12}$$

由式(7.12)知:

(1) 如果已知一经济系统各部门间的直接消耗系数矩阵 A 及各部门的总产品价值 x_j $(j=1,2,\cdots,n)$,可求得各部门新创造的价值 $z_j = \left(1 - \sum_{i=1}^{n} a_{ij}\right) x_j$ $(j=1,2,\cdots,n)$.

(2) 如果已知一经济系统各部门间的直接消耗系数矩阵 A 及各部门新创造的价值 z_j $(j=1,2,\cdots,n)$,可求得各部门的总产品价值 $x_j = \dfrac{z_j}{1 - \sum\limits_{i=1}^{n} a_{ij}}$ $(i=1,2,\cdots,n)$.

例 3 设某经济系统有三个部门,各部门间的直接消耗系数矩阵为

$$A = \begin{pmatrix} 0 & 0.50 & 0.60 \\ 0.30 & 0.10 & 0.15 \\ 0.25 & 0.05 & 0.10 \end{pmatrix}$$

(1) 已知各部门的总产品价值分别为 210 亿元,120 亿元,80 亿元,试求各部门新创造的价值;

(2) 已知各部门的新创造价值分别为 85.5 亿元,38.5 亿元,15 亿元,试求各部门的总产品.

解 (1) 由式(7.12),得

$$\begin{cases} z_1 = [1-(0+0.30+0.25)] \times 210 = 94.5 \\ z_2 = [1-(0.50+0.10+0.05)] \times 120 = 42 \\ z_3 = [1-(0.60+0.15+0.10)] \times 80 = 12 \end{cases}$$

即三部门新创造的价值分别为 94.5 亿元,42 亿元,12 亿元.

(2) 由式(7.12),得

$$x_j = \frac{z_j}{1 - \sum\limits_{i=1}^{3} a_{ij}} \quad (i=1,2,3)$$

于是有

$$\begin{cases} x_1 = \dfrac{85.5}{1-(0+0.30+0.25)} = 190 \\[2mm] x_2 = \dfrac{38.5}{1-(0.50+0.10+0.05)} = 110 \\[2mm] x_1 = \dfrac{15}{1-(0.60+0.15+0.1)} = 100 \end{cases}$$

即三部门的总产品价值分别为 190 亿元,110 亿元,100 亿元.

7.1.5 完全消耗系数

在一经济系统中,各部门之间除了发生直接联系,产生直接消耗外,还存在着间接联系,产生间接消耗,如:汽车制造,在生产汽车(最终产品)过程中需要直接消耗电力,同时还要消耗钢铁、轮胎等;而生产钢铁、轮胎也要消耗电力、矿石、橡胶等;生产矿石、橡胶还需要电力……如此类推下去,汽车制造部门对电力部门的电力完全消耗等于直接消耗和多次间接消耗的总和.

定义 2 第 j 部门生产单位产品时,对第 i 部门的完全消耗的产品量称为第 j 部门对第 i 部门的完全消耗系数,记为 c_{ij}.

各部门间的完全消耗系数构成的 n 阶方阵

$$\boldsymbol{C} = \begin{pmatrix} c_{11} & c_{12} & \cdots & c_{1n} \\ c_{21} & c_{22} & \cdots & c_{2n} \\ \vdots & \vdots & & \vdots \\ c_{n1} & c_{n2} & \cdots & c_{nn} \end{pmatrix}$$

称为完全消耗系数矩阵.

由于
$$\boldsymbol{x} = (\boldsymbol{E} - \boldsymbol{A})^{-1} \boldsymbol{y}$$
令
$$(\boldsymbol{E} - \boldsymbol{A})^{-1} = (b_{ij})_{n \times n}$$
则有

$$\begin{cases} x_1 = b_{11} y_1 + b_{12} y_2 + \cdots + b_{1n} y_n \\ x_2 = b_{21} y_1 + b_{22} y_2 + \cdots + b_{2n} y_n \\ \qquad \cdots\cdots \\ x_n = b_{n1} y_1 + b_{n2} y_2 + \cdots + b_{nn} y_n \end{cases}$$

从上式知,当第一部门最终产品 y_1 增加一个单位产品而其他部门最终产品不变时,x_1,x_2,$\cdots$,x_n 相应增加 b_{11},b_{21},$\cdots$,b_{n1} 个单位产品. 即第一部门生产的这一个单位产品,各部门的消耗分别增加 $b_{11}-1$(第一部门实际增加),b_{21},$\cdots$,b_{n1} 个单位产品. 也就是说第一部门生产单位产品完全消耗各部门的产品量分别为 $b_{11}-1$,b_{21},$\cdots$,b_{n1}. 所以 $c_{11}=b_{11}-1$,$c_{21}=b_{21}$,$\cdots$,$c_{n1}=b_{n1}$. 同理,当第二部门最终产品 y_2 增加一个单位产品而其他部门最终产品不变时,x_1,x_2,$\cdots$,x_n 相应增加 b_{12},b_{22},$\cdots$,b_{n2} 个单位产品. 即第二部门生产的这一个单位产品,各部门的消耗分别增加 b_{12},$b_{22}-1$(第二部门实际增加),b_{32},$\cdots$,b_{n2} 个单位产品.

也就是说第二部门生产单位产品完全消耗各部门的产品量分别为 $b_{12}, b_{22}-1, b_{32}, \cdots, b_{n2}$.
所以 $c_{12}=b_{12}, c_{22}=b_{22}-1, c_{32}=b_{32}, \cdots, c_{n2}=b_{n2}$. 其余类推, 得完全消耗矩阵

$$
\boldsymbol{C}=\begin{pmatrix} b_{11}-1 & b_{12} & b_{13} & \cdots & b_{1n} \\ b_{21} & b_{22}-1 & b_{23} & \cdots & b_{2n} \\ \vdots & \vdots & \vdots & & \vdots \\ b_{n1} & b_{n2} & b_{n3} & \cdots & b_{nn}-1 \end{pmatrix}=(b_{ij})_{n\times n}-\boldsymbol{E}
$$

又由于

$$
(\boldsymbol{E}-\boldsymbol{A})^{-1}=(b_{ij})_{n\times n}
$$

于是有

$$
\boldsymbol{C}=(\boldsymbol{E}-\boldsymbol{A})^{-1}-\boldsymbol{E} \tag{7.13}
$$

式(7.13)说明了直接消耗系数矩阵 $\boldsymbol{A}$ 与完全消耗系数矩阵 $\boldsymbol{C}$ 的关系.

直接消耗系数仅仅反映了各部门之间产品的直接消耗关系. 而完全消耗系数却能更深刻、更本质、更全面地反映了各部门相互依存、相互制约的关系.

由式(7.13), 得

$$
(\boldsymbol{E}-\boldsymbol{A})^{-1}=\boldsymbol{C}+\boldsymbol{E}
$$

那么分配平衡方程组的解 $\boldsymbol{x}=(\boldsymbol{E}-\boldsymbol{A})^{-1}\boldsymbol{y}$ 可以表示为

$$
\boldsymbol{x}=(\boldsymbol{C}+\boldsymbol{E})\boldsymbol{y} \tag{7.14}
$$

由式(7.14)知, 若已知报告期的完全消耗系数及计划期的各部门最终产品, 由该式就可求得各部门的总产品.

例 4 设某经济系统有三个部门, 该系统的完全消耗系数矩阵为

$$
\boldsymbol{C}=\begin{pmatrix} 0.25 & 0.30 & 0.15 \\ 0.51 & 0.78 & 0.65 \\ 0.20 & 0.18 & 0.31 \end{pmatrix}
$$

现在确定下一生产周期三部门的最终产品分别为 50 亿元, 60 亿元, 40 亿元, 求各部门的总产品.

解 因为

$$
\boldsymbol{C}+\boldsymbol{E}=\begin{pmatrix} 1.25 & 0.30 & 0.15 \\ 0.51 & 1.78 & 0.65 \\ 0.20 & 0.18 & 1.31 \end{pmatrix}
$$

由

$$
\boldsymbol{x}=(\boldsymbol{C}+\boldsymbol{E})\boldsymbol{y}
$$

得

$$
\begin{pmatrix} x_1 \\ x_2 \\ x_3 \end{pmatrix}=\begin{pmatrix} 1.25 & 0.30 & 0.15 \\ 0.51 & 1.78 & 0.65 \\ 0.20 & 0.18 & 1.31 \end{pmatrix}\begin{pmatrix} 50 \\ 60 \\ 40 \end{pmatrix}=\begin{pmatrix} 86.5 \\ 158.5 \\ 73.2 \end{pmatrix}
$$

故三部门的总产品分别为 86.5 亿元, 158.5 亿元, 73.2 亿元.

习 题 7-1

1. 设某一经济系统有四个部门,在某一个生产周期内投入产出情况如表 7-3 所示.求:

表 7-3

投入 \ 产出		消耗部门(中间产品)				最终产品	总产品
		1	2	3	4		
生产部门(中间投入)	1	320	0	400	80	y_1	2000
	2	80	160	230	50	y_2	600
	3	200	175	1875	400	y_3	4500
	4	40	20	250	120	y_4	1200
新创造价值		z_1	z_2	z_3	z_4		
总产品价值		2000	600	4500	1200		

(1) 各部门的最终产品 y_1, y_2, y_3, y_4;

(2) 各部门新创造价值 z_1, z_2, z_3, z_4;

(3) 直接消耗系数矩阵.

2. 设某经济系统有三个部门,在某一周期内,直接消耗系数矩阵为

$$A = \begin{pmatrix} 0.3 & 0.4 & 0.1 \\ 0.5 & 0.2 & 0.6 \\ 0.1 & 0.3 & 0.1 \end{pmatrix}$$

(1) 已知三部门的总产值分别为 200 亿元,240 亿元,140 亿元,求各部门的最终产品;

(2) 已知三部门的最终产品分别是 20 亿元,10 亿元,30 亿元,求各部门的总产值.

7.2 线性规划模型

在生产管理和经营活动中经常提出一类问题,即如何利用有限的人力、物力、财力等资源,以便得到最好的经济效果.此类问题构成了运筹学的一个重要分支——数学规划,而线性规划则是数学规划的一个重要分支.

7.2.1 问题的提出

例 1 某工厂在计划期内生产两种产品,已知生产单位产品所需设备台时及 A,B 两种原材料的消耗,如表 7-4 所示.

表 7-4

	产品 I	产品 II	
设备	1	2	8 台时
原材料 A	4	0	16 kg
原材料 B	0	4	12 kg

该工厂每生产一件产品 I 可获利 2 元,每生产一件产品 II 可获利 3 元,问应如何安排生产计划使该工厂获利最多?

解 设 x_1, x_2 分别表示在计划期内生产产品 I、II 的产量,z 表示利润.因为设备的有效台时是 8,这是一个限制产量的条件,所以确定产品 I、II 的产量时,要考虑不超过设备的有效台时数.同时,原材料 A,B 的数量有限制.该工厂的目标是在不超过所有资源限量的条件下,如何确定产量 x_1, x_2 以得到最大的利润,综上所述,该计划问题可以用数学模型表示为

目标函数 $\qquad \max z = 2x_1 + 3x_2$

满足约束条件 $\qquad \begin{cases} x_1 + 2x_2 \leqslant 8 \\ 4x_1 \leqslant 16 \\ 4x_2 \leqslant 12 \\ x_1, x_2 \geqslant 0 \end{cases}$

例 2(人力资源分配问题) 某商场是个中型的百货商场,它对售货人员的需求经过统计分析如表 7-5 所示.要求售货人员每周连续工作五天,连续休息两天.

表 7-5

时间	星期日	星期一	星期二	星期三	星期四	星期五	星期六
所需人数	28 人	15 人	24 人	25 人	19 人	31 人	28 人

问:应如何安排售货人员的作息既满足了工作需求,又使配备的售货人员的人数最少?

解 对每个售货员而言,确定了他哪天开始上班,则他整个星期的作息都安排出来了.对所有的售货员而言,有的安排在星期一开始上班,有的安排在星期二开始上班……反过来说,星期一开始上班的人数加星期二开始上班的人数一直加到星期日开始上班的人数,构成了商场售货人员的总人数.于是建立数学模型如下:

设星期 i 开始上班的人数为 x_i,则

$$\min z = x_1 + x_1 + x_3 + x_4 + x_5 + x_6 + x_7$$

$$\begin{cases} x_3 + x_4 + x_5 + x_6 + x_7 \geqslant 28 \\ x_4 + x_5 + x_6 + x_7 + x_1 \geqslant 15 \\ x_5 + x_6 + x_7 + x_1 + x_2 \geqslant 24 \\ x_6 + x_7 + x_1 + x_2 + x_3 \geqslant 25 \\ x_7 + x_1 + x_2 + x_3 + x_4 \geqslant 19 \\ x_1 + x_2 + x_3 + x_4 + x_5 \geqslant 19 \\ x_2 + x_3 + x_4 + x_5 + x_6 \geqslant 31 \\ x_3 + x_4 + x_5 + x_6 + x_7 \geqslant 31 \\ x_j \geqslant 0 \quad (j = 1, 2, \cdots, 7) \end{cases}$$

以上两例都是属于同一类优化问题,它们具有如下共同特征:

(1) 用一组决策变量 $(x_1, x_2, \cdots, x_n)^{\mathrm{T}}$ 表示某一方案,通常决策变量取值非负;

（2）约束条件是线性不等式或等式；

（3）目标函数是关于决策变量的线性函数，要求目标函数实现最大化或者最小化.

满足上述三个条件的数学模型称为线性规划模型，其一般形式为

目标函数 $\qquad \max(\min) z = c_1 x_1 + c_2 x_2 + \cdots + c_n x_n$ $\qquad$ (7.15)

满足约束条件

$$\begin{cases} a_{11} x_1 + a_{12} x_2 + \cdots + a_{1n} x_n \leqslant (=, \geqslant) b_1 \\ a_{21} x_1 + a_{22} x_2 + \cdots + a_{2n} x_n \leqslant (=, \geqslant) b_2 \\ \qquad \cdots \cdots \\ a_{m1} x_1 + a_{m2} x_2 + \cdots + a_{mn} x_n \leqslant (=, \geqslant) b_m \\ x_1, x_2, \cdots, x_n \geqslant 0 \end{cases} \qquad (7.16)$$

在线性规划的数学模型中，式(7.15)称为目标函数，式(7.16)称为约束条件，其中 $x_j \geqslant 0$ $(j = 1, 2, \cdots, n)$ 称为非负约束条件.

7.2.2 线性规划问题的图解法

图解法简单直观，有助于了解线性规划问题求解的基本原理. 当线性规划问题的决策变量只有两个时，可使用图解法求解.

例3 求解下列线性规划问题

$$\max z = x_1 + 3x_2$$

$$\begin{cases} 2x_1 + 3x_2 \leqslant 6 \\ x_1 + 4x_2 \leqslant 4 \\ x_1, x_2 \geqslant 0 \end{cases}$$

在以 x_1, x_2 为坐标轴的直角坐标系中，非负条件 $x_1, x_2 \geqslant 0$ 是指第一象限. 每个约束条件都代表一个半平面. 如约束条件 $2x_1 + 3x_2 \leqslant 6$ 代表以直线 $2x_1 + 3x_2 = 6$ 为边界的左下方的半平面. 于是，本例所有约束条件为半平面交成的区域如图 7-1 阴影部分所示. 其中，直线 l_1, l_2 分别表示第一、二个约束条件. 对于每个固定的值 z，使目标函数值等于 z 的点构成的直线称为目标函数等值线，当 z 变动时，我们得到一组平行直线，即图 7-1 中的虚线为目标函数等值线. 对于本例，因为目标函数求极大值，于是等值线越区域右上方，其上的点具有越大的目标函数值. 易知本例最优解为 $\boldsymbol{x} = \left(\dfrac{12}{5}, \dfrac{2}{5} \right)^{\mathrm{T}}$，最优值为 $z = \dfrac{18}{5}$.

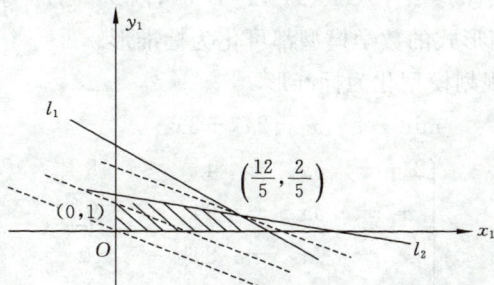

图 7-1

上例中求解得到问题的最优解是唯一的,但对于一般线性规划问题,求解结果还可能出现无穷多最优解、无界解、无可行解的情形,这里不再一一举例说明.

7.2.3 线性规划模型的标准形

在求解线性规划问题时,需要给出线性规划问题一种统一的标准形式(利用 MATLAB 和 Lingo 等数学软件求解时不需要). 任何的线性规划模型都可以化为如下的标准形式

$$\max z = c_1 x_1 + c_2 x_2 + \cdots + c_n x_n$$

$$\begin{cases} a_{11} x_1 + a_{12} x_2 + \cdots + a_{1n} x_n = b_1 \\ a_{21} x_1 + a_{22} x_2 + \cdots + a_{2n} x_n = b_2 \\ \qquad\qquad \cdots\cdots \\ a_{m1} x_1 + a_{m2} x_2 + \cdots + a_{mn} x_n = b_m \\ x_j \geqslant 0 \quad (j = 1, 2, \cdots, n) \end{cases}$$

其中约束条件右端项 $b_i \geqslant 0$,否则等式两端乘以 -1.标准形式可由矩阵符号表示为

$$\max z = Cx$$
$$Ax = b$$
$$x \geqslant 0$$

其中,$C = (c_1, c_2, \cdots, c_n)$,$x = (x_1, x_2, \cdots, x_n)^{\mathrm{T}}$,$b = (b_1, b_2, \cdots, b_m)^{\mathrm{T}}$,$0 = (0, 0, \cdots, 0)^{\mathrm{T}}$,

$$A = \begin{pmatrix} a_{11} & a_{12} & \cdots & a_{1n} \\ a_{21} & a_{22} & \cdots & a_{2n} \\ \vdots & \vdots & & \vdots \\ a_{m1} & a_{m2} & \cdots & a_{mn} \end{pmatrix}, \quad 且 \quad R(A) = m \ (< n).$$

实际中遇到各种线性规划问题的数学模型都应变换为标准形式后求解.

以下讨论如何变换为标准形的问题:

(1) 若要求目标函数实现最小化,即 $\min z = Cx$,这时只需将目标函数最小化变换为求目标函数最大化,即令 $z' = -z$,于是得到 $\max z' = -Cx$.

(2) 若约束条件为不等式,当约束方程为"$\geqslant$"时,可在"$\geqslant$"不等式的左端减去一个非负的剩余变量;当约束方程为"$\leqslant$"时,则可在"$\leqslant$"的左端加入非负松弛变量,从而将不等式约束变为等式约束.

(3) 若变量 $x_k \leqslant 0$,令 $x_k' = -x_k \geqslant 0$,变量 x_k 以 $-x_k'$ 等价替换.

(4) 若 x_k 无约束,令 $x_k = x_k' - x_k''(x_k', x_k'' > 0)$,以 $x_k' - x_k''$ 等价代替 x_k.

以上讨论说明,任何形式的数学模型都可化为标准形.

例 4 将下述线性规划模型化为标准形

$$\min z = -x_1 - 2x_2 + 3x_3$$

$$\begin{cases} 2x_1 + 3x_2 + 4x_3 \leqslant 8 \\ x_1 - 5x_2 + 6x_3 \leqslant -9 \\ 4x_1 + 7x_2 - 8x_3 = 10 \\ x_1 \leqslant 0, x_2 \geqslant 0, x_3 \ 无符号限制 \end{cases}$$

解　步骤如下：

（1）用 x_4 替换 $-x_1$，则 $x_4 > 0$；

（2）用 $x_5 - x_6$ 替换 x_3，其中 $x_5, x_6 \geqslant 0$；

（3）在第一个约束不等式 $\leqslant$ 号左端加入松弛变量 x_7；

（4）在第二个约束不等式的两端同时乘以 -1，再在左端减去剩余变量 x_8；

（5）令 $z' = -z$，把求 $\min z$ 改为求 $\max z'$，即可得到该问题的标准形

$$\max z' = -x_4 + 2x_2 - 3(x_5 - x_6)$$

$$\begin{cases} -2x_4 + 3x_2 + 4(x_5 - x_6) + x_7 = 8 \\ x_4 + 5x_2 - 6(x_5 - x_6) - x_8 = 9 \\ -4x_4 + 7x_2 - 8(x_5 - x_6) \qquad = 10 \\ x_2 \geqslant 0, x_4 \geqslant 0, x_5 \geqslant 0, x_6 \geqslant 0, x_7 \geqslant 0, x_8 \geqslant 0 \end{cases}$$

7.2.4　单纯形法

1. 基解、基可行解和最优解

考虑线性规划问题的标准形式

$$\max z = Cx$$
$$Ax = b$$
$$x \geqslant 0$$

设 $x_{j1}, x_{j2}, \cdots, x_{jm}$ 为线性规划问题中的 m 个变量，若它们对应的系数向量 $p_{j1}, p_{j2}, \cdots, p_{jm}$ 线性无关，则称矩阵 $B = (p_{j1}, p_{j2}, \cdots, p_{jm})$ 为该线性规划问题的一个基，称 $x_{j1}, x_{j2}, \cdots, x_{jm}$ 为对应于基 B 的基变量，其他变量为非基变量.

设 B 为线性规划问题的任意一个基，令所有的非基变量为零，就可得到一个以 $x_{j1}, x_{j2}, \cdots, x_{jm}$ 为未知量的线性方程组，根据线性代数的基本理论，B 为可逆矩阵，该方程组有唯一解. 这样，根据基 B 可构造出一个满足约束条件 $Ax = b$ 的 x，称 x 为对应于 B 的基解.

在基解中，非基变量的取值为 0，若还有基变量取值为 0，即解 x 中的非基变量的个数小于 m，称该基解为退化解.

同时满足非负条件的基解称为基可行解. 基可行解对应的基称为可行基.

定理 1　若线性规划问题有最优解，则必定是基可行解.

这个定理说明了线性规划问题若有最优解，只有在基可行解中找就可以了. 基可行解的个数从理论上讲不会超过 C_n^m，找出所有的基可行解然后一一比较，一定可以确定最优解. 但是当 C_n^m 较大时，采用穷举法计算量太大，是不可行的，要能够有效地从基可行解中找出最优解，则需要用到单纯形法.

2. 单纯形法

单纯形法的思想是：先确定一个初始的基本可行解，然后对它进行检验，如果不是最

优解，则按照一定的规则寻求一个改进的基可行解，直到找到最优解. 这样，单纯形法是一个迭代过程，如果最优解存在，可在有限次迭代后求得. 因此单纯形法是一种有效算法且便于在计算机上实现.

设 $\boldsymbol{B}$ 是线性规划问题的一个基，不失一般性，可设 $\boldsymbol{B}$ 为 $\boldsymbol{A}$ 中前 m 列元素构成的子矩阵，此时基变量为 $x_1, x_2, \cdots, x_m$. 将 $\boldsymbol{A}, \boldsymbol{C}, \boldsymbol{x}$ 写成分块矩阵，得

$$\boldsymbol{A} = (\boldsymbol{B}, \boldsymbol{N}), \boldsymbol{C} = (\boldsymbol{C}_B, \boldsymbol{C}_N), \quad \boldsymbol{x} = \begin{pmatrix} \boldsymbol{x}_B \\ \boldsymbol{x}_N \end{pmatrix}$$

其中，$\boldsymbol{C}_B = (c_1, c_2, \cdots, c_m), \boldsymbol{C}_N = (c_{m+1}, c_{m+2}, \cdots, c_n), \boldsymbol{x}_B = \begin{pmatrix} x_1 \\ \vdots \\ x_m \end{pmatrix}, \boldsymbol{x}_N = \begin{pmatrix} x_{m+1} \\ \vdots \\ x_n \end{pmatrix}$，此时线性规划的标准形可变为

$$\max z = \boldsymbol{C}_B \boldsymbol{x}_B + \boldsymbol{C}_N \boldsymbol{x}_N$$
$$\begin{cases} \boldsymbol{B} \boldsymbol{x}_B + \boldsymbol{N} \boldsymbol{x}_N = \boldsymbol{b} \\ \boldsymbol{x}_B \geqslant \boldsymbol{0}, \boldsymbol{x}_N \geqslant \boldsymbol{0} \end{cases}$$

在 $\boldsymbol{B} \boldsymbol{x}_B + \boldsymbol{N} \boldsymbol{x}_N = \boldsymbol{b}$ 两端左乘 $\boldsymbol{B}^{-1}$，得

$$\boldsymbol{x}_B + \boldsymbol{B}^{-1} \boldsymbol{N} \boldsymbol{x}_N = \boldsymbol{B}^{-1} \boldsymbol{b}$$

即有 $\boldsymbol{x}_B = \boldsymbol{B}^{-1} \boldsymbol{b} - \boldsymbol{B}^{-1} \boldsymbol{N} \boldsymbol{x}_N$，代入目标函数，得

$$z = \boldsymbol{C}_B \boldsymbol{B}^{-1} \boldsymbol{b} + (\boldsymbol{C}_N - \boldsymbol{C}_B \boldsymbol{B}^{-1} \boldsymbol{N}) \boldsymbol{x}_N$$

令非基变量 $\boldsymbol{x}_N = \boldsymbol{0}$，则 $\boldsymbol{x}_B = \boldsymbol{B}^{-1} \boldsymbol{b}$，从而对应于 $\boldsymbol{B}$ 的基解为

$$\boldsymbol{x} = \begin{pmatrix} \boldsymbol{B}^{-1} \boldsymbol{b} \\ \boldsymbol{0} \end{pmatrix}$$

在满足条件 $\boldsymbol{B}^{-1} \boldsymbol{b} \geqslant \boldsymbol{0}$ 时，$\boldsymbol{x} = \begin{pmatrix} \boldsymbol{B}^{-1} \boldsymbol{b} \\ \boldsymbol{0} \end{pmatrix}$ 为基可行解，对应的目标函数值为 $z = \boldsymbol{C}_B \boldsymbol{B}^{-1} \boldsymbol{b}$.

令 $\boldsymbol{\sigma}_N = \boldsymbol{C}_N - \boldsymbol{C}_B \boldsymbol{B}^{-1} \boldsymbol{N} = (\sigma_{m+1}, \cdots, \sigma_n)$，则目标函数可记为

$$z = \boldsymbol{C}_B \boldsymbol{B}^{-1} \boldsymbol{b} + \sum_{j=m+1}^{n} \sigma_j x_j$$

定理 2（最优解判别定理） 对于目标函数求极大值的线性规划问题，设 $\boldsymbol{B}$ 为可行基，如果向量 $\boldsymbol{\sigma}_N \leqslant \boldsymbol{0}$，则 $\boldsymbol{B}$ 对应的基可行解 $\boldsymbol{x} = \begin{pmatrix} \boldsymbol{B}^{-1} \boldsymbol{b} \\ \boldsymbol{0} \end{pmatrix}$ 为线性规划问题的最优解，目标函数的最优值为 $z = \boldsymbol{C}_B \boldsymbol{B}^{-1} \boldsymbol{b}$.

该定理表明，向量 $\boldsymbol{\sigma}_N$ 在判定一个基可行解是否为最优解中起着至关重要的作用. 为此，称 $\boldsymbol{\sigma}_N$ 的分量 σ_{m+k} 为对应的非基变量 x_{m+k} 的检验数，在每个非基变量检验数都为小于等于 0 时，就得到了最优解. 若某些非基变量的检验数大于 0，则需要求得一个改进的基可行解，这一过程称为换基运算. 此时，需从原基的非基变量中选取一个变量作为新基的基变量（称为换入变量），从原基的基变量中确定一个变量使之称为新基的非基变量（称为换出变量），从而得到改进的基可行解.

换基运算有以下几个步骤：

(1) 选取换入变量.原则上,换入变量可在具有正检验数的非基变量中任意选取,但通常的方法是选取值最大的非基变量作为换入变量,其目的是使目标函数值增加得较快,从而有可能减少迭代次数.

(2) 确定换出变量.假设换入变量为 x_j,为保证新基为可行基,换出变量不能任意选取,按最小 θ 准则

$$\theta=\min\left\{\frac{(\boldsymbol{B}^{-1}\boldsymbol{b})_r}{(\boldsymbol{B}^{-1}\boldsymbol{P}_j)_r}:(\boldsymbol{B}^{-1}\boldsymbol{P}_j)_r>0\right\}=\frac{(\boldsymbol{B}^{-1}\boldsymbol{b})_l}{(\boldsymbol{B}^{-1}\boldsymbol{P}_j)_l}$$

选取 x_l 为换出变量.其中,$(\boldsymbol{B}^{-1}\boldsymbol{b})_r$ 表示 $\boldsymbol{B}^{-1}\boldsymbol{b}$ 的第 r 个分量,$(\boldsymbol{B}^{-1}\boldsymbol{P}_j)_r$ 表示 $\boldsymbol{B}^{-1}\boldsymbol{P}_j$ 的第 r 个分量.

(3) 求新基下的基可行解.

综上所述,单纯形法的基本步骤如下:

(1) 求初始可行基.求可行基 $\boldsymbol{B}$ 满足 $\boldsymbol{B}^{-1}\boldsymbol{b}\geqslant\boldsymbol{0}$;

(2) 优化检验.若 $\sigma_N\leqslant 0$ 成立,已得最优解,否则换基运算;

(3) 换基运算.换基运算可通过矩阵的初等变换实现;

以上所有的过程可以在类似于增广矩阵的单纯形表中进行.

例5 用单纯形法解线性规划问题

$$\max z=-x_1+2x_2-x_3$$

$$\begin{cases} x_1 + x_2 - 2x_3 \leqslant 10 \\ 2x_1 - x_2 + 4x_3 \leqslant 8 \\ -x_1 + 2x_2 - 4x_3 \leqslant 4 \\ x_1,x_2,x_3 \geqslant 0 \end{cases}$$

解 (1) 加入松弛变量 x_4,x_5,x_6 化为标准形

$$\max z=-x_1+2x_2-x_3$$

$$\begin{cases} x_1+x_2-2x_3+x_4=10 \\ 2x_1-x_2+4x_3+x_5=8 \\ -x_1+2x_2-4x_3+x_6=4 \\ x_i \geqslant 0 \quad (i=1,2,\cdots,6) \end{cases}$$

以 x_4,x_5,x_6 为基变量,得到基可行解 $\boldsymbol{x}_0=(0,0,0,10,8,4)^\mathrm{T}$,对应的目标函数值为

$$z_0=0, \quad z=-x_1+2x_2-x_3$$

(2) 由于 $\sigma_2=2>0$,取 x_2 为换入变量,而 $\theta=\min\left\{\dfrac{10}{1},\dfrac{4}{2}\right\}=2$,故取 x_6 为换出变量,此时的新基为 x_4,x_5,x_2,经过变换后线性规划问题可化为

$$\max z=4+3x_3-x_6$$

$$\begin{cases} \dfrac{3}{2}x_1+x_4-\dfrac{1}{2}x_6=8 \\[2mm] \dfrac{3}{2}x_1+2x_3+x_5+\dfrac{1}{2}x_6=10 \\[2mm] -\dfrac{1}{2}x_1+x_2-2x_3+\dfrac{1}{2}x_6=2 \\[2mm] x_i \geqslant 0 \quad (i=1,2,\cdots,6) \end{cases}$$

此时基可行解 $\boldsymbol{x}_1=(0,2,0,8,10,0)^T$，对应目标函数值为 $z_1=4$，$z=4+3x_3-x_6$.

（3）由于 $\sigma_3=3>0$，取 x_3 为换入变量，而 $\theta=\min\left\{\dfrac{10}{2}\right\}=5$，故取 x_5 为换出变量，此时的新基为 x_4,x_3,x_2，经过变换后线性规划问题可化为

$$\max z=19-\frac{9}{4}x_1-\frac{3}{2}x_5-\frac{7}{4}x_6$$

$$\begin{cases}\dfrac{3}{2}x_1+x_4-\dfrac{1}{2}x_6=8\\[2mm]\dfrac{3}{2}x_1+x_3+\dfrac{1}{2}x_5+\dfrac{1}{4}x_6=5\\[2mm]x_1+x_2+x_5+x_6=12\\[2mm]x_i\geqslant0\quad(i=1,2,\cdots,6)\end{cases}$$

此时基可行解为 $\boldsymbol{x}_2=(0,12,5,8,0,0)^T$，对应的目标函数值为 $z_2=19$，

$$z=19-\frac{9}{4}x_1-\frac{3}{2}x_5-\frac{7}{4}x_6$$

由于所有非基变量的检验数都小于 0，故

$$\boldsymbol{x}_2=(0,12,5,8,0,0)^T$$

即为问题的最优解，最优值 $z_2=19$.

习　题　7-2

1. 利用单纯形法求解下列线性规划问题.

（1）$\max z=2x_1+3x_2-5x_3$

$$\begin{cases}x_1+x_2+x_3=7\\2x_1-5x_2+x_3\geqslant10\\x_1,x_2,x_3\geqslant0\end{cases}$$

（2）$\min z=2x_1+3x_2+x_3$

$$\begin{cases}x_1+4x_2+2x_3\geqslant8\\3x_1+2x_2\geqslant6\\x_1,x_2,x_3\geqslant0\end{cases}$$

附录 A 大学数学实验指导

实验 1 行列式与矩阵

A1.1 实验目的

掌握矩阵的输入方法,熟悉利用 MATLAB 软件对矩阵进行转置、加、减、数乘、乘法、乘方等运算,并能求矩阵的逆运算和计算方阵的行列式.

A1.2 基本命令

(1) 求 A 的转置:A′.

(2) 求 A 加 B:A+B.

(3) 求 A 减 B:A−B.

(4) 求数 k 乘以 A:kA.

(5) 求 A 乘以 B:A*B.

(6) 求 A 的行列式:det(A).

(7) 求 A 的逆:inv(A).

(8) B 右乘 A 的逆 BA^{-1}:B/A;B 左乘 A 的逆:$A^{-1}B$:A\B.

(9) 方阵 A 的 n 次幂:A^n.

A1.3 实验举例

1. 矩阵的直接输入

矩阵有多种输入方式,这里介绍一种逐一输入矩阵元素的方法. 具体做法是,在方括号内逐行键入矩阵各元素,同一行各元素之间用逗号或空格分隔,两行元素之间用分号分隔.

例 1 在 MATLAB 的提示符下输入:

    A=[1,2,3;4,5,6] 或 A=[1 2 3;4 5 6]

得到一个 2 行 3 列的矩阵,屏幕上显示:

    A=123
       456

2. 矩阵元素

矩阵元素用矩阵名及其下标表示. 在做了例 1 的输入后,若键入:

    A(1,3)

屏幕显示:

ans＝3

即矩阵 **A** 的第 1 行第 3 列的元素为 3. 也可通过改变矩阵的元素来改变矩阵,在例 1 输入矩阵 **A** 后键入:A(2,3)＝7,即得一新的矩阵,屏幕显示:

```
A=
    1    2    3
    4    5    7
```

还可以通过给定一个元素的值,得到一个新的矩阵. 如再键入:A(3,3)＝2＊4,屏幕显示

```
A=
    1    2    3
    4    5    7
    0    0    8
```

3. 矩阵的运算

矩阵运算的运算符为＋,－,＊,/,\,′和^. 其中＋,－,＊是通常矩阵加法、减法和乘法的运算符.

例 2 在 MATLAB 的提示符下分别输入矩阵 **M**,**N** 和 **V**.

```
M=[1,2,3;4,5,6]
M=
    1    2    3
    4    5    6
N=[5,6,7;8,9,0]
N=
    5    6    7
    8    9    0
V=[1,2;2,3;3,4]
V=
    1    2
    2    3
    3    4
```

键入:

```
R1=M+N
R1=
    6    8    10
   12   14    6
```

键入:

```
R2=M-N
R2=
   -4   -4   -4
   -4   -4    6
```

键入:

```
R3=M*V
```

```
R3=
    14    20
    32    47
```

键入：

```
R4=V'
```

得

```
R4=
    1    2    3
    2    3    4
```

4. 逆矩阵的求法

在 MATLAB 中求方阵 A 的逆矩阵的函数为 inv(A).

例3　在 MATLAB 的提示符下键入：

```
A=[1,2,3;0,1,2;0,1,3]
A=
    1    2    3
    0    1    2
    0    1    3
```

键入：

```
X=inv(A)
```

得

```
X=
    1    -3     1
    0     3    -2
    0    -1     1
```

5. 方阵行列式

在 MATLAB 中求方阵 A 的行列式的函数为 det(A).

例4　在 MATLAB 的提示符下键入：

```
A=[1,1,1;1,2,3;1,3,6];
D=det(A)
```

得

```
D=1
```

6. 矩阵方程

运算符/和\分别称为左除和右除. 设 A 和 B 是两个列数相同的矩阵，$X=A/B$ 得到一个矩阵 X，它满足 $XB=A$. 若 A 和 B 是同阶方阵且 B 是可逆的，则 $X=AB^{-1}$. 若 A,B 行数相同，$X=A\backslash B$ 得到的矩阵 X 满足 $AX=B$. 若 A,B 为同阶方阵且 A 为可逆的，则 $X=A^{-1}B$.

例5　在 MATLAB 的提示符下键入：

```
A=[2,1;1,2];
```

```
B=[1,2;-1,4];
X=A/B;
```

得

```
X=1.5   -0.5
    1     0
```

键入：

```
Y=A\B
```

得

```
Y= 1   0
  -1   2
```

例 6　设 $A=[2,3,2;1,1,0;-1,2,3];AB=A+4B$，求 B.

解　将矩阵方程 $AB=A+4B$ 变形为 $(A-4E)B=A$，解此矩阵方程即得到矩阵 B. 在 MATLAB 的提示符下输入：

```
A=[2,3,2;1,1,0;-1,2,3];
E=[1,0,0;0,1,0;0,0,1];
X=A-4*E;
B=X\A
```

得

```
B=
   -1.4   -5.6   -4.8
   -0.8   -2.2   -1.6
    0.8   -0.8   -1.4
```

7. 方阵的幂

在 MATLAB 中求方阵 A 的 n 次幂的函数：A^n.

例 7　在 MATLAB 的提示符下键入：

```
A=[1,1,1;1,2,3;1,3,6];
D=A^2
```

得

```
D=
    3    6   10
    6   14   25
   10   25   46
```

A1.4　实验习题

1. 输入 $A=[1,1,1;1,2,3;1,3,6]$，$B=[8,1,6;3,5,7;4,9,2]$，$u=[3;1;4]$，求：

（1）$A+B$　（2）$A-B$　（3）$A*B$　（4）$A*u$

（5）$2A-3B$　（6）A^2+B^2　（7）$AB-BA$

2. 求下列矩阵的逆矩阵并求其行列式.

(1) $A=[1,3,3;1,4,3;1,3,4]$

(2) $A=[1,2,3;2,2,1;3,4,3]$

(3) $A=[1,1,1,1;1,1,-1,-1;1,-1,1,-1;1,-1,-1,1]$

3. 解下列矩阵方程.

(1) $A=[2,5;1,3]$, $B=[4,-6;2,1]$, $AX=B$

(2) $A=[2,1,-1;2,1,0;1,-1,1]$, $B=[1,-1,3;4,3,2;1,-2,5]$, $XA=B$

(3) $A=[1,4;-1,2]$, $B=[2,0;-1,1]$, $C=[3,1;0,-1]$, $AXB=C$

实验 2　矩阵的秩与向量组的最大无关组

A2.1　实验目的

学会使用 MATLAB 软件构作已知矩阵对应的行(列)向量组,实施矩阵的初等变换及线性无关向量组的正交规范化,确定向量组的秩和一个最大线性无关向量组.

A2.2　基本命令

(1) 选择 A 的第 i 行做一个行向量:ai=A(i,:).

(2) 选择 A 的第 j 列做一个列向量:aj=A(:,j).

(3) 矩阵 A 的秩的函数:rank(A).

(4) 将非奇异矩阵 A(的列向量组)正交规范化:orth(A);验证矩阵 A 是否为正交矩阵,只需做运算 $A*A'$,看其结果是否为单位矩阵 E.

(5) 让 A 的第 i 行与第 j 行互换可用赋值语句:

A([i,j],:)=A([j,i],:).

(6) 让 K 乘 A 的第 i 行可用赋值语句:

A(i,:)=K*A(i,:).

(7) 让 A 的第 i 行加上第 j 行的 K 倍可用赋值语句:

A(i,:)=A(i,:)+K*A(j,:).

(8) 求列向量组 A 的一个最大线性无关向量组,可用命令:rref(A),将 A 化为行最简形,其中每行的首个非零元所在的列向量即为最大线性无关向量组所含向量,其他列向量的分量即为其对应向量用此最大线性无关向量组线性表示的系数.

A2.3　实验举例

1. 做出 A 的行(列)向量组

例 1　在 MATLAB 的提示符下键入:

```
A=[2,3,2;1,1,0;-1,2,3;2,2,0];
a1=A(1,:)
a2=A(:,2)
```

得

```
a1=
    2    3    2
a2=3
    1
    2
    2
```

2. 矩阵的秩

例 2 在 MATLAB 的提示符下键入：

```
A=[2,3,2;1,1,0;-1,2,3;2,2,0];
R_A=rank(A)
```

得

```
R_A=3
```

3. 正交矩阵

例 3 在 MATLAB 的提示符下键入：

```
A=[1,2,-1;-1,3,1;4,-1,0];
B=orth(A)
B*B'
```

得

```
B=
    0.0371   -0.6902   -0.7226
    0.5591   -0.5850    0.5875
   -0.8283   -0.4258    0.3642
ans=
    1.0000    0.0000   -0.0000
    0.0000    1.0000    0.0000
   -0.0000    0.0000    1.0000
```

4. 初等变换与最大无关组

例 4 在 MATLAB 的提示符下键入：

```
A=[2,3,2;1,1,0;-1,2,3;2,2,0];
A([1,3],:)=A([3,1],:)
A(:,3)=6*A(:,3)
A(2,:)=A(2,:)+10*A(1,:)
B=rref(A)
```

得

```
A=
   -1    2    3
```

```
         1      1      0
         2      3      2
         2      2      0
A=
        -1      2     18
         1      1      0
         2      3     12
         2      2      0
A=
        -1      2     18
        -9     21    180
         2      3     12
         2      2      0
B=
         1      0      0
         0      1      0
         0      0      1
         0      0      0
```

A2.4   实验习题

1. 将下列矩阵化为阶梯矩阵.

(1) $A=[1,-2,0;-1,1,1;1,3,2]$

(2) $A=[2,1,0,0;3,2,0,0;1,1,3,4;2,-1,2,3]$

2. 求下列矩阵的秩.

(1) $A=[-5,6,-3;3,1,11;4,-2,8]$

(2) $A=[1,4,-1,2,2;2,-2,1,1,0;-2,-1,3,2,0]$

3. 将下列矩阵化为行最简形矩阵.

(1) $A=[1,-2,0;-1,1,1;1,3,2]$

(2) $A=[0,1;1,0;0,-1]$

(3) $A=[1,2,3,4;0,1,2,3;0,0,1,2;0,0,0,1]$

实验 3   解线性方程组

A3.1   实验目的

学会用 MATLAB 软件求得的非齐次线性方程组增广矩阵的行最简形,并写出线性方程组的通解.

A3.2　基本命令

(1) 求矩阵 A 的秩:rank(A).

(2) 求矩阵 A 的阶梯型的行最简形式:rref(A).

A3.3　实验举例

1. 齐次线性方程组

例 1　建立 fcz1.m 文件,求下列齐次线性方程组的通解.

$$\begin{cases} 2x_1 + 2x_2 + 2x_3 - 2x_4 = 0 \\ 3x_1 + 2x_2 - x_3 + 2x_4 = 0 \\ x_1 + x_2 + x_3 - x_4 = 0 \end{cases}$$

建立 fcz1.m 文件:

```
A=[2, 2, 2, -2; 3, 2, -1, 2; 1, 1, 1, -1]
rank(A)
B=rref(A)
```

运行 fcz1.m 文件,得

```
A=
    2    2    2   -2
    3    2   -1    2
    1    1    1   -1
ans=
    2
B=
    1    0   -3    4
    0    1    4   -5
    0    0    0    0
```

故方程组的通解为

$$y = k_1(3\ -4\ 1\ 0)' + k_2(-4\ 5\ 0\ 1)' \quad (k_1, k_2 \text{ 为任意常数})$$

2. 非齐次线性方程组

例 2　建立 fcz2.m 文件,求下列非齐次线性方程组的通解.

$$\begin{cases} x_1 - x_2 + x_4 = 2 \\ x_1 - 2x_2 + x_3 + 4x_4 = 3 \\ 2x_1 - 3x_2 + x_3 + 5x_4 = 5 \end{cases}$$

建立 fcz2.m 文件:

```
A=[1 -1 0 1 2;1 -2 1 4 3;2 -3 1 5 5]
rank(A)
B=rref(A)
```

运行 fcz2.m 文件,得

```
A=

    1    -1    0    1    2

    1    -2    1    4    3

    2    -3    1    5    5

ans=

    2

B=

    1    0    -1    -2    1

    0    1    -1    -3    -1

    0    0    0    0    0
```

故方程组的通解为

$$y = k_1(1\ 1\ 1\ 0)^{\mathrm{T}} + k_2(2\ 3\ 0\ 1)^{\mathrm{T}} + (1\ -1\ 0\ 0)^{\mathrm{T}} \quad (k_1, k_2\ \text{为任意常数})$$

A3.4 实验习题

1. 求下列齐次线性方程组的基础解系.

$$\begin{cases} x_1 + 2x_2 + 4x_3 + 6x_4 - 3x_5 + 2x_6 = 0 \\ 2x_1 + 4x_2 - 4x_3 + 5x_4 + x_5 - 5x_6 = 0 \\ 3x_1 + 6x_2 + 2x_3 + 5x_5 - 9x_6 = 0 \\ 2x_1 + 3x_2 + 4x_4 + x_6 = 0 \\ -4x_2 - 5x_3 + 2x_4 + x_5 + 4x_6 = 0 \\ 5x_1 + 5x_2 - 3x_3 + 6x_4 + 6x_5 - 4x_6 = 0 \end{cases}$$

2. 求下列线性方程组的通解(用基础解系表示).

$$\begin{cases} 4x_1 - 6x_3 + 3x_4 = 5 \\ 3x_1 - x_2 - 3x_3 + 4x_4 = 4 \\ x_1 + 5x_2 - 9x_3 - 8x_4 = 0 \end{cases}$$

实验 4　线性方程组的应用

A4.1 实验目的

了解线性方程组的应用,增强学生应用线性代数解决实际问题的能力.

A4.2 实验内容

(1) 闭合经济问题.

(2) 生产计划的安排问题.

A4.3 实验举例

1. 闭合经济问题

一个木工、一个电工、一个油漆工,三人同意相互装修他们自己的房子.在装修之前,他们达成了如下协议:

(1) 每人总共工作 10 天(包括给自己家干活在内);

(2) 每人的日工资根据一般的市价在 50~70 元;

(3) 每人的日工资数应使得每人的总收入与总支出相等.

表 A1 是他们协商后制定出的工作天数的分配方案.

表 A1

	木工	电工	油漆工
在木工家的工作天数	2	1	6
在电工家的工作天数	3	6	2
在油漆工家的工作天数	5	3	2

(1) 问题分析与数学模型.根据协议中每人总支出与总收入相等的原则,分别考虑木工、电工及油漆工的总收入和总支出.设木工的日工资为 x_1,电工的日工资为 x_2,油漆工的日工资为 x_3.则木工的 10 个工作日总收入应该为 $10x_1$,而木工、电工及油漆工三人在木工家工作的天数分别为:2 天,1 天,6 天,按日工资累计木工的总支出为 $2x_1+x_2+6x_3$.于是木工的收支平衡可描述为等式

$$2x_1+x_2+6x_3=10x_1$$

同理,可建立描述电工,油漆工各自的收支平衡关系的另外两个等式,将三个等式联立,可得描述实际问题的方程组如下

$$\begin{cases} 2x_1+\ x_2+6x_3=10x_1 \\ 3x_1+6x_2+2x_3=10x_2 \\ 5x_1+3x_2+2x_3=10x_3 \end{cases}$$

整理,得

$$\begin{cases} -8x_1+\ x_2+6x_3=0 \\ 3x_1-4x_2+2x_3=0 \\ 5x_1+3x_2-8x_3=0 \end{cases}$$

可以看到,这个问题最后转化为解一个齐次线性方程组问题.

(2) 算法与数学模型求解.写出齐次方程组的系数矩阵

$$A=\begin{pmatrix} -8 & 1 & 6 \\ 3 & -4 & 2 \\ 5 & 3 & -8 \end{pmatrix}$$

为了求出齐次方程组的基础解系,将方程组的系数矩阵化为行最简形,在 MATLAB 环境下输入系数矩阵 A,然后用命令 rref 将其化简,键入命令:

```
A=[-8 1 6;3 -4 2;5 3 -8];
format rat
rref(A)
```

可得

```
ans=
   1          0        -26/29
   0          1        -34/29
   0          0           0
```

由此得等价的齐次方程组为

$$\begin{cases} x_1 - \dfrac{26}{29}x_3 = 0 \\ x_2 - \dfrac{34}{29}x_3 = 0 \end{cases}$$

根据齐次方程组基础解系的理论,齐次方程组的通解可以表示为

$$\begin{pmatrix} x_1 \\ x_2 \\ x_3 \end{pmatrix} = k \begin{pmatrix} \dfrac{26}{29} \\ \dfrac{34}{29} \\ 1 \end{pmatrix}$$

其中, k 为任意实数. 最后,为了确定满足条件 $50 \leqslant x_1 \leqslant 70, 50 \leqslant x_2 \leqslant 70, 50 \leqslant x_3 \leqslant 70$ 的方程组的解. 即选择适当的 k 以确定木工、电工及油漆工每人的日工资:50~70元. 取 $k=58$ 满足题意,得

$$x_1 = 52, \quad x_2 = 68, \quad x_3 = 58$$

(3) 问题解答. 尽管这一问题是在方程组的无穷多组解中寻求解答,但是由于题目条件限制,对于参数 k,没有更多的选择余地. 为了使日工资为整数值,可确定 $k=58$,使得木工日工资为:52 元/日;电工日工资为:68 元/日;油漆工日工资为:58 元/日.

2. 生产计划的安排问题

一制造商生产三种不同的化学产品 A,B,C. 每一产品必须经过两部机器 M,N 的制作,而生产每一吨不同的产品需要使用两部机器的时间如表 A2 所示:

表 A2

机器	产品 A	产品 B	产品 C
M	2	3	4
N	1	3	5

机器 M 每星期最多可使用 80 小时,而机器 N 每星期最多可使用 90 小时. 假设制造商可以卖出每周所制造出来的所有产品. 经营者不希望使昂贵的机器有空闲时间,因此想知道在一周内每一产品须制造多少才能使机器被充分地利用.

(1) 问题分析与数学模型. 设 x_1, x_2, x_3 分别表示每周内制造产品 A,B,C 的吨数. 于是机器 M 一周内被使用的实际时间为 $2x_1 + 3x_2 + 4x_3$,为了充分利用机器,可以令

$$2x_1 + 3x_2 + 4x_3 = 80$$

同理,可得

$$x_1 + 3x_2 + 5x_3 = 90$$

于是,这一生产规划问题需要求方程组

$$\begin{cases} 2x_1 + 3x_2 + 4x_3 = 80 \\ x_1 + 3x_2 + 5x_3 = 90 \end{cases}$$

的非负解.

(2) 模型求解与问题解答. 由方程组的增广矩阵

$$\begin{pmatrix} 2 & 3 & 4 & 80 \\ 1 & 3 & 5 & 90 \end{pmatrix}$$

经初等变换可化为行最简形矩阵. 在 MATLAB 环境中输入命令:

```
A=[2 3 4 80;1 3 5 90];
format rat
rref(A)
```

得数据结果:

```
ans=

    1        0       -1       -10
    0        1        2       100/3
```

这是增广矩阵化简后所得数据. 故原方程组等价于

$$\begin{cases} x_1 - x_3 = -10 \\ x_2 + 2x_3 = \dfrac{100}{3} \end{cases}$$

所以,方程组的通解为

$$\begin{pmatrix} x_1 \\ x_2 \\ x_3 \end{pmatrix} = k \begin{pmatrix} 1 \\ -2 \\ 1 \end{pmatrix} + \begin{pmatrix} -10 \\ \dfrac{100}{3} \\ 0 \end{pmatrix}$$

为了使变量为正数,取 $k = 15$,得

$$x_1 = 5, \quad x_2 = 10/3, \quad x_3 = 15$$

由此得一个生产计划安排:一周内产品 A 生产 5 吨,产品 B 生产 10/3 吨,产品 C 生产 15 吨. 其实,所有方程组的非负解都是一样的. 除非有特别的限制或者有更多的资料,否则没有所谓的最好的解.

A4.4 实验习题

1. 有三个邻居 A, B, C,每家都有一个菜园,在各自的菜园内,A 种番茄,B 种玉米,C 种茄子. 他们同意按照下面的比例分享各家的收获:A 得番茄的 1/2,玉米的 1/3,茄子的 1/4;B 得番茄的 1/3,玉米的 1/3,茄子的 1/4;C 得番茄的 1/6,玉米的 1/3,茄子的 1/2. 如果要满足闭合经济的平衡条件,同时收获物的最低价格是 1000 元,则每户确定它们各自收获物的价格是多少?

2. 营养学家配制一种具有 1200 cal(1 cal＝4.184 J),30 g 蛋白质及 300 mg 维生素 C 的配餐.有 3 种食物可供选用:果冻、鲜鱼和牛肉.它们有表 A3 所示每盎司(28.35 g)的营养含量表.计算所需果冻、鲜鱼,牛肉的数量.

表 A3

	果冻	鲜鱼	牛肉
热量/cal	20	100	200
蛋白质	1	3	2
维生素 C	30	20	10

3. 一服装店在这一年的前 5 个月的销售额为 4000 元、4400 元、5200 元、6400 元和 7800 元.店主将这些数据绘成图形,并猜测这一年其余几个月的销售曲线能用一个二次多项式来近似.请根据所给数据求出二次拟合多项式,并利用它来预测这一个第 12 月的销售额.

实验 5　矩阵的方幂和矩阵的特征值的应用

A5.1　实验目的

了解矩阵的方幂和矩阵的特征值的应用.

A5.2　实验内容

(1) 商品的市场占有率问题.
(2) 常染色体遗传问题.

A5.3　实验举例

1. 商品的市场占有率问题

有两家公司 R 和 S 经营同类的产品,它们相互竞争.每年 R 公司保有 1/2 的顾客,而 1/2 转移向 S 公司;每年 S 公司保有 2/3 的顾客,而 1/3 转移向 R 公司.当产品开始制造时 R 公司占有 3/5 的市场份额,而 S 公司占有 2/5 的市场份额.问两年后,两家公司所占的市场份额变化怎样,五年以后会怎样? 十年以后如何? 是否有一组初始市场份额分配数据使以后每年的市场分配成为稳定不变?

(1) 问题分析和数学模型.根据两家公司每年顾客转移的数据资料,形成如下转移矩阵

$$A = \begin{pmatrix} \dfrac{1}{2} & \dfrac{1}{3} \\ \dfrac{1}{2} & \dfrac{2}{3} \end{pmatrix}$$

根据产品制造之初,市场的初始分配数据可得如下向量

$$\boldsymbol{X}_0 = \left(\frac{3}{5}, \frac{2}{5} \right)^{\mathrm{T}}$$

所以一年后,市场分配为

$$\boldsymbol{X}_1 = \boldsymbol{A}\boldsymbol{X}_0 = \begin{pmatrix} \dfrac{1}{2} & \dfrac{1}{3} \\ \dfrac{1}{2} & \dfrac{2}{3} \end{pmatrix} \begin{pmatrix} \dfrac{3}{5} \\ \dfrac{2}{5} \end{pmatrix}$$

两年后,市场分配为 $\boldsymbol{X}_2 = \boldsymbol{A}\boldsymbol{X}_1 = \boldsymbol{A}^2 \boldsymbol{X}_0$,以向量 $\boldsymbol{X}_n$ 记第 n 年后市场分配的份额,则

$$\boldsymbol{X}_n = \boldsymbol{A}\boldsymbol{X}_{n-1} = \boldsymbol{A}^n \boldsymbol{X}_0 \quad (n=1,2,\cdots)$$

设有数据 a 和 b 作为 R 公司和 S 公司的初始市场份额,则有 $a+b=1$. 为了使以后每年的市场分配不变,根据顾客数量转移的规律,有

$$\begin{pmatrix} \dfrac{1}{2} & \dfrac{1}{3} \\ \dfrac{1}{2} & \dfrac{2}{3} \end{pmatrix} \begin{pmatrix} a \\ b \end{pmatrix} = \begin{pmatrix} a \\ b \end{pmatrix}$$

即

$$\begin{pmatrix} -\dfrac{1}{2} & \dfrac{1}{3} \\ \dfrac{1}{2} & -\dfrac{1}{3} \end{pmatrix} \begin{pmatrix} a \\ b \end{pmatrix} = 0$$

这是一个齐次方程组问题. 如果方程组有解,则应该在非零解的集合中选取正数解作为市场稳定的初始份额.

(1) 程序和计算结果.

为了知道两年、五年、十年后市场分配的情况,在 MATLAB 中键入命令:

```
A=[1/2 1/3;1/2 2/3]
x0=[3/5;2/5]
x2=A^2*x0
x5=A^5*x0
x10=A^10*x0
```

可得数据结果:

```
x2=
    0.4056
    0.5944
x5=
    0.4000
    0.6000
x10=
    0.4000
    0.6000
```

结果如表 A4 所示.

表 A4

	R 公司的市场份额	S 公司的市场份额
两年后	40.56%	59.44%
五年后	40%	60%
十年后	40%	60%

为了求 a 和 b 作为 R 公司和 S 公司稳定的初始市场份额,需要求解齐次方程组.键入命令:

```
format rat
rref(A-eye(2))    (注:eye(n)函数是给出 n 阶单位矩阵)
```

得数据结果:

```
ans=
     1        -2/3
     0         0
```

由此得化简后的方程 $a-2/3b=0$,结合约束条件 $a+b=1$ 得

$$a=2/5=40\%, \quad b=3/5=60\%$$

这是使市场稳定的两家公司的初始份额,也正好与上表中的数据相吻合.

(2)问题的解答和进一步思考.在 R 公司和 S 公司的市场初始份额分别为 60% 和 40% 的情况下,根据计算结果,两年后情况变化较大:S 公司大约占 40%,R 公司大约占 60%.而五年以后与两年以后比较变化不大:S 公司占 40%,R 公司占 60%.十年后的情况与五年后的情况比较不变,市场已经趋于稳定.

思考问题:是否所有市场初始分配份额,在经过若干年后均会趋于稳定状态?

2. 常染色体遗传问题

假定所考虑的遗传特性由两个基因 A 和 a 来支配,人类的眼睛染色体是通过常染色体遗传来控制,例如 AA 及 Aa 型产生棕色眼睛,aa 型的是蓝色眼睛.在常染色体遗传中,一个个体从它的亲本的每一基因对中遗传一个基因,以形成它自己特殊的基因对:AA,Aa,aa.亲本的两个基因中的哪一个会传给后代纯属机会问题,如果一个亲本是 Aa 型,后代从这个亲本遗传获得 A 基因或 a 基因的机会是等可能的.例如,一个亲本是 aa 型,另一个亲本是 Aa 型,后代总是从 aa 亲本接受一个 a 基因,再从 Aa 亲本以等概率或是接受一个 A 基因或是接受一个 a 基因,结果后代为 aa 型或者 Aa 型的概率是相同的.对于各种亲本基因型,后代的可能基因型的概率列表(表 A5).

表 A5

亲本后代	AA-AA	AA-Aa	AA-aa	Aa-Aa	Aa-aa	aa-aa
AA	1	1/2	0	1/4	0	0
Aa	0	1/2	1	1/2	1/2	0
aa	0	0	0	1/4	1/2	1

假定一个农民有一大片作物,它由三种可能基因型 AA,Aa 及 aa 的某种分布所组

成. 农民要采用的育种方案是：作物总体中的每种作物都总是用基因型 AA 的作物来授粉，我们要导出在任何一个后代总体中三种可能基因型的分布表达式.

解　记 $a_n (n=0,1,2,\cdots)$ 为在第 n 代中 AA 基因型作物所占的分数，b_n 为在第 n 代中 Aa 基因型作物所占的分数，c_n 为在第 n 代中 aa 基因型作物所占的分数. a_0, b_0, c_0 表示基因型的原始分布，且 $a_0 + b_0 + c_0 = 1$

由于用基因型 AA 的作物来授粉，分析表 A5（前三列数据）可知，从上一代的基因型分布产生的下一代的基因型分布可用下列递推公式求出

$$\begin{cases} a_n = a_{n-1} + \dfrac{1}{2} b_{n-1} \\ b_n = c_{n-1} + \dfrac{1}{2} b_{n-1} \\ c_n = 0 \end{cases}$$

其中，第一式表明，基因型 AA 的所有后代都是 AA 型基因，基因型 Aa 的后代，有一半是 AA 型. 这一递推公式的矩阵表示为

$$X(n) = MX(n-1) \quad (n=1,2,\cdots)$$

其中

$$X(n) = \begin{pmatrix} a_n \\ b_n \\ c_n \end{pmatrix}, \quad X(n-1) = \begin{pmatrix} a_{n-1} \\ b_{n-1} \\ c_{n-1} \end{pmatrix}, \quad M = \begin{pmatrix} 1 & \dfrac{1}{2} & 0 \\ 0 & \dfrac{1}{2} & 1 \\ 0 & 0 & 0 \end{pmatrix}$$

由递推公式，得

$$X(n) = MX(n-1) = M^2 X(n-2) = \cdots = M^n X(0)$$

计算上式有两种方法，即直接计算和将矩阵对角化的计算方法. 直接计算难以得出规律，因为矩阵 M 不是特殊矩阵；对角化方法需要将矩阵 M 对角化，需要找出一个可逆矩阵 P 和一个对角阵 D，使 $M = PDP^{-1}$。于是

$$M^n = PD^n P^{-1} \quad (n=1,2,\cdots)$$

其中

$$D^n = \begin{pmatrix} d_1^n & 0 & 0 \\ 0 & d_2^n & 0 \\ 0 & 0 & d_3^n \end{pmatrix}$$

d_1, d_2, d_3 是 M 的特征值. 所以只需求得 M 的特征值和对应的特征向量，就可使 M 对角化. 在 MATLAB 环境中输入命令：

```
M=[1 1/2 0;0 1/2 1;0 0 0];
format rat
[p d]=eig(M)   (注:eig(A)函数表示求矩阵 A 的特征值)
```

得数据结果：

```
p=
    1        -985/1393      881/2158
```

```
0          985/1393     -881/1079
0              0         881/2158
d=
1              U              U
0            1/2              0
0              0              0
```

这表明,M 的三个特征值为 $d1=1,d2=1/2,d3=0$.

因为特征向量乘一非零数仍是对应特征值的特征向量,所以可取三个特征值对应的特征向量分别为

$$\boldsymbol{p}_1=\begin{pmatrix}1\\0\\0\end{pmatrix},\quad \boldsymbol{p}_2=\begin{pmatrix}1\\-1\\0\end{pmatrix},\quad \boldsymbol{p}_3=\begin{pmatrix}1\\-2\\1\end{pmatrix}$$

于是

$$\boldsymbol{D}=\begin{pmatrix}1&0&0\\0&\dfrac{1}{2}&0\\0&0&0\end{pmatrix}$$

可逆矩阵

$$\boldsymbol{P}=\begin{pmatrix}1&1&1\\0&-1&-2\\0&0&1\end{pmatrix}$$

为了求 $\boldsymbol{P}$ 的逆矩阵,使用输入命令:

```
P=[1 1 1;0 -1 -2;0 0 1];
inv(P)
```

可得数据结果:

```
ans=
1      1      1
0     -1     -2
0      0      1
```

所以

$$\boldsymbol{P}^{-1}=\begin{pmatrix}1&1&1\\0&-1&-2\\0&0&1\end{pmatrix}$$

由前面递推公式,得

$$\boldsymbol{X}(n)=\boldsymbol{P}\boldsymbol{D}^n\boldsymbol{P}^{-1}\boldsymbol{X}(0)$$

而

$$\boldsymbol{P}\boldsymbol{D}^n\boldsymbol{P}^{-1}=\begin{pmatrix}1&1&1\\0&-1&-2\\0&0&1\end{pmatrix}\begin{pmatrix}1&0&0\\0&\left(\dfrac{1}{2}\right)^n&0\\0&0&0\end{pmatrix}\begin{pmatrix}1&1&1\\0&-1&-2\\0&0&1\end{pmatrix}$$

$$= \begin{pmatrix} 1 & 1-\left(\dfrac{1}{2}\right)^n & 1-\left(\dfrac{1}{2}\right)^{n-1} \\ 0 & \left(\dfrac{1}{2}\right)^n & \left(\dfrac{1}{2}\right)^{n-1} \\ 0 & 0 & 0 \end{pmatrix}$$

故
$$\boldsymbol{X}(n) = \begin{pmatrix} 1 & 1-\left(\dfrac{1}{2}\right)^n & 1-\left(\dfrac{1}{2}\right)^{n-1} \\ 0 & \left(\dfrac{1}{2}\right)^n & \left(\dfrac{1}{2}\right)^{n-1} \\ 0 & 0 & 0 \end{pmatrix} \boldsymbol{X}(0)$$

所以

$$\begin{pmatrix} a_n \\ b_n \\ c_n \end{pmatrix} = \begin{pmatrix} 1 & 1-\left(\dfrac{1}{2}\right)^n & 1-\left(\dfrac{1}{2}\right)^{n-1} \\ 0 & \left(\dfrac{1}{2}\right)^n & \left(\dfrac{1}{2}\right)^{n-1} \\ 0 & 0 & 0 \end{pmatrix} \begin{pmatrix} a_0 \\ b_0 \\ c_0 \end{pmatrix}$$

$$= \begin{pmatrix} a_0 + b_0 + c_0 - \left(\dfrac{1}{2}\right)^n b_0 - \left(\dfrac{1}{2}\right)^{n-1} c_0 \\ \left(\dfrac{1}{2}\right)^n b_0 + \left(\dfrac{1}{2}\right)^{n-1} c_0 \\ 0 \end{pmatrix}$$

这是原始基因型分数表示第 n 代作物总体中三种基因型分数. 显然,当 $n \to \infty$ 时,有
$$a_n \to (a_0 + b_0 + c_0) = 1, \quad b_n \to 0, c_n \to 0.$$
这说明在极限情况下,总体中所有作物都将是基因型 AA 的.

思考题 假设一片作物是由 AA,Aa,及 aa 基因型的某种分布组成,且作物总体中每种作物不是全部都用基因型 AA 授粉,而是用每种作物自身的基因型来授粉. 求任何一个后代总体中三种可能基因型的分布表达式.

A5.4 实验习题

1. 假设某一个城市的气候不是下雨就是干旱. 根据以前所保留下来的记录可知,干旱天之后下雨天为的可能性为 1/3,而下雨天之后为下雨天的可能性为 1/2. 试建立数学模型分析气候变化情况.

2. 某厂生产 A,B 两种品牌的味精,顾客的喜好决定了这两种味精的市场占有率. 在生产中可根据占有率调整比例,获得最佳收益. 该厂做市场调查后发现,一般情况下,顾客若购买 A 牌,下次有 80% 的可能性购买 A 牌;若购买了 B 牌,下次有 60% 的可能性购买 B 牌. 开始时,两种品牌的市场占有率分别为 50%,顾客每一次的购买必将改变二者市场占有率.

(1) 预测某一个顾客经过前 4 次购买之后,他可能第 5 次购买哪一个品牌的味精;

(2) 预测 100 个顾客经过前 4 次购买之后,两种品牌的可能市场占有率各为多少?

附录 B 习题参考答案

习　题　1-1

(1) $\begin{cases} x_1 = 29 \\ x_2 = 16 \\ x_3 = 3 \end{cases}$　(2) $\begin{cases} x_1 = \dfrac{7}{2} + \dfrac{c}{2} \\ x_2 = c \\ x_3 = -2 \end{cases}$ （c 为任意常数）　(3) 无解

习　题　1-2

1. (1) 无穷多解　(2) 唯一解　(3) 无解　(4) 无穷多解

2. (1) $\begin{pmatrix} 1 & 0 & \dfrac{7}{5} & -1 & \dfrac{3}{5} \\ 0 & 1 & -\dfrac{4}{5} & 0 & -\dfrac{1}{5} \\ 0 & 0 & 0 & 0 & 1 \end{pmatrix}$　(2) $\begin{pmatrix} 0 & 1 & 0 & 0 \\ 0 & 0 & 1 & 0 \\ 0 & 0 & 0 & 1 \end{pmatrix}$

(3) $\begin{pmatrix} 1 & -1 & 0 & 2 & -3 \\ 0 & 0 & 1 & -2 & 2 \\ 0 & 0 & 0 & 0 & 0 \\ 0 & 0 & 0 & 0 & 0 \end{pmatrix}$

3. (1) $\begin{cases} x_1 = 2 \\ x_2 = 1 \\ x_3 = 3 \end{cases}$　(2) $\begin{cases} x_1 = 10 - 3c \\ x_2 = 5c - 7 \\ x_3 = c \end{cases}$ （c 为任意常数）　(3) $\begin{cases} x_1 = -\dfrac{13}{2}c \\ x_2 = \dfrac{9}{2}c \\ x_3 = -\dfrac{1}{2}c \\ x_4 = c \end{cases}$ （c 为任意常数）

综合复习题 1

A

1. A　2. B　3. C

4. (1) $\begin{cases} x_1 = 0 \\ x_2 = 0 \\ x_3 = 0 \end{cases}$　(2) $\begin{cases} x_1 = c_1 - c_2 - 3 \\ x_2 = c_1 + c_2 - 4 \\ x_3 = c_1 \\ x_4 = c_2 \end{cases}$ （c_1, c_2 为任意常数）　(3) 无解

B

1. 当 $a_{11}a_{22} - a_{12}a_{21} \neq 0$ 时, 有唯一解; 当 $a_{11}a_{22} - a_{12}a_{21} = 0$ 时, ① $a_{11}b_2 - a_{21}b_1 \neq 0$ 时无解;
② 当 $a_{11}b_2 - a_{21}b_1 = 0$ 时, 有无穷多解

2. $C(Q)=2Q^2-3Q+1$

3. 甲，乙，丙，丁四种商品的利润率分别为 $10\%,8\%,5\%,4\%$

4.

部门的产出分配			采购部门
农业	矿业	制造业	
0.6	0.2	0.2	农业
0.1	0.1	0.3	矿业
0.3	0.7	0.5	制造业

通解为 $\begin{cases} p_1=\dfrac{12}{17}c, \\ p_1=\dfrac{7}{17}c, \\ p_3=c, \end{cases}$ c 为任意常数. 根据实际意义，c 为任意非负常数. 其经济解释为：任意

（非负）p_3 取值可以算出平衡价格的一种取值. 如取 p_3 为 100 万元，那么 p_1 大约为 70.59 万元，p_2 大约为 41.18 万元，此时每个部门的总收入和总支出相等

习 题 2-1

1. (1) 6　(2) $ab(b-a)$　(3) -1　(4) 4　(5) 8　(6) $(b+c)-(a+d)$

2. (1) $\lambda=1$ 或 2　(2) $a\neq0$ 且 $a\neq2$

习 题 2-2

1. (1) 3　(2) 7　(3) 8　(4) $\dfrac{n(n-1)}{2}$

2. (1) 负号　(2) 正号　**3.** $i=3, j=1$

4. (1) 1　(2) $a_1c_1b_2d_2-a_1d_1b_2c_2-b_1c_1a_2d_2+b_1d_1a_2c_2$　(3) $(-1)^{\frac{n(n-1)}{2}}n!$　(4) 0

5. D　**6.** 2，-4，-13

习 题 2-3

1. D　**2.** C　**3.** A　**4.** B　**5.** C　**6.** C　**7.** D　**8.** 2　**9.** 0　**10.** -4

11. (1) 99 900　(2) 16　(3) $(-1)^{n-1}a_1a_2\cdots a_n$　(4) $(-1)^{\frac{n(n-1)}{2}}a_1a_2\cdots a_n$

13. -68

习 题 2-4

1. 0,0　**2.** 0，-3　**3.** A

4. (1) -6　(2) 14　(3) $(-1)^n\lambda^{n-1}\left(\lambda-\sum\limits_{i=1}^{n}a_i\right)$　(4) $\left(a_0-\sum\limits_{i=1}^{n}\dfrac{1}{a_i}\right)a_1a_2\cdots a_n$

(5) $6\cdot(n-3)!$

5. (1) 15　(2) 23　(3) $-(\lambda+1)^2(\lambda-8)$　(4) $xy(xy+2x+2y)$

(5) $a^{n-2}(a^2-b^2)$　(6) $-2\cdot(n-2)!$

6. (1) 0 (2) 160 (3) -4 (4) 240

　　(5) $x^n + a_1 x^{n-1} + a_2 x^{n-2} + \cdots + a_{n-1} x + a_n$ (6) $(a^2 - b^2)^n$

习　题　2-5

1. D　**2.** D　**3.** a, b, c 互不相等　**4.** 1，0

5. (1) $x = \dfrac{fd - be}{ad - bc}, y = \dfrac{ae - fc}{ad - bc}$ (2) $\begin{cases} x_1 = 0 \\ x_2 = -1 \\ x_3 = -3 \end{cases}$ (3) $\begin{cases} x_1 = 1 \\ x_2 = 1 \\ x_3 = 2 \\ x_4 = 2 \end{cases}$

6. $\lambda = -1$ 或 4

7. $Y = \dfrac{C_0 + I}{1 - \alpha(1 - \beta)}, C = \dfrac{C_0 + \alpha(1 - \beta)I}{1 - \alpha(1 - \beta)}, T = \dfrac{\beta(C_0 + I)}{1 - \alpha(1 - \beta)}$

综合复习题 2

A

1. $a_1 b_2 - a_2 b_1$　**2.** 3　**3.** 3　**4.** -1 或 $1/2$　**5.** 36

6. C　**7.** D　**8.** D　**9.** B　**10.** D　**11.** 8

12. $x_1 = a_1, x_2 = a_2, \cdots, x_n = a_n$

13. $\begin{cases} x_1 = 0 \\ x_2 = 0 \\ x_3 = 4 \\ x_4 = 1 \end{cases}$　　**14.** $\lambda = 1$ 或 3

B

1. $a^{n-2}(a^2 - 1)$　**2.** $\left(1 + \sum\limits_{i=1}^{n} \dfrac{1}{a_i}\right) \prod\limits_{i=1}^{n} a_i$　**3.** $(-1)^{\frac{n(n-1)}{2}} \cdot \dfrac{n^{n-1}(n+1)}{2}$

4. $D_n = \dfrac{1}{2}\left[(x + a)^n + (x - a)^n\right]$

5. $(-1)^{\frac{n^2 + n}{2}} (n + 1)^{n-1}$

6. $\mu = 0$ 或 $\lambda = 1$

7. 0，0

8. $x = 1, 2, 3$

9. $\prod\limits_{1 \leqslant j < i \leqslant n+1} (b_i a_j - a_i b_j)$

习　题　3-1

1. B

2. $\begin{pmatrix} -7 & 6 \\ 1 & -8 \end{pmatrix}$　　$\begin{pmatrix} 16 & 0 \\ 5 & 11 \end{pmatrix}$　　$\begin{pmatrix} 3 & -3 \\ 0 & -3 \end{pmatrix}$

3. (1) $\begin{pmatrix} 35 \\ 6 \\ 49 \end{pmatrix}$ (2) 10 (3) $\begin{pmatrix} -2 & 4 \\ -1 & 2 \\ -3 & 6 \end{pmatrix}$ (4) $\begin{pmatrix} 6 & -7 & 8 \\ 20 & -5 & -6 \end{pmatrix}$

(5) $a_{11}x_1^2 + a_{12}x_1x_2 + a_{21}x_1x_2 + a_{22}x_2^2$ (6) $\begin{pmatrix} \lambda_1^5 & 0 & 0 \\ 0 & \lambda_2^5 & 0 \\ 0 & 0 & \lambda_3^5 \end{pmatrix}$

4. $\begin{pmatrix} -2 & 13 & 22 \\ -2 & -17 & 20 \\ 4 & 29 & -2 \end{pmatrix}$ $\begin{pmatrix} 0 & 5 & 8 \\ 0 & -5 & 6 \\ 2 & 9 & 0 \end{pmatrix}$

5. (1) 取 $A = \begin{pmatrix} 1 & 1 \\ -1 & -1 \end{pmatrix}$ (2) 取 $A = \begin{pmatrix} 1 & 0 \\ 0 & 0 \end{pmatrix}$

(3) 取 $A = \begin{pmatrix} 1 & 0 \\ 0 & 0 \end{pmatrix}$, $X = \begin{pmatrix} 1 & 0 \\ 0 & 0 \end{pmatrix}$, $Y = \begin{pmatrix} 1 & 0 \\ 0 & 1 \end{pmatrix}$

7. $\begin{pmatrix} 1 & 0 \\ n\lambda & 1 \end{pmatrix}$ **9.** $AB = BA$ **11.** 乙公司

习 题 3-2

1. B **2.** D **3.** A **4.** B **5.** D **6.** $\begin{pmatrix} d & -b \\ -c & a \end{pmatrix}$ **7.** $6E$

8. (1) 8 (2) 14 (3) 0 (4) -1 **9.** 6

13. $A^2 = \begin{pmatrix} 1 & 2 & 1 & 0 \\ 0 & 1 & 2 & 1 \\ 0 & 0 & 1 & 2 \\ 0 & 0 & 0 & 1 \end{pmatrix}$, $A^3 = \begin{pmatrix} 1 & 3 & 3 & 1 \\ 0 & 1 & 3 & 3 \\ 0 & 0 & 1 & 3 \\ 0 & 0 & 0 & 1 \end{pmatrix}$, $A^n = \begin{pmatrix} 1 & C_n^1 & C_n^2 & C_n^3 \\ 0 & 1 & C_n^1 & C_n^2 \\ 0 & 0 & 1 & C_n^1 \\ 0 & 0 & 0 & 1 \end{pmatrix}$

16. (1) $A^* = \begin{pmatrix} -1 & 0 & 0 \\ 0 & -1 & 3 \\ 0 & 2 & -5 \end{pmatrix}$ (2) $A^* = \begin{pmatrix} -3 & 3 & -1 \\ 6 & -5 & 1 \\ -2 & 1 & 0 \end{pmatrix}$

习 题 3-3

1. B **2.** 8 **3.** 1

4. (1) 可逆, $\begin{pmatrix} 5 & -2 \\ -2 & 1 \end{pmatrix}$ (2) 可逆, $\begin{pmatrix} \cos\theta & \sin\theta \\ -\sin\theta & \cos\theta \end{pmatrix}$ (3) 不可逆

(4) 可逆，$\begin{pmatrix} 1 & -1 & 0 & 0 \\ 0 & 1 & -1 & 0 \\ 0 & 0 & 1 & 1 \\ 0 & 0 & 0 & 1 \end{pmatrix}$　(5) 可逆，$\mathrm{diag}\left(\dfrac{1}{a_1}, \dfrac{1}{a_2}, \cdots, \dfrac{1}{a_n} \right)$

(6) 可逆，$\begin{pmatrix} 1 & 0 & 0 & 0 \\ -a & 1 & 0 & 0 \\ 0 & -a & 1 & 0 \\ 0 & 0 & -a & 1 \end{pmatrix}$

5. (1) $\begin{pmatrix} 2 & -23 \\ 0 & 8 \end{pmatrix}$　(2) $\begin{pmatrix} -6 & -11 & 8 \\ 0 & 1 & 1 \\ -11 & -21 & 15 \end{pmatrix}$　(3) $\begin{pmatrix} 1 & 1 \\ \dfrac{1}{4} & 0 \end{pmatrix}$　(4) $\begin{pmatrix} 3 & -1 \\ 2 & 0 \\ 1 & -1 \end{pmatrix}$

6. (1) $(x_1, x_2, x_3)^{\mathrm{T}} = (1, 0, 0)^{\mathrm{T}}$　(2) $(x, y, z)^{\mathrm{T}} = (4, -2, -3)^{\mathrm{T}}$

7. $\boldsymbol{A}^{-1} = \dfrac{1}{2}(\boldsymbol{A} - \boldsymbol{E}),\ (\boldsymbol{A} + 2\boldsymbol{E})^{-1} = \dfrac{1}{4}(3\boldsymbol{E} - \boldsymbol{A})$

8. $\dfrac{32}{3}, 9, 81$　**11.** $\begin{pmatrix} 2731 & 2732 \\ -683 & -684 \end{pmatrix}$　**12.** 27

13. $\begin{cases} y_1 = -7x_1 - 4x_2 + 9x_3 \\ y_2 = 6x_1 + 3x_2 - 7x_3 \\ y_3 = 3x_1 + 2x_2 - 4x_3 \end{cases}$

习　题　3-4

1. -100　**2.** 4　**3.** $\begin{pmatrix} \dfrac{1}{2} & 0 & 0 \\ 0 & 1 & 0 \\ 0 & -1 & \dfrac{1}{2} \end{pmatrix}$

4. $\begin{pmatrix} 1 & 2 & 5 & 2 \\ 0 & 1 & 2 & -4 \\ 0 & 0 & -4 & 3 \\ 0 & 0 & 0 & -9 \end{pmatrix}$

5. $|\boldsymbol{A}| = 3,\ \boldsymbol{A}^{-1} = \begin{pmatrix} -2 & 1 & 0 & 0 \\ 3 & -1 & 0 & 0 \\ 0 & 0 & \dfrac{1}{3} & -\dfrac{2}{3} \\ 0 & 0 & 0 & -1 \end{pmatrix}$, $|\boldsymbol{A}^{10}| = 3^{10},\ \boldsymbol{A}\boldsymbol{A}^{\mathrm{T}} = \begin{pmatrix} 2 & 5 & 0 & 0 \\ 5 & 13 & 0 & 0 \\ 0 & 0 & 13 & 2 \\ 0 & 0 & 2 & 1 \end{pmatrix}$

6. (1) $\begin{pmatrix} \frac{1}{2} & -1 & 0 & 0 \\ -1 & 3 & 0 & 0 \\ 0 & 0 & \frac{1}{3} & \frac{1}{3} \\ 0 & 0 & -\frac{1}{3} & \frac{2}{3} \end{pmatrix}$, 6   (2) $\frac{1}{24}\begin{pmatrix} 24 & 0 & 0 & 0 \\ -12 & 12 & 0 & 0 \\ -12 & -4 & 8 & 0 \\ 3 & -5 & -2 & 6 \end{pmatrix}$, 24

(3) $\begin{pmatrix} 0 & 0 & -1 & 2 \\ 0 & 0 & 3 & -5 \\ -1 & 1 & 0 & 0 \\ 5 & -4 & 0 & 0 \end{pmatrix}$, 0

习 题 3-5

1. (1) √   (2) ×   (3) √   (4) ×   **2.** C   **3.** A

4. (1) $\begin{pmatrix} 2 & -1 & 1 \\ 4 & -2 & 1 \\ -\frac{3}{2} & 1 & -\frac{1}{2} \end{pmatrix}$ (2) $\begin{pmatrix} \frac{7}{6} & \frac{2}{3} & -\frac{3}{2} \\ -1 & -1 & 2 \\ -\frac{1}{2} & 0 & \frac{1}{2} \end{pmatrix}$

(3) $\begin{pmatrix} 1 & 1 & -2 & -4 \\ 0 & 1 & 0 & -1 \\ -1 & -1 & 3 & 6 \\ 2 & 1 & -6 & -10 \end{pmatrix}$ (4) $\begin{pmatrix} 1 & 0 & 0 & 0 \\ -\frac{1}{2} & \frac{1}{2} & 0 & 0 \\ 0 & -\frac{1}{3} & \frac{1}{3} & 0 \\ 0 & 0 & -\frac{1}{4} & \frac{1}{4} \end{pmatrix}$

5. (1) $X = \begin{pmatrix} 1 & -1 & 1 \\ -1 & 1 & 1 \\ 1 & 1 & -1 \end{pmatrix}$ (2) $X = \begin{pmatrix} 1 & 2 & 3 \\ 4 & 5 & 6 \\ 7 & 8 & 9 \end{pmatrix}$

6. $X = \begin{pmatrix} 0 & 1 & -1 \\ -1 & 0 & 1 \\ 1 & -1 & 0 \end{pmatrix}$ **7.** $AB^{-1} = E_4(2,3)$

习 题 3-6

1. 0   **2.** 3   **3.** C   **4.** B   **5.** D

6. 可能有,也可能没有;可能有,也可能没有;没有

7. (1) $R(A) = 2$ (2) $R(A) = 3$

8. (1) 3   (2) 2   **10.** (1) $k = 1$ (2) $k = -2$ (3) $k \neq 1$ 且 $k \neq -2$

12. 任意值   **13.** $\lambda = 1$ 时, $R(A) = 2$

综合复习题 3

A

1. B **2.** C **3.** D **4.** D **5.** A **6.** 0 **7.** $a \neq -3$

8. $\dfrac{1}{3}\begin{pmatrix} -3 & -4 & 8 \\ 3 & 4 & -3 \end{pmatrix}$

9. (1) $\begin{pmatrix} 1 & 0 & -1 \\ -1 & -7 & 3 \\ -4 & -3 & -2 \end{pmatrix}$ (2) $\begin{pmatrix} 4 & 4 & -2 \\ 5 & -3 & -3 \\ -1 & -1 & -1 \end{pmatrix}$ (3) $\begin{pmatrix} 0 & -4 & 0 \\ 2 & -14 & 2 \\ -5 & -11 & -5 \end{pmatrix}$

(4) $\begin{pmatrix} -4 & -8 & 2 \\ -3 & -11 & 5 \\ -4 & -10 & -4 \end{pmatrix}$

10. $\begin{pmatrix} 1 & 2 & 0 & 0 & 0 \\ 0 & 1 & 0 & 0 & 0 \\ 2 & 1 & 3 & 2 & 3 \\ -2 & 0 & 2 & 3 & -1 \\ 4 & 2 & 2 & 1 & 3 \end{pmatrix}$

11. (1) $\begin{pmatrix} 1 & -3 & 11 & -38 \\ 0 & 1 & -2 & 7 \\ 0 & 0 & 1 & -2 \\ 0 & 0 & 0 & 1 \end{pmatrix}$ (2) $\begin{pmatrix} \dfrac{1}{4} & \dfrac{1}{4} & \dfrac{1}{4} & \dfrac{1}{4} \\ \dfrac{1}{4} & \dfrac{1}{4} & -\dfrac{1}{4} & -\dfrac{1}{4} \\ \dfrac{1}{4} & -\dfrac{1}{4} & \dfrac{1}{4} & -\dfrac{1}{4} \\ \dfrac{1}{4} & -\dfrac{1}{4} & -\dfrac{1}{4} & \dfrac{1}{4} \end{pmatrix}$

12. $\begin{pmatrix} 2 & -1 & 0 \\ 1 & 3 & -4 \\ 1 & 0 & -2 \end{pmatrix}$

13. (1) $k = -6$ (2) $k \neq -6$ (3) k 无论取何值，$R(A) \neq 3$

14. 3 **15.** $A = \begin{pmatrix} 1 & -2 & -2 \\ 0 & 0 & -2 \\ 0 & 0 & -1 \end{pmatrix}$, $A^{100} = \begin{pmatrix} 1 & -2 & 4 \\ 0 & 0 & 2 \\ 0 & 0 & 1 \end{pmatrix}$

16. (1) -250 (2) $\dfrac{1}{4}$

B

1. D **2.** D **3.** B **4.** B **5.** 3 **6.** -1 **7.** $R(B) \leqslant n - r$ **8.** $2^{n-2}A$

10. (1) $\begin{pmatrix} \lambda^3 & 3\lambda^2 & 3\lambda \\ 0 & \lambda^3 & 3\lambda^2 \\ 0 & 0 & \lambda^3 \end{pmatrix}$ (2) $\begin{pmatrix} 1 & n & 0 \\ 0 & 1 & 0 \\ 0 & 0 & 1 \end{pmatrix}$ **12.** 1

习 题 4-1

1. C **2.** B **3.** D **4.** A **5.** B **6.** B **7.** -1

8. (1) $x = c(5, -4, 0, 3)^T$ (c 为任意常数)

(2) $x = (-2c_1 - c_2 + 2c_3, c_1 - 3c_2 + c_3, c_1, c_2, c_3)^T$ (c_1, c_2, c_3 为任意常数)

9. (1) 无解

(2) 无穷多解，通解为

$$x = \left(\frac{13}{7} - \frac{3}{7}c_1 - \frac{13}{7}c_2, -\frac{4}{7} + \frac{2}{7}c_1 + \frac{4}{7}c_2, c_1, c_2 \right)^T \quad (c_1, c_2 \text{ 为任意常数})$$

(3) 唯一解 $x = \left(-\frac{29}{2}, \frac{17}{2}, \frac{1}{2}, 2 \right)^T$

10. $a \neq 1$ 时，有唯一解，$x = (-1, a+2, -1)^T$；$a = 1$ 时，有无穷多解，通解为 $x = (1 - c_1 - c_2, c_1, c_2)^T$ (c_1, c_2 为任意常数)

12. $x = (a_1 + a_2 + a_3 + a_4 + c, a_2 + a_3 + a_4 + c, a_3 + a_4 + c, a_4 + c, c)^T$ (c 为任意常数)

习 题 4-2

1. $(-3, -2, 2, -5)^T$ **2.** B **3.** B

4. (1) $(5, 4, 2, 1)^T$ (2) $x = \left(-\frac{5}{2}, 1, \frac{7}{2}, -8 \right)^T$

5. $\beta = \alpha_1 + 2\alpha_2 - \alpha_3$

7. $\beta_1 = 2\alpha_1 + \alpha_2$，$\beta_2$ 不能由 α_1, α_2 线性表示

8. λ 为任意常数

9. $(7, 5, 2)^T$

习 题 4-3

1. (1) $\times$ (2) $\times$ (3) $\checkmark$

2. B **3.** A **4.** C **5.** C **6.** D **7.** A **8.** C **9.** 6

10. (1) 线性相关 (2) 线性无关 (3) 线性无关 (4) 线性无关

11. (1) $t = 1$ (2) $t = -1$ 或 2

12. $a = b + c$

16. (1) 线性无关 (2) 线性相关 (3) 线性无关 (4) 线性相关

习 题 4-4

1. C **2.** A **3.** D **4.** B **5.** D **6.** 2 **7.** -2

8. 一个最大无关组为 $\begin{pmatrix} 2 \\ 1 \\ 4 \\ 3 \end{pmatrix}, \begin{pmatrix} -1 \\ 1 \\ -6 \\ 6 \end{pmatrix}, \begin{pmatrix} 1 \\ 1 \\ -2 \\ 7 \end{pmatrix}$,且

$$\begin{pmatrix} -1 \\ -2 \\ 2 \\ -9 \end{pmatrix} = -\begin{pmatrix} 2 \\ 1 \\ 4 \\ 3 \end{pmatrix} - \begin{pmatrix} -1 \\ 1 \\ -6 \\ 6 \end{pmatrix}, \quad \begin{pmatrix} 2 \\ 4 \\ 4 \\ 9 \end{pmatrix} = 4\begin{pmatrix} 2 \\ 1 \\ 4 \\ 3 \end{pmatrix} + 3\begin{pmatrix} -1 \\ 1 \\ -6 \\ 6 \end{pmatrix} - 3\begin{pmatrix} 1 \\ 1 \\ -2 \\ 7 \end{pmatrix}$$

9. (1) 秩为 2,$\boldsymbol{\alpha}_1,\boldsymbol{\alpha}_2$ 是向量组 $\boldsymbol{\alpha}_1,\boldsymbol{\alpha}_2,\boldsymbol{\alpha}_3,\boldsymbol{\alpha}_4$ 的一个最大无关组,且

$$\boldsymbol{\alpha}_3 = \frac{4}{3}\boldsymbol{\alpha}_1 - \frac{1}{3}\boldsymbol{\alpha}_2, \quad \boldsymbol{\alpha}_4 = \frac{13}{3}\boldsymbol{\alpha}_1 + \frac{2}{3}\boldsymbol{\alpha}_2$$

(2) 秩为 2,$\boldsymbol{\alpha}_1,\boldsymbol{\alpha}_2$ 是向量组 $\boldsymbol{\alpha}_1,\boldsymbol{\alpha}_2,\boldsymbol{\alpha}_3,\boldsymbol{\alpha}_4$ 的一个最大无关组,且 $\boldsymbol{\alpha}_3 = \frac{1}{2}\boldsymbol{\alpha}_1 + \boldsymbol{\alpha}_2,\boldsymbol{\alpha}_4 = \boldsymbol{\alpha}_1 + \boldsymbol{\alpha}_2$

10. 秩为 3

习 题 4-5

1. A **2.** D **3.** C **4.** D **5.** B **6.** D **7.** B

8. (1) $(3,-4,1,0)^{\mathrm{T}},(-4,5,0,1)^{\mathrm{T}}$;

$\boldsymbol{x} = c_1(3,-4,1,0)^{\mathrm{T}} + c_2(-4,5,0,1)^{\mathrm{T}}$ (c_1,c_2 为任意常数)

(2) $(2,5,7,0)^{\mathrm{T}}, (3,4,0,7)^{\mathrm{T}}$; $\boldsymbol{x} = c_1(2,5,7,0)^{\mathrm{T}} + c_2(3,4,0,7)^{\mathrm{T}}$ (c_1,c_2 为任意常数)

(3) $(2,14,-19,0)^{\mathrm{T}},(1,7,0,19)^{\mathrm{T}}$

$\boldsymbol{x} = c_1(2,14,-19,0)^{\mathrm{T}} + c_2(1,7,0,19)^{\mathrm{T}}$ (c_1,c_2 为任意常数)

9. (1) 通解为:$\boldsymbol{x} = \left(\frac{5}{4},-\frac{1}{4},0,0\right)^{\mathrm{T}} + c(3,3,2,0)^{\mathrm{T}}$ (c 为任意常数),导出组的基础解系为 $(3,3,2,0)^{\mathrm{T}}$

(2) 通解为:$\boldsymbol{x} = (3,0,0,-1,2)^{\mathrm{T}} + c_1(-2,1,0,0,0)^{\mathrm{T}} + c_2(1,0,1,0,0)^{\mathrm{T}}$ (c_1,c_2 为任意常数),导出组的基础解系 $(-2,1,0,0,0)^{\mathrm{T}},(1,0,1,0,0)^{\mathrm{T}}$

10. $\boldsymbol{x} = (1,3,5,1)^{\mathrm{T}} + c_1(1,0,-1,0)^{\mathrm{T}} + c_2(3,-3,2,-1)^{\mathrm{T}}$ (c_1,c_2 为任意常数)

12. $\boldsymbol{x} = c(1,1,\cdots,1)^{\mathrm{T}}$ (c 为任意常数)

13. $\begin{cases} x_1 - 2x_2 + x_3 = 0 \\ 2x_1 - 3x_2 + x_4 = 0 \end{cases}$

综合复习题 4

A

1. (1) √ (2) × (3) × (4) √ (5) √

2. $t = 2$

3. 当 $\lambda \neq 0$ 且 $\lambda \neq 1$ 时,有唯一解;当 $\lambda = 0$ 时,无解;当 $\lambda = 1$ 时,有无穷多解,其通解为

$$\boldsymbol{x} = (1,-3,0)^{\mathrm{T}} + c(-1,2,1)^{\mathrm{T}} \quad (c \text{ 为任意常数})$$

4. $\begin{cases} 2x_1 + x_2 - x_3 \quad = 0 \\ 3x_1 + 2x_2 \quad\quad -2x_4 = 0 \end{cases}$

5. 当 $k_1 \neq 1$ 且 $k_2 \neq 0$ 时，$\boldsymbol{\beta}_1,\boldsymbol{\beta}_2,\boldsymbol{\beta}_3$ 线性无关；当 $k_1 = 1$ 或 $k_2 = 0$ 时，$\boldsymbol{\beta}_1,\boldsymbol{\beta}_2,\boldsymbol{\beta}_3$ 线性相关

7. 向量组的秩为 2；最大无关组 $\boldsymbol{\alpha}_1,\boldsymbol{\alpha}_2$，且 $\boldsymbol{\alpha}_3 = \dfrac{3}{2}\boldsymbol{\alpha}_1 - \dfrac{7}{2}\boldsymbol{\alpha}_2$，$\boldsymbol{\alpha}_4 = \boldsymbol{\alpha}_1 + 2\boldsymbol{\alpha}_2$

8. (1) 基础解系 $(-3,7,2,0)^\mathrm{T}$，$(1,2,0,-1)^\mathrm{T}$，通解为
$$x = c_1(-3,7,2,0)^\mathrm{T} + c_2(1,2,0,-1)^\mathrm{T} \quad (c_1,c_2 \text{ 为任意常数})$$

(2) 基础解系 $(-1,0,\cdots,0,n)^\mathrm{T}$，$(0,-1,\cdots,0,n-1)^\mathrm{T}$，$\cdots$，$(0,0,\cdots,-1,2)^\mathrm{T}$；通解为
$$x = c_1(-1,0,\cdots,0,n)^\mathrm{T} + c_2(0,-1,\cdots,0,n-1)^\mathrm{T} + \cdots + c_{n-1}(0,0,\cdots,-1,2)^\mathrm{T}$$
$$(c_1,c_2,\cdots,c_{n-1} \text{ 为任意常数})$$

9. (1) 导出组的基础解系：$(1,-5,11,0)^\mathrm{T}$，$(9,-1,0,-11)^\mathrm{T}$；通解为
$$x = \left(-\frac{2}{11},\frac{10}{11},0,0\right)^\mathrm{T} + c_1(1,-5,11,0)^\mathrm{T} + c_2(9,-1,0,-11)^\mathrm{T} \quad (c_1,c_2 \text{ 为任意常数})$$

(2) 导出组的基础解系 $(1,-2,1,0,0)^\mathrm{T}$，$(1,-2,0,1,0)^\mathrm{T}$，$\cdots$，$(5,-6,0,0,1)^\mathrm{T}$；通解为
$$x = (-16,23,0,0,0)^\mathrm{T} + c_1(1,-2,1,0,0)^\mathrm{T} + c_2(1,-2,0,1,0)^\mathrm{T} + c_3(5,-6,0,0,1)^\mathrm{T}$$
$$(c_1,c_2,c_3 \text{ 为任意常数})$$

B

1. -2 2. $(2,1,0,-1)^\mathrm{T}$ 3. 1 4. A 5. D 6. D 7. A 8. D 9. B 10. D

11. 当 $a \neq -1$ 时，有唯一解；当 $a = -1, b = 3$ 时，有无穷多解；当 $a = -1, b \neq 3$ 时，无解

12. 当 $a = 0$ 或 $a = -10$ 时，线性相关；若 $a = 0$，一个最大无关组为 $\boldsymbol{\alpha}_1$，且 $\boldsymbol{\alpha}_2 = 2\boldsymbol{\alpha}_1$，$\boldsymbol{\alpha}_3 = 3\boldsymbol{\alpha}_1$，$\boldsymbol{\alpha}_4 = 4\boldsymbol{\alpha}_1$；若 $a = -10$，一个最大无关组为 $\boldsymbol{\alpha}_1,\boldsymbol{\alpha}_2,\boldsymbol{\alpha}_3$，且 $\boldsymbol{\alpha}_4 = -\boldsymbol{\alpha}_1 - \boldsymbol{\alpha}_2 - \boldsymbol{\alpha}_3$

13. 导出组的基础解系：$(-1,3,5,0)^\mathrm{T}$，$(-6,-7,0,5)^\mathrm{T}$；通解为
$$x = \left(\frac{4}{5},\frac{3}{5},0,0\right)^\mathrm{T} + c_1(-1,3,5,0)^\mathrm{T} + c_2(-6,-7,0,5)^\mathrm{T} \quad (c_1,c_2 \text{ 为任意常数})$$

14. 线性无关

15. $x = (1,1,1,1)^\mathrm{T} + c(1,-2,1,0)^\mathrm{T}$ （c 为任意常数）

习 题 5-1

1. B 2. D 3. C 4. -8

5. $[\varepsilon_i,\varepsilon_j] = \begin{cases} 1 & (i=j) \\ 0 & (i \neq j) \end{cases}$ 6. $2[\boldsymbol{\alpha},\boldsymbol{\alpha}][\boldsymbol{\alpha},\boldsymbol{\beta}]$ 7. $\theta = \arccos\dfrac{3-2\sqrt{3}}{10}$

8. $e_1 = \dfrac{1}{\sqrt{6}}\begin{pmatrix} 1 \\ 2 \\ -1 \end{pmatrix}$，$e_2 = \dfrac{1}{\sqrt{3}}\begin{pmatrix} -1 \\ 1 \\ 1 \end{pmatrix}$，$e_3 = \dfrac{1}{\sqrt{2}}\begin{pmatrix} 1 \\ 0 \\ 1 \end{pmatrix}$

9. $\boldsymbol{\alpha}_3 = \begin{pmatrix} -1 \\ 0 \\ 1 \end{pmatrix}$ 10. (1) 不是 (2) 是

1. B　**2.** C　**3.** B　**4.** A　**5.** D　**6.** 0　**7.** 36

8. 特征值为-2和4,对应特征向量分别为$k_1\begin{pmatrix}1\\-5\end{pmatrix}$ $(k_1\neq0)$和$k_2\begin{pmatrix}1\\1\end{pmatrix}$ $(k_2\neq0)$

9. 特征值为$1,1$和-2,对应$\lambda_1=\lambda_2=1$的特征向量为$k_1\begin{pmatrix}1\\0\\-1\end{pmatrix}$ $(k_1\neq0)$,对应$\lambda_3=-2$的

特征向量为$k_2\begin{pmatrix}2\\0\\-5\end{pmatrix}$ $(k_2\neq0)$

10. 特征值为$\lambda_1=\lambda_2=\cdots=\lambda_n=a$,对应特征向量为

$$k_1\begin{pmatrix}1\\0\\\vdots\\0\end{pmatrix}+k_2\begin{pmatrix}0\\1\\\vdots\\0\end{pmatrix}+\cdots+k_n\begin{pmatrix}0\\0\\\vdots\\1\end{pmatrix} \quad (k_1,k_2,\cdots,k_n \text{ 不全为 }0)$$

11. $a_{11},a_{22},\cdots,a_{nn}$　**12.** 9　**13.** $2\sqrt{2}$

1. B　**2.** D　**3.** D　**4.** C　**5.** A　**6.** 2

8. 可对角化　**9.** $x=3$

10. (1) $\begin{pmatrix}-1&1&1\\1&0&0\\0&1&0\end{pmatrix}$ (2) $\begin{pmatrix}0&-1&-2\\0&1&1\\1&1&0\end{pmatrix}$

11. $\begin{pmatrix}-1&1&0\\-2&2&0\\4&-2&1\end{pmatrix}$ **12.** $\begin{pmatrix}-2&3&-3\\-4&5&-3\\-4&4&-2\end{pmatrix}$

13. $A=\dfrac{1}{3}\begin{pmatrix}-1&0&2\\0&1&2\\2&2&0\end{pmatrix}$, $A^{50}=\dfrac{1}{9}\begin{pmatrix}5&4&-2\\4&5&2\\-2&2&8\end{pmatrix}$

1. B　**2.** C　**3.** -2　**4.** $c(1,0,1)^{\mathrm{T}}$,(c 为非零常数)　**5.** $(-1)^{n-1}3$

6. $P=\begin{pmatrix}\dfrac{2}{3}&\dfrac{2}{3}&\dfrac{1}{3}\\\dfrac{2}{3}&-\dfrac{1}{3}&-\dfrac{2}{3}\\\dfrac{1}{3}&-\dfrac{2}{3}&\dfrac{2}{3}\end{pmatrix}$, $\Lambda=\begin{pmatrix}-1&0&0\\0&2&0\\0&0&5\end{pmatrix}$

7. $P = \begin{pmatrix} 0 & 1 & 0 \\ \dfrac{1}{\sqrt{2}} & 0 & \dfrac{1}{\sqrt{2}} \\ -\dfrac{1}{\sqrt{2}} & 0 & \dfrac{1}{\sqrt{2}} \end{pmatrix}$, $\boldsymbol{\Lambda} = \begin{pmatrix} 2 & 0 & 0 \\ 0 & 1 & 0 \\ 0 & 0 & 5 \end{pmatrix}$

8. $\begin{pmatrix} 1 & 0 & 0 \\ 0 & \dfrac{1}{\sqrt{2}} & \dfrac{1}{\sqrt{2}} \\ 0 & -\dfrac{1}{\sqrt{2}} & \dfrac{1}{\sqrt{2}} \end{pmatrix}$, $\boldsymbol{\Lambda} = \begin{pmatrix} 2 & 0 & 0 \\ 0 & 1 & 0 \\ 0 & 0 & 5 \end{pmatrix}$

9. 2^{n-r} 10. 相似   11. $x = 4, y = 5$

12. $\begin{pmatrix} 4 & 1 & 1 \\ 1 & 4 & 1 \\ 1 & 1 & 4 \end{pmatrix}$

13. 当 $a = 1$ 时, $\boldsymbol{A} = \dfrac{1}{6}\begin{pmatrix} 1 & 1 & 4 \\ 1 & 1 & 4 \\ 4 & 4 & -2 \end{pmatrix}$；当 $a = 0$ 时, $\boldsymbol{A} = \begin{pmatrix} 0 & 0 & 0 \\ 0 & 0 & -1 \\ 0 & -1 & 0 \end{pmatrix}$

综合复习题 5

A

1. $k\lambda$ λ^5 $a\lambda^2 + b\lambda + c$ λ^{-1}, $\dfrac{|\boldsymbol{A}|}{\lambda}$

2. 0   3. 8   4. 0   5. 0, 1, 4

6. 1   7. 1, 2, 3   8. $\boldsymbol{\xi} = (1, 1, 2)^{\mathrm{T}}$

9. $\boldsymbol{A}$ 有 n 个线性无关的特征向量

10. 3   11. A   12. A   13. D   14. C   15. D   16. D   17. B

18. (1) 2   (2) $\begin{pmatrix} 1 & 0 & 1 \\ -1 & 0 & 1 \\ 0 & 1 & 0 \end{pmatrix}$

19. $\boldsymbol{\xi}_1 = \dfrac{1}{\sqrt{3}}(1, 1, 1)^{\mathrm{T}}$, $\boldsymbol{\xi}_2 = \dfrac{1}{\sqrt{6}}(-1, 2, -1)^{\mathrm{T}}$, $\boldsymbol{\xi}_3 = \dfrac{1}{\sqrt{2}}(1, 0, -1)^{\mathrm{T}}$, $\boldsymbol{\alpha} = 2\sqrt{3}\boldsymbol{\xi}_1 + \sqrt{2}\boldsymbol{\xi}_3$

20. $\begin{pmatrix} -\dfrac{2}{\sqrt{5}} & \dfrac{2}{3\sqrt{5}} & \dfrac{1}{3} \\ \dfrac{1}{\sqrt{5}} & \dfrac{4}{3\sqrt{5}} & \dfrac{2}{3} \\ 0 & \dfrac{5}{3\sqrt{5}} & -\dfrac{2}{3} \end{pmatrix}$

B

1. A   2. C   3. D

4. 提示：$A = PBP^{-1} \Leftrightarrow AP = PB \Leftrightarrow (Ax, A^2x, A^3x) = PB$

$$\Leftrightarrow (Ax, A^2x, 3Ax - 2A^2x) = PB \Leftrightarrow P \begin{pmatrix} 0 & 0 & 0 \\ 1 & 0 & 3 \\ 0 & 1 & -2 \end{pmatrix} = PB$$

$$\overset{P可逆}{\Rightarrow} B = \begin{pmatrix} 0 & 0 & 0 \\ 1 & 0 & 3 \\ 0 & 1 & -2 \end{pmatrix} \Rightarrow |A + E| = |B + E| = -4$$

5. 提示： A 与 $\mathrm{diag}(2, 4, \cdots, 2n)$ 相似

$\Rightarrow A - 3E$ 与 $\mathrm{diag}(-1, 1, \cdots, 2n-3)$ 相似

$\Rightarrow |A - 3E| = -(2n-3)!!$

6. 提示：因为 A 与 B 相似，矩阵 A 的特征值为 $\dfrac{1}{2}, \dfrac{1}{3}, \dfrac{1}{4}, \dfrac{1}{5}$，所以 B^{-1} 的特征值为 $2, 3, 4, 5$，且

$B^{-1} \sim \mathrm{diag}(2, 3, 4, 5) \Rightarrow B^{-1} - E \sim \mathrm{diag}(1, 2, 3, 4) \Rightarrow |B^{-1} - E| = 24$

7. 提示： $A^2 = \begin{pmatrix} -1 & & \\ & -1 & \\ & & 1 \end{pmatrix}$, $A^4 = E$

$\Rightarrow B^{2004} - 2A^2 = P^{-1}A^{2004}P - 2A^2 = P^{-1}P - 2A^2$

$$= E - 2A^2 = \begin{pmatrix} 3 & & \\ & 3 & \\ & & -1 \end{pmatrix}$$

8. 提示：$|\lambda E - A| = (\lambda - 2)(\lambda^2 - 8\lambda + 18 + 3a)$. 若 $\lambda = 2$ 是二重根，则

$$(\lambda^2 - 8\lambda + 18 + 3a)|_{\lambda = 2} = 0 \Rightarrow a = -2$$

这时 $R(2E - A) = 1$, 说明 A 可相似对角化

若 $\lambda = 2$ 不是二重根，则 $\lambda^2 - 8\lambda + 18 + 3a$ 为完全平方项，从而

$$64 - 4(18 + 3a) = 0 \Rightarrow a = -2/3$$

这时 $\lambda = 4$ 是二重根，而 $R(4E - A) = 2$, 说明 A 不可相似对角化

9. 提示：因为 A 与 B 相似，所以 $\begin{cases} a+5 = b+4 \\ 6(a-1) = 4b \end{cases}$ 或 $\begin{cases} a+5 = b+4 \\ |A - 2E| = 0 \end{cases} \Rightarrow \begin{cases} a = 5 \\ b = 6 \end{cases}$

求解 $(2E - A)\xi = 0$

$$2E - A \sim \begin{pmatrix} 1 & 1 & -1 \\ 0 & 0 & 0 \\ 0 & 0 & 0 \end{pmatrix} \Rightarrow \xi_1 = (1, -1, 0)^T, \ \xi_2 = (1, 0, 1)^T$$

求解 $(6E - A)\xi = 0$

$$6E - A \sim \begin{pmatrix} 2 & 1 & 0 \\ -3 & 0 & 1 \\ 0 & 0 & 0 \end{pmatrix} \Rightarrow \xi_3 = (1, -2, 3)^T$$

于是所求 $P = \begin{pmatrix} 1 & 1 & 1 \\ -1 & 0 & -2 \\ 0 & 1 & 3 \end{pmatrix}$

习 题 6-1

1. (1) $\begin{pmatrix} 2 & -2 & 0 \\ -2 & -3 & 3 \\ 0 & 3 & 3 \end{pmatrix}$ (2) $\begin{pmatrix} 0 & \frac{1}{2} & -\frac{1}{2} \\ \frac{1}{2} & 0 & 2 \\ -\frac{1}{2} & 2 & 0 \end{pmatrix}$ (3) $\begin{pmatrix} 3 & 4 & 0 \\ 4 & -2 & 0 \\ 0 & 0 & 0 \end{pmatrix}$

(4) $\begin{pmatrix} c_1^2 & c_1 c_2 & c_1 c_3 \\ c_1 c_2 & c_2^2 & c_2 c_3 \\ c_1 c_3 & c_2 c_3 & c_3^2 \end{pmatrix}$ (5) $\begin{pmatrix} 1 & -1 \\ -1 & 4 \end{pmatrix}$ (6) $\begin{pmatrix} 1 & 3 & -1 \\ 3 & 1 & 1 \\ -1 & 1 & -1 \end{pmatrix}$

2. (1) $f = x_2^2 + 2x_1 x_3$，秩为 3

(2) $f = 2x_2^2 + x_4^2 - 4x_1 x_2 - 2x_1 x_4 - 6x_2 x_3 + 8x_3 x_4$，秩为 4

3. $t = \pm\sqrt{2}$ **4.** $y_1^2 - 2y_2^2 + 5y_3^2$ **5.** B **6.** B **7.** D

习 题 6-2

1. (1) $f = 2y_1^2 + 5y_2^2 - y_3^2$, $\mathbf{C} = \begin{pmatrix} \frac{2}{3} & \frac{1}{3} & \frac{2}{3} \\ -\frac{1}{3} & -\frac{2}{3} & \frac{2}{3} \\ -\frac{2}{3} & \frac{2}{3} & \frac{1}{3} \end{pmatrix}$

(2) $f = 2y_1^2 + 4y_2^2 + 4y_3^2$, $\mathbf{C} = \begin{pmatrix} 0 & 1 & 0 \\ -\frac{1}{\sqrt{2}} & 0 & \frac{1}{\sqrt{2}} \\ \frac{1}{\sqrt{2}} & 0 & \frac{1}{\sqrt{2}} \end{pmatrix}$

2. (1) $f = y_1^2 + y_2^2 - 2y_3^2$, $\mathbf{C} = \begin{pmatrix} 1 & -1 & 2 \\ 0 & 1 & -1 \\ 0 & 0 & 1 \end{pmatrix}$

(2) $f = 4z_1^2 - 4z_2^2 - z_3^2$, $\mathbf{C} = \begin{pmatrix} 1 & 1 & \frac{1}{2} \\ 1 & -1 & \frac{1}{2} \\ 0 & 0 & 1 \end{pmatrix}$

3. $f = y_1^2 - 3y_2^2 - \frac{8}{3}y_3^2$, $\mathbf{C} = \begin{pmatrix} 1 & -1 & -\frac{5}{3} \\ 0 & 1 & -\frac{1}{3} \\ 0 & 0 & 1 \end{pmatrix}$

4. $f = 2y_1^2 + \dfrac{3}{2}y_2^2$ **5.** $C = \begin{pmatrix} 1 & -2 & 0 \\ 0 & 1 & 0 \\ 0 & -\dfrac{1}{3} & 1 \end{pmatrix}$

习 题 6-3

1. A **2.** C **3.** B **4.** D **5.** 正数 **6.** 大于零

7. (1) √ (2) ×

8. $f = z_1^2 + z_2^2 - z_3^2$，正惯性指数为 2，负惯性指数为 1，符号差为 1

9. $a = -2$

10. (1)正定 (2)负定 (3)不定

11. $-2 < \lambda < 1$

12. $\lambda < -1$

综合复习题 6

A

1. $\begin{pmatrix} 3 & 2 & -3 \\ 2 & -1 & 0 \\ -3 & 0 & 0 \end{pmatrix}$

2. $f = x_1^2 + 2x_2^2 + 4x_3^2 + 2x_1x_2 + 4x_1x_3 + 6x_2x_3$，3

3. 3，2 **4.** 都大于 0 **5.** B **6.** A **7.** D

8. (1) $f = y_1^2 - y_2^2 + 12y_3^2$，$C = \begin{pmatrix} 1 & 1 & -3 \\ 0 & 1 & -4 \\ 0 & 0 & 1 \end{pmatrix}$

(2) $f = 2z_1^2 - 2z_2^2 - 4z_3^2$，$C = \begin{pmatrix} 1 & 1 & -1 \\ 1 & -1 & -2 \\ 0 & 0 & 1 \end{pmatrix}$

9. $f = t_1^2 + t_2^2 - t_3^2$，$x = \begin{pmatrix} 1 & -\dfrac{\sqrt{3}}{2} & 1 \\ 0 & -\dfrac{2\sqrt{3}}{3} & 1 \\ 0 & \dfrac{\sqrt{3}}{6} & 0 \end{pmatrix} t$

10. (1)负定 (2)不定 (3)正定.

B

1. $\begin{pmatrix} 1 & 3 & 5 \\ 3 & 5 & 7 \\ 5 & 7 & 9 \end{pmatrix}$，秩为 2 **2.** $\dfrac{7}{8}$ **3.** $-1 < t < 1$ **4.** A **5.** B

习 题 7-1

1. (1) 1200.80, 1850, 770   (2) 1360, 245, 1745, 550

$$(3) \ \mathbf{A} = \begin{pmatrix} 0.16 & 0 & 0.089 & 0.067 \\ 0.04 & 0.267 & 0.051 & 0.042 \\ 0.1 & 0.292 & 0.417 & 0.333 \\ 0.02 & 0.033 & 0.056 & 0.1 \end{pmatrix}$$

2. (1) 30 亿元, 8 亿元, 34 亿元   (2) 160.93 亿元, 201.99 亿元, 118.54 亿元

习 题 7-2

1. $x_1 = \dfrac{54}{7}$, $x_2 = \dfrac{4}{7}$, $x_3 = 0$

2. $x_1 = 2$, $x_2 = 0$, $x_3 = 5$